国家出版基金项目

中国煤矿生态技术与管理

煤矿区生态恢复力建设与管理

张绍良　杨永均　侯湖平　米家鑫 ◎ 编　著
罗　明　雷少刚 ◎ 主　审

中国矿业大学出版社

· 徐州 ·

内 容 提 要

本书介绍了社会生态恢复力理论的发展历程、基本概念和理论内容,详细阐述了煤矿区土壤恢复力、水生态恢复力和植被恢复力产生的机理和影响因素,探讨了地下采煤关键扰动下的矿区生态系统自然恢复力及其影响因素。本书还介绍了煤矿区社会生态系统的演变特征,论述了煤矿区社会生态恢复力建设的必要性和面临的问题,界定了煤矿区社会生态恢复力内涵,提出了建设思路和目标、管理策略和干预措施,并以徐州大黄山关闭矿区为例,评价了其社会生态恢复力变化。总之,本书全面系统研究了煤矿区社会生态恢复力建设与管理策略,可为煤矿区生态保护与管理、矿区生态修复、矿区转型发展和绿色矿山建设等方面的研究和实践提供参考。

图书在版编目(C I P)数据

煤矿区生态恢复力建设与管理/张绍良等编著.—

徐州:中国矿业大学出版社,2023.12

ISBN 978 - 7 - 5646 - 5732 - 1

Ⅰ.①煤…　Ⅱ.①张…　Ⅲ.①煤矿—矿区—生态恢复—研究　Ⅳ.①X322

中国国家版本馆 CIP 数据核字(2023)第 030759 号

书　　名	煤矿区生态恢复力建设与管理	
编　　著	张绍良　杨永均　侯湖平　米家鑫	
责任编辑	赵　雪　周　红　章　毅	
出版发行	中国矿业大学出版社有限责任公司	
	(江苏省徐州市解放南路　邮编 221008)	
营销热线	(0516)83885370　83884103	
出版服务	(0516)83995789　83884920	
网　　址	http://www.cumtp.com　**E-mail**:cumtpvip@cumtp.com	
印　　刷	苏州市古得堡数码印刷有限公司	
开　　本	787 mm×1092 mm　1/16　**印张** 20.25　**字数** 505 千字	
版次印次	2023 年 12 月第 1 版　　2023 年 12 月第 1 次印刷	
定　　价	158.00 元	

《中国煤矿生态技术与管理》
丛书编委会

丛书总负责人：卞正富

分册负责人：

《井工煤矿土地复垦与生态重建技术》	卞正富
《露天煤矿土地复垦与生态重建技术》	白中科
《煤矿水资源保护与污染防治技术》	冯启言
《煤矿区大气污染防控技术》	王丽萍
《煤矿固体废物利用技术与管理》	李树志
《煤矿区生态环境监测技术》	汪云甲
《绿色矿山建设技术与管理》	郭文兵
《西部煤矿区环境影响与生态修复》	雷少刚
《煤矿区生态恢复力建设与管理》	张绍良
《矿山生态环境保护政策与法律法规》	胡友彪
《关闭矿山土地建设利用关键技术》	郭广礼
《煤炭资源型城市转型发展》	李效顺

丛书序言

　　中国传统文化的内核中蕴藏着丰富的生态文明思想。儒家主张"天人合一",强调人对于"天"也就是大自然要有敬畏之心。孔子最早提出"天何言哉？四时行焉,百物生焉,天何言哉?"(《论语·阳货》),"君子有三畏:畏天命,畏大人,畏圣人之言。"(《论语·季氏》)。他对于"天"表现出一种极强的敬畏之情,在君子的"三畏"中,"天命"就是自然的规律,位居第一。道家主张无为而治,不是说无所作为,而是要求节制欲念,不做违背自然规律的事。佛家主张众生平等,体现了对生命的尊重,因此要珍惜生命、关切自然,做到人与环境和谐共生。

　　中国共产党在为中国人民谋幸福、为中华民族谋复兴的现代化进程中,从中华民族永续发展和构建人类命运共同体高度,持续推进生态文明建设,不断强化"绿水青山就是金山银山"的思想理念,生态文明法律体系与生态文明制度体系得到逐步健全与完善,绿色低碳的现代化之路正在铺就。党的十七大报告中提出"建设生态文明,基本形成节约能源资源和保护生态环境的产业结构、增长方式、消费模式",这是党中央首次明确提出建设生态文明,绿色发展理念和实践进一步丰富。这个阶段,围绕转变经济发展方式,以提高资源利用效率为核心,以节能、节水、节地、资源综合利用和发展循环经济为重点,国家持续完善有利于资源能源节约和保护生态环境的法律和政策,完善环境污染监管制度,建立健全生态环保价格机制和生态补偿机制。2015年9月,中共中央、国务院印发了《生态文明体制改革总体方案》,提出了建立健全自然资源资产产权制度、国土空间开发保护制度、空间规划体系、资源总量管理和全面节约制度、资源有偿使用和生态补偿制度、环境治理体系、环境治理和生态保护市场体系、生态文明绩效评价考核和责任追究制度等八项制度,成为生态文明体制建设的"四梁八柱"。党的十八大以来,习近平生态文明思想确立,"绿水青山就是金山银山"的理念使得绿色发展进程前所未有地加快。党中央把生态文明建设作为统筹推进"五位一体"总体布局和协调推进"四个全面"战略布局的重要内容,提出创新、协调、绿色、开放、共享的新发展理念,污染治理力度之大、制度出台频度之密、监管执法尺度之严、环境质量改善速度之快前所未有。

　　面对资源约束趋紧、环境污染严重、生态系统退化加剧的严峻形势,生态文明建设成为关系人民福祉、关乎民族未来的一项长远大计,也是一项复杂庞大的系统工程。我们必须树立尊重自然、顺应自然、保护自然,发展和保护相统一,"绿水青山就是金山银山""山水林田湖草沙是生命共同体"的生态文明理念,站在推进国家生态环境治理体系和治理能力现代化的高度,推动生态文明建设。

国家出版基金项目"中国煤矿生态技术与管理"系列丛书,正是在上述背景下获得立项支持的。

我国是世界上最早开发和利用煤炭资源的国家。煤炭的开发与利用,有力地推动了社会发展和进步,极大地便利和丰富了人民的生活。中国 2 500 年前的《山海经》,最早记载了煤并称之为"石涅"。从辽宁沈阳发掘的新乐遗址内发现多种煤雕制品,证实了中国先民早在 6 000～7 000 年前的新石器时代,已认识和利用了煤炭。到了周代(公元前 1122 年)煤炭开采已有了相当发展,并开始了地下采煤。彼时采矿业就有了很完善的组织,采矿管理机构中还有"中士""下士""府""史""胥""徒"等技术管理职责的分工,这既说明了当时社会阶层的分化与劳动分工,也反映出矿业有相当大的发展。西汉(公元前 206—公元 25 年)时期,开始采煤炼铁。隋唐至元代,煤炭开发更为普遍,利用更加广泛,冶金、陶瓷行业均以煤炭为燃料,唐代开始用煤炼焦,至宋代,炼焦技术已臻成熟。宋朝苏轼在徐州任知州时,为解决居民炊爨取暖问题,积极组织人力,四处查找煤炭。经过一年的不懈努力,在元丰元年十二月(1079 年初)于徐州西南的白土镇,发现了储量可观、品质优良的煤矿。为此,苏东坡激动万分,挥笔写下了传诵千古的《石炭歌》:"君不见前年雨雪行人断,城中居民风裂骭。湿薪半束抱衾裯,日暮敲门无处换。岂料山中有遗宝,磊落如磐万车炭。流膏进液无人知,阵阵腥风自吹散。根苗一发浩无际,万人鼓舞千人看。投泥泼水愈光明,烁玉流金见精悍。南山栗林渐可息,北山顽矿何劳锻。为君铸作百炼刀,要斩长鲸为万段。"《石炭歌》成为一篇弥足珍贵的煤炭开采利用历史文献。元朝都城大都(今北京)的西山地区,成为最大的煤炭生产基地。据《元一统志》记载:"石炭煤,出宛平县西十五里大谷(峪)山,有黑煤三十余洞。又西南五十里桃花沟,有白煤十余洞""水火炭,出宛平县西北二百里斋堂村,有炭窑一所"。由于煤窑较多,元朝政府不得不在西山设官吏加以管理。为便于煤炭买卖,还在大都内的修文坊前设煤市,并设有煤场。明朝煤炭业在河南、河北、山东、山西、陕西、江西、安徽、四川、云南等省都有不同程度的发展。据宋应星所著的《天工开物》记载:"煤炭普天皆生,以供锻炼金石之用",宋应星还详细记述了在冶铁中所用的煤的品种、使用方法、操作工艺等。清朝从清初到道光年间对煤炭生产比较重视,并对煤炭开发采取了扶持措施,至乾隆年间(1736—1795 年),出现了我国古代煤炭开发史上的一个高潮。17 世纪以前,我国的煤炭开发利用技术与管理一直领先于其他国家。由于工业化较晚,17 世纪以后,我国煤炭开发与利用技术开始落后于西方国家。

中国正式建成的第一个近代煤矿是台湾基隆煤矿,1878 年建成投产出煤,1895 年台湾沦陷时关闭,最高年产为 1881 年的 54 000 t,当年每工工效为 0.18 t。据统计,1875—1895 年,我国先后共开办了 16 个煤矿。1895—1936 年,外国资本在中国开办的煤矿就有 32 个,其产量占全国煤炭产量总数的 1/2~2/3。在同一时期,中国民族资本亦先后开办了几十个新式煤矿,到 1936 年,中国年产 5 万 t 以上的近代煤矿共有 61 个,其中年产达到 60 万 t 以上的煤矿有 10 个(开滦、抚顺、中兴、中福、鲁大、井陉、本溪、西安、萍乡、六河沟煤矿)。1936 年,全国产煤 3 934 万 t,其中新式煤矿产量 2 960 万 t,劳动效率平均每工为 0.3 t 左右。1933 年,煤矿工人已经发展到 27 万人,占当时全国工人总数的 33.5% 左右。1912—1948 年间,原煤产量累计为 10.27 亿 t[①]。这期间,政府制定了矿业法,企业制定了若干管理章程,使管理工作略有所循,尤其明显进步的是,逐步开展了全国范围的煤田地质调查工作,初步搞清了中国煤田分布与煤炭储量。

我国煤炭产量从 1949 年的 3 243 万 t 增长到 2021 年的 41.3 亿 t,1949—2021 年累计采出煤炭 937.8 亿 t,世界占比从 2.37% 增长到 51.61%(据中国煤炭工业协会与IEA 数据综合分析)。原煤全员工效从 1949 年的 0.118 t/工(大同煤矿的数据)提高到2018 年全国平均 8.2 t/工,2018 年同煤集团达到 88 t/工;百万吨死亡人数从 1949 年的22.54 下降到 2021 年的 0.044;原煤入选率从 1953 年的 8.5% 上升到 2020 年的74.1%;土地复垦率从 1991 年的 6% 上升到 2021 年的 57.5%;煤矸石综合利用处置率从 1978 年的 27.0% 提高到 2020 年的 72.2%。从 2014 年黄陵矿业集团有限责任公司黄陵一矿建成全国第一个智能化示范工作面算起,截至 2021 年年底,全国智能化采掘工作面已达 687 个,其中智能化采煤工作面 431 个、智能化掘进工作面 256 个,已有26 种煤矿机器人在煤矿现场实现了不同程度的应用。从生产效率、百万吨死亡人数、生态环保(原煤入选率、土地复垦率以及煤矸石综合利用处置率)、智能化开采水平等视角,我国煤炭工业大致经历了以下四个阶段。第一阶段,从中华人民共和国成立到改革开放初期,我国煤炭开采经历了从人工、半机械化向机械化再向综合机械化采煤迈进的阶段。中华人民共和国成立初期,以采煤方法和采煤装备的科技进步为标志,我国先后引进了苏联和波兰的采煤机,煤矿支护材料开始由原木支架升级为钢支架,但还没有液压支架。而同期西方国家已开始进行综合机械化采煤。1970 年 11 月,大同矿务局煤峪口煤矿进行了综合机械化开采试验,这是我国第一个综采工作面。这次试验为将综合机械化开采确定为煤炭工业开采技术的发展方向提供了坚实依据。从中华人民共和国成立到改革开放初期,除了 1949 年、1950 年、1959 年、1962 年的百万吨死亡人数超过

---

① 《中国煤炭工业统计资料汇编(1949—2009)》,煤炭工业出版社,2011 年。

10 以外,其余年份均在 10 以内。第二阶段,从改革开放到进入 21 世纪前后,我国煤炭工业主要以高产高效矿井建设为标志。1985 年,全国有 7 个使用国产综采成套设备的综采队,创年产原煤 100 万 t 以上的纪录,达到当时的国际先进水平。1999 年,综合机械化采煤产量占国有重点煤矿煤炭产量的 51.7%,较综合机械化开采发展初期的 1975 年提高了 26 倍。这一时期开创了综采放顶煤开采工艺。1995 年,山东兖州矿务局兴隆庄煤矿的综采放顶煤工作面达到年产 300 万 t 的好成绩;2000 年,兖州矿务局东滩煤矿综采放顶煤工作面创出年产 512 万 t 的纪录;2002 年,兖矿集团兴隆庄煤矿采用"十五"攻关技术装备将综采放顶煤工作面的月产和年产再创新高,达到年产 680 万 t。同时,兖矿集团开发了综采放顶煤成套设备和技术。这一时期,百万吨死亡人数从 1978 年的 9.44 下降到 2001 年的 5.07,下降幅度不大。第三阶段,煤炭黄金十年时期(2002—2011 年),我国煤炭工业进入高产高效矿井建设与安全形势持续好转时期。煤矿机械化程度持续提高,煤矿全员工效从 21 世纪初的不到 2.0 t/工上升到 5.0 t/工以上,百万吨死亡人数从 2002 年的 4.64 下降到 2012 年的 0.374。第四阶段,党的十八大以来,煤炭工业进入高质量发展阶段。一方面,在"绿水青山就是金山银山"理念的指引下,除了仍然重视高产高效与安全生产,煤矿生态环境保护得到前所未有的重视,大型国有企业将生态环保纳入生产全过程,主动履行生态修复的义务。另一方面,随着人工智能时代的到来,智能开采、智能矿山建设得到重视和发展。2016 年以来,在落实国务院印发的《关于煤炭行业化解过剩产能实现脱困发展的意见》方面,全国合计去除 9.8 亿 t 产能,其中 7.2 亿 t(占 73.5%)位于中东部省区,主要为"十二五"期间形成的无效、落后、枯竭产能。在淘汰中东部落后产能的同时,增加了晋陕蒙优质产能,因而对全国总产量的影响较为有限。

虽然说近年来煤矿生态环境保护得到了前所未有的重视,但我国的煤矿环境保护工作或煤矿生态技术与管理工作和全国环境保护工作一样,都是从 1973 年开始的。我国的工业化虽晚,但我国对环保事业的重视则是较早的,几乎与世界发达工业化国家同步。1973 年 8 月 5—20 日,在周恩来总理的指导下,国务院在北京召开了第一次全国环境保护会议,取得了三个主要成果[①]:一是做出了环境问题"现在就抓,为时不晚"的结论;二是确定了我国第一个环境保护工作方针,即"全面规划、合理布局、综合利用、化害为利、依靠群众、大家动手、保护环境、造福人民";三是审议通过了我国第一部环境保护的法规性文件——《关于保护和改善环境的若干规定》,该法规经国务院批转执行,我国的环境保护工作至此走上制度化、法治化的轨道。全国环境保护工作首先从"三废"治理开始,煤矿是"三废"排放较为突出的行业。1973 年起,部分矿务局开始了以"三废"治

---

① 《中国环境保护行政二十年》,中国环境科学出版社,1994 年。

理为主的环境保护工作。"五五"后期,设专人管理此项工作,实施了一些零散工程。"六五"期间,开始有组织、有计划地开展煤矿环境保护工作。"五五"到"六五"煤矿环保工作起步期间,取得的标志性进展表现在[①]:① 组织保障方面,1983 年 1 月,煤炭工业部成立了环境保护领导小组和环境保护办公室,并在平顶山召开了煤炭工业系统第一次环境保护工作会议,到 1985 年年底,全国统配煤矿基本形成了由煤炭部、省区煤炭管理局(公司)、矿务局三级环保管理体系。② 科研机构与科学研究方面,在中国矿业大学研究生部环境工程研究室的基础上建立了煤炭部环境监测总站,在太原成立了山西煤管局环境监测中心站,也是山西省煤矿环境保护研究所,在杭州将煤炭科学研究院杭州研究所确定为以环保科研为主的部直属研究所。"六五"期间的煤炭环保科技成效包括:江苏煤矿设计院研制的大型矿用酸性水处理机试运行成功后得到推广应用;汾西矿务局和煤炭科学研究院北京煤化学研究所共同研究的煤矸石山灭火技术通过评议;煤炭科学研究院唐山分院承担的煤矿造地复田研究项目在淮北矿区获得成功。③ 人才培养方面,1985 年中国矿业大学开设环境工程专业,第一届招收本科生 30 人,还招收17 名环保专业研究生和 1 名土地复垦方向的研究生。"六五"期间先后举办 8 期短训班,培训环境监测、管理、评价等方面急需人才 300 余名。到 1985 年,全国煤炭系统已经形成一支 2 500 余人的环保骨干队伍。④ 政策与制度建设方面,第一次全国煤炭系统环境保护工作会议确立了"六五"期间环境保护重点工作,认真贯彻"三同时"方针,煤炭部先后颁布了《关于煤矿环保涉及工作的若干规定》《关于认真执行基建项目环境保护工程与主体工程实行"三同时"的通知》,并起草了关于煤矿建设项目环境影响报告书和初步设计环保内容、深度的规定等规范性文件。"六五"期间,为应对煤矿塌陷土地日益增多、矿社(农)矛盾日益突出的形势,煤炭部还积极组织起草了关于《加强造地复田工作的规定》,后来上升为国务院颁布的《土地复垦规定》。⑤ 环境保护预防与治理工作成效方面,建设煤炭部、有关省、矿务局监测站 33 处;矿井水排放量 14.2 亿 m^3,达标率 76.8%;煤矸石年排放量 1 亿 t,利用率 27%;治理自然发火矸石山 73 座,占自燃矸石山总数的 31.5%;完成环境预评价的矿山和选煤厂 20 多处,新建项目环境污染得到有效控制。

回顾我国煤炭开采与利用的历史,特别是中华人民共和国成立后煤炭工业发展历程和煤矿环保事业起步阶段的成就,旨在出版本丛书过程中,传承我国优秀文化传统,发扬前人探索新型工业化道路不畏艰辛的精神,不忘"开发矿业、造福人类"的初心,在新时代做好煤矿生态技术与管理科技攻关及科学普及工作,让我国从矿业大国走向矿业强国,服务中华民族伟大复兴事业。

---

① 《当代中国的煤炭工业》,中国社会科学出版社,1988 年。

针对中国煤矿开采技术发展现状和煤矿生态环境管理存在的问题,本丛书包括十二部著作,分别是:井工煤矿土地复垦与生态重建技术、露天煤矿土地复垦与生态重建技术、煤矿水资源保护与污染防治技术、煤矿区大气污染防控技术、煤矿固体废物利用技术与管理、煤矿区生态环境监测技术、绿色矿山建设技术与管理、西部煤矿区环境影响与生态修复、煤矿区生态恢复力建设与管理、矿山生态环境保护政策与法律法规、关闭矿山土地建设利用关键技术、中国煤炭资源型城市转型发展。

丛书编撰邀请了中国矿业大学、中国地质大学(北京)、河南理工大学、安徽理工大学、中煤科工集团等单位的专家担任主编,得到了中煤科工集团唐山研究院原院长崔继宪研究员,安徽理工大学校长、中国工程院袁亮院士,中国地质大学校长、中国工程院孙友宏院士,河南理工大学党委书记邹友峰教授等的支持以及崔继宪等审稿专家的帮助和指导。在此对国家出版基金表示特别的感谢,对上述单位的领导和审稿专家的支持和帮助一并表示衷心的感谢!

丛书既有编撰者及其团队的研究成果,也吸纳了本领域国内外众多研究者和相关生产、科研单位先进的研究成果,虽然在参考文献中尽可能做了标注,难免挂一漏万,在此,对被引用成果的所有作者及其所在单位表示最崇高的敬意和由衷的感谢。

卞正富

2023 年 6 月

本书前言

煤矿区是一个社会-经济-生态复合型生态系统。在采矿阶段,矿区受到开采活动的扰动,会引起地表沉陷、土壤退化、植被演替、水资源破坏、次生地质灾害等,导致耕地面积减少、村庄搬迁,但矿区社会经济会得到发展。随着煤炭资源的枯竭,矿区会受到煤矿关闭的冲击,会引起产业链断裂、产业工人下岗、经济下滑等社会经济问题,可能会导致矿区生态环境进一步退化。煤矿区社会生态系统抵抗这些扰动和冲击的能力就是社会生态恢复力。所谓煤矿区社会生态恢复力建设,就是通过一定的技术、经济、政策、管理等措施,提高煤矿区社会生态系统抵抗各种扰动和冲击的能力,提高系统自修复能力。系统探讨煤矿区社会生态系统恢复力产生机理、影响因素、变化特征以及建设策略等成为本书的焦点。

本书共分七章,具体包括:绪论,恢复力理论,煤矿区土壤自修复机理及影响因素,煤矿区水体自修复机理及影响因素,矿区植物群落次生演替机理及影响因素,地下采煤关键扰动的自然恢复能力及影响因素,煤矿区社会生态恢复力建设与管理等。

本书特点是:

(1) 内容创新。本书首次从恢复力视角审视煤矿区的生态修复、产业转型和绿色发展的基本问题,从提高煤矿区社会生态系统抵抗扰动和冲击能力角度深入探讨了社会生态恢复力产生机理,阐明其影响因素,提出其建设路径。

(2) 体系创新。本书突破同类学术专著的组织体系,以"问题导向—理论探究—技术开发—应用实践"为主线组织章节,以自然生态系统为切入点,以社会经济系统为响应面,将技术、政策、管理等贯穿其中,形成社会生态恢复力建设逻辑框架。

(3) 系统性强。以学术性为出发点,兼顾知识性和可读性,将抽象的恢复力概念通过土壤、水、植被、社会经济等要素的内在属性刻画出来,有助于读者理解和思考,加深对煤矿区社会经济生态系统的了解,强化对煤矿区社会生态恢复力建设的认识。

本书是作者团队多年研究成果的集合,也是近年来恢复力理论研究的集合。全书由张绍良策划,杨永均、侯湖平统稿,米家鑫检查,张绍良定稿。具体编写分工如下:第一章由杨永均主笔、张艺严协助;第二章由侯湖平主笔、王琛协助;第三、四、五章由张绍良主笔,陈赞旭、陈孚尧和胡钰琳协助;第六章由杨永均和米家鑫主笔、孙爱博协助;第七章由张绍良主笔,任雪峰、吴秦豫、霍雪梅、朱笑笑等协助。

　　限于作者学识水平,书中难免有错误和不足之处,敬请读者朋友不吝指正。

编著者

2023 年 5 月

目　　录

第一章 绪 论

第一节 煤矿区生态演变过程

煤矿开采所引发的生态扰动以及采矿废弃地、煤矸石山、粉煤灰排放场等引起的生态环境问题一直受到学界的高度重视。随着党的十八大将生态文明建设纳入中国特色社会主义事业"五位一体"总体布局,社会各界对煤矿区生态修复更加关注。矿区生态修复的关键是恢复受损生态系统的结构和功能,因此,了解煤矿区生态系统结构和功能变化过程,理解不同阶段煤矿区生态系统演变特征,有助于科学实施生态修复。

一、一般生态演替过程

生态演替,是指一种生态系统类型(或阶段)随时间被另一种生态系统类型(或阶段)替代的过程,也是生物群落与环境相互作用导致生境变化的过程。根据演替方向,生态演替可分为正向演替和逆向演替。前者指从结构功能简单向复杂方向发展,后者则相反。生态演替理论不仅对煤矿区生态系统的控制和管理有指导意义,而且还是煤矿区生态修复的重要理论基础。

群落演替是生态学中最重要的概念之一,演替也是生态学研究的中心问题之一(周灿芳,2000)。"演替"(succession)一词是法国生物学家 Dureau dela Malle (1825)首次应用于植物生态学研究中,美国生态学家 F. E. Clements 则在 1916 年最早提出了群落演替科学体系——演替系、演替期以及顶极群落的概念和分类方法。美国著名生态学家 E. J. Dyksterhuis(1959)认为,生态演替的原理同人与自然之间的关系密切相关,是解决当代人类环境危机的基础。图 1-1 为一般生态演替过程(刘志斌 等,2002)。

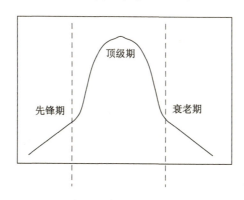

图 1-1　一般生态演替过程(刘志斌等,2002)

（1）先锋期。生态演替的初期，首先是绿色植物定居，然后才有以植物为生的小型食草动物的侵入，形成生态系统的初级发展阶段。这一时期的生态系统，在组成和结构上都比较简单，功能也不够完善。

（2）顶级期。生态演替的盛期，也是演替的顶级阶段。这一时期的生态系统，无论在成分上还是在结构上均较复杂，生物之间形成特定的食物链和营养级关系，生物群落与土壤、气候等环境也呈现出相对稳定的动态平衡。

（3）衰老期。生态演替的末期，群落内部环境变化，原来的生物成分不太适应而逐渐衰弱直至死亡。与此同时，另一批生物成分从外侵入，使该系统的生物成分出现一种混杂现象，从而影响系统的结构和稳定性。

传统生态演替理论共有 9 个基本学说（金小华，1990），包括接力植物区系学说、初始植物区系学说、Connell-Slatyer 三重机制学说、生活史对策演替学说、资源比率学说、Odum-Margelef 生态系统发展理论、McMahoon 系统概念模型、变化镶嵌体稳态学说和演替的尺度等级系统观点等。

二、煤矿区的生态演变

煤矿区的生态系统退化现象普遍，采矿导致的塌陷、植被破坏给环境、区域生态系统造成了负面影响。煤矿区的生态扰动和修复过程是一个十分复杂的过程，驱动因子很多，这里引入系统分析方法对整个煤矿区生命周期进行全面阐述。

煤矿区是以工业广场为核心的一个独特的人工、半人工生态系统，其辐射范围包括矿山开采区、生活服务区、矿区周边受影响的农村，以及依托矿业而形成的乡镇、县市关联产业园区。我国东部煤矿区在开采前地表水土资源丰厚、地下矿产资源丰富，但开采导致水土资源破坏、矿产资源逐步枯竭，矿区生态系统的结构和功能不断变化。我国西部煤矿区在开采前生态脆弱、土地贫瘠、干旱缺水、矿产富饶，开采后生态风险加大、地下水位下降、地表裂缝增多，但是矿区社会经济发展、工业广场周边环境改善、植被增多。图 1-2 直观地显示了因采矿而退化的煤矿区生态系统中最主要的两种截然不同的恢复过程。

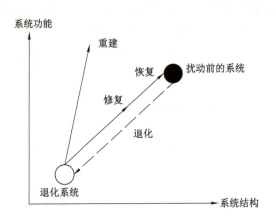

图 1-2　煤矿区生态系统的演变过程（Hobbs，2009）

图 1-2 所示为一个退化了的煤矿区生态系统。图中的"恢复"是指可以将生态系统恢复

到扰动前的状态,这通常需要旷日持久的恢复过程;而图中的"修复"则是指可以将受损生态系统的部分功能和结构修复到扰动前的状态。"退化"是指生态系统的结构和功能在采矿活动扰动下发生不同程度的下降;"重建"则意味着生态系统的结构或功能与原来的不同,甚至是重新建造一个全新的系统。煤矿区在经历生态退化以及恢复(修复)后,其生态系统的结构和功能趋向复杂,其状态会随时间变化而变化。为观测其演变轨迹,需要建立长期的监测体系。

第二节　煤矿区社会生态系统结构与功能

与一般生态系统不同,在采矿活动的扰动下,岩层、地下水系统构成了煤矿区生态系统的重点关注要素。此外,人是煤矿区生态系统的重要组成部分,这是由于煤矿区生态系统是一个典型的人工干预系统,煤炭开发、土地利用、生态恢复、环境管理等人为活动无时无刻影响着煤矿区生态系统,并形成了煤矿区社会-经济-生态复合系统,简称社会生态系统。

一、煤矿区社会生态系统的特征

(一)煤矿区社会生态系统组成

表1-1列举了煤矿区生态系统的基本组成,包括气候、岩石、水文、地形、土壤、生物、人文等。相对于煤矿区社会经济系统,煤矿区生态系统的关注重点是土地生态系统,因此,这里未列出矿产、产业、人口等社会经济相关组成。另外,为更好地理解组成的内容,此处列举了一些常见的表观指标和其发挥的主要作用。

表 1-1　煤矿区生态系统的基本组成(杨永均,2019)

组成	表观指标	主要作用
气候	降雨量、温度、湿度、干湿季时长等	反映系统水分储存、生物生长的关键因子
岩石	岩层厚度、岩层产状、化学性质、质地、导水性、强度等	影响采矿沉陷形态、尾矿和弃渣性状,如地下水渗漏、塌陷程度、重构岩层的稳定性、尾矿析出物的毒理性质等
水文	地下水埋深、水量、水质,地表水量、水质等	影响生物定居和人文活动,如动植物的空间分布、人居生存环境等
地形	形态、海拔、地势、坡度、坡向	影响区域水文循环、生物定居、能量固定等
土壤	质地、肥力、含水量、水势、污染物含量等	影响土地自然生产能力
生物	植被覆盖度、生物量、农作物产量、植物群落、植物多样性、动物种类、动物数量、动物多样性、微生物种类、微生物数量、微生物多样性等	影响土壤保持、水源涵养、多样性保持等
人文	煤矿区企业、农村或城市社会经济组织、土地权属、文化等	影响土地利用与管理(包括扰动响应、恢复利用等)的方式和效率

实际上,在各个组成内部,还可以进一步细化要素,如生物中的植物指标可以细分为乔木、灌木和草本植物等,水文组成可分为地下水、包气带水、地表水等。煤矿区生态系统的各个组成间同样具备一定的等级关系,如气候、岩石、水文、地形都是区域尺度的组成,在微

观尺度上变异不明显。而土壤、生物、人文的等级则较低,在煤矿区生态系统内部差异较大。同时,各个组成之间又是相互关联、相互作用的,如水文会影响生物的定居情况,而土壤肥力又会影响土地的自然生产能力等。

此外,由于煤矿资源广泛分布在全球不同地区,而各地区社会制度、经济发展水平又不同,因而煤矿区生态系统各组成在数量与质量上存在较大差别,如不同区域土地权属的差异会导致不同的土地经营效率、荒漠矿区的水文和生物多样性明显低于热带雨林矿区等。

(二)煤矿区社会生态系统结构

系统结构是指系统内各个组成相互联系和作用的方式在时空上排列组合而形成的某种综合形态。煤矿区社会生态系统的各个组成也是相互影响,并通过各类反馈关系紧密联系在一起的。多个组成的组合会形成一定的空间结构,如地下部分的岩石与地下水之间,有不透水层间含水、松散岩层孔隙水等不同的结构形式;地上部分地表水、生物、地形之间,有沟谷河岸带喜水植被群落、沙丘旱生植被群落等不同的结构形式。图1-3所示为简化的煤矿区社会生态系统多组成间关联和结构。

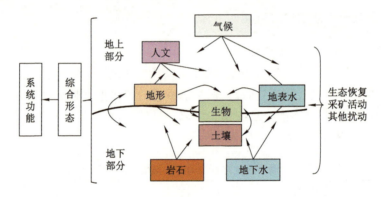

图1-3 煤矿区社会生态系统多组成间关联和结构(杨永均 等,2019)

实际上,煤矿区生态系统与其他生态系统(如草原、荒漠、森林、农田、城市)的结构类似。不同之处在于,煤矿区生态系统既嵌入了人文组成(主要是矿山企业和当地社会经济组织),又保留了部分自然组成及组成间关系,这就使得煤矿区生态系统有别于其他生态系统,成为一种兼具社会经济结构的生态系统。

(三)煤矿区社会生态系统的功能

能量流动、物质循环和信息传递是一般生态系统的功能。从古至今,不同类型的生态系统通过生态过程向人类提供物质和服务。为了更加有效地理解这种服务,生态学家提出了生态系统服务(ecosystem service)这一概念(Gómez-Baggethun et al.,2010)。所谓生态系统服务,是指人类从生态系统获得的所有惠益,包括供给服务、调节服务、文化服务以及维持服务等类型(Costanza et al.,2014)。目前,生态系统服务是生态功能的最直接形式,已被学术界广泛认可并应用到实践中。尽管不同的标准对生态系统服务的二级类型划分有所区别,但都保持了一些常用的指标类型,如供给服务主要是提供初级产品,包括食物、淡水,调节服务主要是气候、水文和环境调节,维持服务主要包括养分、土壤和生物多样性的维持,文化服务则主要提供旅游资源、文化遗产资源等。

表 1-2 列出了煤矿区社会生态系统中的主要生态系统服务,分析了煤矿区社会生态系统不同形态下的服务提供能力。

可以看出,由于煤矿区生态系统的内部差异性和阶段性,未扰动场地、非采掘扰动场地、恢复后的场地等不同类型的场地都具备一定程度的生态系统服务提供能力。而矿区内部生态系统形态的转变则可能会引起生态系统服务能力的减弱,乃至消失。这种形态转变包括原地貌被改造成采区、排土场、煤矸石山等采矿场地,也包括原地貌和复垦恢复场地退化为生态系统服务能力较弱的形态,如荒地、废弃地等。

表 1-2 煤矿区社会生态系统的主要生态系统服务(杨永均 等,2019)

生态系统服务	主要表观指标	服务表现
供给服务	食物	原地貌为农业用地或者矿区恢复为农业用地时提供的主要功能,采掘场地、排土场、尾矿及其他因采矿完全退化的区域等不具备提供能力
	淡水	沉陷或采坑积水区、地下采空区改造为水库时提供的主要功能
	薪材	原地貌为林草地或者矿区恢复为林草地时提供的主要功能,其他场地有自然演替的植被时也具备一定的提供能力
	其他资源	为人类活动提供场所、空间、物质资源,如建筑场地、矿产品等原材料
调节服务	气候调节	原地貌、沉陷未积水区、生态恢复后的场地一般都具备提供调节服务能力,但采掘场地、排土场、尾矿及其他因采矿完全退化的区域等提供能力极差,甚至提供负向调节能力,如释放温室气体、析出有害物质、增大水土流失量
	水文调节	
	环境调节	
维持服务	养分蓄积	
	土壤保育	
	生物多样性维持	
文化服务	消费与旅游	具有文化与科学价值的采矿遗迹、生态恢复研究与示范区,重建为风景旅游、休闲农业等类型的场地。一般采掘场地、排土场、尾矿、受沉陷威胁的区域不具备提供能力
	文化遗产	

二、煤矿区社会经济系统特征

煤矿区社会经济系统是一个开放系统,其内涵明确但边界往往比较模糊。通常地,它是以矿区为中心,集煤炭开采、分选加工、非煤产业,以及农业生产等多种经济单元为一体的一种远离平衡态的系统。我国绝大多数煤矿远离城市,由原来单一的农业生产系统或者林牧业生产系统逐步向工业生产系统为主的多元经济方向演替。矿区社会经济系统还是一个自组织的动态系统,以煤炭产品为核心,社会经济系统能自我组织、自我更新、自我发展。但是由于该系统是一个开放系统,不可避免地受到各种各样的扰动,这种扰动导致系统具有动态特征,促使系统的结构及功能发生变化。

(一)煤矿区社会经济系统的构成

煤矿区社会经济系统由社会子系统与经济子系统共同构成。

1. 社会子系统

煤矿区社会子系统以社会运行系统和行动者为核心。社会运行系统包括行政管理部门、事业单位、非营利组织等,行动者包括企业和居民。煤矿区社会通过资金流、技术流、社会关系、文化交流等构成相互联系的复杂社会系统,个人及家庭是社会系统最主要的成分。

矿山开发初期,社会结构比较简单,主要由矿山开发者组成。矿区发展到一定阶段,随着矿区开采规模的扩大,各种服务业、辅助产业的兴起,人口会越来越多,辐射面会越来越大,地方政府会在矿区设立专门的行政管理机构,管理矿区社会运行,包括国有土地、资源开发、安全生产、职工生活等。随着时间的推移,矿区可能会形成一座城市,被称为煤炭城市,如阜新、七台河、淮北等。矿山关闭后,矿区直接由当地行政部门管辖,政府投入人力、物力、财力重新规划矿区的土地利用、社会发展、环境治理、基础设施、社会福利等,进行矿区转型发展。采矿阶段,矿山企业是社会系统最活跃的行动者,主要活动就是矿产资源开发,而在矿山关闭后,经济主体增多,经济活动多样。

煤矿区社会子系统中,农村是一个重要的且特殊的组成部分。由于煤矿开发面积大,占用农村土地多,"三农"(农村、农民、农业)和"四矿"(矿业、矿山、矿工、矿城)构成了特有的社会问题,矿地矛盾、工农矛盾、地企矛盾突出。矿区农村高度依赖煤矿发展,"靠矿吃矿"是一种普遍现象。在分析矿区社会子系统时,需要重点关注这一特殊结构。

我国东西部煤矿区社会系统存在较明显的差异。东部人口稠密,土地肥沃,潜水位高,煤矿开发的影响严重,且容易导致矿业型城镇形成。西部人口稀少,土地贫瘠,干旱缺水,矿山开发不太容易形成新兴城镇,但是会改变地区的产业结构,促进附近的城镇社会发展。

2. 经济子系统

煤矿区经济子系统,是构成煤矿区经济结构的客观存在,由物质生产系统和非物质生产系统中相互联系、相互作用的若干经济元素构成,包括煤炭资源、生态环境、产业发展状况、基础设施建设情况、人口分布与社会文化氛围等。

在煤炭资源被勘探发现后,为开发煤炭资源,大量的人力和财力陆续投入到煤矿区,这使得交通物流系统大为改善,经济基础设施明显增多。随着人力、技术、资金等的持续投入,煤炭产业发展迅速,煤炭开采机械设备生产、煤炭加工、煤炭运输、煤化工、煤电能源产业等得到延伸,矿区经济子系统逐渐进入成长阶段,围绕煤炭形成一个相对完整的产业链,整个煤矿区经济处于快速上升状态。随着煤炭可开采储量的减少,煤炭产业规模缩小,经济效益降低,产业工人减少,煤炭企业逐渐进入衰退阶段,矿区经济进入转型发展阶段,产业结构调整,新的主导产业逐步兴起,经济子系统逐渐与煤炭脱钩,煤矿区经济进入新的发展阶段。

煤矿区经济子系统的演变和产业结构密不可分。煤炭是主导产业,但随着煤矿区社会经济的发展,围绕煤炭的关联产业也会发展,有的煤矿区还会发展非煤产业。在煤炭资源枯竭前就发展非煤产业,形成多元产业结构,避免"一煤独大",可以形成煤矿区经济可持续发展模式。

煤矿区经济子系统也包括农业经济子系统,这一点往往被忽视。煤矿区乡村振兴、矿区农业发展是矿区可持续发展面临的重要课题。尤其是产业转型期间,矿区农业不能被忽视,应作为煤矿区土地复垦与生态修复的主要方向。除此之外,矿区关闭后,绿色产业、旅游业、信息产业、智能制造业等接替产业和服务业的比重将上升,经济多样性和开放性增强,转型恢复能力和抗风险能力将提升。

（二）煤矿区社会经济系统的结构

在煤矿开采期间，煤矿区的社会经济系统是自然资源与人类活动相互作用的产物，以资源开采为核心，向煤副产品产业链延伸。煤矿区拥有一套齐全的工人村、工业广场、文体活动中心、矿工医院、学校等生活服务设施。与其他社会经济系统相比，煤矿区社会经济系统产业结构单一，经济抗风险能力与应对能力不足，土地塌陷、环境污染等生态环境问题较为突出。

在矿山关闭后，以资源开采为中心的产业链断裂，社会经济系统结构失衡。后期通过有意识的生态修复工程和产业转型发展，煤矿区新的社会经济系统结构将逐渐稳定，以资源开采为中心的经济结构或转向多元化产业结构，或转向农业生产结构，煤矿区进入新的发展阶段。不过，无论是闭矿前还是闭矿后，煤矿区社会经济系统最明显的特征还是受人类活动干预强烈，系统结构的原有状态由于人类所从事的社会经济活动而发生改变。煤矿区社会经济系统演变过程如图 1-4 所示。

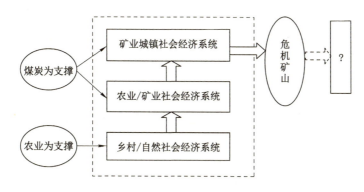

图 1-4　煤矿区社会经济系统演变过程

第三节　煤矿区生态恢复力建设的必要性

如前所述，煤矿区社会生态系统具有一定的组分、结构和功能，且经受着形式各异、程度不同的扰动，如采矿活动、极端气候、污染排放等。在这些扰动的作用下，系统的组分、结构和功能会发生改变。不过，煤矿区社会生态系统是一个具有自我组织、自我维持能力的系统，面对外界扰动，系统具有维持动态平衡的能力，这种系统抵抗扰动的能力就是所谓的"生态恢复力"（ecological resilience）。生态恢复力概念自 20 世纪 70 年代提出以来，得到了快速发展。研究表明，生态恢复力是生态系统的基本属性，生态恢复力的大小决定了系统抵抗扰动、维持平衡的能力。

煤矿区社会生态系统是一个远离平衡态的开放系统，自然系统受采矿活动的影响，功能、结构和组分不断变化，社会经济系统在能流、物流、信息流变化的作用下，尤其是持续开采驱动下煤炭储量不断减少的情况下，产业结构、社会结构、经济结构等也是不断变化的。这些变化的管理是煤矿面临的新课题，直接影响到煤矿区生态修复、环境治理、社会发展、经济转型等，直接关系到煤矿区社会生态系统的演替。管理好这些变化，需要引入恢复力思维，需要加强恢复力建设，因此，煤矿区社会生态系统恢复力的建设和管理是维持矿区可持续发展的关键。

一、煤矿区生态修复需要恢复力思维

(一)矿区生态修复面临新任务

矿区生态修复是土地复垦、环境治理、地灾防治、生态恢复等的统称。2019 年修订的《中华人民共和国矿产资源法》规定"开采矿产资源,必须遵守有关环境保护的法律规定,防止污染环境""矿业权人从事矿产资源勘查、开采活动,应当采取必要的措施尽量减少对原生地理地貌、动植物、地面径流和地下水等生态系统的影响"。2019 年,自然资源部新修订的《矿山地质环境保护规定》规定"矿山关闭前,采矿权人应当完成矿山地质环境治理恢复义务",2011 年颁布的《土地复垦条例》指出"土地复垦,是指对生产建设活动和自然灾害损毁的土地,采取整治措施,使其达到可供利用状态的活动"。

可以看出,我国矿区生态修复逐渐从三大相对独立的工作逐步走向综合。矿区生态修复的基本任务就是修复受采矿活动干扰的生态系统,包括土地复垦、环境污染防治、地质环境治理、动植物群落和人居环境重建等。国际上,作为采矿大国的美国和澳大利亚也采取了综合性的矿区生态修复策略,分别在各自的法律制度体系中使用了"land reclamation"和"land rehabilitation"术语。这两个词都可以简单地直译为土地复垦,但其约定的法定义务包括了地貌重塑、土壤重构、植被重建、地下水修复、污染治理等。这表明,矿山是一个特定的国土空间,其生态问题是多样的、综合的,必须综合治理、系统修复、整体保护。

(二)矿区生态修复内涵转变

经过几十年的发展,通过不断的经验积累与理论创新,我国矿区生态修复内涵历经了四个发展阶段,最终创造性地落脚到"生命共同体"这一理念,如图 1-5 所示。在生态修复的第一阶段,修复工作主要表现为零星的复垦造田实践,这些实践大多是自发的、小规模的;在第二阶段,政府开始有组织地采取土地复垦措施,其主要目的就是增加耕地,这一转变以1988 年《土地复垦规定》的颁布为标志;在第三阶段,将地质环境和土地复垦纳入采矿许可和用地审批之要件,矿区土地复垦与生态重建逐渐兼顾地质环境、景观、农林牧渔等多元目

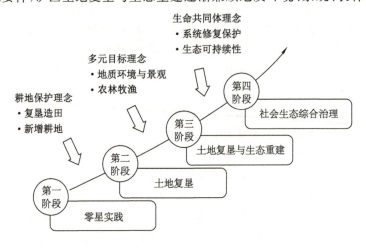

图 1-5 我国矿区生态修复的发展与内涵转变(杨永均 等,2019)

标;在第四阶段,以"山水田林湖草沙"生命共同体为基本理念,实施矿区生态系统修复、综合治理,注重矿区可持续发展。

进入第四阶段后,矿区生态修复内涵有较大更新,着重表现在以下三个方面:

① 从生态单要素的修复转变为生态系统的修复。现阶段矿区生态修复不再仅仅关注土壤、植物、地形这些单一的生态要素,而是关注生态系统的过程、结构、功能和生态服务。

② 从小尺度修复转变为大尺度修复。传统生态修复立足对挖损、压占、污染地块开展工程措施,现阶段则需要从矿区、城市甚至流域尺度开展修复。

③ 从自然对象的修复转变到社会生态系统的修复。由于矿区不仅承载着矿产资源开发的功能,还具有人居环境、产业发展空间的功能,因而此阶段矿区生态修复必须兼顾社会-经济-生态复合系统。

（三）矿区生态修复面临的现实问题

总结近年矿区生态修复的实践,发现矿区生态修复普遍存在切入点不明,重工程、轻综合,生态观和系统观缺乏等现实问题,究其深层次原因,主要有以下几个方面:

① 对系统自然规律认知不足。体现在对矿区生态系统自然恢复能力认识不足,这极大地限制了政府有效施加干预措施的效率,难以准确且及时地选择最有效的手段。

② 矿区生态修复对象复杂。由于矿区生态系统具有显著的非平衡性、复杂性、动态特征,矿区生态修复面临多要素、多尺度、多维度耦合交互作用的挑战,因而修复工程不仅仅要恢复某个生态要素,还要注意生态恢复工程的经济学和社会可接受性,以及多尺度扰沌作用对矿区社会生态系统的影响等诸多方面。

③ 缺乏系统性思维。各级政府在进行生态修复工作时,往往缺乏一种带有指向性的系统性思维来有机地组织各类修复工程、方法、技术和政策,常常会缺乏具体措施来引导实际行动,显得修复工作乏力而没有抓手。

由此可见,煤矿区生态修复需要生态恢复力理论指导,以满足矿区生态修复的综合性、系统性和全域性的客观要求。生态恢复力是一种综合属性,是生态修复的根本目标。土壤改良、植被恢复、土地利用、生态服务价值提高等生态修复工程应关注生态恢复力建设。

二、生态恢复力建设与管理是促进矿区可持续发展的关键

在生态环境保护、自然资源管理等工作中,恢复力建设可起到桥梁作用。这是因为恢复力是可持续发展的基础,而人类的生态环境保护和自然资源管理工作正是为了实现对生态系统的可持续管理。人们在管理生态系统的时候,引入恢复力理念,掌握与恢复力有关的阈值、状态、运行空间等信息,这对于制定有效的决策、措施具有十分重要的作用,而这些决策、措施则为生态系统可持续提供生态服务。这个桥梁作用则需要将多学科知识整合起来,包括复合系统的演变与响应、结构与功能、扰动与冲击等方面的知识。

煤矿区生态修复以系统可持续发展为目标,在这样的背景下,煤矿区生态系统恢复力的建设与管理也就成为煤矿区生态修复工作中最重要的环节之一。具体来说,恢复力这一工具可以在以下几个方面发挥重要作用。

① 预控采矿带来的扰动。我国现行与煤矿区生态相关的规范,如《环境影响评价技术导则 生态影响》(HJ 19—2022)、《矿山地质环境监测技术规程》(DZ/T 0287—2015)、《矿山土地复垦基础信息调查规程》(TD/T 1049—2016)、土地复垦方案编制规程系列等都规定了

对采矿生态影响的预测和预控工作流程,但尚未有直接对恢复力及其建设与管理的要求。采矿造成的扰动,如次生盐渍化、沉陷积水、环境污染、地表裂缝等,会显著影响矿区生态系统。为应对这些扰动,有必要系统评估特定恢复力,建设恢复力与管理恢复力,提高系统稳定能力,从而避免土地生态功能的显著改变。

②优化生态修复设计。煤矿区生态修复的工程设计取得了长足发展,大量生态恢复工程技术被开发应用,并取得了显著成效。为了规范工程设计,政府发布了不少规范,如《矿山生态环境保护与恢复治理技术规范(试行)》(HJ 651—2013)、《土地复垦质量控制标准》(TD/T 1036—2013)等。但是在矿区生态修复的第四阶段,在进行生态修复设计时,须对各类修复工程、方法、技术进行成本与效率等方面的综合考量,而恢复力思维的引入可以很好地解决这一设计难题。在工程设计中需要重点考虑的一个问题是需要采取什么样的工程(如自然恢复或人工修复),才能达到可持续的目标,才能将生态功能保持在一个期望状态,而要解决这个问题,离不开恢复力理论。

③评价生态修复工程。不论采取何种修复模式和技术,生态修复总会产生一个结果。但这是成功的生态修复?抑或是失败的生态修复?这就需要我们对生态修复工程进行监测和评价。目前,较为通用的方法是利用可被测量的指标进行评价,如我国的《土地复垦质量控制标准》(TD/T 1036—2013)、澳大利亚的 *Rehabilitation Requirements for Mining Resource Activities*(2008)等文件都规定了一些具体评价指标。而实际上恢复力是否被有效地建设与管理,同样可以作为一个重要的评价准则,这是因为只有建设和管理恢复力,系统可持续能力才能得到保障,才能真正实现煤矿区生态可持续的长期管理目标。

④后采矿时期土地生态管理。采矿活动相对于土地利用历史来说是短暂的,采矿扰动的土地最终仍会以某种方式被利用。但在这一利用过程中,生态系统将会面临一些常见或未知的生态扰动,如气候变化等。经过采矿扰动并经过生态修复的土地,其性质与自然土地存在差异,例如,人工重塑的土层与自然形成的土层在持水透水能力、营养组分等方面不可能完全相同。这使得后采矿时期土地生态管理尤为重要,需要对恢复力持续建设并进行管理。图1-6显示了恢复力建设与管理在煤矿区生态可持续管理工作中的作用。

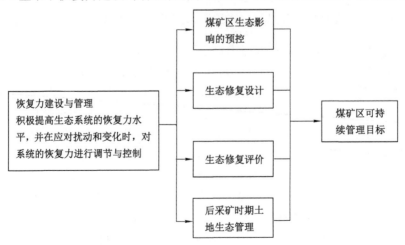

图1-6 恢复力建设与管理在煤矿区生态可持续管理工作中的作用

总地来说,煤矿区生态系统恢复力建设与管理是对煤矿区生态系统利用、管理和控制的过程,是维持煤矿区生态系统可持续发展的关键环节。恢复力建设与管理是恢复力从理论走向实践的过程,也是支撑煤矿区生态系统可持续管理目标实现的关键。

第四节　煤矿区生态恢复力建设面临的问题

一、矿区生态恢复力建设的理论问题

越来越多的矿区生态恢复实践表明,单一的工程或措施很难达到恢复目标。为实现新时代矿区生态整体保护、系统修复和综合治理的目标,必须在恢复力思维下重新构建一个矿区生态系统认知框架,如图 1-7 所示。

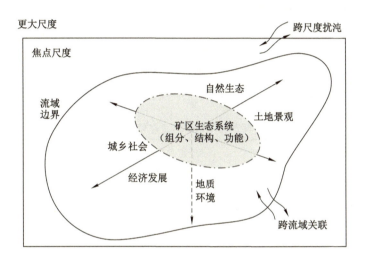

图 1-7　恢复力思维下的矿区生态系统认知

首先,必须接受矿区是一个复杂的社会-经济-生态复合系统这一观点,与其他常见生态系统不一样,矿区具有特定的组分、结构和功能,特别是包括岩层、地下水、高强度人类活动、污染物与地下水运移等生态要素或过程。其次,矿区具有生态、社会、经济多维度特征,矿区生态系统演变与当地自然生态保护、城乡社会发展、土地景观利用等都有密切关系。最后,矿区生态系统受到多尺度扰沌的影响,在焦点尺度内,可能受到跨流域关联的交互影响,多个矿区还可能形成累积效应,对大尺度生态过程产生影响;在更宏观或更微观的尺度上,还存在跨尺度扰沌,如宏观尺度政策对焦点尺度矿区内土地利用的影响,微观尺度地下水位下降对焦点尺度植被退化的影响。在恢复力思维的启发下,矿区生态恢复还有大量科技问题需要探究和解决。

未来矿区生态恢复需要加强恢复力理论的研究,主要包括恢复力的影响因素、作用机制、评估方法等多方面。在影响因素方面,需要解决矿区生态系统恢复力的关键因素及作用机制这一问题。在作用机制方面,需要解决的问题是恢复力对生态系统维持和受损生态系统恢复起到了什么样的作用。在评估方法方面,需要综合运用试验观测、数值模拟、时空

动态分析等方法定量揭示矿区生态系统的阈值效应、跨尺度扰沌、多维度关联等。研究这些问题，必须首先明确矿区生态系统的边界、尺度、自然地理和维度条件，而且以解决关键问题为导向。在研究变量选取和结果解释的时候，必须突破时空、维度、尺度的思维束缚，将社会和生态、地上和地下、格局和过程、多个尺度耦合起来考虑。如解决工矿废弃地再利用的问题，不能仅仅考虑土壤质量，还应当考虑资金和宏观政策条件；评估重建植被恢复力时，既要考虑大尺度气候变化的影响，还要考虑小尺度群落结构的影响。

二、矿区生态恢复力建设的实践问题

在矿区土地复垦与生态重建发展的前三个阶段，主要是基于工程理念开展实践，核心思想是利用工程化的手段快速解决矿区生态环境问题，以期取得直接效益。目前，为了统筹地质环境治理、土地复垦、污染防控等，以系统理念来指导矿区生态修复，以期获得综合效益。为了实现整体保护、系统修复和综合治理目标，利用恢复力理论对矿区生态修复进行全盘革新是未来发展趋势。如表1-3所示，未来矿区生态修复在诸多方面将凸显差异。在恢复力理念下，未来矿区生态修复以系统变化轨迹为参考状态，以社会生态基本属性为修复对象。同时，修复目标则是灵活的，会兼顾多个利益相关者的利益。此外，注重大尺度修复，主动培育干扰、变化和多样性，并开展适应性管理和动态评价。

表 1-3 不同理念下的矿区生态修复差异比较表

比较要点	基于工程理念的传统矿区生态修复	基于生态系统的当前矿区生态修复	基于恢复力的未来矿区生态修复
参考状态	历史条件	多参考对象条件	变化轨迹
修复对象	单个功能或物种	多种生态系统服务	社会生态基本属性，多样性和多种功能
修复要素	单一生态要素	土地生态系统	社会生态系统
修复目标	最大化产出	强调多功能	最大化灵活性
系统动态观	单一静态平衡点	多稳态	多稳态
修复尺度	场地修复，单一尺度	小尺度修复，关注尺度效应	大尺度修复，多尺度扰沌
人的角色	人类利用生态系统	人是社会生态系统一员	人有责任维持生态
公众参与	管理者定义系统主要作用	多个利益相关者共同确定目标	多个利益相关者共同确定目标
如何管理	机械管理	综合管理	适应性治理
如何评价	质量指标	多准则评价	动态多准则评价
工程性质	生物环境工程	生态工程	社会生态工程
对待干扰	阻止干扰	接受自然干扰，考虑变化	培育干扰，考虑变化
对待变化	减少变化	接受历史变化	培育变化和多样性

推动基于恢复力的未来矿区生态修复实践，需要近期重点开展恢复力调查与评估，探索恢复力建设工程试点和矿区生态适应性管理。其一，针对我国生态脆弱和环境敏感地区的矿区开展恢复力调查与评估，重点识别矿山开发的环境容量、生态退化的控制因素和阈值、生态恢复的限制性因素。其二，在生态脆弱区、矿产资源密集开发区、资源枯竭矿区、大

型矿产资源基地探索恢复力建设系统工程,识别主要问题,综合运用多种技术措施,研发恢复力强化关键技术,实现矿区生态系统保护和修复。其三,在矿区生态保护和修复中探索适应性管理,特别是针对矿山开发的动态环境影响监测和评价、矿山地质环境保护与土地复垦的动态实施和监管、修复后生态系统质量验收评估等开发适应性管理程序,通过长期监测和研究,不断学习积累经验,适时对生态修复规划、措施、工程方法、政策予以调整和改进,避免矿区生态保护和修复失败的风险。

第五节 生态恢复力研究进展

1973 年,在美国佛罗里达大学工作的 Holling 教授发现生态系统具有稳态而非单一平衡点,于是提出恢复力理论来揭示生态系统的动力学行为。根据恢复力原理,Holling 在1986 年又提出了系统适应性循环理论。瑞典皇家科学院 Beijer 研究所以生态与经济学为核心研究方向,恢复力在相关研究工作中成为重点。Holling 教授所在的佛罗里达大学与Beijer 研究所发起了一项名为"恢复力网络(resilience network)"的研究项目。该项目触发了扰沌、非凸性生态系统经济学、恢复力建设等理论的产生。

一、文献分析

1. 文献发表趋势

截至 2020 年,对中国知网(CNKI)数据库检索"主题=生态恢复力",得到 701 篇文献。近 20 年我国生态恢复力相关论文发表数量统计结果如图 1-8 所示,可以发现,生态恢复力相关文献的发表数量呈现明显的上升趋势。

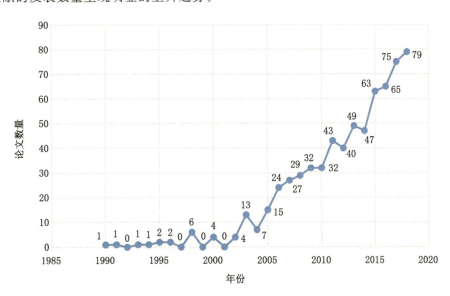

图 1-8 CNKI 生态恢复力相关论文发表数量统计

自 2000 年后,文献数量增长较为显著,2018 年达到顶峰 79 篇。有关生态系统恢复力的研究可以分为三个阶段,第一阶段为 1990 年至 2002 年的萌芽期,该阶段我国生态恢复力相关研究的文献数量不多,13 年间均不超过 10 篇且有多个年份发表数量为 0,这说明此阶段学界对该领域的关注度较低,相关研究并非主流;第二阶段为 2003 年至 2010 年的发展期,该阶段中生态恢复力研究的相关文献数量有一定程度的增长,但并不显著;第三阶段为 2010 至今的热度期,生态恢复力相关文献每年发表量呈现出快速上升的态势,已逐渐与国际学界的恢复力研究热度相接轨。

而对 Web of science(WOS)数据库检索"Topic＝resilience & ecological"后,得到 7 442 篇文献,近 20 年相关论文发表数量统计如图 1-9 所示。

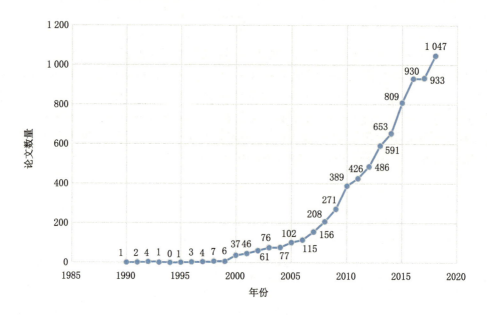

图 1-9　WOS 生态恢复力相关论文发表数量统计

国际上关于生态恢复力的研究同样可以分为三个阶段,第一阶段为 1990 年至 1999 年的萌芽期,这期间学界年发文量极少,生态系统恢复力研究处于萌芽阶段;第二阶段为 2000 年至 2009 年的发展期,在该阶段中,关于生态系统恢复力的年均发文量达到 295 篇,并且每年的发文数量涨幅逐步加快;2010 年至今为相关研究发展的第三阶段热度期,该阶段相关文献的发表数量快速上升,2018 年的发表数量已达到 1 047 篇,是 2000 年论文发表数量(37 篇)的 28 倍多。

总体来说,国内外生态恢复力相关文献的发表数量近年来均呈现整体上升的趋势,且在近年来增长速度持续加快。这说明,在人类生态环境日益恶化、世界可用自然资源逐渐枯竭的今天,恢复力思维作为与可持续发展观念契合度极高的理念,得到越来越多专家学者的重视,逐渐成为生态修复领域相关研究的热点和重点内容。

2. 研究热点

关键词是对论文研究主题与核心内容的高度凝练,关键词的出现频率可以反映其所涉及的研究领域的热点。因此,可以通过词频分析方法得到该领域的研究热点。

使用 CiteSpace 分析文献数据的关键词,设置时间跨度为 2001—2017 年,单个时间分区长度为 1 年,节点类型选择关键词,提取每个时区中被引频次最高的 30 个关键词,剪裁方法选择最小树法,生成关键词图谱(图 1-10)。可以看出,"恢复力"(resilience)和"社会形态系统"(social ecological system)是网络中最大的两个节点,出现频次分别达到 837 次和 788次;其次为"管理"(management),"气候变化"(climate change),"脆弱性"(vulnerability),"管治"(governance),"可持续性"(sustainability),"适应"(adaptation)等,出现频次均在 200 次以上。突变性关键词(burst detection)表示待考察的关键词在短时间内跃迁的现象,强调突变性。通过对关键词突变性的分析,可以了解研究热点的动态变化。从生态恢复力研究文献的突变性关键词来看,该领域研究呈现出多元化特征,不同时期出现了不同的突变性关键词。通过进一步的文献梳理,可以总结出以下 3 个方面的研究热点,分别是社会-生态系统恢复力的动态演化,包括复杂系统、阈值、尺度、体制转换、转型等关键词;社会-生态系统恢复力的适应性管理,包括生态系统管理、自然资源管理、制度、适应性管治、适应能力等关键词;不同类型的生态恢复力的实证研究,包括环境变化、不确定性、农业社会-生态系统、渔业社会-生态系统等关键词(黄晓军 等,2019)。

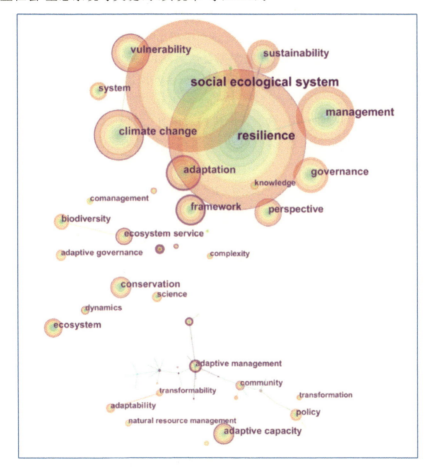

图 1-10 生态恢复力研究关键词图谱

3. 热点研究区

通过对文献的统计分析,目前恢复力研究的热点研究区中,热度较高的国家包括美国、加拿大、巴西、中国、澳大利亚、印度等。美国与澳大利亚的相关研究开展较早,且将生态恢复工具付诸实践并取得了良好生态修复效果。研究开展深入的国家以及研究区数量较多，可以反映出研究区所在国家的恢复力研究水平。

二、生态恢复力的研究机构

1. 各国家主要研究机构

恢复力研究作为学界的热点内容，在全球范围内已进入了大规模研究阶段，各国家的相关研究机构纷纷将恢复力研究列为重点课题。对各个国家的代表研究机构进行梳理总结，可以帮助日后的研究整理成果时提高效率。

目前，恢复力研究成果（SCI 论文数量为评价标准）排名世界前十六名的国家分别为：美国、澳大利亚、英国、瑞典、加拿大、德国、荷兰、法国、南非、新西兰、瑞士、西班牙、挪威、奥地利、意大利以及印度。而各个国家的代表机构则分别为加利福尼亚大学（美）、莱切大学（Università degli Studi di Lecce）（意）、自然资源与社会科学大学（BOKU）（奥）、联邦科学与工业研究组织（CSIRO）（澳）、东安格利亚大学（University of East Anglia）（英）、斯德哥尔摩大学（Stockholm University）（瑞典）、奥斯陆大学（University of Oslo）（挪威）、曼尼托巴大学（University of Manitoba）（加）、巴塞罗那自治大学（UAB）（西）、联邦环境科学研究所（Eawag）（瑞士）、瓦赫宁根大学（Wageningen University & Research）（荷）、奥塔哥大学（University of Otago）（新）、开普敦大学（University of Cape Town）（南非）、环境实验室（法）以及钱得社会经济研究院（印）等。这些研究机构对恢复力的研究各有特色，有的侧重恢复力实践的研究，有的则偏重相关理论的分析。各组织占各自国家总体研究数量的百分比如图 1-11 所示。

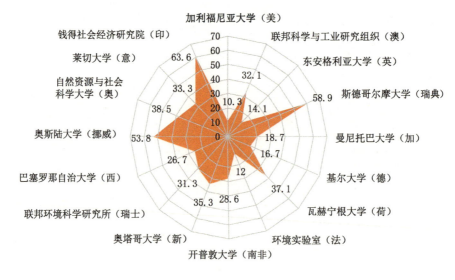

图 1-11　各组织占各自国家总体研究数量的百分比

2. 国际恢复力联盟

1999 年，恢复力联盟（网址为 https://www.resalliance.org）在美国埃默里大学（Emory University）正式成立，为一个非营利组织。联盟创建单位有农业贸易与政策研究所、环境与社会评估组织、埃默里大学、华盛顿大学、澳大利亚联邦科学与工业研究组织、儿童与青少年恢复力测度组织、津巴布韦野生动物保护基金会、卡尔顿大学、国际应用系统分析研究所。2007 年，为鼓励年轻人参与，恢复力联盟成立了恢复力联盟青年学者网络（resilience alliance young scholars network）。2015 年，恢复力联盟又建设了恢复力联系网络（resilience connections network），成立了可供参与者共享数据和观点的网站。

恢复力联盟于 2003 年开始出版学术刊物 *Ecology & Society*，该刊物影响因子为 4.14，是生态学与环境科学领域的 SCI 一区期刊。自 2008 年开始，恢复力联盟每年组织一次会议，每三年组织一次国际会议。恢复力联盟的会员是来自世界各地的学者，大多数在国际组织如国际气候变化委员会等中担任要职。目前恢复力联系网络有近 400 位会员，其中有来自我国清华大学、浙江大学、四川大学、中国矿业大学、中国科学院地理所的五位学者。

恢复力联盟重点研究社会生态系统恢复力，通过建设一个创造性、包容性和可信任的合作组织来为建设恢复力和可持续的世界提供科学依据。截至目前，恢复力联盟已经发表了数千篇著作，研究主题涉及恢复力分析和时间、状态转移、尺度与扰沌、治理与人民、生态系统服务、社会生态系统等。状态转移临界点（阈值）数据库（网址为 https://www.resalliance.org/thresholds-db）是恢复力联盟的重要产品和研究内容。该数据库记录了社会生态系统状态变化的临界点。具体信息包括生态系统类型、生态系统服务、资源使用者、权属、空间尺度、时间尺度、可逆性、背景、潜在状态、临界值等。目前，该数据库共有 103 条记录，记录了水生生态系统、陆地、水陆交互界面、气候、社会相关的临界点（阈值），例如北极植被类型从森林到灌木转变的地表反照率和温度阈值。恢复力实践也是恢复力联盟的一个重要研究内容。恢复力联盟组织或参与在世界各地开发工具和方法，并以此为当地社会生态系统的转型和可持续发展提供依据。具体的实践内容主要包括社会生态系统概念模型、系统动态和阈值、尺度扰沌、适应性治理方法、基于恢复力理论的管治和转型等。

恢复力联盟近 10 年陆续出版了《恢复力思维》《恢复力实践》《恢复力建设原理》《评估社会生态系统的恢复力-给参与者的工作手册 2.0》《空间恢复力》《适应性环境评价与管理》《社会生态恢复力与法律》《社会网络与自然资源管理》《适应气候变化：阈值、价值和管理》《连接社会与生态系统》《湖泊系统的状态转移》《扰沌：理解人类和自然系统的转型》《生态恢复力的理论基础》《复杂性与生态系统管理》《理解机构多样性》《旱区农业流域的综合管理》等学术专著。这些专著的出版不仅把恢复力的理论研究推向了更高的程度，也将恢复力与自然资源管理、社会生态系统调控结合起来。

三、煤矿区生态恢复力研究现状

在人类活动对自然界生态系统的各种扰动中，矿产资源的开采无疑是最剧烈的、最持久的扰动。煤炭开采面积大、强度高、年限长，在各类矿产资源开发中最有代表性，所以自从生态恢复力理论产生以来，煤矿区生态恢复力就是一个重要的研究领域。

越来越多的学者认识到，矿区土地复垦和生态修复的核心不仅是治理破坏的植被或者退化的土壤，而且还应该建设生态系统恢复力，但对矿区生态系统恢复力涉及的扰动类型却存在不同观点。有的学者认为，矿区土地复垦和生态修复针对的就是采矿扰动，如沉陷、裂缝、滑坡、地下水破坏以及污染等，但是有学者认为这种看法必须改变。例如，加拿大油砂矿区的阔叶林生态系统的结构和功能十分复杂，且受到地形、土壤、植被和外在扰动等多种因素的影响，这个阔叶林生态系统是一个自适应系统。重建恢复力系统需要了解这个系统的自然演替、相互作用以及动态性,因此恢复力应包含两种能力:一是从采矿扰动中恢复的能力,二是从未来扰动中恢复的能力。据此,来自加拿大的研究人员提出恢复力建设的途径,包括:① 重新建立与地形、土壤相匹配的树种多样性;② 使用定植苗技术来提高抗压能力;③ 利用表土和林地表层物质来促进多样的、自然的林下植物群落的演替;④ 利用粗木制材料来迅速启动关键生态过程。另外,有学者认为目前提高土壤恢复力、植被群落恢复力、景观恢复力等的路径仍不清晰,澳大利亚学者还呼吁应重新定义矿区生态重建、矿区生态恢复内涵,以利于明确恢复力建设的目标。

我国是世界第一大采煤国,年产量占全球产量的 50%,所以采煤引起的矿区生态环境影响也是最严重的。近年来,我国学者也开始关注煤矿区生态恢复力理论研究,包括矿区土地生态系统恢复力的内涵和性质的界定,恢复力的测度指标和方法的建立,恢复力调控的机理等。

有的学者对关闭矿区系统的要素、动态演变、自组织特征、系统服务束变化等进行了分析,发现了矿区运营期及关闭矿区后的基本特征,对关闭矿区系统的扰动类型、过程机理进行了剖析,发现了关闭矿区社会生态恢复力的驱动因素,提出了关闭矿区系统的一般恢复力和特点恢复力的指标体系,对系统不同状态的恢复力指标进行测度,对关闭矿区的恢复力评价、对矿区恢复力管理提出对策建议。界定关闭矿区社会生态系统概念、内涵与尺度,剖析闭矿后系统受到的冲击/扰动及其后效应,梳理扰动类型与特征。根据社会-经济-生态系统的反馈,描述遭受冲击后系统要素与要素间关系变化情况,构建恢复力替代指标体系,构建恢复力三维评价模型,通过三维评价模型来刻画恢复力演变规律,并提出关闭矿区社会生态系统恢复力管理策略,最后进行实证研究。

四、煤矿区生态恢复力的研究趋势

(一)现阶段研究的主要特点

现阶段生态恢复力研究的主要特点有以下几个方面。

① 总体来看,国内外生态恢复力相关的研究成果均呈增长趋势,但文献主要来源于美国。国内外刊登生态恢复力研究领域文章的期刊多偏向生态类和资源类。

② 国际上,不同阶段关注的重点不同,早期的研究关注生物多样性保护和生态系统稳定性等,2010 年后更加重视对特定生态恢复力的实践研究。这些年来,恢复力研究从理论研究深入到具体的案例建模测算,研究对象也从海洋生态系统扩展到森林生态系统并不断细化。此外,目前国际恢复力研究主题集中于生物多样性、基础理论、政策管理以及海洋生态系统(珊瑚礁)的稳定性研究。

③ 国内对生态恢复力的研究方向主要包括 3 个方面:建设恢复力的工程措施(例如土地复垦等)、调查监测手段以及影响因素研究。但近年来,社会-生态系统领域的恢复力研究、生态系统的可持续、稳定性研究成为国内研究热点,且恢复力框架应用到灾害(旱灾、水灾)、生态系统(森林、湖泊)、区域经济、社会(社区、贫困)、资源(水资源、土地资源)等不同领域。不过生态恢复力综合研究仍处于起步阶段,大多仍是对国外已有研究的介绍和综述,取得的成果也主要集中在微观尺度的恢复力研究中。与国外相比,我国生态恢复力研究在理论、方法以及实证研究案例等方面都有待于进一步加强。

（二）研究内容的变化趋势

目前的恢复力评估与测度方法仍较薄弱,尤其是对于现阶段的大尺度生态恢复力评估来说。恢复力概念从工程恢复力、生态恢复力到社会生态恢复力的演变反映恢复力理论进入新的阶段,表明社会生态系统的复杂性,复杂现象容易造成对本质的逐渐模糊,对恢复力测量方法的梳理在于体现这一过程并还原恢复力的本质。

在现有的几种测量方法中,阈值和断裂点的方法是基础,该方法关注传统工程恢复力的时间和对应的速度以及生态恢复力的干扰量,其前提和假设是恢复力理论的根基,即基于系统相对稳定状态的假设来探讨系统的边界或临界问题,测量恢复力的作用范围。虽然阈值和断裂点的方法主要应用于生态系统,但对社会系统研究提供了转化型变革或转换型景观的思路,并且对空间阈值和恢复力长度的探索也表明从时间恢复力转向空间恢复力的过程中量化恢复力还主要基于这个方法。由于阈值和断裂点方法的假设在社会生态系统和社会系统中难以被直接观测,进而产生了恢复力替代的方法。但是通过替代物的选取并构建系统模型来测量恢复力的方法实际上是承认恢复力不能被直接测量,因而存在不准确性,且这种不准确性与测量者的主观和能力有很大关系。既然替代不能使得恢复力量化更具说服力,社会系统研究干脆更多选择定性的场景分析法,使得这5种方法在复杂的社会生态系统研究中并存并相辅相成,如图 1-12 所示。

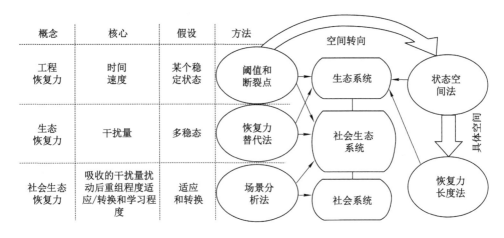

图 1-12　恢复力测量方法演变

通过分析,可以总结出未来恢复力测量方法的研究方向:

① 恢复力理论仍是一个假设,或看作是社会生态系统的一个属性或维度,是否存在至今仍然不清楚,这是恢复力概念长期得不到统一的困境来源,也是恢复力难以测量的关键性因素和未来亟待解决的问题。

② 尽管没有统一的概念和测量方法,恢复力还是提供了研究社会生态系统等复杂系统的思路,未来可基于系统相对稳定状态的假设,关注系统边界或临界问题,监测相关变量变化,测量恢复力的作用范围。

③ 恢复力测量正从时间转向空间,从生态系统转向社会系统和社会生态系统。未来,阈值和断裂点将会是恢复力测量的基本方法。

第二章　恢复力理论

第一节　恢复力概念

一、恢复力概念的起源与发展

恢复力(resilience)源自拉丁文 resilio(re＝back 回去,silio＝to leap 跳),即跳回的意思。McAslan(2010)认为,恢复力概念最早起源于材料学领域。1818 年,Tredgold 用恢复力描述木材特性以解释为什么有些类型的木材能够适应突然且剧烈的荷载而不会断裂,这里恢复力是指材料在没有断裂或完全变形的情况下,因受力而发生形变并存储恢复势能的能力。

自恢复力概念提出以来,国际上众多学者开始在不同领域内不断诠释与发展此概念,其定义很多,如表 2-1 所示。

表 2-1　不同领域恢复力定义(杨永均,2017)

术语	英文	领域	定　义
恢复力	resilience	经典物理	物体发生形变(包括弹性形变与塑性形变)产生弹力,在弹性限度内引起的弹力
心理恢复力	psychological resilience	心理学	人(特别是小孩和家庭)的综合能力和特征,这种能力和特征能够动态地相互影响,使得人在相当的压力和逆境下能够恢复、成功应对和运转
工程恢复力	engineering resilience	生态学	一个系统经历扰动之后恢复到平衡或稳定状态所需要的时间
生态恢复力	ecological resilience	生态学	系统在达到状态转换阈值之前吸收或抵抗干扰的能力
社会恢复力	social resilience	社会学	社群或组织承受外部冲击、从风险中缓解和恢复的能力
经济恢复力	economic resilience	经济学	一个系统在面对市场或环境变化时,依然能够有效分配资源并提供基本服务的能力
区域(经济)恢复力	regional(economic) resilience	经济地理	区域或者局部经济体承受或从市场、竞争和环境冲击中恢复其发展路线的能力
社会生态恢复力	social-ecological resilience	社会生态	社会生态系统吸收扰动来保持本质结构、过程和反馈的能力
空间恢复力	spatial resilience	景观生态	系统内部和外部利益在不同时间和空间尺度上受到影响的恢复能力

　　从恢复力研究涉及的科学领域来看,最多的是物理学,其次是环境科学与生态学,还有社会学、心理学等领域(Hosseien et al.,2016)。例如,Allenby 将恢复力定义为"系统在面对内外变化时保持其功能结构的能力以及在必需情况下平稳退化的能力",Pregenzer(2011)将恢复力定义为"衡量系统吸收持续的与不可预测的变化并仍然保持关键功能的能力",Haimes(2009)将恢复力定义为"系统在达不到退化界限内抵抗大规模破坏以及在适当时间、合理代价与风险范围内恢复的能力",基础设施安全合作伙伴组织(Infrastructure Security Partnership)则将"灾害恢复力"定义为"阻止或抵御诸如恐怖袭击等重大危险的威胁事件,并且恢复与重建关键服务使得公共安全与健康损失最小的能力",Hosseini 等(2016)等将恢复力定义为"假定发生了一个特定的破坏事件(或一系列事件),那么对于那些事件(或多个事件)来说,系统的恢复力就是系统有效减少偏离的能力,即减少偏离于既定目标的系统性能水平的程度与持久度的能力"。国际恢复力联盟建议从 3 个方面理解恢复力:① 系统保持同样状态前提下能吸收的扰动总量;② 系统自组织的能力;③ 系统能够建立并增加适应外界扰动的能力。

　　尽管目前恢复力理论在政策和管理方面的价值已经被广泛认可,不同领域、不同学者对恢复力有不同的定义,但其定义尚没有达成共识,甚至出现了一定程度的恢复力概念滥用的现象(Brand et al.,2007)。对"resilience"一词的中文翻译目前主要有恢复力、弹性和韧性三种,在环境科学与生态学领域,习惯使用弹性、恢复力,在灾害研究领域,一般使用"恢复力"一词,而在社会经济领域,习惯使用韧性、恢复力(汪辉 等,2017)。

　　不同领域恢复力定义的差异主要体现在所描述的客观对象不一样,如经济领域,客观对象是区域经济体,社会生态领域的客观对象则是社会生态系统,心理学领域的客观对象则是人或群体。不同恢复力定义的共同点则体现在所描述的都是一种系统能力。实际上,恢复力是一个普遍性概念,几乎每个领域、对象都可以和恢复力联系起来。

　　目前,恢复力使用较多的定义是:系统吸收扰动重新组织并从根本上保持相同特性(包括功能、结构和反馈)的能力(Walker et al.,2012)。实际上,这个定义抛开了具体领域,其客观对象就是系统,这个系统可以是生态系统,也可以是社会生态系统等。

　　恢复力理论的发展首先得益于对自然世界规律的深化认识,然后又受到复杂世界管理需求的驱动作用。其发展大致可以分为三个阶段,第一阶段是从物理学到生态学的研究,这一阶段是建立在对生态系统非平衡态深化认识的基础上的;第二阶段是从生态学到社会生态系统的综合研究,这一阶段是社会生态系统管理和认识发展所带动的;第三阶段是从社会生态系统研究到泛在思维,这一阶段是泛在系统的管理需求所驱动的。具体如图 2-1 所示。

　　1. 第一阶段:从物理学到生态学的研究

　　在经典物理学中,恢复力是指物体发生形变(包括弹性形变与塑性形变),在弹性限度内引起的弹力。胡克的弹性定律指出:弹簧在发生弹性形变时,弹簧的弹力 F 和弹簧的伸长量(或压缩量)x 成正比,即 $F = k \cdot x$。在物理学领域,客观事物的弹性受力现象十分普遍,也较早地引起了科学家的研究兴趣,实现了定量研究。在生态学领域,早期研究还集中在生物分类和进化、生物与环境关系的研究上。相对于物理世界,生态系统更为复杂,直到20 世纪,才对系统的恢复力展开研究。

　　20 世纪 50 年代学院生态学派主要关注人类和自然扰动下生态功能的持续问题,继而

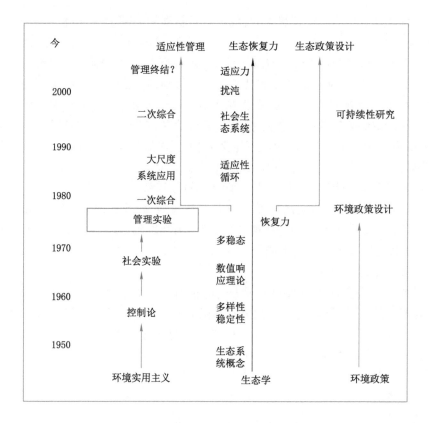

图 2-1　恢复力的理论起源(Curtin et al. ,2014)

引出多样性-稳定性假说(diversity-stability)(Macarthur,1955)。Lewontin(1969)给出了向量场模型(vector fields model),这个模型描述了生态系统稳定性和系统结构之间的动态关系,给出了吸引域(Basins of Attraction,又译作吸引子、稳定域)、多稳态,这形成了恢复力科学的理论基础。由于稳定性理论描述了系统在平衡状态附近的行为以及长期维持的潜力,Holling(1973)的经典论文中将其一分为二:稳定性和恢复力。

这种恢复力概念基于生态系统受到扰动后将恢复到原来稳定状态的假设(Ostrom,2004),但如果考虑系统存在一个或多个平衡稳态,则可以得到工程恢复力和生态恢复力两种概念,前者基于数学思维与工程学原理,强调一个简化、抽象的生态系统恢复到扰动前状态的能力,或者定义为一个系统经历扰动后恢复到平衡或者稳定状态所需要的时间,是一个单一稳态系统。后者则基于多稳态假设,其主要关注多稳定状态间的转换,定义为一个系统在达到阈值之前吸收或抵抗扰动的能力,或者说是系统能够吸收的扰动总量(Gunderson,2000)。

2. 第二阶段:从生态学到社会生态系统的综合研究

在认识生态系统非平衡态之后,生态学的相关实践在 20 世纪 70 年代末产生了第一次的综合,这次综合考虑了政策、管理和环境响应,兴起了新的生态政策设计,如可持续发展政策,主要目的是实现非平衡系统的管理。到 20 世纪末,随着全球化趋势,生态环境问题愈来愈复杂,人们对生态环境的管理不得不考虑社会因素,因此,产生了第二次综合,这次综合把人类应对的对象考虑为生态、社会、经济、政策等的复合系统,国际上兴起了社会生态系统概念,即将人类所在的世界视为一个人与自然耦合的系统。

在对复合系统的管理过程中,恢复力、适应性管理开始得到重视,这主要是由于适应性管理强调适应变化,而生态政策设计则是为变化条件下预期行动设置先决条件,因此其关注的是设计一个有恢复力的系统来吸收扰动,如在台风、地震等防灾减灾领域,恢复力被分为自然恢复力、生态恢复力和社会经济恢复力(Adger et al.,2005),可以认为社会组织强、硬件设施完善时,社区的恢复力强,则在台风或地震之后恢复力较强(Bruneau et al.,2003)。

3. 第三阶段:从社会生态系统研究到泛在思维

恢复力是一个韧性概念,即恢复力概念本身也具有恢复力。恢复力又是一个横断概念,任意一个实体或者一个抽象对象都可以加上恢复力概念。在近十年,恢复力得到了极大的发展,Holling(1973)的第一篇关于生态恢复力的论文被引用了 12 500 多次,体现了生态恢复力研究的热度。恢复力被广泛应用到各个领域,一些与人有关的因素,如学习力、组织力、领导力也成为影响恢复力的因素,这使得恢复力的概念进一步被泛化,被称为恢复力思维。

恢复力思维包括变化性、适应性、自组织性等(Walker et al.,2006),要求思考问题时应全面了解系统,不能从离散、局部角度寻找静态结果,应将所有对象纳入一个复合系统考虑。可见,恢复力作为一种系统属性,被当作一种思维或方法的基础,可为难以预知世界变化的生态保护提供更有效、更协作、更系统化的思维(Carl,2016)。恢复力思维可整合科学、管理和政策来应对不确定性、管理风险。例如,土地生态整治过程中,生态知识和整治工程结合的依据就是恢复力思维,这包括系统非平衡动态机制、阈值效应、尺度效应、系统状态转移等(张绍良 等,2018)。

二、生态恢复力

1973 年,Holling 在其发表的论文《生态系统的恢复力与稳定性》(*Resilience and Stability of Ecological Systems*)中对恢复力进行了系统性的诠释:"恢复力决定一个系统内在关系的持久性,同时也是一种能力的衡量,即这些系统吸收状态变量、驱动变量和参数变化并且仍然维持自身的能力。恢复力是系统的属性,其结果是系统的持久性或系统灭绝的可能性"。其后,Holling 又在其提出的扰沌理论(panarchy)中专门描述了恢复力在系统适应性循环圈中的变化规律。生态恢复力概念由此产生。

对生态恢复力的概念理解,首先需要明确"什么的恢复力"(指生态系统特定对象),以及"对什么的恢复力"(指需要应对的某种扰动),否则生态恢复力就是一个空洞的概念。

1. 生态恢复力的主体和客体

生态恢复力研究最关键的问题是恢复力的主体和客体问题。例如,煤矿区生态系统恢复力的主体为矿区生态系统,客体为采矿扰动或其他冲击,主客体均需要限定在矿区生态系统所约定的有限时空范围内。

如图 2-2 所示,矿区生态恢复力主体可以细分为系统所含有的各个组分及其组合体、子系统、某个部分,如土壤水文植被连续体、植被群落、地下水系统、排土场、复垦农田、挖损场地等。客体可以细分为采矿扰动、土地复垦与生态修复工程、其他扰动或变化,如裂缝、地下水疏漏、充填工程、气候变化、干旱等，本书将这些统称为生态系统扰动及其他变化。

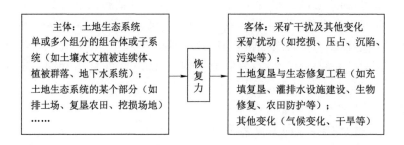

图 2-2 矿区生态恢复力的主客体

2. 焦点尺度

生态恢复力的内涵还包括它对应的尺度。这需要对土地生态系统问题进行聚焦，并分析恢复力的潜在特性。土地生态恢复力的主客体实际上包括了多个尺度和内容。图 2-3 给出了一个描述矿区土地生态相关问题认知尺度的框架。

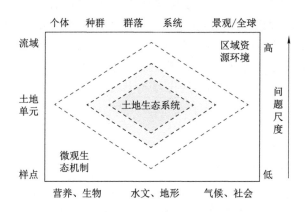

图 2-3 矿区土地生态相关问题的认知尺度

图 2-3 中的框架考虑了矿区生态系统的等级（从个体到全球）、系统变量的类型（从营养到社会变量）、空间尺度的大小（从样点到流域）。这种考虑方式在一些理论文献中已经有所体现，考虑这些因素的意义是明晰土地生态问题的范畴，从而使得研究和实践更具有可操作性。实际上，土地生态问题涉及上述框架中的所有内容，如在小尺度上，植被状况、水土流失影响到微观的能量流动与物质循环，而在大尺度上，气候变化、水文条件等可能会引起流域生态退化或区域环境恶化问题。

在中等尺度上，最受关注的问题是矿区土壤碳库和矿区土地的可持续利用，因为土地单元是土地利用和管理的基本单元，它被细分为环境条件同质的有限单元，如一个排土场或一块农地。中等尺度并没有精确的界限，可能会延伸到其他尺度。因此，矿区土地生态系统的基本构成和扰动等都是围绕在这一个尺度。当关注植物个体胁迫机制或区域/全球尺度土地生态影响问题时，则可能需要分析植物生理生态系统或全球土地生态系统的构成、扰动和动态，以及研究这些系统的恢复力。

三、社会生态恢复力

近十几年来，人们逐渐认识到自然界与人类社会是相互依存的，需要寻求某种有联系的理论框架将二者恢复力的研究纳入统一体系中。从国外研究状况看，以"社会生态系统（social-ecological system，SES）"作为主要研究对象，从复杂系统动力学角度研究系统对外界干扰的恢复力和适应力，则是近年来可持续与全球变化研究的一个重要趋势。

社会生态系统其实是社会-经济-生态系统的简称，是人与自然紧密联系的复杂适应系统，是社会亚系统、生态亚系统等相互连接的整体（Cumming，2001）。如图2-4所示，社会生态系统具有不可预期、自组织、非线性、多稳态、阈值效应、历史依赖和多种可能结果等特征（Beisner et al.，2003；Gunderson，2003；Holling，1973），因此必须在多尺度的复合研究中去理解和研究社会生态系统的恢复力。

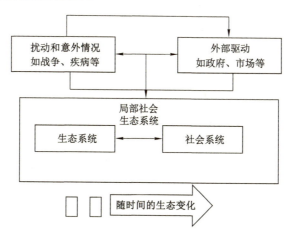

图2-4　社会生态系统示意图（Gunderson，2003）

煤矿区是一个由自然、社会、经济构成的社会生态系统，恢复力主要是指社会生态恢复力，所以下文主要围绕社会生态恢复力进行阐述。

关于社会生态恢复力的内涵，不少学者进行了界定、归纳，它和工程系统恢复力、生态系统恢复力比较结果见表2-2。

表2-2　关于恢复力学术概念认知的三种观点（Carl，2006）

恢复力定义	特征	关注点	背景
工程系统观点	返回时间，效率	恢复，稳定	稳定平衡的附近
生态系统观点	缓冲容量，承受	坚持，鲁棒性（robustness）	多重平衡，景观稳定性
社会生态系统观点	相互干扰与重组，维持和发展	可变的适应能力，学习，创新	集成系统的反馈，跨尺度的动态交互作用

由表2-2可以看出，虽然工程恢复力侧重于强调系统从干扰中恢复或回到原有状态的能力，但是，目前已经不再单纯强调工程系统的恢复能力，而且更加强调系统阻止、抵御、吸收、适应外来干扰而保持自身基本结构与功能的能力。一些学者在研究了社会生态系统

后,对社会生态系统是否存在平衡状态存有质疑,认为社会生态系统一直在不断变化与适应,维持原有状态本身就不可能,所以"恢复"也无从谈起。但是,也有很多学者认为,社会生态恢复力是社会稳定、可持续发展的根本属性,在遭受社会骚乱、严重生态灾难等冲击后,社会生态系统更需要恢复力。从文献统计可以看出,社会生态恢复力的研究占有很大比重,并逐步成为目前学术界研究的热点。

人们通常认为,生态系统是以平缓的方式对渐进的变化做出反应,但有时候,变化是突然的。对这些变化的阈值进行测量或预测一般精度很低,而且生态变化的阈值常常会随时间的推移而移动。制订认知速度能赶上阈值变化速度的评估计划是十分困难的。有一种应对社会生态系统不断变化问题的方法是试图控制或疏导这些变化。然而让人觉得矛盾的是,利用死板的监管机制来强化社会生态系统状况的管理手段,又可能削弱系统的恢复力甚至导致其崩溃。例如,压制天然扰动机制(如局部山火)或者人为改变缓慢变化的生态学变量(如土地开发),结果导致土壤、水体、景观面貌或生物多样性发生灾难性变化,而且这些变化是在对生态系统开始实施管理后经过了漫长的时间才显现出来,导致社会生态系统的瓦解,那么,这种管理就会破坏原有系统留在人们记忆中的印象,或者扼杀有助于人们做出有创造性的、适应性强的反应的机制。

在社会生态系统中,有两种有用的工具可用来增强恢复力,一种是结构严谨的工作方案,另一种是积极的适应力管理。人们根据这些工作方案来展望各种可选择的未来并且考虑通向未来的必由之路。通过考虑多种可选择的未来以及采取可能实现或避免特定结果的行动,我们就可以制定这些能增强恢复力的政策。积极的适应力管理把政策看作一种用来揭示能增强或维持恢复力的各种过程的实验。它需要并且有助于形成这样一种社会环境:具有灵活开放的组织机构和多层次的监管体制,允许学习适应力方面的知识和提高适应力但又不妨碍对未来的发展做出选择。

第二节　与恢复力理论有关的基本概念

一、自组织系统

恢复力针对的是复杂的自适应系统,也就是所谓的"自组织系统"(self-organizing systems)。煤矿区就是一个自组织系统,这个社会生态系统能够不断自我调整、自我维持。矿区生态修复的目标就是重构一个自组织系统,以保证修复的生态系统能够自我更新、自我组织,而不需要依靠人工维持。例如,城市交通道路的行道树就不是自组织系统,而复垦的农用地和水产养殖场、修复的生态景观等,都属于自组织系统。这样的系统即使小部分受到扰动或者冲击,系统也将围绕这一改变重新组织,其他部分也会因此做出反馈。

一般情况下,自组织系统能应对所遇到的变化,不论是人工干预(如管理等)或外部扰动(比如暴风雨等)。但有时候系统不能应对变化,会以其他的方式运行。也就是说,自组织系统应对扰动或者冲击的能力是有限度的,例如,有时候即使复垦区水产养殖场的政策压力解除了,但已崩溃了的渔业系统再也不能恢复;有时候复垦农地因地下水位上升而盐碱化,即使后来水位下降,该区也不再具有农业生产能力。

人们经常仅关注如何优化生产(例如高效农业复垦、集约土地利用、国土空间利用结构优化等），却未能意识到一个自组织系统总是存在一个固有的限度。因此，在煤矿区生态修复时，最优化方案往往不一定是最好的方案，因为这个最优化方案仅是在某一个时点、某个条件下可能存在。

总之，煤矿区是一个自组织系统，能够承受一定的扰动和冲击，但是超过某个限度时，煤矿区社会生态系统将发生重大改变。同样的，矿区生态修复的目标是建立一个自组织生态系统，无论是林地，还是其他用地。

二、阈值

阈值（threshold）的概念来自 Holling（1973）提出的生态系统具有多个稳定状态的理论。May（1973）针对生态系统的多个稳定状态的实验观测提出了阈值理论模型，促进了阈值的研究。对于阈值概念的发展因研究对象和研究目标的不同而有不同的理解。目前对阈值概念的描述尚不统一，如表 2-3 所示，但自组织系统的出现为阈值概念的发展提供了理论依据。

表 2-3　生态阈值概念列表

概　念	文献
系统两个稳定状态之间的断点代表了生态系统阈值	May，1977
阈值是在空间和时间上，两种不同生态状态之间的边界，当初始的越界发生时，若没有管理者进行实质性的干预，该过程在实际的时间尺度上是不可逆的	Friedel，1991
生态阈值是生态的不连续性，暗示系统从一个稳态跃入另一个稳态时独立变量的关键值	Maradian，2001
阈值是环境条件的小变化产生（系统功能等）实质性改进的一些区域	Bestelmeyer et al.，2004
生态阈值为系统中当跨越两个可选状态时引起系统"快速移动"到一个不同的状态时的分歧点	Walker et al.，2004
生态阈值代表了生态过程或参数发生突变的一个点，此突变点响应于一个驱动力的相对较小的变化	Larsen et al.，2015

简单来说，一个自组织系统变化和恢复的程度是有限的。超过该限度系统发挥的功能就不同，因为一些关键的反馈过程发生了变化。这一限度叫作阈值。当一个自组织系统超越阈值，它将会进到系统的另一状态，它的表现会不同，因为有不同的特性了。

例如，我国东部高潜水位采煤沉陷地的阈值和潜水位高低有关。当采用条带开采方式时，土地沉陷小，不会形成积水，此时农用地经过简单平整后可以正常种植，地表下沉没有超过其阈值。但是，当采用综采、放顶煤技术时，地表沉陷大，超过潜水位高度，地表常年积水，变成绝产沉陷地，地表下沉超过其阈值。

在下沉阈值以下，农田生产影响不大。但是如果下沉超过阈值，地表积水，村庄必须搬迁，农业用地绝产，同时煤矿区从一个农业系统变为一个水陆复合系统，此时新的系统将出现一些新的特性。这一变化对煤矿区的利益相关者均会产生重要影响。

面对自组织系统，我们必须高度重视阈值，因为越过阈值将带来重大影响。生态修复、土地复垦、煤矿区转型等很多都是与阈值有关的。我们需要理解阈值、确定阈值的位置和来源、处理阈值的方式等，而且更重要的是，要有能力去应对这些阈值带来的变化。

生态系统和社会系统都会出现阈值。在社会系统,阈值通常指"临界点"(tipping points)。临界点在矿区转型发展、矿区乡村振兴、矿区市场化中常出现,且不断变化。

但是,阈值通常不容易识别。系统大多数变量不包含它,也就是说,这些变量和控制变量之间常常表现出简单的线性关系,行为上绝不会存在突变点[图 2-5(a)]。而对于有阈值的变量,了解它们很重要,因为它们会导致状态的转移。这意味着,一旦阈值被超越,系统所有的变量有可能经历重大转变,而且并非所有阈值都相同。有时系统超越阈值后能够较容易地返回。例如水温低于 0 ℃阈值会结成冰,但是当升温超过该阈值,冰又能变成水。

有时当系统超越阈值时,会产生很陡的阶梯式变化。当系统跨越回来时,在同一点又会经历一次类似的大反转[图 2-5(b)]。常见的例子是某个露天矿区的景观失去了 90% 以上的本土植被覆盖的情况。当低于 90% 这一阈值时,该景观仅会失去一组(或若干组)本地动物物种。然而,如果植被彻底从整个矿区消失,那么即使把它再恢复到 10% 的覆盖率,该景观也只能全部重建,而且非常困难,因为要跨越这个陡峭的阈值。

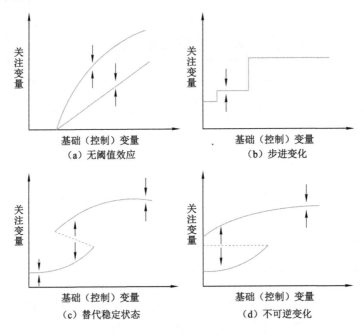

图 2-5　阈值效应的四种类型

有时阈值跨越有滞后效应(hysteretic effect)。例如,为了返回到原有系统,系统必须跨越一个阈值,但是这个阈值已经不是一开始跨越的阈值了,这就是滞后效应。以下几个例子有助于理解这一点。

许多复垦鱼塘在长期经营中获得太多植物营养磷后,就会"滑入"一个不同状态。鱼塘沉积物中磷的少量增长会推动系统超越阈值,开始表现得与以前不同。但是水里氧的浓度变化会导致磷的溶解性发生变化,导致水中磷含量迅速增长(因为无氧环境下磷溶于水),而且不会降低,除非沉积物中磷含量减少很多。藻类生长因此被激发,鱼塘从干净水域变为水华区域,鱼类因此大量死亡。图 2-5(c)展示了这个过程。

再例如,草原退化。放牧压力下草的数量减少,导致灌木的密度超过阈值,草的数量已经不能引起火灾。火灾通常会毁灭的是灌木树种而不是草(因为草在土壤表面以下能从芽冠重新生长)。如果没有火,灌木将取代草成为优势植被,这将进一步抑制草的生长。即使此期间放牧的压力减轻,草地在灌木枯萎前仍长时间处于灌木主导的状态,草原载畜量减少,草原出现退化。

有时这一滞后效应被描述成"延迟效应"(lag effect),因为恢复涉及延迟,而不仅仅是滞后。系统返回的路径不同于一开始越过阈值的路径。除非降低鱼塘中磷的水平或减少草地上的灌木层,否则完全不会恢复。换而言之,不是时间过去(就是说,不是滞后)多少的问题,而是控制变量的问题。在变量相同情况下,延迟效应导致系统处于两相交替的稳定状态(或体系)。

退化的煤矿区鱼塘和退化的草地系统能恢复到它们复垦后的状态,如果变量(例如营养负荷、灌木丛)降低到导致它们变化时的更低水平。然而,对某些系统而言,跨越阈值意味着单向旅程。地下盐水到达复垦区农地表面,农地的命运实际上就结束了。盐水将毁灭庄稼和树木,但更糟的是,将改变土壤结构。钠离子解体了黏土颗粒,极大地减少了水分渗入量。水位下降后盐分将长时间留在土壤表层[图 2-5(d)],要大量的水才能把盐稀释掉。

有些阈值能随系统的变化而移动。这意味着恢复力(系统远离阈值的距离)可增加或减少。对于所有阈值而言,包括那些确定的(如下沉值),需要知道阈值位置的主导因素从而管理好恢复力。

除了上述四种不同类型的阈值效应外,理论上煤矿区生态系统中有两种主要的阈值类型:点和带。可以用哲学上量变和质变的关系来理解点和带。阈值点强调系统两个稳态之间的突然转变,是生态系统从量变到质变的转折点,此时驱动因子的微小变化都可能导致生态系统的不可逆变化。例如,煤矿区依赖的煤炭产值,当煤价下降到某个阈值点时,煤矿企业亏本,煤矿经济急速衰退。生态阈值带表示生态系统的恢复力波动,即两个稳态之间跃升或下降需要经历的一个过渡或者重合区域,可以理解为量变过程中不同稳定状态之间的转换区域,此时驱动因子的变化可以加剧生态系统稳态之间的转换,也可以减缓或者逆袭这种转换。在阈值带,生态系统状态的任何变化都是可逆的。

因此,在矿区生态恢复力的研究中应当关注生态阈值带中能够体现生态系统重大突变的关键阈值,例如在矿区植被群落生态学研究中,关键阈值可以理解为演替在不同阶段之间转换的阈值。在矿区恢复生态学研究中,关键阈值体现在生态系统结构与功能的阶段性稳定状态。可以利用野外观察或用模型模拟出的生态阈值点和量变积累到质变的这一特性,为生态系统管理提供预警服务。根据生态阈值在管理中的应用,可将生态阈值分为不同等级,如红色生态阈值、橙色生态阈值和黄色生态阈值。黄色生态阈值表示生态系统可以通过自身的调节能力,也即系统的持久性,重新达到稳定状态;橙色生态阈值表示需要移除干扰因子,利用系统的弹性或者说恢复力重新回到平衡状态;而红色生态阈值为关键阈值点,超过此阈值,生态系统将发生不可逆的转换甚至系统崩溃。

三、领域关联

类似于煤矿区这样的自组织系统,其实是一个社会、经济和生物物理所互相连接形成的领域。例如,耕地复垦常常仅关注能复垦多少耕地,而这一判断又仅依靠我们对矿区生物物理领域的了解,也就是说,只是考虑不同条件下耕地集约利用程度,然后以此确定耕地数量和质量。但无数事实表明，这一复垦理念由于仅仅基于最优可持续的产出，结果常常导致耕地复垦的失败，主要原因是因为忽视了其他领域的阈值。或者说，这些失败是因为没有和经济、文化、市场等领域相关联。很多复垦的耕地被撂荒，没有人承包，就是这个原因。

一个领域的变化（如我国新时代特别强调矿区修复的生态性），常常会导致另一个领域的变化，如矿区建设用地规模受限，但是矿区建设用地规模受限会反过来导致生态保护区的进一步变化。这是复杂性的特征之一。在自组织系统里，必须了解一个领域和其他领域的内在联系以及它们之间的反馈效应，否则矿区生态修复可能失败。

当阈值被越过时，这些关联可能变得非常重要，因为一个领域的阈值被越过可能会引起其他领域的阈值也被越过，从而迫使系统进入新的状态。更为严重的是，经验表明，一连串的阈值被越过，比如关闭矿区经济领域的衰退阈值被越过，会引起矿区生态环境领域的阈值被越过，进而导致矿区产业的垮塌，使系统陷入一种难以恢复的状态。换句话说，一连串的垮塌使得恢复变得非常困难。

理解阈值之间的互相作用和领域之间的互相关联对于理解自组织系统的行为和恢复力是非常重要的。

四、尺度效应

自组织系统总是在不同的时间和空间尺度上运行，而在每一个尺度上都经历着自身的适应性循环。在一个尺度上发生的事能对高一级尺度或者低一级尺度发生的事产生深刻影响。

系统的管理者总是对某个特殊尺度感兴趣。例如，煤矿非常关心煤炭尺度上发生的事，而矿区农民则对农地尺度发生的事关心。但是二者通过煤矿开采和工农关系等存在内在关联。但是煤炭尺度对农地尺度的影响是较难表达的，二者关系是非线性的。煤矿因法律要求想对开采沉陷区进行土地复垦，但是这不是简单的或者可预见的过程，因为妨碍复垦的阻力往往可能出现在别的尺度而且超出人们的控制，例如地方政府和当地百姓的阻挠，这就是尺度效应。

在自组织适应性循环过程中（适应性循环模型见本章第三节），在稳定保持阶段，大尺度上的改变是比较困难的，因为要素之间紧密相连，做同样事情的效率变得很低，此时大尺度就可能是一种阻碍力量。但在快速成长阶段，大尺度会支持矿区农民、煤矿的创新努力，此时它又是一种促进力量。但是当系统进入释放和重组阶段时，更大的尺度可能会引导系统复原。例如，如果一块林地因为火灾经过了释放期，那么它的恢复会受到周围没有被烧的林地的影响，这些林地将会给火烧林地提供种子和有机质，帮助它恢复到林地状态。可见，更高尺度的动态性能限制、引领和影响较小尺度上系统的发展，这就是系统所谓的"记忆"。例如，由于不适当的土地政策，农地经营可能会破产，但是当它重建时，它仍然还被那些政策所限制，除非这块地改变用途，经营另辟蹊径。这种自上而下的影响既可能是积极的，也可能是约束和消极的。系统的"记忆"既好也不好。

颠覆在自然生态系统也会发生。例如，如果仅有一两块林地遭受虫害，这对整个森林几乎不会有什么改变。当被影响的地块再生时，较高尺度的记忆会强加到这块地，使得它会再生回到林地系统。然而，如果虫害蔓延到整个森林，这可能引起一场灾难，毁坏整个森林。如果全部林地崩溃,它可能进入一个完全不同的系统,如草地系统。

许多循环在较小尺度上并行的过程称为同步性。它能导致各种问题,例如能使更高尺度不稳定甚至出现颠覆。北美东部曾经就发生过一个这样的例子。廉价杀虫剂的开发为林地管理者们避免了虫害在地块尺度上爆发。但是杀虫剂能遏制住害虫却不能根除这种虫害。结果本来是由不同阶段再生的镶嵌地块所组成的林地(有些成熟,有些遭受过虫害,还有些在再生中),被开发成一模一样的整个林地。管理者不知不觉地使整个林地变得同步,因为这样能提高杀虫和砍伐的效率。然而,这种做法导致整个林地在大量虫害暴发时变得很脆弱,很可能加速林地的崩溃。遇到此情况时,短期解决方案是采用更大剂量的杀虫剂,长期解决途径是采取办法让这些林地重新回到从前的镶嵌状态(Holling,1973)。

由此可见,关注感兴趣的尺度是非常容易的,然而这个尺度在时间、空间上都和大的尺度上发生的事以及小的尺度上的要素相关联并受到影响。尺度之间的关联对了解系统在另一尺度上的行为时发挥着重要作用。有时候,关联和相互作用似乎很明显,但是,它们仅仅在事后回忆中才被承认。

忽视尺度效应是自然资源管理系统失败的最普遍原因之一——尤其是那些以最优生产为目标的系统。失败的教训是:仅仅关注某一个尺度,是不能理解或者不能成功管理整个系统的,特别是对社会生态系统。

五、多稳态

理解系统的恢复力包括描述其当前状态以及它的历史和未来状态。所处的状态是由它的关键部分定义的,如它们是如何相互作用、功能和响应机制的内部和外部的变化等。许多系统可以存在于一个以上的稳定状态,也就是多稳态。如图 2-6 所示,澳大利亚北部的稀树草原,同时存在以草为主和以灌木为主的两种不同稳定状态。这些"交替状态"可能发生在过去,也可能出现在未来。这里的"稳定"一词并不意味着固定不变,通常在相对稳定的域内有一些变化。

(a) 以草为主　　　　　　　　　　　(b) 以灌木为主

图 2-6　澳大利亚北部稀树草原的以草为主和以灌木为主的两种系统稳态

虽然单个部分在自组织系统中可能扮演着重要作用,但是系统要素的内在关联性决定了整个系统的状态,所以不同稳态之间的转换是一个整体的事件。例如,物种之间的相互作用体现在一个系统的共生、竞争或捕食方面,这些关系不仅使系统能够正常运行,而且还决定了系统对变化的响应方式。该系统物种之间存在的多稳态,就是不同结构、功能和食物链相对稳定状态。再例如,煤矿区土地利用也存在多稳态,开始是农业用地,后来是生态用地,再后来是建设用地等。

系统多稳态有助于我们把这种复杂性归结为更易于管理的东西。这样做的一个指导方针叫作"调控",任何一个系统都可以用少数(通常是3~5个)关键变量来描述和确定它的当前状态。这些关键变量的条件及其关系的性质对于定义系统的某个稳态同样重要。

系统的稳态可以通过简单或复杂的测量来确定。简单的测量可能包括森林中每年生产的森林产品数量,而复杂的测量可能涉及森林组成、生产力、管理措施、区域工业结构和全球木材市场等因素及其相互作用。简单变量易于理解和测量,但在描述某个稳态时可能难以揭示系统的细节,而复杂变量则相反。

有些系统状态非常稳定,被称为"陷阱",因为它们很难改变。这是因为该系统有强大的力量作用于它,使其保持在某一特定的状态。它提供的特定状态和生态系统服务可能不适合利益相关者,煤矿区应该避免这样的"陷阱",保证系统可持续发展。

六、具体恢复力和一般恢复力

在自组织系统中,恢复力是一种能力,具有阈值、领域关联和尺度效应等特征,而且存在两个最基本的恢复力:具体恢复力(specific resilience)和一般恢复力(general resilience)。

具体恢复力,就是系统某个特定的部分针对某个特定的冲击(或特定的扰动)所具有的恢复力。例如,干旱恢复力、台风恢复力、开采沉陷恢复力等,都是某种特定的冲击的恢复力。

一般恢复力则是指系统允许吸收各种类型扰动的能力,包括新型的、不可预见的,以至于系统所有部分保持过去曾经有过的功能。例如关闭矿区社会生态恢复力等。

恢复力关注的是系统可能的阈值,超过这些阈值系统将呈现一个新的特性。在管理该系统时,要通过控制系统的状态或者通过影响阈值的位置来避免它跨越这些阈值。为此,要培养系统的能力以应对特殊的威胁,对此需要增加具体恢复力。

在一个复杂的自组织系统里,总是存在很多扰动和冲击,如在煤矿区,除了开采沉陷、地下水污染、大气污染等外,洪灾、旱灾、虫灾等也会出现。当土地复垦关注沉陷区的综合治理时,可能影响了矿区的排水系统或者灌溉系统。换句话说,具体恢复力和一般恢复力之间存在一个权衡,将所有努力注入一种类型的恢复力将减少另一类型的恢复力,因此必须要兼顾二者。

七、新型生态系统

从所谓的长时间、大空间尺度看,地球甚至行星生态系统一直处在不断变化之中。从无数次植物大爆发到恐龙等物种的灭绝乃至人类的产生等,地球生态系统经历了无数次的"更新",不过这种变化的驱动力主要来自大自然。然而,自从人类出现以后,尤其是工业革命以来,这种局面发生了变化。人类活动对地球生态系统的扰动已经越来越显著而且普遍,甚至超过了地球自然驱动力。各种尺度的生态系统中,生物要素、非生物要素、系统功能、系统结构以及生态服务能力等均处在快速的变化之中,这引起了生态学家们的担忧。但是如何看待这种变化,如何适应这种变化,如何干预这种变化,以及如何开展有效的生态恢复等问题,人类仍处于探索之中,亟需一种新的理论来解答。

面对人类对生态系统空前的影响力,Andrew 和 Clements 尝试用"退化生态系统"(degraded ecosystem)和"偏途顶极群落"(disclimax)来界定生态系统的变化,但这些术语都过于强调人类活动的负面影响,忽视了其积极作用,因此难以被广泛接受(Macdougall et al.,2005)。直到 1997 年,Chapin 和 Starfield 首次提出了"新型生态系统"(novel ecosystems),该术语立刻受到大家的关注。后来,有很多研究都证实了新型生态系统的存在,并被应用于恢复生态学领域(Chapin et al.,1997)。

2006 年,Richard Hobbs 反思传统生态保护和修复模式,正式提出了新型生态系统的定义:当一种生态系统出现全新的物种组成和相对丰富度时,即产生新型生态系统(Hobbs,2006)。它的主要特点是新型和受人类作用力的影响,是人类直接或间接活动的结果,这种生态系统一旦形成后具有自我修复和调整的能力。然而,该概念一经提出,便受到了褒贬不一的评价。Richard Hobbs 吸收不同的观点,于 2013 年又提出了新定义:由非生物要素、生物要素和社会要素(以及它们间的相互作用)构成,且由于人类的影响,不同于那些在历史上占主导地位的生态系统,它无须人类集约经营管理,具有自我组织和显现新特征的趋势(Hobbs,2013)。

尽管新型生态系统的概念得到了完善,但仍备受相关学者的质疑。一些看法认为没有明确的不可逆转的阈值来区分新型生态系统、混合生态系统和历史生态系统。另一些看法承认新型生态系统的存在这一事实,但认为放弃对被破坏的生态系统的修复存在很大风险。还有一些看法则认为没必要为转型的生态系统(transformed ecosystems)贴上新的标签。可见,新型生态系统还需进一步研究。

八、其他概念

与恢复力相关的其他概念,如表 2-4 所示。除物理学之外,恢复力研究对象大多是社会生态系统,即人与自然耦合的系统。这个系统不断地适应性循环,并且发生阈值跨越、体制转换、扰沌(panarchy)等现象,有诸多内在属性,如可持续性、脆弱性、稳定性、适应力、转型力、恢复力等。生态恢复、适应性管理则是人类对社会生态系统施加的特别措施。

表 2-4 与恢复力相关的概念(杨永均,2017)

术语	英文	定义
社会生态系统	social-ecological system	人与自然耦合的系统
可持续性	sustainability	在遭受扰动时有足够恢复力来恢复到完好状态的自维持能力
适应力	adaptability	系统适应外界环境的能力
转型力	transformability	现存系统不能维持时,创造一个全新系统的能力
脆弱性	vunlerability	系统对内外扰动的敏感性以及缺乏应对能力从而使系统的结构和功能容易发生改变的一种属性
稳定性	stability	系统在扰动后可恢复到平衡状态的能力
扰沌	panarchy	社会生态系统不同尺度上多层次适应性循环及它们之间的跨尺度效应

表 2-4(续)

术语	英文	定 义
适应性循环	adaptive cycle	一种描述社会生态系统通过不同组织和运转阶段实现演进的方式
状态	regime	系统保持某种特征运行的过程,由一系列稳定的指标表达
状态转移	regime shift	系统跨越阈值进入另一种状态
阈值	threshold	系统从一种状态转变为另一种状态的临界点
生态恢复	ecological Restoration	协助已经退化或损伤的系统恢复到稳定状态的过程
适应性管理	adaptive governance	对不确定性系统,通过不断学习,不断调整策略,按照系统规律进行管理的方法

与恢复力密切相关的是适应力、转型力、可持续性和脆弱性。恢复力是可持续性和脆弱性的一个重要指标,系统恢复力越强,则系统可持续性越强、脆弱性越弱(Lei et al.,2014)。适应力和转移力是恢复力的两个重要指标,从全局看,适应力和转移力越强,系统恢复力也越强。恢复力、适应力和转移力实际上描述了一个系统在维持自身状态时表现出来的性质和形式,这种性质和形式的核心是恢复力,这种思维框架则被称为恢复力思维(Folke et al.,2010)。煤矿区生态恢复力及其相关概念如图 2-7 所示。

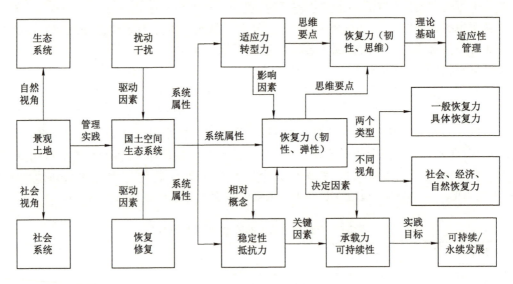

图 2-7 生态系统和生态恢复力关系图(杨永均,2017)

第三节 基本理论

目前恢复力模型主要有三种:"杯球"模型、适应性循环模型、扰沌模型,这些模型从不同视角清晰地表达了生态恢复力的理论核心,对生态恢复力研究具有重要的理论指导意义。

一、"杯球"模型

"杯球"模型常用来解释和说明工程恢复力和生态恢复力。其中,杯子代表生态系统的稳定域(稳定状态),小球代表生态系统所处的状态,箭头表示生态系统受到的外界干扰或影响(图 2-8)。该模型中,杯子 1 和杯子 2 分别代表两种不同的稳定状态——稳态 1 和稳态 2,当小球位于稳态 1 的杯底时,生态系统达到局部稳定状态;当系统受到外界的干扰或不确定性风险时,迫使小球离开稳态 1 的杯底进而向杯子边缘移动,逐步进入稳态 2 的杯子,当小球处于稳态 2 杯底时则形成了新的局部稳定状态。小球从进入稳态 1 到离开稳态 1 所能吸收的干扰总量(r),称为恢复力。

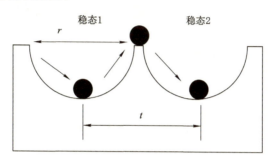

图 2-8　恢复力"杯球"模型

例如,某煤矿区在开发前属于农业生态系统,开发后慢慢演变为一个工农业复合型社会生态系统,后来发展为煤炭资源型城市系统,但随着煤炭资源的枯竭,煤炭主导产业逐步消失,进入后采矿时代,此时煤矿区又发展成为新型工业化城市系统。可见,在煤矿区的发展过程中有多个稳定状态,如农业系统、工农业复合系统、资源型城市系统、新型工业化系统等,每一个系统就是一个"杯子"。每一个稳态所维持的时间,就是该稳态系统的恢复力。

二、适应性循环模型

适应性循环模型被广泛用于对社会生态系统的动态机制进行描述和分析。该模型认为社会生态系统按照 4 个阶段进行演替:生长(r)、保护(K)、释放(Ω)、重组(α),如图 2-9 所示。当生态系统处于生长期(r 阶段),生态系统的发育速度较快,然后进入一个相对比较稳定的保护期(K 阶段)。在 r 阶段,生态系统的连通度和潜力均得到快速提升,环境积累了进一步扩展和发展的能力,尤其在生态潜力方面。当生态系统进入保护期(K 阶段),生态系统所聚集的种群越来越适应该系统,并开始排斥周边其他生态系统对该种群的需求,进而生态系统的连通度越来越强、潜力越来越彰显,但最终可能导致生态系统的僵化和固化。进一步发展,生态恢复力可能出现降低趋势,导致整个生态系统暴露于各种不确定性风险和危机之中。此后,生态系统需要

图 2-9　适应性循环模型

通过释放降低风险水平进入释放期（Ω阶段）。突发性事件、自然灾害等都能有效地让生态系统的脆弱性得以释放。该阶段，生态系统在外界的干扰下发生了突发性的变化，将积累的资源瞬间释放，生态系统的连通度由强变弱，进而导致生态恢复力进一步降低、脆弱性快速升高，生态系统突发性地处于崩溃的边缘。最后，生态系统进行更新，进入重组期（α阶段），进而促使系统进入上一个循环或新循环。此时，新的事物将出现或者生成。

适应性循环包含三个属性，即潜力、连通度和恢复力。潜力决定了系统未来可供选择的范畴，被认为是系统的财富，包括诸如生态、经济、社会和文化的积累资本及无法表示的创新和变化等。连通度是指系统各组分之间相互作用的数量和频率，表示的是系统控制其自身状态的程度，如系统对扰动的敏感程度等。恢复力即系统的适应力，是系统对非预期或不可预测扰动脆弱性的量度，可看成是与系统脆弱性相对的概念。在开发、保护和释放阶段，恢复力较低；在重组阶段，恢复力高（Holling，2001；Walker et al.，2002）。

适应性循环有两种相反的模式：一个是发展环（development loop），也叫向前环或者前环（front loop），另一个是释放重组环，也叫后环（back loop）（图2-10）。前环以稳定、有相对预见力和稳定保持为特征，它导致资本的积累，增加了财富。相比之下，后环以不确定性、新型性和尝试性为特征。此时意味着系统具有发生毁灭性或者创新性变化的最大潜力。大多数人偏好于前环的确定性，但是恰恰是后环通过释放和资源整合使系统得到新生，这些资源曾在稳定保持阶段被紧紧禁锢。大多数系统

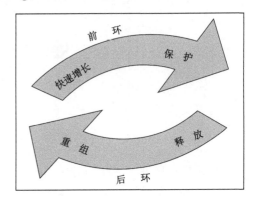

图2-10　适应性循环简单示意图

在前环存在的时间非常长。相比后环而言，前环一般变化很慢。然而，处理后环的能力才是煤矿区转型持续发展的关键，所以应重点研究后环阶段。

适应性循环是理解很多自组织系统的有效途径，但是循环模式不是唯一的、绝对的。在人类和自然系统中有很多变化。例如，通常情况下，快速生长期会向稳定保持期过渡，但是有时也可能直接进入释放期，甚至再返回到生长期（由于小的扰动）。聪明的管理者常常会有意识地驾驭这一点以避免在稳定保持阶段后期出现大的崩溃。也就是说，他们在关心的尺度上，总是避免出现释放期，或者将释放和再组织阶段控制在较低的尺度上，以避免在关心的尺度上稳定保持期的进一步发展。

例如，煤矿区开采后地表沉陷，形成一个塌陷区，后经过复垦，开发成了一片果园。在精心管理下，果树不断生长，从果苗长成果林，产量也不断增长，系统处于生长（r）阶段。此阶段系统管理者总是希望系统越来越复杂，系统越来越好。随着树龄的增长，果园进入稳定期，需要依靠精心护理，如施化肥、人工授粉、撒虫药、勤灌溉等，才能维持水果的品质和产量，系统进入保护（K）阶段。此阶段系统管理者总是希望系统保持稳定，系统维持时间越长越好。但是随着果树的日益老化，土壤日益贫瘠，果园抵抗虫灾、旱灾能力日益降低，产量也日益减少，品质也日益降低，果园进入释放（Ω）阶段。在某一年份，果树受到旱灾、虫灾扰动或者水果市场的冲击，果园亏本，无法再经营下去，不得不将所

有果树全部砍掉,重新栽上新树苗,系统进入重组(α)阶段。这就是煤矿果园复垦的适应性循环。

再例如,煤矿区的植被恢复工程。复垦的林地系统一开始恢复时,会经历一个快速生长期,因为它有了新的机会和新的可用资源。从经营角度,承包者能干得很好而且取得成功;从林地角度,一些优势物种(林地物种)会快速繁殖、生长,因为它们能很好地抓住恢复的机会。然而,随着时间的推移,快速生长的潜力和能力将消失,因为林地空间快饱和了,资源的可利用性也快枯竭了。但是,物种之间的联系正在增加而且日趋紧密。林地的快速生长者被优势树种所替代(优势树种的竞争力更强但是生长慢),因为这些种群占据了阳光和营养。此阶段,创新的风险不再被鼓励,甚至被接受,林地系统的经营也变得更加保守。此时,系统从快速生长期进入一个稳定保持期,此阶段净产量会更小,规模也变小,林地和经营不再扩张。但是正如快速生长不能持续一样,这一稳定保持期也会不可避免地结束。林地生物量达到最高水平,变得更加没有弹性。林地越来越容易遭受扰动,如火灾或者虫灾。经营的灵活性也变得越来越差,不再能通过改变经营模式或者抓住新技术的机会来掌握主动。它所能承受的扰动越来越小,最终不可避免地遭到毁灭。在再生过程中,一个新的秩序,一个新的"吸引子"(潜在的均衡状态),可能会出现;系统要素之间的关联开始出现,并且在意识到这些连接之前,它可能正在快速而不自觉地发展。

由此可见,煤矿区必然会经历释放期,因此在生长、稳定期就要做好准备。煤矿土地复垦工程的规划、设计、实施和管理,均必须掌握此规律,才能促进系统的持续发展。

适应循环模型有助于理解系统如何随时间变化,是否存在任何周期性变化模式,以及根据系统在循环中所处的位置来判断干预的时间。大多数系统是动态的,随着时间的推移而变化,通常都会经历这四个阶段。一般来说,适应性循环描述了一个系统是如何建立、发展和稳定的,经历了快速的变化,然后再重组重新开始新的循环。通常,在重组之后,新的周期类似于以前的周期,但偶尔会出现不同的轨迹。自适应循环的四个阶段之间的转换并不总是遵循相同的顺序模式。然而,这四个阶段似乎捕获了许多不同类型系统的行为、结构和特性。

三、扰沌模型

系统恢复力与它所具有的嵌入式尺度更大的系统相互影响,也与它所包含的较小尺度系统产生作用。当一个系统与另一个系统在时间和空间上存在相互交叉影响时,就形成了扰沌模型(Holling,2002)。"扰沌"术语描述了一种分层次链接系统在自适应周期中产生的跨尺度交互作用。例如,系统内存的来源如种子库、珊瑚虫或者知识和传统,通常由更大规模的系统保留,这可以帮助敏感系统在受到干扰后保留有价值的组件并促进恢复。当变化是正向有利的,系统内存可促进敏感系统的发展。扰沌模型提供了跨尺度过程的链接模式,重点反映了适应性循环的嵌套性,故又被称为多尺度嵌套适应性循环模型,主要由反抗和记忆链接体现(图2-11)。

例如,当今时代,创新可能需要放宽与较大尺度系统的联系,而这些新颖思想通常存在于较小的嵌套子系统中。从管理的角度来看,不影响小尺度的周期性适应变化可以以同样的方式增强敏感系统的弹性,例如,允许小规模森林的燃烧有助于保持森林层级镶嵌于不同年龄层级,从而可以防止更大的、潜在的灾难性大面积火灾事件。

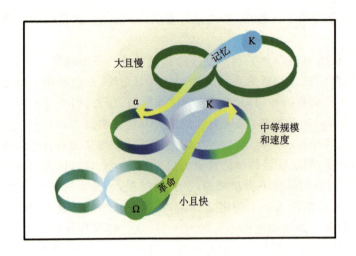

图 2-11　扰沌模型

在每个层面上,了解这些链接系统的自适应周期的当前阶段,可以有机会揭示出敏感系统中的潜在弱点。在适应性周期的相似阶段,紧密联系的较小尺度系统可能表明敏感系统层面的脆弱性对于跨越尺度的干扰的迅速传播,导致多米诺骨牌效应崩溃。

第四节　生态恢复力评价

生态恢复力评价体系仍在发展阶段,但是,与恢复力相关的评价已经有不少研究成果。其一是面向国土空间开发的承载力评价,承载力的核心思想就是开发强度不能超过限制性因素,因而暗含了恢复力理念。其二是面向生态系统或者景观(土地)的功能评价、质量评价、退化程度评价,这些评价都可用来诊断生态系统的健康状态,评价结果为生态系统保护和修复服务,实际上是从不同侧面诊断系统恢复力。其三是直接进行恢复力评价,并将评价结果与保护对象耦合起来制定生态保护和修复策略。

一、与生态恢复力相关的评价

1. 资源环境承载力评价

资源环境承载力是某一时期某一地域,在确保资源的合理开发利用和生态环境良性循环发展的条件下,可持续承载的人口数量、经济强度及社会总量的能力。换句话说,就是在此承载力范围内,人类活动不会对自然生态环境产生危害,资源能永续利用,环境能永久友好。资源环境承载力是一种综合性的、动态变化的、复杂的变量,与科技发展水平、人类生活水平等有关,土地、水、粮食、生态资源、环境都是承载力的限制因素。由于人类创造和生物进化的不可预知性,仅计算人口数量的承载力意义不大,应该用生态恢复力来表征当前人口规模或人口经济密度与生物圈的关系,确保经济社会发展对生态系统的影响不超过其保持自身稳定的弹性(Arrow et al.,1995)。

资源环境承载力的评价方法主要有:基于限制性因子研究范式、多因素综合的研究范式、限制性因子＋多因素复合评价研究范式(靳相木 等,2018)。近些年来,承载力研究在理论和研究方法上没有根本性的突破,出现了生态足迹、行星边界一些新的概念(封志明 等,2018),建立了一种基于共轭角力机制的区域资源环境综合承载力评价模型(黄贤金 等,2018)。

自然资源部于 2019 年发布了《资源环境承载能力和国土空间开发适宜性评价技术指南(试行)》。其技术核心是根据多个指标(包括水、土、海、环境、生态和灾害),从生态功能等级、农业承载等级、城镇承载等级三个方面来进行相对评价,然后开展生态保护等级、农业生产适宜性、城镇开发适宜性的集成评价,把承载力划分为Ⅰ级、Ⅱ级、Ⅲ级、Ⅳ级、Ⅴ级 5 个等级,集成方法是复合判别矩阵,最后解析出承载能力的限制性因素。总体来看,目前承载力评价仍然是相对评价,能够解决国土空间开发布局的问题,也能够识别到一些限制性因素,但并不能得出承载的人口、建筑物、农业生产量的绝对数量。

实际上,资源环境承载力和尺度密切关联,资源和环境存在空间异质性。如果不考虑尺度效应,评价结果的准确性将受到影响。时间尺度上,资源环境承载力是动态变化的;空间尺度上,包括多个空间关联的国土空间。未来将进一步明确承载力的概念内涵、明晰承载力内在机制、构建承载力评价体系(郝庆 等,2019)。

2. 景观功能评价

景观是地表景象,如森林景观、草地景观、湖泊景观、公园景观、矿区景观、城市景观等,类型多样。景观功能随景观类型的不同而不同,如公园景观有满足人们心理需求的功能、满足人们与自然接触需求的功能、满足人们视觉体验的功能等。再例如,矿区景观有土地复垦和生态修复体验的功能、矿区标志的功能(如矿井、矿坑等)、矿区生态服务价值提供的功能(如生态产品)、矿区次生地质灾害治理体验的功能等。

景观功能评价是对一个区域景观的功能状态的评价,是由澳大利亚联邦科工组织可持续生态系统研究所的 David Tongway 教授提出的一种方法,主要针对草地景观功能。该方法是基于"触发—转移—保存—暂停"框架开发的。该框架主要考虑了以下因素:径流入渗、分解、盐分捕获、植物发芽、生长、营养物矿化和吸收、径流流失、细沟侵蚀、片状侵蚀、风蚀、采食、火、收获、深处排水、种子库补充、有机物循环和分解、土壤微生物收获和浓缩、物理阻塞和吸收。具体指标包括土壤覆盖、多年生草本和树木的覆盖度、枯落物覆盖、枯落物分解的程度、隐花植物覆盖、破蚀度、侵蚀类型、沉积物、表面粗糙度、表面抵抗力、湿化、土壤质地等,由不同的土壤指标构成稳定性、入渗、养分循环三个方面评价内容。评价时,对不同指标按照不同的标准赋予不同的分值(1～30),然后将所有分值累加,得到 LFA 指数 0～100 区间。

该方法由于具有操作简便、成本低、快速的优点,被应用到了南非、澳大利亚等国家的草地景观功能评估,澳大利亚一些矿山也逐渐采用了这一方法。该方法的作用,其一是指示土壤健康状况,其二是为生态修复指引方向(Read et al.,2016)。

不过,该方法用于评价矿山景观功能修复时,LFA 样线和 LFA 评价分值不能全面反映矿山景观修复的成功性,主要问题是矿山时空异质性大,样线不能覆盖一些发生侵蚀的区域,而且不同区域的复垦场地可能修复时间不一样,仅仅用 1～2 条样线很难将矿山土地修复成功性评估出来(Erskine et al.,2013)。

目前,景观功能评价有了一些新的发展。德国慕尼黑工业大学开发了快速生态系统功能评价方法。该方法主要是围绕生态系统库、流和交互作用进行的评估。该方法将生态系统简化,主要考虑了初级生产者、死亡有机质、分解者、消费者、无机营养、光、水。该方法考虑的主要生态功能包括:植物和元素循环(地上初级生产、地下初级生产、土壤肥力、水分可利用性)、腐生食物网(分解、地下二次生产)、植被-消费者交互作用(地上二次生产、食草动物、无脊椎动物、植物感染、无脊椎动物捕食、传粉、种子散布)(Mayer et al.,2015)。

景观功能评价和快速生态系统功能评价方法在国内还很少应用。实际上,基于样线的调查方法已经不能满足现代生态学的全面、区域性的评价需求。未来基于无人机调查将成为发展趋势,结合无人机全面调查监测的景观功能评价方法将是重要的课题。

3. 生态系统退化程度评价

生态系统退化,是指在自然和人为因素的作用下,生态系统失去平衡,构成、结构和功能逆向演替的过程。生态系统发生了退化,将会表现在该生态系统的组成、结构、功能与服务等方面(杜晓军 等,2013)。生态系统的退化存在两个阈值,分别是生物因子的相互作用和非生物因子的限制作用,因此,生态系统退化程度的诊断途径有生物、生境、生态系统功能/服务、景观、生态过程等,诊断方法可分为单途径单因子诊断法、单途径多因子诊断法、多途径综合诊断法。例如,生物途径的指标包括生物组成与结构(植被、动物、盖度、密度、分布格局、年龄结构等)、生物数量(生物面积、总生物数量、各种生物的数量);生境途径的指标包括气候条件、土壤理化性质(土壤离子交换作用、酸碱性、氧化还原作用、土壤缓冲性)、土壤养分(氮、磷、钾、硫、钙、镁、微量元素、土壤养分平衡及有效性);景观途径指标包括嵌块体、基质、网络、异质性、构型、对比度等;生态过程途径指标包括种群动态、种子或生物体的传播、捕食者与猎物相互作用、群落演替、干扰扩散、养分循环、生理生化反应等。

生态退化程度诊断常用比较法,比较不同时期同一生态系统的变化,来判断退化趋势和程度。生态退化程度的诊断是生态恢复的基础和前提,但与恢复力评估不相同,例如退化到何种程度? 恢复能力如何? 这是两个科学问题,前者是退化程度问题,后者是恢复力问题。

4. 生态恢复成功性评价

生态恢复的标准一直是一个难题,也是一个颇具争议的问题,如在标准的绝对性和相对性、全局性和局部性、统一性和分区性等方面存在不同观点。由于生态恢复需要时间,所以生态恢复评价的时间也是一个问题。目前,大多数生态恢复工程的年限是 5～20 年。生态恢复成功性评价是对一项生态恢复工程的恢复效果开展评价的方法。多样性、植被结构和生态过程是评价的基本指标。其中多样性指标包括植物、节肢动物、鸟类、微生物、蚯蚓、爬行动物、小型哺乳动物、鱼类。植被结构指标包括覆盖度、密度、生物量、落叶层。生态过程指标包括生物交互作用(食草、传粉、捕食、种子散布、寄生、竞争)、营养库、土壤有机质或碳同位素。生态恢复成功性评价应该至少包括 2 个以上的系统功能指标,至少需要 2 个参考系统,以解决异质性变化的问题(Ruiz-Jaen et al.,2005)。

例如,Suganuma 等(2015)在评估热带雨林恢复成功性时,选用了森林结构(总干面积、冠层覆盖、林下层密度、幼树密度、蕨类植物密度、藤本植物密度、灌木密度)、丰富度(幼苗丰富度、林下层丰富度等)、功能型(动物分散种、耐阴种、慢速生长种的比例)等指标,推荐将冠层覆盖、总干面积、密度和林下层丰富度作为生态恢复成功性的标准。在我国黄土高原植树造林的成功性评价中,采用了植被覆盖度、高度、生物量、冠层直径、垂直成层结构、优势物种、物种风毒素、香农维纳指数、Margalef 指数、Pielou 指数、相似度指数等,还采用了土壤营养水平、土壤水分含量、水稳性团聚体、平均重量直径、土壤容重、土壤结构分散比（Jiao et al.，2012）。

由于上述多样性、植被结构、生态过程、生态功能等指标各向异性、时空尺度不一、变量差异大，指标测量也不容易，所以评价起来难度大。为此，有的文献考虑社会和经济指标，如生态修复工程中的资源投入量和社区参与度、生态系统服务价值等，也有学者利用条件价值法、机会成本法、费效分析法等评估生态修复工程价值，从不同角度开展评价。

二、生态恢复力评价

恢复力评价不仅是揭示恢复力大小，而且有助于了解系统的相互作用、潜在阈值和适应性循环状态等。

（一）描述评价对象——自组织系统

在生态恢复力评价之前，需要全面调查、科学分析评价对象，需要详细了解评价的系统。一般需要从以下 5 个方面来阐述：

1. 界定系统的尺度

评价一个系统，需要确定系统的边界。首先是空间的边界，但空间边界往往是模糊的，生态系统和社会经济系统的边界往往难以通过空间划定，常常采用行政边界，或者以明显地理空间分界来确定空间边界。其次是时间边界、属性边界等。为了了解评价系统的变化过程，评价的时间应尽可能地长，将历史、现在和未来关联起来。属性边界则是除了时空边界以外的评价对象的范围，如矿区的人口、社会、经济、产业等社会经济属性，以及矿区土壤、植被、水等自然属性。

评价一个系统，关键是确定系统的焦点尺度，也就是该地区最关心的尺度。例如，煤矿区的焦点尺度，可能是沉陷区、污染区，可能是矿地矛盾，也可能是产业转型等。考虑的尺度必须包括自然生态领域的尺度，例如矿区农业、河流、沉陷区、裂缝区等，也需要包括社会领域的尺度。自然生态领域的尺度和社会领域的尺度往往不同，但必须明确社会领域和生态领域之间是否存在空间错位。考虑的焦点尺度还需要包括管控层面的尺度，如涉及哪些管理部门，如自然资源管理部门、环境保护部门、发展改革部门、农业部门等，考虑部门尺度有助于定义重要的尺度和尺度间的交互作用。

经过焦点尺度、主要尺度的分析，需要明确评价自然生态系统的要素和社会领域的要素，明确系统的构成。

2. 明确系统的关联者

煤矿区是一个由自然生态系统和社会经济系统复合形成的社会生态系统，所以在恢复力评价开始之前，需要知道利益相关者以及有关管理政策、系统运行机制等。

即使焦点尺度是一片修复的林地或者一块复垦的耕地，也不能忽视与其有关的个人、组织、集体和政府等，否则恢复力建设会很艰难。一个自组织的复杂系统往往有很多利益相关者，除了土地使用者、集体组织外，还有不同级别的政府部门及人大、政协、行业合作组织、社会团体等。这中间最关键的是产权问题，尤其是地役权，权利明晰、产权清晰是非常重要的，但往往矿区生态修复的对象如采矿宕口、采煤废弃地等的产权模糊。

在调查清楚了利益相关者之后，需要了解系统的运行规则，发现存在的问题。这个运行规则既包括自然规律，也包括社会经济系统中的规章制度和管理制度。尤其是在煤矿区,无论是特定恢复力,还是一般恢复力,均受到人的活动影响,所以有关管理规定、政策规范的调查十分必要,要通过分析查明这些管控存在的问题,如谁控制了资源利用和各相关尺度的规则? 控制机构间的关系是否存在问题? 这些问题是否阻碍或影响资源利用的合理性? 机构间的目标是否兼容,或者是否激化了矛盾?

经过利益相关者的分析,需要明确评价系统和周围区域以及更高尺度之间的联系,以及它们的内在运行机制。

3. 明确"是什么的恢复力"

明确"是什么的恢复力",也就是明确系统评价的目标。这个问题的关键是,系统应该具备什么样的恢复力? 系统中利益相关者重视什么以及想要得到什么? 困扰他们的重大问题是什么? 等等。在初级生产力和收益占主导地位的系统中,共同关心的问题是系统的经济健康状况。例如麦农想要小麦丰收,从而在市场上可以卖高价;捕鱼者想捕获丰收和鱼价高涨。然而,在很多系统中,恢复力的对象是复杂且模糊的,如生物多样性、生态产品等,有时恢复力的对象是很大的,如矿区转型发展、绿色矿山建设、煤矿区生态修复等,这些恢复力有些是特定的,但更多的是综合性的。

如何发现大家关注的"是什么的恢复力?",可以从系统角度考察系统的存量和流量,在生态服务价值基础上考察,如熟知的千年生态系统评估(millennium ecosystems assessment,MEA)。这种考察方式,不仅考虑到直接受益的方面如农作物、水,而且也考虑到间接相关的方面如洪水控制、农作物授粉等。

流量是指系统正在生产的产品(粮食、水果、鱼、木材等)。存量是指生产这些流量的系统要素,或是它们自身权利内有价值的要素。因此,存量包括健康的土壤(可生产粮食),或水的存量,或生物多样性。存量是社会、经济和生态活动的基础,是系统抵抗扰动、冲击的源泉。生态恢复力评价实际上就是理解和管理这些存量的恢复力。但是,很显然,流量是有价值的,而且流量是确定基础存量的依据,而基础存量事实上也是系统的资产。同样的存量可产生不同的流量,并且在一些情况下,流量和存量可能有一点难区分。以生物多样性为例,它可能是支撑土壤或河流或湖泊的再生能力的一个存量,然而当它本质上被看作有某些价值时它也可能是一种流量。通过流量和存量的分析,可确定并使利益相关者们认同系统重要的商品和服务。

接下来需要考虑这些重要对象的生态产品或者生态服务之间的相互作用,可以通过生态服务价值评估得到它们之间的权衡关系。千年生态系统评估中使用术语"生态系统服务束"(bundle of ecosystem services)来表达不同生态系统服务及其相互作用;如果一种服务上升,其他服务可能下降,也可能上升。它们彼此并不独立且常常互相权衡。如果这些权衡的状态有急剧的变化,或越过阈值,那么了解这些变化和阈值很重要,因为它们可以反映生态系统商品和服务所提供的恢复力的主要阈值。

4. 明确"是对什么的恢复力"

明确"是对什么的恢复力",也就是明确有哪些扰动和冲击。通常,扰动可分为脉冲型扰动(如周期性的洪灾)、蔓延式扰动(日久性的旱灾)和压迫型扰动(大气污染)等。但是对恢复力系统来说,可将扰动分为三种,即典型扰动、罕见扰动和未知冲击。

典型扰动,就是可预计到的扰动,如采煤沉陷、矿区地下水位降低、矿区水污染、土壤退化等。这些扰动是系统已经经历过的,系统已适应这些扰动并可能非常好地应对它们。洪水和干旱可能暂时毁坏了产品(比如农业生产),但是在这些灾害发生的过程中,系统可能也因此提高了物种种类/多样性,灾害发生后,系统可以相对轻松地返回到"正常"状态。面对这些典型的扰动,矿区通常经过绿色开采、土地复垦和生态修复、环境治理、国土综合整治等预防或者阻止。但是,在很多情况下,修复和治理过程本身就是一种扰动,短期可能有效,但长期可能更差,对恢复力建设并没有好处。

罕见扰动,它在种类上与典型扰动相似,但是更罕见且扰动幅度明显增大。百年一遇的洪水、偶然的害虫大爆发、打破了所有记录的野火、袭击城市中心的大地震、特大型矿难等,都是大的罕见扰动的例子。这些是在历史上也许发生过,但在近期几乎难见的事件。系统对这样的扰动还没有形成充足的经验以形成对付这样扰动的机制。这些扰动能使一个地区重构,能推动系统进入另一个状态。

未知冲击,往往来自系统外的扰动,难以预测,且几乎不可能为它们做任何准备。例如,一种以前未知的国外昆虫或杂草的入侵,或以前未知疾病的暴发等就是很好的例子。

"对什么的恢复力"的描述方式之一就是试着列出系统所经历过的扰动。发现扰动的方法就是,确定在过去已经引起大的变化的事件及其种类,通过回顾系统的历史来归纳总结。

5. 明确系统的驱动力,预测发展趋势

驱动力和扰动不是一回事,驱动力是指导致系统不断变化的动力,是系统外部不同尺度的力量,而扰动被视为系统内部的变量。这需要调查系统的发展历史。最好是列出一个时间表或者画一条时间轴线,将历史上焦点尺度、较大尺度和较小尺度上发生的事件和变化全部标注出来,例如主要气候事件、新采矿技术、新复垦技术、新植被恢复技术、主要基础设施开发(铁路、大坝)、重要政策变化等。

通过使用三种不同刻度的时间线,可以深入洞察跨尺度的因果关系,例如一种尺度上的重要事件如何与另一种尺度上的重要事件相匹配。系统的历史为未来变化趋势的预测提供了良好的基础,并勾勒出了可能出现的情景。

(二)特定生态恢复力的评价

具体恢复力是指系统对具体扰动的恢复力,是关于一个扰动是否可能会使系统越过阈值并使系统功能发生改变的问题。所以,具体恢复力评估的主旨是要识别系统在各个状态之间的已知和潜在的阈值。阈值其实是使系统所关心的变量做相对缓慢变化的控制变量,例如,关心的变量是小麦生产量,那么相应的控制变量可能是土壤酸度,阈值就是土壤酸度的极限值。但是,实际中不是所有的控制变量都有明显的阈值,这给特定恢复力评价制造了困难,为此,常用替代指标法来进行评估。因此,特定生态恢复力的评价方法有直接评价法(阈值法)、间接评价法(替代指标法)、状态转移法、模糊综合评价法、多因素评价法、概念模型法等。

1. 阈值法

阈值法是一种直接评估方法,就是将系统的控制变量的阈值构建成一个阈值矩阵,得到恢复力大小,然后调查每个控制变量的实际值,通过比较二者之间的差别,得到系统所处的状态。阈值法的关键是构建阈值矩阵。

评估具体恢复力的主旨就是通过重现系统来显示潜在阈值以及阈值间的交互作用。如前所述,通常有焦点尺度、较大尺度、较小尺度等3个不同尺度,而且涉及社会、经济和生态三个不同领域,由此可建立3个尺度×3个领域的阈值矩阵,如图2-12(a)所示。这是一个理想的阈值矩阵,并非每个尺度每个领域都有阈值,也有可能某个尺度的某个领域存在不止一个阈值,例如在复垦农地尺度上,可能有2个生态阈值,包括地下水埋深和土壤酸度。

图2-12(b)所示为马达加斯加干旱区森林生态系统的阈值矩阵(Kinzig et al.,2006;Rocha et al.,2018)。和理想的3×3阈值矩阵相比,很明显并非每个格子中都有一个阈值。该图阐明了阈值之间是如何相互作用的。例如,在区域尺度上,使森林损失且增加破碎度的阈值就是个例子。如果超越了一定程度的破碎度,这个阈值的跨越会导致斑块尺度的授粉作用受损,这是因为授粉者(如蝴蝶、蜜蜂、野生动物等)只能生活在森林中。有证据显示,随着距离森林边缘越远,授粉作用越低,这也会影响到农场尺度上的小麦生产,进而导致农场跨越经济领域的阈值,这就是所谓的连带效应。

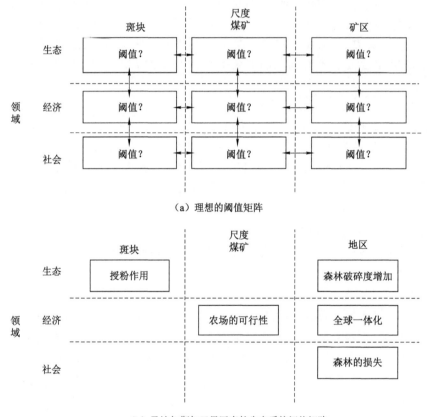

（a）理想的阈值矩阵

（b）马达加斯加干旱区森林生态系统阈值矩阵

图2-12 阈值矩阵

得到每个控制变量的阈值是构建阈值矩阵的核心,也是难点。控制变量的阈值可通过实验得到,对复杂的变量可通过建立状态转移矩阵、时空变化模型、网络模型等进行定量分析得到。

首先,已知阈值的确定。在我国东部采煤沉陷地农业复垦中,控制变量有土壤酸度和地下水位。当土壤酸度在正常水平上变化时,农作物产量不会受到大的影响。但是,当pH

值降到 5.5 以下时,小麦植株的生长能力突然大幅下降,这是因为 pH 值在 5.5 以下时铝元素变为可溶解态,这种状态下小麦可以吸收铝。因此,酸度成为突变的控制变量之一,阈值效应就发生在 pH＝5.5 的时候。第二个阈值是地下水位。当地下水位上升,但未达到地下 2 m 以前,土壤生产力并不发生太大变化。当达到地下 2 m 之后,水分因蒸发作用从土壤毛细管中向土壤表面散失。由于地下水中含有大量的盐分,在水分散失过程中,盐分滞留在表层土壤中,次生盐渍化出现,小麦生产力因而大幅降低。这里控制变量就是地下水位,而阈值就是地下水位在地下 2 m。

　　相似的,煤矿区土壤酸度、土壤营养水平、植被盖度等都可能是阈值。在黄土高原矿区,土壤有机质含量可能是一个阈值,当低于该阈值时,土壤肥力会下降得非常显著;在我国东部高潜水矿区水产养殖塘的磷含量可能就是一个阈值,当高于这个阈值含量时,鱼塘富营养化,产量急剧下降。

　　其次,潜在阈值的确定。自然生态系统控制变量也不都是有明确阈值的,社会和经济领域的阈值往往更难识别,这里称之为潜在阈值。社会领域的阈值有时称为临界点,潜在阈值往往是一个区间。潜在阈值需要通过大量观察而得到,也可以通过模型分析得到。

　　最简单的是印象模型,或者称为概念模型,反映了人们对系统工作和变化的理解。每个利益相关者都有一个关于系统是如何工作的印象,把它们都记录下来,进行对比,就可能发现阈值。

　　时空变化模型也可用于发现阈值。许多系统在接近阈值的时候开始发生动态变化,并且幅度增加,比平时波动得更多更厉害。这种现象称为上升方差(rising variance),表明即将发生稳态转移,例如,水中的磷含量的变化率在稳态转移前大幅增加。除方差变化以外,还有另外一个时间指标,表示系统返回稳态时的趋势。当接近阈值时,返回平衡态的时间增加,即所谓的"临界慢化"(critical slowing down)。上升方差变化是关于环境变化响应的一种波动性,也可以看作自然环境的随机噪声,而临界慢化是关于某个给定慢变量返回系统稳态的时间,是系统朝稳态运动的过程,表示当慢变量越来越靠近阈值的时候,系统返回稳态的时间会不断增加。除了"临界慢化"和"上升方差"外,当系统接近阈值的时候,自相关性会增加,所以可以用空间自相关系数来表示。

　　网络模型也是常用于发现阈值的方法。该模型是关于一个系统内多个变量彼此之间是如何关联的。网络有一个广为人知的性质是:当在一个网络中对象之间的连接随机增加时,连通性也逐渐增加,并且当联系达到中等水平时开始出现"连通环"。此后,新增的连接会突然导致连接性大幅度地增加,且几乎所有对象都被包括在内。网络模型可以指示主要薄弱点或变化点。所有生态系统和社会系统都具有网络结构。

　　代理模型(agent-based models)也被用于发现阈值。这类似于博弈模型,基于一系列假设:人们如何响应生态系统的变化和管理的变化,需要定义若干"代理"(例如一个区域内的所有农民),并且制定他们管理资源的各个"规则"。例如,下了多少雨才会决定种庄稼?为了做出决定,每一个代理被任意地指派了不同量的降水,该量值在降雨量的一定范围内随机选择。模型被嵌入一个包括了所有基本过程的农作物生产模型中。这个代理模型在各种"雨季"反复运行,最终胜出的代理则定义了该区域一整套最佳的管理决策(规则)。

　　总之,阈值法是特定生态恢复力评价常用的方法,但是确定系统控制变量的阈值是难点。不同学者提出了不同方法,但都是基于某一特定扰动、特定领域、特定尺度上的,还没有一个普适方法。国际恢复力联盟正在进行阈值编目,瑞典斯德哥尔摩恢复力中心开发了状态转移数据库(regime-shifts database),提供了一些自组织系统的控制变量的阈值及其阈值效应。

2. 状态转移法

状态转移法是用系统的状态以及状态间的转移来表述系统动态性的方法,最早于1980年由研究草地生态系统的生态学家提出。状态转移法能够清晰地表现出系统的功能,不同的人对系统不同的认知也会被表现出来。目前,科学家已经开发出了多种状态转移模型,从简化的盒子和箭头图示模型到复杂的定量模型。

采用状态转移法对煤矿区生态系统的恢复力进行测度时,主要程序包括:识别系统的当前状态以及潜在状态;描述系统状态发生转移的可能轨迹;评估不同轨迹上是否存在阈值。具体介绍如下。

(1)状态的确定

对煤矿区生态系统的状态识别主要包括以下两个方面,其一是传统的景观分类的标准,这种分类是在考虑景观属性和各种特征的基础上进行抽象综合的结果。其二是近年兴起的遥感分类,这种分类基于多个光谱或者纹理等参数进行模式识别。关于矿区内的土地覆盖分类目前已有不少研究,主要目的是利用矿区内单元的特征差异将这些单元更为精确地归并为多种类型。

在矿区生态系统恢复力的测度中,系统状态识别实际上就是依据感兴趣单元的状态变量来判断系统的状态(如林地、沙地、水域等)。因此,状态判定不仅仅考虑矿区内单元的特征差异,还应该考虑生态地理背景下的各个状态的特征。因此,可采取一种基于比照的系统状态识别方法。实现该方法的步骤如下:第一步,确定一个矿区土地生态系统的可参照的有限自然地理背景,在这个背景下寻找可参照的土地生态系统;第二步,确定土地生态系统服务的状态变量指标,确定各类土地生态系统的状态变量的多元分布函数;第三步,将识别土地生态单元的状态变量的值代入多元分布函数,计算归属各类的概率,比较概率的相对大小。若属于某个状态变量的概率最大,可以认为待测土地单元属于这个状态类型,而其他具有一定相对概念的类型则可能是这个土地的潜在状态。

(2)系统状态转移的轨迹

在找到一些被公认而且有重要价值的状态后,需要确定不同状态间存在的转变以及促使这些转变发生的条件。以某矿区多时相的土地利用-覆盖变化举例,如表 2-5 所示,时相为 2017 年 11 月—2020 年 4 月,当 $0 \leqslant A_i \leqslant 1$ 时,转入速度大于转出速度,表示该类型有规模增大趋势;当 A_i 接近于 0 时,转入速度和转出速度基本持平,表示该类型基本保持不变,即呈平衡状态;当 $-1 \leqslant A_i \leqslant 0$ 时,转入速度小于转出速度,表示该类型有规模减小的趋势。

以矿区的农村宅基地和工业用地、坑塘用地为例,当参数为正时,说明转入速度大于转出速度,规模都在扩大,主要原因是矿区的发展、人口的增多、开采沉陷造成的塌陷坑的增大。同样,其他草地的状态参数为正,说明转入速度大于转出速度,草地规模增大,说明今后其他草地的面积还会逐渐减小,但不会十分剧烈,因为矿区生态观念逐步增强,注重绿化,增加植被覆盖度,可持续发展的政策会得到实施。

表 2-5 某矿区多时相土地利用-覆盖变化情况表

类型	2017 年 11 月— 2018 年 6 月	2018 年 2 月— 2019 年 5 月	2019 年 5 月— 2020 年 4 月	2018 年 2 月— 2020 年 4 月
旱地	A_1	B_1	C_1	D_1
其他草地	A_2	B_2	C_2	D_2
农村宅基地	A_3	B_3	C_3	D_3
工业用地	A_4	B_4	C_4	D_4
公路用地	A_5	B_5	C_5	D_5
坑塘用地	A_6	B_6	C_6	D_6
裸地	A_7	B_7	C_7	D_7

(3) 状态转变的阈值

接下来需要考虑：在不同的路径上会不会有不能返回的节点或者阈值？越过这个临界值后，系统状态改变，状态变量会发生较大改变。

阈值的识别，一般有统计分析和模型模拟两种方法。前者基于观测数据，更能体现实际情况。在统计方法中，一方面，可以统计某个变量和参数随时间变化的特征，考察统计指标，如条件异方差、自相关、偏度等，实现对变量突变值的识别。这种方法适合于那些有内源扰动的系统，如水生生态系统。另一方面，可以考察变量对其他变量或者某个参数的响应情况，从而识别变量或者参数的阈值。

对于矿区生态系统，主要考虑采矿及其他外源扰动，因此，讨论变量和参数间的响应关系更有意义。可以通过获取状态变量(X)及其参数变量(P)之间的函数关系

$$X = f(P)$$

观察响应曲线的形态，确定可能存在的阈值效应形式。

在此基础上，对响应曲线进行函数拟合，若在穿越阈值前后状态变量发生了较大变化，则考察点 P_0 的左右极值。若左右极值不相等，且在左右一定领域内的多个重复观测值具有显著差异，则可以视 P_0 为阈值点。此外，除在数学意义上表现出阈值效应的情况，通常也有一些人为设定的指标，比如《土地复垦方案编制实务》中规定当坡度大于 25°时，不适宜复垦为耕地，25°即为人为设定的阈值。

图 2-13 为法国南部 Camargue 区的一个状态转移模型。Camargue 是 Rhône 河谷的一个三角洲。长久以来，对这个三角洲的不同区域该如何管理存在争议。那些坚持传统、喜欢用芦苇盖房的人想让更多的土地用来生长芦苇，但是 Camargue 区以奶牛和白马出名，而它们又需要更多的牧场和草地。此外，野鸭捕猎者希望有更多的开放水域用于野鸭的生境。

多年来，很多堤岸被修建用于控制水害，因为水是决定 Camargue 状态的重要因子。芦苇是一种喜水抗洪植物，五年或十年一遇的夏季干旱会使芦苇秆更加稳定。持久的洪水会导致开阔水域增加，并导致芦苇减少。相反，频繁和长时间的干旱会导致林地入侵。

图 2-13 中展示了这种可能的备选状态，还展示了状态之间转移的发生条件。其中一些可能存在阈值效应，比如，从林地到"草甸＋灌木"、从"草甸＋灌木"到"湿草甸"，这两个过

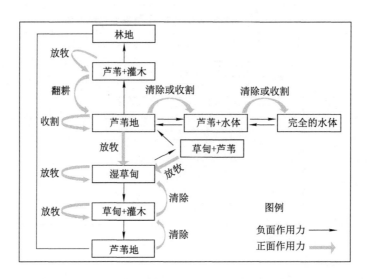

图 2-13　Camargue 湿地系统的一个状态转移模型

（格子代表系统的可变状态，箭头表示干预导致转变的过程。修改自 Mathevet et al.，2007）

程需要工程机械的参与才能发生。有些转变是由内生力量驱动的，但它们不可逆，这可能代表不可逆的阈值。再想改变的话，就需要人为机械干预了。

状态转移模型简单看起来有点像阈值矩阵（图 2-12），它们两个都是由一些格子和关联格子的箭头组成，但是它们有着明显差别。在状态转移模型中，格子代表系统在其他地方的一些状态。箭头表示从一个状态到其他状态间可能的转变。在阈值矩阵中，每个格子代表一个状态转变为另一个状态的阈值。格子的阵列形式取决于组成系统的领域和尺度。格子间的箭头代表阈值间的相互作用。状态转移模型是一个清晰描述和显化潜在阈值的好方法。所以，它们二者都可得到阈值矩阵，但二者的框架有本质区别。

3. 模糊综合评价法

模糊综合评价法是一种评价多因素影响事物的决策方法。其基本原理是首先确定被评价对象的因素（或指标）集合评价（等级）集；再分别确定各个因素的权重及它们的隶属度矢量，获得模糊评价矩阵；最后把模糊评价矩阵与因素的权矢量进行模糊运算并进行归一化，得到模糊综合评价结果。

煤矿区生态系统是一个复杂的系统，在一定的时空条件下具有相对性和动态性，加之影响矿区生态恢复力的因素很多具有模糊性，同时矿区恢复力从生态、社会、经济三个方面综合评价属于多层次多属性决策问题，因此，利用模糊综合评价法对矿区生态系统恢复力进行评估适用性很强。

（1）构建恢复力模糊评价矩阵

设 $u = \{x_1, x_2, \cdots, x_m\}$ 为刻画恢复力的 m 种因素（或指标），$V = \{v_1, v_2, \cdots, v_n\}$ 是恢复力所有评价等级的集合。

在构造了等级模糊子集后，对恢复力的每个指标进行单因素评价，这样构造出一个具有 m 个指标的评价集的总评价矩阵 $\textbf{R}$，因此，由 m 个评价指标、n 级评语所构造的模糊评价矩阵为：

$$\boldsymbol{R} = u(x_i) = \begin{bmatrix} r_{11} & \cdots & r_{1n} \\ \vdots & \ddots & \vdots \\ r_{m1} & \cdots & r_{mn} \end{bmatrix}$$

其中,r_{ij} 表示恢复力从因素 u_i 来看对等级模糊子集 v_j 的隶属度。对于定性指标隶属度的确定采用专家打分法;对于定量指标隶属度的确定采用半梯形函数的方法。

① 正相关指标,即数值越高越优的指标的隶属度:

$$u(x_i) = \frac{x_i - x_{\min}}{x_{\max} - x_{\min}}$$

② 负相关指标,即数值越小越优的指标的隶属度:

$$u(x_i) = \frac{x_{\max} - x_i}{x_{\max} - x_{\min}}$$

其中,x_i、$x_{\max}$、$x_{\min}$ 分别为指标的原始值、指标在某等级区间的最大值、指标在某等级区间的最小值。

(2) 恢复力综合指数计算

设 $\boldsymbol{A} = \{a_1, a_2, \cdots, a_m\}$ 为恢复力各指标权重分配模糊矢量,其中 a_i 表示第 i 个因素的权重,则模糊综合评价模型为由恢复力模糊矢量 $\boldsymbol{A}$ 与恢复力模糊关系矩阵 $\boldsymbol{R}$ 合成得到的各个被评价对象的模糊综合评价结果矢量 $\boldsymbol{B}$:

$$\boldsymbol{B} = \boldsymbol{A} \times \boldsymbol{R} = (a_1, a_2, \cdots, a_m) \begin{bmatrix} r_{11} & \cdots & r_{1n} \\ \vdots & \ddots & \vdots \\ r_{m1} & \cdots & r_{mn} \end{bmatrix} = (b_1, b_2, \cdots, b_n)$$

根据模糊综合判断矩阵,计算出煤矿区生态系统健康综合指数,使煤矿区生态系统恢复力更加量化。

4. 替代指标法

恢复力是衡量社会生态系统当前状态和未来的一个重要指标,但难以测量。量化恢复力的一种可行方法是识别和测量恢复力替代指标,即从理论中推导出用于评估社会生态系统恢复力的可量化的替代指标。因此,替代指标法是一种恢复力间接评估方法,利用替代指标进行恢复力评价,发现影响恢复力的关键生态因子、过程、结构或功能。

例如,通过对水、生态环境、经济社会系统耦合关系的分析,利用模糊评价模型将多个评价指标转化为单一指标,采用模糊隶属度描述可持续发展能力,以此衡量复杂水资源系统可持续发展水平(关伟 等,2014)。再例如,运用自然科学和社会科学的方法,选取替代指标评估南非干旱牧场社会生态系统恢复力,在生态子系统中选取土壤和植被指标分析干旱对牧草供应的影响的能力,在社会子系统中应用农艺学和体制指标评估家庭和社区减轻干旱影响的能力,并与传统牧区社会生态系统评估实践和机构进行比较(Kuhn et al.,2010)。

在实际情况中,如何通过系统模型来识别恢复力替代指标?下面介绍美国 E. M. Bennett 博士提出的用系统方法确定恢复力替代指标的步骤:① 问题界定;② 利用标准来定义待评自组织系统并寻找关键的反馈过程;③ 建立系统模型;④ 利用该模型识别恢复力替代指标。

第一步:评估和问题界定。

发现系统变化的过程,首先需要明确存在的问题及分析原因。例如,在森林系统中将保护特定物种作为核心问题。问题界定有助于对系统的边界和范围有一个清晰的认识,并对外部干扰和系统未来发展状态有初步预期,在预期的基础上设定恢复力管理的目标。

通过回答以下问题可实现第一步:

- 系统应该被恢复的是什么方面?
- 系统恢复的哪些变化是研究希望的?

通过回答表 2-6 问题来确定评价的自组织系统、系统的理想状态及维持该状态的潜在障碍。例如,研究的煤矿区为长叶松森林,长叶松森林能够保留并提供多样性的物种,如濒危的红冠啄木鸟。那么研究问题则需考虑如何保护这些红冠啄木鸟等喜欢栖息于长叶松的物种。在这种情况下,长叶松森林使得系统具有恢复力,最重要的是防止阔叶林的入侵。

表 2-6 用于识别恢复力替代指标步骤中的问题

步骤	问题	答案定义	研究案例		
			极限增长	临界点	具有阈值的临界点
1	系统应该被恢复的是什么方面?	系统边界及模型建立的标准	水质	长叶松森林	食物供应
1	系统恢复的哪些变化是研究希望的?	外部驱动,扰动和系统的理想状态	土地利用,土地管理,天气	火灾变化,气候变化	大象数量的变化,气候的波动
2	什么变量改变了?	系统元素	藻类种群,水中 P 元素	森林组成	象群,木本和草的混合
2	是什么样的进程和驱动力产生了这些改变?	系统驱动	P 循环利用,极端降雨事件,农业用地	灭火	火,大象吃草,树木生长
2	什么力量控制产生改变的过程?	过程和元素之间的联系	径流,湖泊,循环,流出	下层植被,冠层透光性,叶型	大象数量,降雨量
3	什么是系统关键要素?它们怎么连接的?	编辑和定义元素和流程之间的连接	藻类种群,P 循环	长叶林和硬木密度,火灾频率,燃料	人为和野火
3	哪种正反馈或负反馈存在且与什么变量有关?	模型中的循环识别	＋藻类种群、磷的循环利用 －藻类受磷有效性的限制	树种类群;长叶林增加火灾	大象的数量,林地、草地的面积
3	是什么(如果有的话)将系统从一个反馈回路控制到另一个反馈回路?	识别阈值	P 决定了沉积物中 P 的循环速率,P 径流是主要的决定因素	阔叶林硬木密度的变化	狩猎,气候,伐木
4	在反馈回路中状态变量的阈值如何?	阈值条件	P 循环显著时 P 的浓度	可被认为含有易燃烧燃料的下层条件	基于火灾和大象数量的阈值变化
4	从状态变量到阈值有多远?	当前状态与阈值阶段间的比较	比较湖泊 P 与 P 循环浓度	易燃烧的燃料和普通火灾所需的燃料量	森林面积与大象数量的关系
4	从状态变量移动到阈值或远离阈值有多快?	系统更脆弱或更具恢复能力	P 循环利用率,流域、湖泊的 P 负荷	硬木的生长速率	林地破坏率

表 2-6（续）

步骤	问题	答案定义	研究案例		
			极限增长	临界点	具有阈值的临界点
4	外部的干扰如何影响和控制状态变量？	受到外部扰动的系统是否具有恢复力	极端天气条件改变了湖泊中的 P 径流和 P 负荷	干湿周期变化引起火灾，进而火灾和灭火改变了火灾频率	潮湿年后的干旱期为火灾高发期；极度干旱导致大象死亡，狩猎也加剧减少了大象数量
4	慢变量影响阈值位置的方式如何？	系统组织中的慢变化降低还是提高系统恢复力	流域土壤中的 P 积累、湖泊潜在的 P 径流	景观破碎化，物种入侵	林地消除
4	控制慢变量变化的因素	系统恢复力的控制	农业方式	公路政策，人类活动	农业扩张

注：＋表示正反馈回路，－表示负反馈回路。

第二步：反馈过程的识别。

问题确定后，下一步须识别能够维持某种状态且相辅相成的过程，或是找到可行的替代方案，寻找替代方案本质上是系统中独立部分相互强化的过程。例如，长叶松森林高度耐火，对于阔叶林而言，长叶松的入侵可抗御火灾。

反馈过程是系统恢复力中的一个重要的过程，决定了各关键要素间的相互作用。流程的输出变量连接到其输入变量，即可创建反馈循环。反馈循环需要通过以下问题进行确定：

正反馈体现在反馈信息促进或加强控制的活动，放大控制作用。负反馈是系统的输出控制输入，促进系统平衡的过程。正反馈使系统趋向于不稳定状态，而负反馈使系统趋于稳定状态。正反馈与负反馈之间是可以相互转化的，相互竞争的正反馈可能会相互抑制，并产生负反馈。一个系统中普遍存在着反馈现象，既有正反馈也有负反馈。

通过回答以下问题确定反馈循环过程：

• 哪些变量发生了变化？
• 变量的变化过程及驱动因素是什么？
• 是什么推动力使过程发生变化？

以上答案将分别界定系统变量、系统的内外部流程以及各流程之间的联系，并可初步了解系统的关键流程和反馈循环的位置。

以长叶松森林为例，由于火灾和气候变化导致阔叶林和长叶林发生了数量变化。森林管理人员是森林火灾的主要控制者，可生火也可灭火，同时森林类型对火灾也有影响。阔叶林可抑制火灾扩大，长叶林对火灾有促进作用。气候是当地管理者无法控制的因素。

第三步：系统模型设计。

一个好的系统模型包括全部关键要素、反馈过程，以及各要素之间的连接。因此，映射过程中识别系统成分和过程对于恢复力的动态性是尤为重要的，此外，还应掌握关键要素自过去至今的长时序变化特征。此过程是必然迭代的，系统的输出成为输入的部分，反过来作用于系统本身，从而影响系统的输出，形成了一个动态的流程。

设计一个简明易懂的系统模型是本方法的关键步骤,原因在于模型是构思形象化的有效手段,且能实现用户所述的功能结构。

提出以下问题有助于系统模型的开发设计:

- 什么是关键要素及相互间的联系?
- 模型中存在哪些正、负反馈循环?连接的变量有哪些?
- 如果存在的话,影响或控制反馈环路的干扰因素是什么?
- 将系统从可控的一个反馈回路控制到另一个反馈回路会有什么样的区别?

以长叶林为例,关键要素为通过空间竞争和火灾联系起来的阔叶林和长叶林两大要素。火灾可调节两大物种对于空间的竞争,在抑制阔叶林树种的同时会促进长叶林的生长。

关键要素及其相互之间的连接,包括循环回路,均可绘制成系统图。在此基础上为一些基本的系统模型建立系统原型和系统模型,其中元素及其关系可根据需求在起点处进行添加或删除,为下一步的参数设定和系统模拟提供基础。

第四步:恢复力替代指标识别。

建立系统模型后可识别出恢复力替代指标。表 2-7 中恢复力替代指标的前三列能够反映系统状态与阈值的关系,分别表达出系统状态相对于阈值的距离、变化速率以及可能改变前两者的外界控制或者扰动;后两列与阈值本身相关。当有两个替代指标时,应关注控制阈值位置的慢变量变化。

表 2-7　通过系统原型模型寻找有用的恢复力替代指标

一般性描述 → 原型模型 ↓	恢复力替代指标				
	相对于阈值位置的系统状态	系统对阈值的敏感性	系统移向阈值的速率	阈值位置	阈值移动速率
	快变量控制	由反馈强度及系统内部因素主导	由系统外部的扰动主导	取决于慢变量的变化	取决于慢变量的变化
增长极限	不相关	不相关	不相关	不相关	不相关
带有阈值的增长极限（如富营养化湖泊）	湖泊 P 浓度相对于 P 循环速度	磷循环量与湖泊磷动态的关系	土壤磷的输入速率及其影响因素,如肥料的使用	不相关	不相关
临界点（如佛罗里达州的长叶松栖息地）	长叶松密度相当于阈值,在阈值密度下,火灾和长叶松竞争与硬木再生	长叶松对火灾频率和蔓延的相对敏感性,以及橡树密度对火灾导致的死亡率的相对敏感性	通过消防管理控制火灾,并调节火灾发生的气候变化、干湿周期,来影响系统移向阈值的速率	不相关	不相关
转变临界点（如非洲南部的大象数量）	林地密度相当于阈值密度	火灾频率和蔓延对草地密度变化的相对敏感性	干旱和潮湿期,人类杀死大象的数量	林地生长与火灾	大象灭绝强度;数量变化率

识别替代物时需注意以下问题：

- 在反馈回路中状态变量的阈值如何？
- 状态变量到阈值的距离是多少？
- 状态变量移动到阈值或远离阈值的速度？
- 外部的干扰如何影响和控制状态变量的？
- 慢变量是如何确定阈值位置的？
- 控制慢变量的因素是什么？

以长叶林为例，阈值为长叶林密度阈值，在此阈值下，以适当的频率和范围维持火灾，使得长叶林密度胜过阔叶林。第一组恢复力替代指标，即系统状态距阈值的距离，需测量长叶林的当前密度与阈值密度之差以及密度变化率。阈值变化率作为第二组恢复力替代指标，以火灾频率和程度来衡量长叶松的数量变化和相对敏感性。在此案例中，以慢变量形式出现的外部干扰包括影响火灾频率和强度的气候，以及人类活动。

5. 概念模型法

图 2-14 展示了社会生态系统概念模型，这是用于恢复力评价的概念模型。综合评价结果需要在审查每一小节后的评价概要后，利用这些概要中的信息，来构建焦点系统的概念图。指导性问题将评价中重要的相关部分与评价模型的内容关联起来。

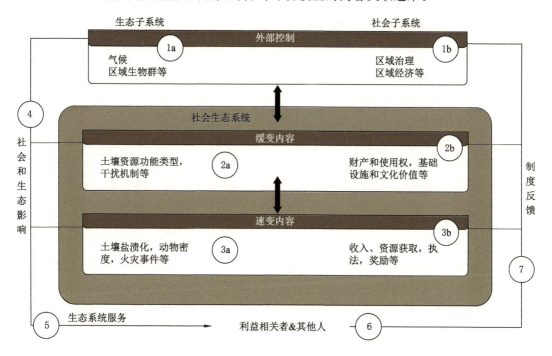

图 2-14　社会生态系统概念模型

表 2-8 中所列出来的一系列问题都是用于指导生态恢复力评价模型的建立。值得注意的是，综合评价和构建图表的过程并不是一个一成不变的过程，相反，需要灵活运用自己在实际评价过程中所获得的理解和见解。综合评价方法对于每个系统都是独一无二的，而且会产生独特的后续问题集合、干预措施以及保护或建立应变能力的策略。

表 2-8 生态恢复力评价模型建模的指导性问题

问题来源	思考的问题
评价对象	所识别的主要问题的环境和社会影响有哪些？[4]
评价主体	就主要资源用途来说,随着时间推移,自然资源的关键生态要素的变化相对缓慢(例如,相对于火灾和病虫害来说,树是一个缓慢变量)。[2a] 随着时间推移,变化相对较快的自然资源关键生态要素是什么？[3a] 谁是关键利益相关者,他们在系统中扮演什么角色？[6] 对利益相关者和其他人来说,最重要的生态系统服务是什么？[5]
评价客体	从总结当中能得出的主要系统干扰情况有哪些？[2a] 主要的扰动因素有哪些？[3a] 系统中扰动的社会和生态影响是什么？[4]
扩展系统-多空间和时间尺度	与焦点系统有重要联系的大型外部控制什么？[1a&1b] 是否存在影响焦点系统中任何快速变化要素的较小的嵌套系统？[3a&3b] 目前的制度反馈与过去有哪些不同之处？[7]
适应性循环	参考适应性循环模型,是否还有变化缓慢或是较快的系统要素需要添加到模型当中？[2a&b,3a&b] 如果循环过程中揭示了关于社会和生态影响或制度反馈的新见解,则将其添加到模型当中。[4&7]
多稳态	在不过分简化的情况下,是否想移除恢复力评价模型当中的某些要素？[2a&b,3a&b]
自适应治理和制度	在较大尺度(焦点系统之外)下进行的决策是否对焦点系统有大的影响？[1b] 焦点系统当中的社会要素中是否存在影响系统构建和运行的强劲动态变化因素？[2b,3b,7]

注:表中括号内的数字对应图 2-14 模型中的每一个位置。

6. 多因素综合评价

多因素综合评价是利用多项指标对某个评价对象的某种属性进行定性、定量的评估,或者对多个评价对象的属性进行定性、定量的评估。

煤矿区生态系统是以煤炭资源开发利用为主导,以物质流动、价值转移和增值、信息传递为特征,实现生产、消费、调控等功能的资源-经济-环境复合生态系统。系统的恢复力受到诸多因素的影响。多因素综合评价法就是基于评价指标与指标权重计算系统恢复力综合评价值的方法。

① 确定恢复力综合评价指标体系,根据指标体系的分层结构对指标进行标准化。矿区生态系统受到多个变量的影响和控制,这些特征变量的量纲和数值的量级往往不同。为了定量分析系统恢复力,需要对不同量纲指标的初始数据进行标准化处理,把指标数值转化为统一的含义。目前,可用的指标标准化方法很多,使用者应根据线性和非线性的差别、指标方向(正向指标越大越好,逆向指标越小越好)的差别有针对性地选择。

② 恢复力指标权重的确定。选取的各项指标对矿区生态恢复力的贡献不同,因此需要确定各级各指标的权重。在指标权重的确定中,往往采用三类方法:第一,主观赋权法。其是根据决策者主观上对恢复力各指标的重视程度来确定指标权重的方法,其原始数据由专家根据经验主观判断得到。主要包括德尔菲法、层次分析法(AHP)、二项系数法、环比评分法和最小平方法等。主观赋权法的优点是专家可根据决策问题和自身经验合理地确定各属性权重的排序,不至于出现属性权重与属性实际重要程度相悖的情况。第二,客观赋权

法。其基本思想是根据各指标的联系程度,或者各指标所提供的信息量大小来决定指标权重。主要包括主成分分析法、熵值法、离差及均方差法、多目标规划法等。客观赋权法的优点是具有较强的数学理论依据,缺点是没有考虑决策者主观的意向,因此权重可能与人们愿望和实际情况不一致。第三,组合赋权法。其是同时基于指标数据之间的内在规律和专家经验对评价指标进行赋权的方法。该方法针对主、客观赋权法各自的优缺点,兼顾到决策者对属性的偏好,同时又力争减少赋权的主观随意性,进而使评价结果更真实、可靠。

③ 综合评价方法。假设第 i 指标标准化后的恢复力平均值为 X_i,Q_i 为第 i 个指标的权重,计算系统恢复力的综合评价值。其数学表达式为:

$$Z = \sum_{i=1}^{n} X_i \times Q_i$$

其中,Z 代表系统恢复力综合值。

(三)一般生态恢复力的评价

前面重点介绍了特定恢复力的评价方法,相比之下,一般恢复力评价理论建立的时间较短。一般恢复力不针对一个特定的扰动,如采煤沉陷、矿井水污染等,而是指整个系统承受所有扰动、任一冲击下的恢复力,如关闭矿区的社会生态恢复力等。

一般恢复力的属性之间存在相互作用。因此,确定任何一个属性的临界水平值是不太可能的,因为它依赖于其他属性的值。即使可能,量化一般恢复力的绝对值也很困难,最合适的方法是确定其趋势和变化,同时能检测到它的影响。

以下关于每种属性的说明可以帮助人们理解。

(1)多样性

在恢复力方面,存在功能多样性和响应多样性两种多样性形式。功能多样性涉及在一个生态系统中具有代表性的生物体的不同功能群,或者是社会领域中人的不同功能群。不同的功能群起着不同的作用。

重要的一点是,一个功能群内的不同物种/类型,对不同类型的扰动会做出不同的响应,这些不同的响应类型被称为响应多样性。正是这种多样性对一个系统恢复力来说非常重要。

(2)公开性

公开性是指系统中能够轻易进入或退出的容易程度,例如人、思想或者物种等的进入与退出。封闭的人或社会群体会近亲繁殖、停滞不前且十分脆弱。相同的情况也会发生在一片孤立的本土植被上。

与多样性一样,公开性也没有"最佳的"程度。它的效果取决于系统在其他方式上如何恢复或者如何不能恢复,两种极端(太开放或者太封闭)都会减少恢复力。

(3)储存

一般来说,储存越多意味着恢复力越大,同时,储存的变化趋势通常表现为减少。这些存储包括自然的(例如生境斑块、种子库)、社会的(记忆和当地知识)和经济的(存款水平)。

(4)反馈的紧密性

当社会生态系统发展时,对信号的响应时间趋于延长并弱化响应信号强度。例如,增加政府管理的复杂性和管理层次、增加办事流程中的环节、在资源利用中削弱成本-收益反馈环等都是具体表现。

所有系统通过临界反馈来保持它们目前的配置(系统状态)——环境的和社会经济的——弱化的反馈降低了恢复力。

(5)模块化

模块化也没有最佳程度,但是一个完全连接的系统能够通过整个系统快速传递所有冲击(例如,疾病、野火或者一个很差的管理实践)。在一个拥有紧密相互作用但彼此连接较松散的子要素系统中(例如,一个模块化系统),系统的各部分能够及时根据系统每一处的变化进行重组以避免灾难。在高度连接的系统中,"这个"成功的运转方式在整个系统里快速传播。在模块化系统里,保持着许多这样的运行方式。

(6)领导力、社会网络和信任(社会资本)

领导力、社会网络和信任(社会资本)是恢复力案例研究中重要的组成部分,被认为是群体"应对能力"的关键因素。它们被称为"社会资本",尽管这一术语受到了经济学家的批评,但在恢复力评价中却具有重要意义。社会资本的核心属性包括领导力、社会网络和信任。领导力的重要性体现在利益相关者调查中,尤其是在确定不同环境下所需类型领导能力时。社会网络作为恢复力的主要资源,在应对灾害和冲击时发挥着关键作用。特别是"影子网络",这种非正式网络在灾难发生时能够迅速组织起来。信任是群体恢复力的基石,虽然难以准确定义和衡量,却是社会发展和应对能力的重要组成部分。评估社会资本的地位需要考虑其三个核心组成部分的变化,即领导力、社会网络和信任。

社会资本对社会生态系统的恢复力至关重要,特别是在全球化和城市化加剧的背景下。它影响着社会的赋权程度,即个人或团体在决策过程中的权力。这种赋权程度使人们能够更好地应对环境和社会变化。因此,了解社会资本的构成和影响因素对于提高社会的恢复力至关重要。

(7)资本资产水平

资本资产水平指的是系统在应对扰动时能够利用的资本数量和质量,包括自然资本、建设资本、人力资本和金融资本。在非洲荒漠草原等地,许多社会生态系统陷入了极度困难的境地,这是因为它们的人力资本较低(教育、医疗水平低)、建设资本极度匮乏、自然资本遭受了严重破坏,并且无法利用金融资本改变现状。不同类型的社会生态系统面临的资本限制各不相同,需要具体分析哪些类型的资本受到了限制,以及哪些类型的资本需要加强以增强一般恢复力。

第五节 矿区土地生态系统恢复力:概念框架

一、矿区土地生态系统

采矿活动广泛分布在富矿地区,我国规划的14个大型煤炭基地分布在15个省区,其中大部分位于西部干旱半干旱生态脆弱区域。采矿的主要生态干扰包括塌陷、挖损、压占、污染等形式,这些活动直接改变生态系统的主要生态因子,如水、土壤、地形、岩层、生产者与消费者(尚志敏,2015),进而产生地下水疏干、地形改造、植被移除等生态效应(史培军 等,2005;汪辉 等,2017)。采矿所导致的生态效应由采矿条件和矿区本底自然条件决定,扰动程度和形式呈现地质、地域分异现象,如在露天矿区和东部高潜水位的采煤塌陷和表土剥离导致剧烈的土地覆盖变化，西部干旱煤矿区观测到采煤塌陷对地下水、土壤等多个环境要素的损伤，但地表生态系统在大尺度上没有发生明显改变。采矿区地表原始生态系统，如荒漠、农田、森林、草原，在扰动后，其结构和功能均发生不同程度的改变，甚至形成新型生态系统（温晓金，2017；杨永均 等，2020）。

我国自20世纪80年代起，矿区土地生态系统的利益相关者（矿区企业、农民、政府、社会团体等）开始有组织大规模地开展煤矿区生态环境治理工作，其生态恢复目标包括增加耕地、恢复土地生产力、美化环境等。一批生态恢复的人工干预技术被开发出来，如充填复垦、矿山复绿技术。在人工干预下，如塌陷地可以快速转变为耕地或湿地，矿山植被覆盖率30年内大幅提高，生态系统功能得以恢复或提高。任何一个生态系统都具有抵抗扰动和自我恢复的能力，在我国西部干旱矿区，不依赖地下水生长的非地带性植被对采矿干扰就有良好的抵抗性（温晓金，2017），而地下水位在停采后225天恢复95%（宁振荣 等，2013）；在美国阿巴拉契亚矿山，土壤有机碳在大约18年后自行演替到对照样方水平（袁顺 等，2016）。因此，遵循自然规律、利用自然之力恢复自然逐渐成为一种主流思想，特别是在我国西部生态脆弱矿区，人们逐渐意识到并非所有扰动都需要人工干预来修复，但同时又广泛担忧长期采矿干扰下会发生难以逆转的生态退化。

二、矿区系统动态概念模型

不同地域矿区的本底自然条件、采矿条件都有显著差异。采矿干扰导致不同形式和程度的生态退化。经过人工干预或自然修复后，矿区土地生态系统的结构功能发生改变，体现出抵抗干扰和自我恢复的能力。系统在整个受扰和恢复期间受到采矿干扰、复垦活动、背景干扰的综合作用，呈现出动态特征，如图2-15所示。以系统表现（Performance，P）衡量利益相关者对于矿区土地生态系统结构和功能的期待（如土地生产力、植被覆盖率等），其随时间动态变化，三个平均水平（P_1、P_2、P_3，其中P_1是P_{1-1}、P_{1-2}的平均；P_2代表P_{2-1}、P_{2-2}；P_3代表P_{3-1}、P_{3-2}）。根据系统受扰程度、复垦干预的不同，系统表现的运行轨迹存在3

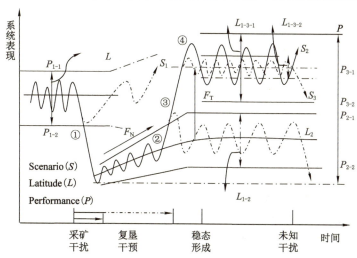

图 2-15　矿区土地生态系统的概念模型

种情景(Scenario, S):情景一(S_1),当采矿扰动开始后,如果扰动较小,系统没有突破阈值,经过恢复,系统表现仍然维持在 P_1 水平;情景二(S_2),强烈扰动使得矿区土地生态系统远离原有平衡,进入退化状态,经过多年自然恢复作用(Function of nature, F_N),系统表现处于相对较低水平 P_2;情景三(S_3),对退化状态的生态系统施以人工干预(Function of intervention, F_I),系统表现达到较高水平 P_3。生态系统具有多稳态特征,其表现在某个范围内(Latitude, L)振荡,当超过阈值(threshold)后,进入新的状态。如采矿扰动之前,矿区原生生态系统表现为在 P_{1-1}～P_{1-2} 之间振荡,但当扰动强度大,则从 S_1 点进入退化状态。

显而易见,利益相关者对矿区土地生态系统实施管理与控制,目的在于稳定地获得最优的系统表现。但这至少需要两方面的保证,其一,系统能够抵抗采矿及其他干扰,确保系统表现远离阈值,避免进入退化状态;其二,如果系统已经在退化状态,能够通过人工干预和自然作用从退化状态较快地转入恢复后状态,并使得系统表现显著提高。这两方面保证的实质是要求矿区土地生态系统具有"某种能力",这种能力使得系统自身更加强大。一般地,人们可能会联想到"恢复能力"(恢复速度与程度)、"抵抗能力"(强大扰动下,系统仍然不改变)、"稳定能力"(连续稳定的系统表现)、"自然之力"(自然营力)等,然而,这些词语都没有确切表达"某种能力"。如果要构建一个自维持矿区土地生态系统,稳定地获得最大系统表现,则这种"某种能力"至关重要。

三、矿区土地生态恢复力理论模型

仅仅用范围 L(实质是阈值区间)来表示生态恢复力是片面的,这不能揭示恢复力的本质属性。这就必须要考察生态系统的动力学特性,然而这并非易事,大多数生态系统是非线性、高维的。

考察矿区土地生态系统的非线性方程,设定系统状态变量

$$y = (y_1, \cdots, y_n)^T \in R^n$$

其生态学含义为衡量系统表现的变量(如物质生产、水分涵养等生态服务功能)。

这些变量随时间的变化受到变量自身和环境参数的影响,如:植被净初级生产量随时间 t 的变化不仅受到自身大小的影响,还受到水土条件的影响。而在矿区土地生态系统中水土条件往往受到采矿干扰和复垦干预的影响,因此,设定 f 和 g 为系统向量场,分别代表变量自身和外界环境对状态变量随时间变化的影响,可得到一个微分系统的向量形式。

$$\dot{y} = f(t, y) + g(t, y)$$

如果上述方程满足初始条件($t_0, \tilde{y}_0$)的解 $y = \tilde{y}(t)$ 在李雅普诺夫意义下是稳定的,而且存在 $\eta(t_0) > 0$ 使得当 $\| y_0 - \tilde{y}_0 \| < \eta(t_0)$ 时,由初值(t_0, y_0)确定的解 $y = y(t)$ 都有

$$\lim \| y_0 - \tilde{y}_0 \| = 0$$

则称解 $y = \tilde{y}(t)$ 为吸引解,它由所有满足条件的所有初值 y_0 的集合组成。在 t_0 的吸引域(也称稳定域、吸引盆地),当变量发生变化时,则可能会形成多个稳定域,当微分系统中的参数发生变化时,则稳定域会发生变化(Zakynthinaki et al.,2013)。将其用几何形式表达,可以得到稳定性景观模型,如图 2-16 所示。

资本资产水平指的是系统在应对扰动时能够利用的资本数量和质量,包括自然资本、建设资本、人力资本和金融资本。在非洲荒漠草原等地,许多社会生态系统陷入了极度困难的境地,这是因为它们的人力资本较低(教育、医疗水平低)、建设资本极度匮乏、自然资

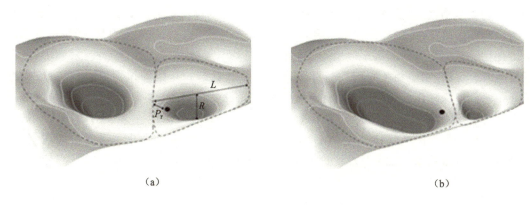

（a）　　　　　　　　　　　　　　　（b）

图 2-16　系统稳定性景观模型

本遭受了严重破坏，并且无法利用金融资本改变现状。不同类型的社会生态系统面临的资本限制各不相同，需要具体分析哪些类型的资本受到了限制，以及哪些类型的资本需要加强以增强一般恢复力。

四、意义与展望

恢复力是生态系统吸收扰动并保持其功能、结构和反馈等特征的能力。在图 2-15 中，当采矿扰动开始，如果能够提高 L_{1-1}，使系统表现远离阈值（较大的 P_r），则系统不易从①点突破阈值而进入退化状态，加以人工干预，则可以得到较为理想的情景 S_1。实际上，煤矿保水开采理论与实践正是基于这样一个目的。当系统已经处于退化状态，如果人工干预仅仅种植大量快速复绿植被，而没有改变系统的稳定域参数（如水土条件等），不提高恢复力，则容易从②点重新进入退化状态。同样的情况会发生在③、④点。

由于国民经济的需求，采矿活动必然发生，利益相关者所期待的是创造一个恢复力更强的生态系统，可以吸收更多的采矿扰动，并给人类提供更好的系统表现，此时恢复力的意义就显现出来。恢复力被当作可持续发展的基础。恢复力既是理论思维也是实践方法。前者为自然资源管理提供一个更为有效的思想空间，将系统论、生态学等连接起来，后者则为生态保护的行动提供知识。就矿区而言，其意义体现在以下几个方面：① 为绿色矿区建设提供新的思路，矿区生态建设是一个系统工程，这需要考虑系统配置、干扰特征、利益相关者的期待，需要岩土工程、生态学等多学科知识的综合。② 为矿区土地复垦与生态修复技术提供理论基础，究竟哪一种恢复方式（人工修复或自然修复）、哪一种恢复标准（新系统或原系统）更好，关键就是哪一种选择可以提高系统恢复力，使得系统能够吸收更多扰动，并稳定地提供更高的系统表现。

恢复力研究方兴未艾，其结构化理解远未企及，恢复力思想给人们提供了一种系统性思考问题的方法，但还不是一个实践和分析工具。捕食-食饵、物种竞争这类生物学模型主要考虑生态系统的状态变量的变化，而采矿活动不仅仅干扰微分系统的状态变量，还干扰微分系统的参数，矿区土地生态系统恢复力复杂而特殊。理解矿区土地生态系统恢复力，并指导开展生态恢复实践，还至少需要以下几个方面的研究：① 恢复力理论。显然，矿区土地生态系统在不断地动态变化，且受到变量与参数的控制，但系统稳定域特征还不清楚，因此，需要研究矿区土地生态系统恢复力的理论体系，包括恢复力内涵、特征、影响因素等。

恢复力与其他概念,如恢复性、自修复能力、适应性之间的关系也需要说明。此外,还有必要为矿山环保政策、采矿工程技术与生态科学原理的整合提供一个恢复力思想框架。② 恢复力评估。首先是目标矿区土地生态系统的系统诊断,弄清其自然地理条件、采矿干扰、系统变量及其反馈、利益相关者的期待等。其次是系统状态和阈值的识别,如地表植被类型随地下水位埋深变化的阈值。然后是恢复力相关属性的评估,如生物多样性、生态储存等,这些属性直接影响恢复力,可以从中挑选恢复力评估的替代指标。③ 恢复力应用。一是利用恢复力评估得到的经验和参数,对目标矿区开展恢复力建设,如考虑地下水位埋深阈值,实施隔水层再造技术。二是开发评价模型,利用恢复力理论对复垦干预的合理性和有效性进行评价。

第三章 煤矿区土壤自修复机理及影响因素

第一节 煤矿区土壤受损的主要类型

一、土壤的组成及性质

（一）土壤矿物质

土壤矿物质是土壤的"骨骼"，占土壤固相部分的 $95\%\sim98\%$。土壤矿物质的组成、结构和性质，对土壤物理性质（结构性、水发性、通气性、热特性、力学、耕性等）、化学性质（吸附性能、表面活性、酸碱性、氧化还原电位、缓冲作用等）以及生物与生物化学性质（土壤微生物、生物多样性、酶活性等）均有深刻的影响。土壤矿物质由坚硬的岩石矿物演化而成，经过了极其复杂的风化、成土过程。

土壤矿物元素组成很复杂，元素周期表中的全部元素几乎都能从中发现。其中主要的约有 20 多种，包括氧、硅、铝、铁、钙、镁、钛、钾、钠、磷、硫、锰、锌、铜、钼等，其中氧和硅是含量最多的两种元素，其含量分别为 47% 和 29%，铁、铝次之。然而经自然风化而成的土壤中，植物生长所必需的营养元素含量很低，其中磷、硫含量均不到 0.1%，氮含量只有 0.01%，而且分布很不平衡，远远不能满足植物和微生物营养的需要。不过，在成土过程中通过元素的分散、富集和生物积聚作用，碳、氮等元素含量会增加，而钙、镁、钾、钠等含量会减少（熊顺贵，2001）。

（二）土壤有机质

土壤有机质是指存在于土壤中的所有含碳有机物质，包括土壤中各种动植物残体、微生物及其分解和合成的各种有机物质。土壤有机质由生命体和非生命体两大部分组成。

有机质是土壤的重要组成部分。尽管土壤有机质只占土壤总量的很小一部分，但其数量和质量是表征土壤质量的重要指标，在土壤肥力、环境保护等方面有着很重要的作用。一方面它含有植物生长所需要的营养元素，是土壤微生物生命活动的能源，对土壤的物理、化学和生物性质有深刻影响；另一方面，土壤有机质对重金属等各种有机、无机污染物的行为有显著影响。土壤腐殖物质含有多种功能基团，对重金属离子有较强的络合和富集能力。土壤有机质与重金属离子的络合作用，对土壤和水体中重金属离子的固定和迁移有着极其重要的影响。

（三）土壤生物

1. 土壤微生物

土壤微生物是地表下数量最巨大的生命形式。土壤微生物按形态学来分，主要包括原核微生物（古菌、细菌、放线菌、蓝细菌、黏细菌）、真核微生物（真菌、藻类和原生动物），以及无细胞结构的分子生物。人们常常通过生物化学、分子生物学等技术分析土壤微生物的数量、群落结构及活性,最常见的指标包括土壤微生物生物量、土壤微生物多样性和土壤酶等。土壤微生物是污染土壤自净化的主要贡献者之一,是土壤恢复力的维持者。

2. 土壤动物

土壤中的动物按自身大小可分为微型土壤动物(如原生动物和线虫等)、中型土壤动物(如螨等)和大型土壤动物(如蚯蚓、蚂蚁等)。虽然土壤动物量相对较少,但其在促进土壤养分循环方面起着重要作用。土壤动物能直接或间接地改变土壤结构,直接作用来自掘穴、残体分解以及含有未消化残体和矿质土壤粪便的沉积作用,而间接作用是改变了地表或地下水分的运动、颗粒的形成,影响物质运输等。

3. 土壤中的植物根系

高等植物根系虽然仅占土壤体积的 1% 左右,但其呼吸作用却占土壤总呼吸的 1/4～1/3,主要作用是从土壤中吸收水分和营养(张从 等,2000)。植物根系能明显影响土壤的化学和物理性质,与其他生物之间常常存在竞争或协同关系。

(四)土壤水

土壤水是土壤最重要的组成部分之一,对土壤的形成和发育以及土壤中物质和能量运移有着重要影响。土壤水是植物生存和生长的物质基础,是作物水分的最主要来源。按水在土壤中存在状态通常可划分为固态水(化学结合水和冰)、液态水和气态水(水汽)。其中数量最多的是液态水,包括束缚水和自由水,束缚水包括吸湿水和膜状水,自由水又分为毛管水、重力水和地下水(雷志栋,1988)。

① 吸湿水。即干土从空气中吸收水汽所保持的水,又称紧束缚水,属于无效水分。

② 膜状水。其是指土壤含水量达到吸湿系数后,被土粒剩余的分子引力和静电引力吸附的液态水膜。膜状水移动缓慢,不能迅速运动至根系附近。土壤质地越细,有机质含量越高,膜状水含量越高;土壤溶液浓度越大,膜状水含量越低,膜状水的最大值叫最大分子持水量。膜状水对植物生长发育来说属弱有效水分,又称为松束缚水分。

③ 毛管水。其是指受毛管压力作用而保持在土壤孔隙中的水分。它可以从毛管力(势)小的方向朝毛管力(势)大的方向移动,并被植物吸收利用。黏性土中孔隙小,毛管水上升高度大而运动速度很慢;砂性土中则相反,其上升高度小而运动速度很快;壤土介于两者之间。

④ 重力水。当大气降水或灌溉强度超过土壤吸持水分的能力时,多余的水由于重力作用通过大孔隙向下渗透,这种形态的水称为重力水。有时因为土壤黏紧,重力水一时不易排出,暂时滞留在土壤大孔隙中,称为上层滞水。重力水虽然可以被植物吸收,但因为它很快就流失,所以实际上被利用的机会很少,而当重力水暂时滞留时,却又因为占据了土壤孔隙,有碍土壤空气的供应,反而对高等植物根系的吸水有不利影响。

⑤ 潜水(浅层地下水)。如果土壤或母质下有不透水层存在,向下渗透的重力水,就会在它上面的土壤孔隙中聚积起来,形成一定厚度的水分饱和层,其中的水可以流动,成为地下水。地下水能通过支持毛管水的方式供应给植物。

(五)土壤空气

土壤空气在土壤形成和土壤肥力培育过程中,以及在植物生命活动和微生物活动中,都起着十分重要的作用。土壤空气中具有植物生活直接和间接需要的物质,如氧、氮、二氧化碳和水汽等,在一定条件下土壤空气起着与土壤固、液两相相同的作用。当土壤通气受阻时,土壤空气的容量和组成会成为作物产量的限制因子。

（六）土壤热量

土壤热量的最基本来源是太阳辐射能。同时,微生物分解有机质的过程是放热的过程,释放的热量中小部分被微生物自身利用,大部分用来提高土温。土壤的热性质是土壤物理性质之一,常用土壤热容量、导热率和导温率 3 个物理参数表示(熊顺贵,2001)。

二、土壤污染的一般来源

（一）土壤重金属污染

人类活动会改变重金属元素在环境中的行为,使其通过各种途径进入土壤,以致在土壤中积累而造成污染。土壤重金属污染会使农作物产量和质量下降,并危害人类健康;也会导致大气和水环境恶化,最终威胁人类生存。厘清土壤重金属污染物的来源,对揭示污染土壤自修复机理有重要意义。

土壤中重金属的一般来源主要有以下几种途径:

① 土壤母质及成土过程。例如,我国不同地区的重金属元素背景值会表现出不同的分布。成土过程中母质的酸碱度、氧化还原电位和元素组成等因素,会影响土壤中重金属的富集程度。例如,在石灰土中,成土母质的碱性环境不利于重金属迁移,造成重金属元素残留及较高的背景值。成土过程中的气候因素同样会影响土壤中重金属元素的含量。在我国东部和东南部湿润气候条件下,重金属砷在土壤中可转化为可溶形态,易于扩散。

② 工业污水排放与污水灌溉。工业废水中许多重金属含量超标,污水随意排放会造成土壤重金属污染,尤其是矿井水、煤泥水、金属矿山废水等往往含有超标重金属,如果不加处理,会引起土壤中汞、镉、铬、砷、铜、锌、铅等元素含量增加。用这些废水灌溉会引起农田土壤污染,导致农田土壤重金属超标。

③ 大气中重金属沉降。冶金行业,特别是有色冶金及无机化工行业,在生产过程中排放出大量含重金属的有害气体和粉尘,经自然沉降和雨淋过程可进入土壤,造成土壤重金属污染。大气重金属沉降虽然有可迁移性的特点,但受其污染的土壤分布也存在一定规律,即土壤受污染程度与距污染源的距离成反比。

此外,农药、化肥和塑料薄膜使用、城市垃圾处理等均可能会造成土壤重金属污染。

（二）土壤有机污染

土壤有机污染物指造成环境污染和对生态系统产生危害的有机物,如天然有机物和人工合成的有机物,包括苯系物、多环芳烃和有机农药等(周际海 等,2015)。主要有机污染物有以下几类:

① 多环芳烃类。多环芳烃类主要来源是燃煤电厂,具有致畸、致癌或致突变作用,对人类健康危害极大。多环芳烃能以气态或者颗粒态存在于大气、水、土壤和生物体中,且在同一介质中会发生光解、生物降解等反应,在不同介质间也会相互迁移转化,能长时间地停留在环境中,对人类健康和环境带来严重危害。

② 二噁英和呋喃类。主要来自废弃物焚烧、冶炼再生、钢铁生产、漂白剂和农药生

产等。

③ 石油类污染物。主要来源于石油开采、运输、加工、存储、使用和废弃物处理等。石油对土壤的污染多集中在表土层,影响土壤的穿透性,使土壤理化性质发生改变。其中,芳香类物质对人体和动物的毒性较大,尤其是以多环和三环为代表的芳烃。

④ 其他有机污染物。如酞酸酯类化合物、表面活性剂、染料类化合物、废塑料制品等。

三、煤矿区土壤污染

煤炭资源开发对国民经济的发展具有重要促进和推动意义,但煤炭开发会产生大量煤矸石、粉煤灰、废水、废气等,煤矿区土壤因而遭受污染。降雨、风力、人类活动等外力促使污染进一步向周边扩散,可影响矿区周围生态环境,危害农作物安全和人类健康。

关于煤矿区土壤污染特征和规律,有不少学者进行了深入研究。

(一)露天煤矿区土壤污染

案例一:内蒙古某露天矿区。李晶等(2019)对土壤重金属含量及其空间分布进行了实证研究,结果表明,附近土壤 Cu 元素含量超过国家一级标准和内蒙古土壤背景值,Pb、Cr、Zn 元素含量总体没有超标(表 3-1),表明煤炭露天开采的土壤污染与煤炭及其上覆岩层的重金属含量有关。但是各重金属元素的空间分布存在差异,Pb 存在局部中度污染,主要分布在附近运煤道路和省道附近,Pb、Cr、Zn 和 Cu 含量与采场距离关系不密切,没有呈现距离衰减特征。

表 3-1　内蒙古某露天矿区土壤重金属含量统计表(李晶 等,2019)

统计参数	Cu	Cr	Pb	Zn
最小值/(mg/kg)	18.26	28.52	15.78	35.36
最大值/(mg/kg)	39.82	49.53	34.73	59.92
标准差/(mg/kg)	6.45	6.11	6.19	7.96
平均值/(mg/kg)	30.02	39.37	25.23	47.46
变异系数	0.21	0.16	0.25	0.17
土壤背景值/(mg/kg)	12.9	36.5	15.0	48.6
国家一级标准/(mg/kg)	35	90	35	100
超标率/%	28	0	0	0

该露天矿排土场的土壤主要为栗钙土,部分低洼地段为草甸土,土壤的细沙、粉沙含量高。调查表明,排土场土壤中 Cr、Cd、Pb、Zn、Cu、As、Ni 含量均未超过国家环境质量标准,Cr、Cd、Zn、Cu、As、Ni 超过内蒙古土壤背景值,其中 Cr、Zn 出现明显的累积,土壤重金属危害整体处于低生态风险水平(吉莉 等,2021)。

案例二:新疆某露天矿区。胡潇涵(2020)的监测结果和案例一相似(见表 3-2)。土壤中 5 种重金属平均含量顺序为:Cr(66.6 mg/kg)>Pb(11.6 mg/kg)>As(7.54 mg/kg)>Cd(0.28 mg/kg)>Hg(0.02 mg/kg),含量均小于《土壤环境质量 建设用地土壤污染风险管控标准(试行)》(GB 36600—2018)。矿区降尘中 Hg、Cr 和 Cd 含量受煤矿开采影响较为显著,As 含量受煤矿开采影响较小,但侧风向及下风向降尘中 Pb 含量受煤矿开采影响较为明显。矿区降尘和土壤中重金属含量相关性分析表明，降尘和土壤中的 As 中度相关，其余无明显相关性。采用潜在生态危害指数法对土壤重金属污染状况进行评价，结果显示土壤中 5 种重金属均显示为轻微潜在生态风险。

表 3-2 新疆某露天矿区土壤重金属含量统计表(胡潇涵 等,2020) 单位：mg/kg

采样点	Hg	As	Pb	Cr	Cd
1#	0.134	8.70	20.7	72.7	0.558
2#	—	6.88	13.2	61.4	0.289
3#	0.011	6.56	14.9	63.1	0.264
4#	—	5.25	9.67	54.2	0.161
5#	—	7.31	5.96	66.9	0.146
6#	0.016	11.4	7.75	87.0	0.113
7#	—	4.89	11.7	52.8	0.259
8#	—	9.35	9.21	74.6	0.449
平均值	0.020	7.54	11.6	66.6	0.280
变异系数①	216	29	41	17	55

注：① 变异系数无单位。

上述两个案例表明，露天煤矿周边土壤重金属污染总体不大，露天煤矿排土场复垦土壤的重金属污染也不明显，仅有个别重金属元素超标，与上覆岩层重金属含量有关。

（二）井工煤矿区土壤污染

案例一：山西某煤矿区。

如表 3-3 所示，高彪(2021)调查表明，该矿区土壤存在 Cd 强污染，Cu、Cr、Mn、Ni 元素无污染。Cd 的强污染主要来源于煤炭运输，主要分布在运煤道路两旁。调查还发现，下风区域重金属元素含量明显比上风区域高，而且重金属元素含量要高很多。不同重金属元素在迁徙的过程中，其迁徙速度存在一定程度的差异，导致这些重金属元素在矿区上风区域和下风区域的分布存在差异。

表 3-3 山西某煤矿区土壤重金属元素含量统计表(高彪,2021)

统计参数	Cu	Cd	Cr	Mn	Ni
检测平均含量/(mg/kg)	14.5	1.29	42.45	351.45	31.41
土壤背景值/(mg/kg)	21.5	0.093	62.51	554.36	27.78
地质累积指数	−1.15	3.19	−1.14	−1.32	−0.48
污染级别	0	4	0	0	0
污染程度	无污染	强污染	无污染	无污染	无污染

案例二：福建某矿区。

如表 3-4 所示，林臻桢(2021)调查表明，该区土壤类型发育较齐全，从综合污染指数看，各金属排序依次为:Zn>Cd>Cr>Cu>Pb,Cu、Pb 处于轻度污染,Cr、Cd 和 Zn 处于严重污染。据调查,该矿区石炭-二叠系煤层内伴生重金属比较多,如 Cu、Pb、Zn、Ag、As 等,因此在该矿还分布着不少金属矿资源。放射性元素如锗(Ge)含量为 $1.0 \sim 3.9 \mu g/g$,镓(Ga)含量为 $4 \sim 16 \mu g/g$,铀(U)含量为 $2 \sim 11 \mu g/g$,钍(Th)含量为 $2 \sim 11 \mu g/g$,五氧化二钒(V_2O_5)也有分布,含量为 $80 \sim 400 \mu g/g$。长期煤炭开采引起重金属的累积、扩散,污染了周边土壤。

表 3-4 福建某矿区土壤重金属元素统计表(林臻桢,2021)

统计参数		Cu	Cr	Pb	Cd	Zn
平均值/(mg/kg)		32.037	96.522	34.376	0.132	73.949
标准差		4.701	35.006	16.455	0.054	9.646
变异系数		14.672	36.268	47.867	41.088	13.045
偏度		0.289	−0.272	0.432	0.235	0.033
峰度		−0.064	−1.488	−1.401	−1.137	−0.410
富集系数 (富集程度)	B富	0.48 (较轻)	1.34 (较大)	−0.02 (相对减少)	1.45 (较大)	2.42 (超富集)
	B富丰田矿	0.35 (较轻)	1.09 (较大)	−0.46 (相对减少)	0.36 (较轻)	2.66 (超富集)
	B富东中矿	0.33 (较轻)	0.17 (较轻)	−0.41 (相对减少)	0.79 (较轻)	1.18 (较大)
	B富新在坑矿	0.62 (较轻)	2.13(超富集)	0.44 (较轻)	2.35(超富集)	1.64 (较大)

由此可见,煤炭井工开采也会带来土壤的污染,主要是重金属污染,来源是煤的伴生重金属,其随同煤炭一起被开采出来,通过煤矸石山、交通运输等扩散,形成污染。

(三)煤矸石山周边土壤污染

煤矸石是采煤和选煤过程中排放的固体废物,是在成煤过程中与煤层伴生的岩石,主要成分是 Al_2O_3、SiO_2、Fe_2O_3、CaO、MgO 等,但也含有镓(Ga)、钒(V)、钛(Ti)、钴(Co)等微量元素和 Hg、Cr、Cd、Cu、As 等重金属元素。煤矸石堆放成山,被称为煤矸石山,不但占用土地,而且通过淋溶、渗透、沉降、冲刷以及风力转移等方式,将有害有毒物质带入周边土壤内,导致土壤污染。

例如,如图 3-1 所示,河南某矿煤矸石山周边土壤检测结果显示,Pb、Cd 元素含量全部超标,超标率为 100%;Cu 元素超标率为 90.48%;Hg 和 Zn 元素超标率为 66.67%;As 元素超标率为 57.14%;Ni 元素超标率为 26.19%;Cr 元素超标率为 19.05%,具体见表 3-5。而且,发现煤矸石山下游土壤中 Hg、Pb、Cd、As、Cu、Zn 元素含量均高于背景值,土壤受到污染。通过对比分析煤矸石堆积、地下水渗流、降水等因素对土壤重金属污染程度的影响,发现煤矸石堆积时间越久,对土壤造成的污染程度越大;岩土层的渗透越强,污染程度越大;降雨越丰富的地区,污染程度也越大(杨森 等,2019)。

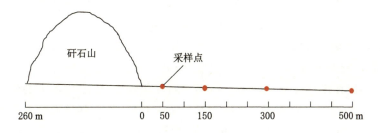

图 3-1 采样点分布示意图

表 3-5 河南某矿煤矸石山土壤重金属含量统计表（杨森 等,2019） 单位:mg/kg

项目	Hg	Pb	Cd	Cr⁶⁺	As	Cu	Zn	Ni	pH[①]
平均值	0.05	30.57	0.17	56.24	9.82	24.05	70.79	24.14	7.91
标准差	0.03	15.21	0.10	10.10	2.43	2.66	29.78	6.26	0.33
最大值	0.17	122.50	0.66	73.70	16.70	30.00	249.00	41.50	8.49
最小值	0.01	23.00	0.09	34.10	4.50	19.00	53.00	11.90	7.32
背景值	0.025	22.3	0.065	63.2	9.8	20	62.5	27.4	7.7

注:① pH 无单位。

（四）粉煤灰场地土壤污染

煤炭燃烧后形成粉煤灰,除二次利用外,剩余部分被存放在贮灰场内。火力发电排放的粉煤灰,已经成为我国工业固体废物的最大单一污染源。粉煤灰蕴含较多重金属元素,如 As、Cd、Cr、Cu、Pb、Ni 等,通过飞灰、降雨淋滤、植物吸收等途径对周围土壤造成污染并危害人体健康。特别是土壤中的重金属不易降解,容易长期富集,继而在生物体内累积,严重危害生物安全。

例如,刘柱光等（2021）以某燃煤电厂贮灰场及其周边地区为研究区,分析土壤重金属污染特征。如表 3-6 所示,研究区土壤样品中 Cr、Ni、Cu、Cd、Pb 含量平均值高于土壤环境背景值。

表 3-6 研究区土壤重金属含量统计表（刘柱光 等,2021）

统计指标	pH	重金属元素 $W/(mg/kg)$						
		Cr	Ni	Cu	Zn	As	Cd	Pb
最小值	5.74	37.19	15.51	10.92	31.06	1.83	0.62	21,28
最大值	9.15	83.13	137.95	126.28	164.61	14.27	1.84	7.66
平均值± 标准差	7.64± 0.74	55.63± 12.23	30.52± 25.80	32.73± 25.29	86.29± 43.91	4.20± 3.03	1.11± 0.31	36.38± 13.48
变异系数	10	22	85	77	51	72	28	37
背景值	6.1	47.16	23.19	17.22	90.05	5.66	0.11	25.61
风险筛选值	—	250	190	100	300	25	0.6	170

研究区土样 Cd 含量均超出 2018 年生态环境部发布的《土壤环境质量 农用地土壤污染风险管控标准(试行)》、《土壤环境质量 建设用地土壤污染风险管控标准(试行)》的风险筛选值,其平均含量为背景值的 11 倍,对土壤生态环境可能存在一定风险。孙敏等(2021)对内蒙古某电厂附近展开调查,也发现附近土壤中 Cd 含量远高于当地背景值。虽然 Cd 属于易浸出元素,但煤炭在燃烧过程中,Cd 与 Fe、Zn 的硫化物结合,生成不溶的尖晶石,从而影响了粉煤灰中 Cd 的浸溶。贮灰场新堆积的粉煤灰中 Cd 主要以残渣态形式存在,其占比在 90% 以上,相较于 Cr、Ni、Cu、Zn 等重金属元素,更难通过风化、降雨淋滤、灰水浸泡等方式迁移到环境中。因此,在粉煤灰中 Cd 较难在灰水中浸溶出来,主要通过飞灰飘散迁移,使得附近表层土壤的 Cd 含量处于较高水平。

(五)矿井水排放区土壤污染

矿井水污染可分为矿物污染、有机物污染和细菌污染,在某些矿山中还存在放射性物质污染和热污染。矿物污染物有砂、泥、矿物杂质、粉尘、溶解盐、酸和碱等;有机污染物有煤炭颗粒、油脂、生物生命代谢产物、木材及其他物质的氧化分解产物,以及开采、运输过程中散落的粉矿、煤粉、岩粉及伴生矿物等。另外,化学耗氧量大,细菌总数和大肠菌群含量大的废水,如未加处理,任其长期外排,对土壤会产生污染。

四、煤矿区土壤损伤

(一)露天煤矿区土壤损伤

露天开采是煤矿开采的主要方式,露天开采造成土地直接损毁,也形成占地面积大的排土场。据统计,我国露天煤矿每开采万吨煤损毁土地面积约 0.22 ha,其中直接挖损土地面积约 0.12 ha,排土场占用土地面积约 0.10 ha,年均损毁和占用的土地面积多达 1 万 ha。排土场重型机械在土石运输与堆放过程中造成土体压实,有的排土场压实土壤容重为 1.6~1.8 g/cm³,部分矿区可达到 1.9~2.0 g/cm³,比一般土壤容重大 30%~100%。严重压实的排土场会限制植物出芽和根系生长,制约植被恢复,紧实的土壤也会加速土壤侵蚀。

例如,冯宇(2019)对山西某露天矿调查压实对土壤大孔隙结构特征的影响,发现矿区未压实土壤样品大孔连通性较好,压实严重的土壤大孔连通性差,孤立孔隙增多;未压实土壤孔隙体积占比(大于 1 000 μm)大于压实土壤,说明大于 1 000 μm 的孔隙更容易受到压实影响;随着土壤压实度的增加,大孔数和大孔率显著降低;适合植物生长的土壤孔隙度在 55%~65%,黏质土壤孔隙度在 40%~60%,小孔隙居多,沙质土壤孔隙度在 30%~35%,且大孔隙居多。从表 3-7 可以看出,实验室制备土样土壤总孔隙度为 32%~50.94%,严重压实样品 G1.8 的土壤总孔隙度仅约为 32%;野外实地采集土样的总孔隙度在 30%~53%,其中压实严重采样点 P4 各土层总孔隙度仅为 30%,深层土壤总孔隙度在 30%~46% 范围内波动。

除了煤炭开采和运输过程中土壤物理结构会受到影响外,土壤侵蚀也是矿区存在的问题。土壤侵蚀的加剧导致土壤性质恶化,植被覆盖面积减少,土地生产力降低,限制了土地利用的方式和结构,造成一系列生态环境问题。土壤侵蚀的影响因素众多,既受到植被、降水、气流等外营力的作用,也受到土壤内在性质的影响,如土壤抗蚀能力。煤炭开采引起地形地貌变化,进而导致土壤侵蚀。

表 3-7　某露天矿区土壤样品孔隙度统计表(冯宇,2019)

样品类型	样品编号		容重/(g/cm³)	大孔隙度/%	小孔隙度/%	估测总孔隙度/%
野外采样	P0	0~20 cm	1.3	12.6	40.00	52.58
		20~40 cm	1.4	8.7	40.00	48.69
		40~60 cm	1.5	6.1	39.47	46.08
	P1	0~20 cm	1.5	9.8	35.00	44.85
		20~40 cm	1.5	7.3	35.00	42.34
		40~60 cm	1.6	3.0	35.00	38.01
	P2	0~20 cm	1.6	3.0	35.00	38.04
		20~40 cm	1.7	0.8	35.00	35.84
		40~60 cm	1.7	0.3	35.04	35.26
	P3	0~20 cm	1.8	0.9	33.00	33.94
		20~40 cm	1.8	0.3	33.00	33.26
		40~60 cm	1.8	0.1	33.00	33.14
	P4	0~20 cm	1.8	0.3	30.00	30.25
		20~40 cm	1.8	0.2	30.00	30.21
		40~60 cm	1.9	0.1	30.00	30.08
实验室制备	G1.3	1.3~1	1.3	10.59	40.35	50.94
		1.3~2		10.04	40.9	
		1.3~3		9.27	41.67	
	G1.4	1.4~1	1.4	6.59	40.78	47.17
		1.4~2		4.12	43.05	
		1.4~3		4.65	42.52	
	G1.5	1.5~1	1.5	1.93	41.47	43.40
		1.5~2		1.93	41.47	
		1.5~3		2.21	41.19	
	G1.6	1.6~1	1.6	1.39	38.23	39.62
		1.6~2		1.13	38.49	
		1.6~3		1.25	38.37	
	G1.7	1.7~1	1.7	0.18	35.67	35.85
		1.7~2		0.19	35.66	
		1.7~3		0.19	35.66	
	G1.8	1.8~1	1.8	0.06	32.02	32.08
		1.8~2		0.07	32.01	
		1.8~3		0.06	32.02	

　　毛旭芮等(2020)选取新疆某露天煤矿为研究区,通过比较各距离样点、排土场样点以及背景值样点的可蚀性因子 EF 值发现,煤矿开采过程对周边土壤 EF 值有明显的干扰作

用,堆煤场和排土场能够降低土壤 EF 值;堆煤场通过煤尘扩散沉降到地表,与地表土壤混合,达到降低土壤风蚀的效果;排土场通过改变土壤颗粒组分减小土壤 EF 值。另外,煤矿开采活动对土壤 EF 值的影响存在一定范围,在距堆煤场 0～1 000 m 范围内土壤 EF 值变化幅度比较大,在 1 000～2 000 m 范围内土壤 EF 值趋于稳定,但依然高于背景值点 EF 值(图 3-2)。

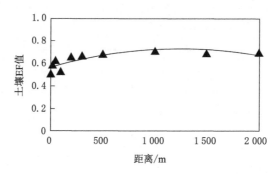

图 3-2 土壤 EF 值随距离的变化

(二)井工煤矿区土壤损伤

地下煤炭开采引起上覆岩层移动,导致地表移动变形,引起地表产生连续性和非连续性沉降。采煤沉陷对地表土壤理化性质有一定影响,但这种影响会在沉陷区的不同位置表现出一定差异。总体来看,裂缝对土壤养分含量影响相对较小,但对土壤物理性质的影响较为显著,特别是会减少土壤含水量。土壤水分是生态环境的重要因子,关注采煤沉陷对土壤水分的影响,是采煤塌陷地生态治理的重要一环。

例如,张健(2020)选择陕西某井工矿区开展试验,通过对北翼和南翼地裂缝的土壤理化性质影响分析,发现了相似的规律:除土壤水分外,黄土沟壑区地裂缝对其他土壤理化性质在短期内未产生显著影响,不论何时,土壤水分均对地裂缝较为敏感(表 3-8),裂缝区土壤含水量显著低于非裂缝区,这可能是因为地裂缝增加了土壤与空气的接触面积,为深部土壤水分提供了更多的蒸发途径,加速土壤水分蒸发,降低了土壤保水能力。此外,裂缝区土壤速效磷和速效钾含量随时间有轻微降低趋势,但未达到显著性差异水平,这可能是随着植物生长,土壤养分被植物根系吸收的原因。

表 3-8 地裂缝对土壤理化性质的影响统计表(张健,2020)

时期	处理	有机质含量/ (mg/kg)	全氮含量/ (mg/kg)	速效钾含量/ (mg/kg)	速效磷含量/ (mg/kg)	土壤含水量 (体积分数)/%
初期	FS	8.06a	0.53a	65.43a	3.64a	8.4a
	CK	8.13a	0.55a	64.36a	3.81a	8.6a
I	FS	7.99a	0.52a	67.10a	3.77a	4.1b
	CK	8.01a	0.59a	69.71a	4.19a	5.0a
II	FS	8.01a	0.54a	64.78a	3.73a	2.5b
	CK	7.94a	0.56a	68.5a	3.93a	3.2a

表 3-8(续)

时期	处理	有机质含量/ (mg/kg)	全氮含量/ (mg/kg)	速效钾含量/ (mg/kg)	速效磷含量/ (mg/kg)	土壤含水量 (体积分数)/%
Ⅲ	FS	8.38a	0.54a	63.99a	3.65a	12.8b
	CK	8.11a	0.56a	67.24a	3.81a	16.9a
Ⅳ	FS	8.38a	0.54a	63.99a	3.65a	12.8b
	CK	8.11a	0.56a	67.24a	3.81a	16.9a

第二节 土壤自修复机理

一、土壤环境容量

(一)土壤环境容量概念

土壤环境容量通常是指土壤环境单元容许承纳的污染物质的最大数量或负荷量。土壤环境容量是针对土壤中的有害物质而言的,土壤之所以对污染物有一定的容纳能力,与土壤本身具有一定的自净化功能有关。

土壤环境容量源于土壤的缓冲性。这种缓冲性包括系列化学反应和物理、生物过程所控制的物质形态、转化和迁移等行为,因此,土壤环境容量涉及土壤污染物的生态效应和环境效应,以及污染物的迁移、转化和净化规律等。

(二)土壤环境容量的影响因素

1. 土壤性质

土壤的酸碱度对土壤环境容量有影响。一般情况下,随着土壤 pH 值的升高,土壤对重金属阳离子的"固定"能力增强。例如,下蜀黄棕壤随着 pH 值的上升对 Pb 的吸附能力明显增加。例如,As 元素以阴离子形式存在,随着土壤渍水时间延长、pH 值上升和氧化还原电位(Eh)下降,水溶性 As 含量在一定时间内明显上升。

2. 污染过程

污染物进入土壤后可以溶解在土壤溶液中,吸附于胶体表面,闭蓄于土壤矿物中,与土壤中其他化合物产生沉淀,这些过程均与污染过程有关。随着时间推移,土壤中重金属的溶出量、形态和累积程度均会发生变化。

3. 化合物类型

不同类型化合物的污染物进入土壤后,在土壤中的迁移、转化行为及对作物产量和品质的影响不同,并最终导致污染物标准值和临界含量的不同。例如,当红壤中添加浓度同为 10 mgCd/kg 的 $CdCl_2$ 和 $CdSO_4$ 时,糙米中 Cd 浓度分别为 0.65 mg/kg 和 126 mg/kg。

二、土壤净化作用

按照不同的作用机理,土壤净化作用可划分为物理净化作用、物理化学净化作用、化学净化作用和生物净化作用(陈怀满,1991)。

（一）物理净化作用

土壤的物理净化是指土壤通过吸附、挥发和稀释等物理作用过程使土壤污染物趋于稳定，毒性或活性减小，甚至排出土壤的过程。土壤是一个多相多孔体系，固相中的各类胶态物质——土壤胶体颗粒具有很强的表面吸附能力，土壤中难溶性固体污染物可被土壤胶体颗粒吸附。可溶性污染物也可被土壤固相表面吸附（指物理吸附），某些污染物可挥发或转化成气态物质，从土壤孔隙中迁移扩散进入大气。由于这些物理作用过程只是将污染物分散、稀释和转移，并没有将它们降解消除，所以物理净化过程不能降低污染物总量，有可能会使其他环境介质受到污染。土壤物理净化的效果取决于土壤的温度、湿度、土壤质地、土壤结构以及污染物的性质。

（二）物理化学净化作用

土壤的物理化学净化是指污染物的阳离子和阴离子与土壤胶体颗粒上原来吸附的阳离子和阴离子之间发生的离子交换吸附作用。

物理化学净化作用是可逆的离子交换反应，且服从质量守恒定律。此种净化作用也是土壤环境缓冲作用的重要机制，其净化能力可用土壤阳离子交换量或阴离子交换量来衡量。污染物的阳离子和阴离子被交换吸附到土壤胶体上，可降低土壤溶液中这些离子的浓（活）度，相对减轻有害离子对土壤植物的不利影响。通常，土壤中带负电荷的胶体较多，因此，土壤对阳离子或带正电荷的污染物的净化能力较强。当污水中污染物的浓度不大时，经过土壤的物理化学净化就能得到很好的净化效果。增加土壤中胶体颗粒的含量，特别是有机胶体颗粒的含量，可相应提高土壤的物理化学净化能力。

此外，土壤 pH 值升高，对带正电荷的污染物的净化有利；相反，则对带负电荷污染物的净化有利。对于不同的阳离子和阴离子，其相对交换能力越大，被土壤物理化学净化的可能性也就越大。但是，物理化学净化作用也只能使污染物在土壤溶液中的离子浓（活）度降低，相对地减轻危害，不能从根本上消除土壤环境中的污染物。此外，经交换吸附到土壤胶体上的污染物离子，还可以被其他相对交换能力更大的物质，或浓度更大的其他离子交换下来，重新转移到土壤溶液中去，又恢复原来的毒性、活性。所以说，物理化学净化作用只是暂时的、不稳定的。

（三）化学净化作用

污染物进入土壤以后，可能发生一系列的化学反应，如凝聚与沉淀反应、氧化还原反应、络合螯合反应、酸碱中和反应、同晶置换反应、水解、分解和化合反应等，或者在太阳辐射能和紫外线作用下发生光化学降解等。这些化学反应会使污染物转化成难溶性、难解离性物质，使其危害程度和毒性减少，甚至分解为无毒物或营养物质。

化学净化作用反应机理很复杂，影响因素也较多，不同的污染物有不同的反应过程。那些性质稳定的化合物（如多氯联苯、稠环芳烃、有机氯农药，以及塑料、橡胶等合成材料），则难以在土壤中被化学净化。重金属在土壤中只能发生凝聚沉淀反应、氧化还原反应、络合螯合反应、同晶置换反应，而不能被降解。

土壤化学净化能力的大小与土壤的物质组成和性质以及污染物本身的组成和性质有密切关系，还与土壤环境条件有关。调节适宜的土壤 pH 值、Eh（氧化还原电位），增施有机胶体或其他化学抑制剂如石灰、碳酸盐、磷酸盐等，均可提高土壤环境的化学净化能力。

（四）生物净化作用

土壤的生物净化主要是指依靠土壤生物使土壤有机污染物发生分解或化合而转化的过程。当污染物进入土壤中后,土壤中大量微生物体内酶或胞外酶可以通过催化作用发生各种各样的分解反应,这是污染土壤自净化的重要途径之一。

由于土壤中的微生物种类繁多,有机污染物在不同条件下的分解形式也多种多样,主要有氧化、还原、水解、脱烃、脱卤、芳香羟基化和异构化、环破裂等过程,最终转化为对生物无毒的残留物和二氧化碳。在土壤中,某些无机污染物也可以通过微生物的作用发生一系列的变化而降低活性和毒性。但是,微生物不能净化重金属,反而有可能使重金属在土壤中富集,这是重金属成为土壤环境最危险污染物的根本原因。

有机物的生物降解作用与土壤中微生物的种群、数量、活性以及土壤水分、土壤温度、土壤通气性、pH、Eh、C/N 比等因素有关。例如,土壤水分适宜,土温 30 ℃左右,土壤通气良好,氧化还原电位较高,土壤 pH 偏中性到弱碱性,C/N 比在 20∶1 左右,则有利于天然有机物的生物降解。

三、采矿驱动作用

"自修复""自我修复"都是依靠自然界的自然营力——自然的气候变化、种子库以及物理、化学和生物作用实现的,这些实质就是自然力量驱动的"自然修复",是生态系统本身的自我修复或自修复。以生态系统作为研究对象,依靠系统内部因素修复生态系统就是自然修复(自修复),依靠外部人工力量修复生态系统就是人工修复。然而,胡振琪等(2014)在神东煤矿进行土地损伤的动态监测中,发现了与原有这些描述不同的"自修复"现象,即不依靠自然营力,而是在采煤驱动力的前提下,地表形变和裂缝等地表物理特征在开采过程中呈现先损伤后自动恢复的过程。

开采前、开采中和开采后分别进行定位动态观测发现,地表生态环境的损毁主要表现为地表变形和地表裂缝,在开采结束后,地表形成了下沉盆地,在盆地边缘存在不均匀沉陷变形和裂缝,但在盆地中部(即工作面上方)的沉陷变形和动态裂缝呈现了"自修复"现象:工作面上方地表的变形随着开采的不断推进而向前迁移,不均匀沉陷的地表逐渐恢复原有的地形;这些区域的动态地裂缝也自动闭合,这些裂缝自修复的周期约 18 d(图 3-3)。这些采矿驱动力导致的地表损伤,同时也是采矿驱动力使其自动恢复,是开采过程中产生的,符

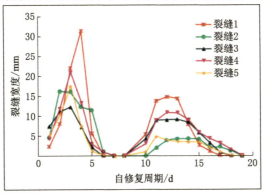

图 3-3　采煤沉陷动态地裂缝的自修复周期(胡振琪,2014)

合开采沉陷学原理的。

地下煤炭开采出来后,地下应力平衡发生变化,上部岩层垮落、断裂、弯曲,传递到地面就导致了地表的下沉变形,由于开采是不断向前推进的动态过程,地表的变形也是一个动态的过程,以工作面开采主断面下沉曲线的变化为例阐明自修复原理(图3-4):当工作面推进到 a 处时,地表形成了 $W(a)$ 下沉盆地,A 区域为最大的非均匀沉陷区,地表变形最大(形成的附加坡度较大);当工作面进一步向前推进到 b、c、d 时,地表影响范围进一步扩大,分别形成了 $W(b)$、$W(c)$、$W(d)$ 沉陷盆地,原有变形最大的 A 区域地表变形逐渐减小,当推进到 d 时地表 A 区域达到最大下沉值,即恢复为原有的地形(坡度),实现了自修复。由于工作面上方的地表裂缝常常出现在地表变形较大的区域,如在 $W(a)$ 下沉盆地的 A 区域,因拉伸作用导致产生裂缝;而在 $W(b)$、$W(c)$、$W(d)$ 下沉盆地的 A 区域,拉伸力减小、压缩作用加大,裂缝逐渐减少,直至闭合。

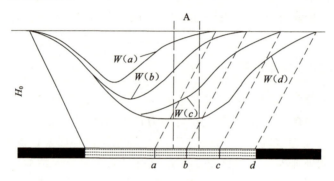

图 3-4　地表变形自修复原理

基于野外实际观测的裂缝,可以发现裂缝位置的不断变化(图3-5),工作面推进方向的正上方的前端不断出现地表非均匀沉陷导致的地裂缝,但又不断自修复,如开采推进到 a 处地表出现裂缝的位置为 L_a[图3-5(a)];当开采推进到 b 处时,原先 L_a 处的裂缝自动闭合,在前端 L_b 处出现新的裂缝[图3-5(b)];L_b 处的裂缝又在以后的推进中自动闭合,最终的非均匀沉陷变形和裂缝就分布在工作面的开采边界[图3-5(c)]。工作面的边缘裂缝,往往无法自修复。

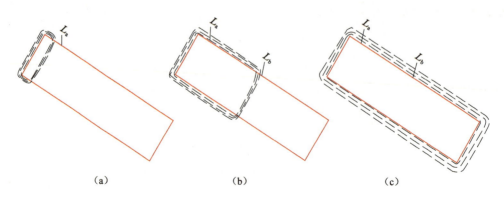

(a)　　　　　　　　　　(b)　　　　　　　　　　(c)

图 3-5　工作面上方地表裂缝发育过程示意

　　煤炭地下开采导致地表损伤,但在开采过程中和结束后,又会因开采而自动修复,因此,矿区生态环境的自修复是指采矿驱动力在对地表生态环境造成损毁的过程中,又自动修复部分生态损毁的现象和过程。

第三节　土壤自修复的影响因素

　　自然环境中各种物质组成之间都存在着物质和能量的交换和循环,从而使环境保持一种相对的平衡。如果污染物进入土壤中,物质的组成发生了变化,原来的平衡遭到破坏,造成土壤的污染。但另一方面,如前所述,土壤本身有自修复能力,可以在土壤环境中通过物理、物理化学、化学和生物等一系列变化过程,促使污染物逐渐分解或转移,甚至消失。土壤中的微生物有生物降解能力,土壤液中含有碳酸、磷酸、硅酸、腐殖酸及其他有机酸,也存在硫化物、硫酸盐、有机盐、无机盐等,构成一个很好的缓冲体系,对酸碱改变具有相当的缓冲能力。土壤胶体也能降低反应的活化能,成为很多污染物转化反应的催化剂。土壤中的氧气、硝酸根离子和高价金属离子可作为氧化剂,土壤中的水分可作为溶剂,在土壤中植物的根系和土壤生物的参与下发生氧化还原反应。上述这些都是污染土壤得以自修复的机理。

　　影响土壤自修复作用的主要因素有土壤的物质组成、土壤的环境条件、土壤的生物学特性,以及人类活动的影响。土壤的物质组成主要包括土壤矿质部分的质地、土壤有机质的数量、土壤的化学组成和土壤黏粒种类与数量等。土壤的环境条件主要包括土壤的 pH 值与 Eh 条件,土壤的水、热条件等。土壤中微生物种类和区系的变化,影响了土壤环境中污染物的吸附分解、生物降解和迁移转化。人类活动也是影响土壤净化的重要因素,如长期施用化肥可引起土壤酸化而降低土壤的自净能力;施石灰可提高土壤对重金属的净化能力;施有机肥可增加土壤有机质含量,提高土壤自净能力等(张颖 等,2012)。

　　除此之外,土壤的净化能力也和污染物的种类、性质和数量有关。污染物一旦超过土壤最大环境容量将会引起不同程度的土壤污染,进而影响土壤中生存的动植物,最后通过生态系统食物链危害牲畜及人体健康(李党生,2007)。

一、重金属污染土壤自修复的影响因素

　　重金属类污染土壤自修复主要影响因素有以下几方面。

1. 土壤 pH

　　重金属一般以氢氧化物、离子和盐类形式存在,土壤 pH 值越低,金属的溶解度越高,溶解的金属容易被植物吸收或迁移。而土壤 pH 偏碱性时,多数金属离子形成难溶的氢氧化物而沉淀,植物难以吸收。实验表明:当土壤 pH 值为 5.3 时,产出糙米中 Cd 含量为 0.3 mg/kg,而 pH 值为 8.0 时,Cd 含量仅为 0.06 mg/kg(王志平,2007)。

2. 土壤的氧化还原状态

　　土壤中的氧气充足表示土壤处于氧化状态,氧气缺乏表示土壤处于还原状态。土壤的氧化或还原条件控制着土壤中重金属的转化和存在状态。例如氧气充足时,砷化物多为五价,而在还原条件下则为三价(亚砷酸盐),毒性比前者大。还原状态时,重金属离子与硫酸盐形成金属硫化物(难溶解)而被固定于土壤中。

3. 土壤腐殖质的吸附和螯合作用

土壤腐殖质作为土壤有机质的重要组成部分,其吸附与螯合作用在土壤生态系统中扮演着关键角色。土壤腐殖质能大量吸附金属离子,使金属通过螯合作用而稳定地被留在土壤腐殖质中,从而使金属毒物不易迁移到水中或植物中,减轻其危害。在重金属污染土壤中,腐殖质通过螯合作用可以将重金属离子固定在土壤颗粒表面或形成更稳定的有机-无机复合体,降低其生物有效性,减少向地下水和植物体内的迁移,从而在一定程度上减轻重金属对环境和人体健康的潜在风险。

由上述可知,重金属元素不能被土壤微生物分解,而极易与土壤有机物、无机物结合生成稳定的络合物和螯合物,残留在土壤中。重金属在土壤中的一般迁移、转化规律与土壤结构及其理化性质有关。土壤中重金属在植物中的残留情况是,土壤中有机物和黏土矿物的含量越多,盐基代换量越大;土壤的 pH 值越高,重金属在土壤中的活动性越弱,重金属对植物的有效性越低,植物中重金属残留量也越少。

二、生物性污染土壤自修复的影响因素

1. 病原体微生物污染土壤自修复的影响因素

病原微生物进入土壤后,受到许多不利因素影响而逐渐死亡,例如日光的照射,土壤生态系统不利于外来病原微生物生存的环境条件,土壤微生物的拮抗作用和噬菌体作用、抗生素作用,以及植物根系分泌的杀菌素等作用。因此,土壤中病原微生物的死亡时间,受上述诸因素的制约。

2. 有机物污染土壤自修复的影响因素

在缺氧条件下,参与净化的微生物以厌氧性微生物为主,分解过程中因氧的供应不足,氧化不完全,导致形成许多还原性产物,如有机酸、氨、硫化氢、沼气和氢气等。有机酸在土壤中过多地积聚,常抑制土壤微生物的生长,对厌氧分解有抑制作用,使分解速度减慢,甚至完全停止。

在有氧条件下,参与作用的微生物主要以需氧微生物为主,污染物中的有机质分解速度较快,有机物无机化进行得较彻底,生成氧化状态的简单化合物,不产生有机酸及有害气体。随着有机物的无机化,病原菌和寄生虫卵也逐渐死亡。

(1)氨化作用

土壤中含氮的有机物如蛋白质、氨基酸、硫氨、尿素等分解为氨或铵盐,称氨化作用,参与氨化的细菌称为氨化微生物(丁美丽 等,2006)。由氨基酸分解产生氨以及有机酸、醇类、碳氢化物的反应式如下。

$$R \cdot CHNH_2 \cdot COOH + H_2O \xrightarrow{水解} \begin{cases} R \cdot CHO + H \cdot COOH + NH_3 \\ R \cdot CHOH \cdot COOH + NH_3 \\ R \cdot CH_2OH + CO_2 + NH_3 \end{cases}$$

$$R \cdot CHNH_2 \cdot COOH + O_2 \xrightarrow{氧化} R \cdot COOH + CO_2 + NH_3$$

$$R \cdot CHNH_2 \cdot COOH + H_2 \xrightarrow{还原} \begin{cases} R \cdot CH_2 \cdot COOH + NH_3 \\ R \cdot CH_3 + CO_2 + NH_3 \end{cases}$$

$$R \cdot CH_2 \cdot CHNH_2 \cdot COOH \xrightarrow{分解} R \cdot CH_2 \cdot CH_2 \cdot COOH + NH_3$$

（2）硝化作用

含氮有机物由氨化作用产生的氨经硝化菌的作用转化成硝酸的过程称为硝化作用。在厌氧的条件下,氨化过程中还可产生硫化氢、硫醇等恶臭物质,而硝酸盐也可通过反硝化细菌如着色杆菌、荧光极毛杆菌还原为亚硝酸盐、氨或分子态氮。

（3）糖类的转化

糖类是不含氮的有机物,在氧气充足的条件下,它们的分解进行得迅速而彻底,由复杂的碳水化合物一直分解到 CO_2、水或形成碳酸盐类。但在氧气不足的条件下,糖类的分解即停留在有机酸和 CO_2 的阶段,有时形成甲烷。以纤维素的分解为例（曾锋,2010）。

纤维素在氧气充足条件下的分解反应如下。

$$(C_6H_{10}O_5)_n + nH_2O \longrightarrow nC_6H_{12}O_6$$
$$C_6H_{12}O_6 + 6O_2 \longrightarrow 6CO_2 + 6H_2O$$

淀粉和纤维素在厌氧条件下,可分解产生各种有机酸、甲烷和 CO_2,它们可污染空气,抑制土壤微生物的生长,并可减弱土壤的自净能力。

（4）有机物的腐殖化

在土壤微生物的作用下,土壤里的有机物可以从复杂化合物分解为简单化合物,也可以重新合成为新的有机高分子物质,称之为腐殖质。腐殖质是一种疏松的暗褐色物质,它含有多种有机化合物,其中最主要部分为腐殖酸（即胡敏酸、克连酸等）,另外还有木质素、纤维素、蛋白质、油脂、氨基酸、脂肪酸等。它虽然含有较多的有机物质,但相当稳定,随着有机物的腐殖化,病原菌（芽孢菌除外）及寄生虫卵均已死灭,故在卫生上是安全的。腐殖质还是优质有机肥料,有助于改良土壤,在农业生产中有重要的价值。腐殖质也可由人工合成。

有机物的分解比较慢,据统计,一般的白纸分解需要 3~4 个月,火柴棍需要 6 个月,人工合成的有机化合物因自然界中没有相应分解的微生物,因此分解需要更长的时间,例如农药氯丹在土壤中存留时间为 11 年,DDT 为 3 年,一次性聚苯乙烯饭盒、塑料瓶要 100~200 年（王志平,2007）。

综上所述,有机污染物质在土壤中微生物作用下逐渐分解,由大分子的复杂有机化合物变成简单的小分子无机化合物。在这一过程的同时,土壤环境的理化和生物学性质发生一定变化,致使病原微生物和寄生虫卵逐渐被全部杀灭,土壤达到自净。然而,自净作用是有一定限度的,超过限度,便可能引起疾病的传播并且污染环境。因此,应尽量避免和减少污染物进入土壤。

第四节　土壤自修复途径与方法

土壤自修复是利用土壤内部的各种机制对进入土壤的污染物质产生作用,从而减轻或消除土壤环境污染的能力。土壤的自修复既包括物理、化学和生物的作用,又包括物理化学和生物化学的作用,即土壤的过滤、截留、渗透、物理吸附、化学吸附、化学分解、中和、生物氧化,以及微生物及植物的摄取等复杂过程（王新 等,2004）。

一、土壤自净作用

土壤具有自净化功能,这是由于土壤在环境中有如下三方面的作用:

（1）由于土壤中含有各种各样的微生物与动物,故对外界进入土壤的物质都能分解转化。土壤自修复功能的物质基础以固相成分最为重要,土壤的固相是土壤中最活跃的部分,包括无机矿粒、有机腐殖质、有机无机复合胶体、土壤酶和土壤微生物等,这些成分通过一系列相互交织的复杂过程共同对污染物起作用,使土壤成为一个巨大的"污染处理场"。土壤也是一个生命体,土壤微生物在土壤自修复中占有重要作用,目前土壤微生物群落是全球生态系统生态学研究的热点。

无毒污染物在土壤微生物的作用下,通过好氧或厌氧分解,最终形成氨、CO_2 和水。受重金属污染的土壤不能被土壤微生物分解,只能改变其在环境中的存在状态,降低其毒性。在微生物转化重金属的作用中,很多都涉及金属离子氧化状态的改变,如抗汞细菌还原汞化物为元素汞。微生物代谢活动的结果,形成各种产物,能对金属离子起增溶、沉淀、螯合作用。环境中有毒物质浓度的降低,主要是由于土壤微生物的矿化作用和共代谢作用。微生物对有毒物质有去毒作用、活化作用、改变毒性谱、结合或加成作用等（陈玉成,1994）。

（2）由于土壤中存在复杂的土壤有机胶体与土壤无机胶体体系,通过吸附、解吸、代换等过程,对外界进入土壤中的物质起着"蓄积作用",使污染发生形态变化。由于土壤具有很强的吸附、过滤和降解作用,一定量的污染物进入土壤后,由于物理、化学及生物过程的综合作用,经过一段时间,污染物会逐渐减少甚至消失,土壤恢复到原来的状态。

（3）土壤是绿色植物生长的基地,通过植物的吸收作用,土壤中的污染物质发生迁移转化。不同的绿色植物净化能力不同,同一植物对不同污染物质的净化能力也不同。由于土壤的固定性,它不像大气、水一样能随风力、机械运动而较快地扩散迁移,因而绿色植物的净化速度比较缓慢。

综上所述,污染物在土壤中可通过挥发、扩散、分解等,逐步降低浓度,减少毒性或被分解成无害的物质;经沉淀、胶体吸附等发生形态变化,或通过生物降解与化学降解,变为毒性较小或无毒性,甚至有营养的物质;有的污染物在土壤中还会被分解气化,迁移至大气中。这些现象,从广义上都可理解为土壤的净化过程。只要污染物浓度未超过土壤的自净容量,污染就可以控制。由此可见,在土壤中污染物的累积与净化是同时进行的,是两种相反作用的对立统一过程。

二、土壤自净途径

如前所述,从土壤自修复机理及其影响因素可以看出,土壤自净的途径很多,见表3-9。

表 3-9　土壤自净主要途径

土壤净化方法	具体做法
毛管浸润深槽法	将污水、恶臭、雨水等对象物导入土壤圈中,加以处理
毛管过滤式尿化槽法	
土壤式脱臭装置法	
雨水深槽法	

表 3-9(续)

土壤净化方法	具体做法
土壤沉淀法	通过砂砾层做媒介,使污水和土壤圈的一部分接触,来提高净化作用的效果,同时,靠被覆土壤层来达到脱臭目的
土壤接触曝气槽法	
土壤接触过滤槽法	
土壤式污泥浓缩法等	

归纳起来,主要有以下几种:

(1) 去除有机物

进入土壤中的有机物既包括可生物降解的有机物,如 BOD 部分,又包括难分解的痕量有机物和易挥发的有机污染物。任何种类的污水土壤处理系统都能极为有效地去除 BOD,去除机制包括过滤、吸附和生物氧化过程。在 SR(污水慢速渗滤法)和 RI(污水快速渗滤法)系统中,这些过程主要发生在微生物活性最高的表层土壤或接近表层的土壤系统中。SR 和 RI 系统要间歇地、周期性施用该方法处理污水,使土壤恢复好气状态,以利于生物氧化的进行。OF(漫流法)系统去除 BOD 所进行的过滤、吸附和生物氧化反应实质上完全在土壤表面进行。当施入 OF 系统的污水呈薄层状流下坡地时,污水中细粒状的物质即沉淀出来,这是去除 BOD 的一种重要方式,坡地上的微生物及其所形成的黏液对 BOD 的最终去除起了首要作用。痕量有机物施入土壤处理系统后,可在土壤中累积和残留,或进入供水系统与食物链,因此,必须引起高度重视。痕量有机物在污水土地处理系统中的去除,是挥发、光分解、吸附和生物降解过程共同作用的结果。

(2) 土壤脱臭

恶臭物质在通过土壤层时,被土壤水膜表面吸收,土壤中的微生物将其氧化,如为氨气,则变成硝酸;如为硫化氢气体,则变为硫酸,恶臭因此消失,而生成的硝酸、硫酸会被降雨冲走、稀释。土壤脱臭原理主要是生物物理法则,而土壤中气体流动因土壤颗粒的阻尼以及气流黏性,流动方式遵循"达尔西"法则。

(3) 除去病原体

与污水处理系统有关的病原体包括细菌、寄生虫和病毒等,这些病原体可能会进入地下水,也可能造成作物内部或外部污染再进入牲畜体内,并可通过气溶胶或地表径流传播到土地处理场之外,因而必须引起人们的足够重视。

病原体在污水土地处理系统中的去除是通过吸附、干燥、辐射、过滤及吞噬等途径或将其暴露于不利条件下完成的。SR 系统去除病原体最为有效,可使粪便中的大肠杆菌浓度降低大约 5 个数量级;RI 系统一般可使粪便中的大肠杆菌浓度降低 2~3 个数量级;OF 系统可去除污水中大约 95% 的粪便大肠杆菌。

三、土壤自修复强化方法

土壤自修复强化方法主要是指通过人为干预措施,促进土壤自身具有的自然恢复能力,以加速其对污染物质的降解、转化或固定过程。这些方法通常具有生态友好、可持续且成本低、效益高的特点,辅助土壤生态系统恢复健康状态。当完全依靠土壤自修复能力很

难或者很慢达到修复目标时,就很有必要采用强化的方法。常用的土壤自修复强化方法有:

① 增施有机物料。如增施有机肥料,如堆肥、腐熟粪便、绿肥、生物质废弃物等富含有机质与有益微生物,能够改善土壤结构,增加孔隙度,增强土壤的保水保肥能力,同时有机质的矿化过程可以释放营养元素,供植物吸收利用。再如,追加生物炭,生物炭具有高比表面积,吸附能力强,能吸附并稳定土壤中的重金属和有机污染物,同时改善土壤物理性质和增加碳储量。

② 植物修复。如采取植物萃取方法,选择特定的超积累植物(如蜈蚣草、遏蓝菜等),种植在污染土壤中,通过植物根系吸收、富集土壤中的重金属或有机污染物,随后收割植物并妥善处理,达到清除土壤污染物的目的。再如,种植耐受或适应污染环境的植物,如某些豆科植物,通过其根瘤菌固定土壤中的重金属,减少其生物有效性。还可以采用植物降解,利用某些植物(如油菜、烟草等)或其根际微生物降解土壤中的有机污染物,如石油烃、多环芳烃等。

③ 微生物修复。如采用生物刺激,通过添加益生菌、酶制剂或生物刺激剂(如酵母提取物、氨基酸等),激活土壤中原有微生物群落,提高其对污染物的降解效率。采用生物强化,引入具有特定降解功能的微生物菌株(如解磷菌、脱氯菌、重金属耐受菌等),直接参与污染物的转化过程,增强土壤的生物降解能力。

④ 加强营养管理。如平衡施肥,根据土壤测试结果和作物需求,精准施用氮、磷、钾及微量元素,避免过量施肥导致的土壤酸化、盐碱化和养分失衡,维持土壤健康状态。采用石灰调理,对于酸性土壤,施用石灰(如碳酸钙)以调节土壤 pH 值,促进重金属离子沉淀,降低其生物有效性,并改善土壤微生物活动环境。

⑤ 加强耕作管理。如采取免耕或少耕,减少对土壤的扰动,保护土壤结构,维持土壤微生物活性,有助于减少侵蚀和有机碳损失,促进土壤自修复。再如,种植覆盖作物如草本植物或豆科植物,既可以提供土壤覆盖,减少水土流失,又能通过根系分泌物和凋落物增加土壤有机质,改善土壤生物多样性。

⑥ 加强水分管理。如采取合理灌溉,控制灌溉频率和水量,防止由于土壤过度湿润而出现厌氧现象,影响微生物活性和污染物降解;或过度干燥导致土壤结构破坏和养分流失。对于渍水土壤,改善排水设施,确保土壤适宜的水分状况,利于微生物活动和植物生长。

除此之外,还有原位固化/稳定化技术、异位固化/稳定化技术、土壤替换、土壤洗涤、热处理、电动力学修复等技术。

总之,选择哪种自修复强化技术,取决于土壤的具体污染情况、污染物类型、经济成本以及可持续性等因素。在实际操作中,往往会采用多种方法组合来达到最佳的修复效果。例如,中国地质科学院矿产综合利用研究所发明了一种人为强化土壤自净作用修复重金属污染土壤的方法,其步骤为:翻耕重金属污染土壤,翻耕深度达到 20~40 cm;翻耕后喷淋营养液,营养液的喷淋量为 50~80 m³/亩;喷淋后 4~6 h 在土壤表层覆膜,对室外温度小于 15 ℃的地区,覆膜后并加盖保温材料,保持密闭性 20~40 d。揭开密闭膜,再次翻耕土壤,翻耕深度达到 15~30 cm;翻耕后喷淋营养液,营养液喷淋量为 30~50 m³/亩,保持密闭性 20~40 d。通过治理后,土壤中多种重金属有效态得到减少,不再被作物吸收。该方法绿色环保,每年可实施 1~2 次,逐步改善土壤重金属污染状况,工艺简单,易于推广(程蓉 等,2017)。

第五节　矿山污染土壤自修复案例

国内外有很多矿山利用土壤自净化功能成功修复了不同类型的污染土壤。下面举三个案例。

一、德国鲁尔工业区土壤修复

在土壤修复治理方面,德国的理念是保护土壤的某种功能,满足未来规划用地需求,而不是对土壤进行 100％ 的修复治理。根据土壤的污染情况,充分考虑土地未来的规划用途,分析经济上的可行性,区别对待,选择不同的修复治理方法。根据这一理念,德国真正需要采用技术治理的仅占污染地块的一小部分。例如,德国鲁尔矿区主要采取以下几种常用措施治理污染土壤。

①　去除污染源,把污染物清挖后换土。如果土壤污染范围不大,地下水未受污染,该方法比较可行。不同类型的污染物被分类运送到不同级别的垃圾填埋场。这种方法的缺点是:在运输过程中可能造成二次污染,而且运输和填埋费用较高。

②　隔离封闭,把污染物集中并用隔离膜封闭。当污染比较严重,分布范围大、深,且对地下水已经造成污染,这种情况下,对污染源进行清挖、换土费用太高,一般选择就地隔离封闭处理,阻止污染物进一步向外扩散。具体做法是:把场地的污染土壤集中在一起,堆成山丘,铺上隔离层(一种很厚的塑料膜,使用寿命 100 余年),以免继续污染地下水或者空气。在隔离层之上铺大约 2 m 厚的可供植物生长的新土层,进行景观再造,改造成为休闲场所,如图 3-6 所示。

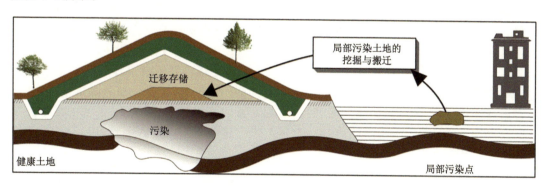

图 3-6　隔离封闭具体措施

当地下水已经被污染,且被污染地下水正在向周边扩散,通常会通过布井或者在地下建筑深沟处对污染的地下水进行截流并进行永久抽排,然后通过地面净化装置进行处理。这种地下水净化处理方法常常用于污染严重的焦化厂地块,如图 3-7 所示。

③　建筑隔离墙。当场地污染物质已对地下水造成污染,污染地下水流向周边的地表河流时,建筑一道隔离墙,阻止含污染物的地下水扩散到地表河流。

④　铺隔离、保护层。这种方法是通过铺上保护层,防止污染物质进一步扩散,避免土壤暴露在外与人直接接触。

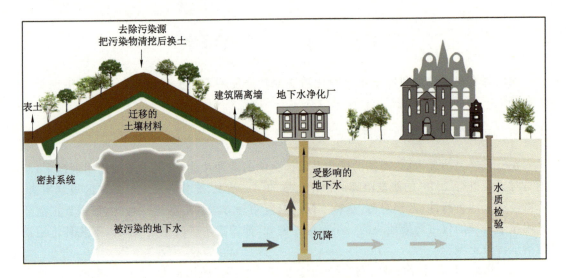

图 3-7　地下水净化处理方法

⑤ 微生物技术。原位微生物技术在鲁尔区土壤修复中也被采用,尤其是对芳香烃类有机物的处理。一些有机污染物,如苯、甲苯、二甲苯、酚类化合物、萘通过微生物能够有效地被分解。这种方法可以避免对环境的二次污染,比较经济,但修复治理周期较长。

⑥ 气相抽提。气相抽提是一种土壤原位修复技术,在德国鲁尔区也有应用。将新鲜空气通过注射井注入污染区,利用真空泵产生负压,在空气流经污染区域时,挟带土壤空隙中的易挥发性有机污染物,经抽取井流回地上。抽出的气体经过活性炭吸附或者生物处理后达标排放。这种方法成本低,不破坏土壤结构,不引起二次污染,对挥发性有机污染物效果较好,适用于非饱和层、透气性好的土壤。在德国,异位修复技术在成熟度、工程可控度等方面具有明显优势,经常被采用。

通常情况下,以上几种措施会综合应用。政府相关部门为污染治理企业提供治理手册,给予指导。对于没有资金或者不需要立刻处理的污染场地,要把它单独隔离出来,进行长期跟踪监测。

二、中国风沙区煤矿土壤自修复

神东矿区地处晋陕蒙接壤处,位于毛乌素沙漠东部边缘,其中,风积沙地占总面积的85%以上。矿区气候干燥少雨,年平均降雨量和蒸发量分别为 413.5 mm 和 2 111.2 mm,属于典型的干旱、半干旱的高原大陆性气候,植被稀少,以沙蒿、杨柴等典型荒漠植被为主。选取该地区的大柳塔煤矿、补连塔煤矿等典型工作面为研究对象,其煤层赋存条件呈现出浅埋深、厚煤层以及近水平等特点,地表被厚松散层覆盖,厚度达 8～35 m,工作面长约300 m,推进长度达 3 500 m 以上,煤层埋深 190～230 m,煤厚 4.9～7.3 m,深厚比 1/40～1/30,采用长臂开采、垮落式顶板管理的开采方式,日推进速度可达 12 m 左右,属于典型的高强度、超大工作面开采的范畴。

(1) 地表移动变形特征

王新静等(2015)在 MSPS 操作平台下,对两种开采工艺条件下的地表移动变形规律进行预测(表 3-10)。在等效的开采范围内,超大工作面开采并没有扩大采煤沉陷对地表的破坏程度,地表塌陷面积和最大水平变形面积相当,地表最大下沉量无明显差异。由于留设煤柱的尺寸较小,宽深比大,小工作面也基本能达到充分采动,对于同一开采单元,地表沉陷边界线(下沉 10 mm 等值线)没有因超大工作面开采而扩大。工作面的设计以及接续工作没有改变所有采矿活动结束后地表沉陷的最外布局(10 mm 线)。相反,该技术使持续开采时间减少了 50%,大幅度缩短了地表受损周期,减少了重复扰动的次数与面积;地表的下沉值易达到该地质采矿条件下的最大值,一次性出现较大范围的均匀沉陷区;下沉盆地分区明显,附加坡度<1°的区域面积占下沉盆地总面积的比例达到 78.4%,其地形地貌与原始形态趋于一致,对耕地等农用地的影响较小,表现出明显的"自修复"现象。

表 3-10　两种开采工艺下地表变形的特征

开采工艺	最大下沉量 /mm	下沉面积 /m²	附加坡度分区面积/m²			最大水平变形 /(mm/m)	持续开采时间 /d
			0°	0°~1°	1°~3°		
传统开采	2 402	2 796 600	135 300	2 022 600	638 700	11.9	300
超大工作面	2 475	2 796 600	345 000	1 847 500	604 100	12.3	600

(2) 地裂缝分布与发育特征

地裂缝是煤炭开采对地表破坏的另一个主要表现形式。部分工作面边缘裂缝角参数的相关数据(表 3-11)显示分区特征与沉陷盆地的一致。下沉盆地的盆底区发育拉伸型的动态地裂缝,呈现不连续分布。扩展程度和时间相对较小,最大宽度一般不超过 40 mm,无较为明显的落差存在。在采动过程中,动态地裂缝发育全过程具有明显"发育—闭合—再次发育—完全闭合"的阶段特征,包含 2 个时长近似相等的"开裂—闭合"过程。发育周期 T 与最大下沉速度滞后角(φ)以及裂缝超前角(δ)的正切值成正比,与开采速度 v 成反比。

表 3-11　各工作面边缘裂缝角参数

工作面	埋深/m	煤厚/m	宽深比	深厚比	裂缝角/(°)			裂缝带宽 /m
					走向	上山	下山	
补连塔煤矿	203	4.81	1.48	42.20	88.40	87.60	93.36	46~50
大柳塔煤矿	234	7.25	1.20	32.27	87.55	89.61	87.71	41~53
混合煤矿	292.3	2.5	0.43	116.92	82.00	74.00	73.00	—

一方面,开采速度的大幅度提高,减小了覆岩相对损伤系数 λ,抑制了覆岩裂缝的发育和扩展程度,使覆岩裂缝的富集区主要处于煤壁的前后方,采动岩体裂隙场以高角度甚至垂直岩层层面的裂缝为主。由于神东矿区松散层的抗剪强度很低,趋近于 0,地裂缝分布基本上能够反映基岩变形及其裂隙的特性。另一方面,较硬覆岩的悬顶距较大,高强度综放使地表主要变形值集中,下沉曲线的拐点偏移距 s 偏向采空区一侧,也使边缘裂缝分布范围减小。风积沙区动态裂缝能够快速闭合、边缘裂缝分布范围减小,均表现出了较强的"自修复"能力。

(3) 土壤物理性质演变特征

地表移动的变形规律表明,采样区 SC 以及 SI 在地表稳定后将落入均匀沉陷区。由表 3-12可知,与对照区相比,沉陷区 0~20 cm 表层土壤含水量均有不同幅度的下降,但幅度偏小,相比而言,开采边界受影响程度最大,同一采样期内,该区域土壤含水量均处于最低位。

表 3-12　采样区不同时序上土壤含水量

样地	采样时间			
	2011 年 7 月	2011 年 9 月	2011 年 11 月	2012 年 5 月
沉陷盆地中心	3.56±0.45a	4.83±0.31a	6.23±0.50ab	4.07±0.35a
沉陷内部区域	3.63±0.38a	3.86±0.25b	5.60±0.26ab	4.07±0.40a
沉陷边缘区域	2.83±0.31b	3.37±0.21c	5.10±0.30c	3.13±0.42b
未扰动区	4.03±0.21a	5.40±0.44c	6.57±0.23a	4.47±0.25a

注:数据格式"平均值±标准差",同一指标的数值后有相同小写字母的表示用 Duncan 检验在 0.05 显著水平下无显著性差异,下同。

沉陷区水分损失量的最小值和最大值分别为 0.3 以及 2.67,经过雨季(2011 年 9 月)以及结冰期(2011 年 11 月),采煤沉陷的影响仍未消除,在沉陷 1 年后,下沉盆地中心 SC 以及内部 SI 的土壤含水量有所增大,与未扰动区 CK 差异性不显著($p>0.05$)。而开采边界的边缘地裂缝增大了土壤表层水的蒸发面积和强度,增强了风力携带土壤水分的能力以及土壤返湿的困难程度,使该区域土壤含水量持续偏低。

表 3-13 中,在不同采样时间内,土壤的容重呈现先下降后上升的趋势。在采动的初期,地表出现过大量的地裂缝,动态裂缝的闭合也无法直接使其恢复至采前状态,土壤容重明显下降($p<0.05$),下降程度表现为沉陷边缘区域大于盆地中心和内部区域。随着采动区的稳定和扰动土壤的自然沉实,均匀沉陷区内的土壤容重及孔隙度趋于采前水平,差异性不显著。孔隙度作为容重的反指标,变化情况与容重刚好相反。

表 3-13　采样区不同时序上土壤容重和孔隙度

指标	采样时间	采样区域		
		SC	SI	MB
容重 /(g/cm³)	2011 年 5 月	1.65±0.03a	1.64±0.02a	1.65±0.02a
	2011 年 7 月	1.59±0.03bc	1.59±0.04b	1.53±0.03b
	2011 年 9 月	1.57±0.03c	1.54±0.03b	1.54±0.03b
	2011 年 11 月	1.61±.02b	1.61±0.04b	1.58±0.02b
	2012 年 5 月	1.66±0.03a	1.63±0.03a	1.58±0.04b
孔隙度 /%	2011 年 5 月	37.41±0.59c	36.34±0.95c	37.50±0.78c
	2011 年 7 月	38.92±1.61ab	39.27±0.69ab	40.30±1.02b
	2011 年 9 月	39.65±0.95a	40.74±0.91a	41.84±0.86a
	2011 年 11 月	38.56±1.83abc	38.26±1.05bc	39.61±0.88b
	2012 年 5 月	38.14±1.11bc	38.50±0.72bc	39.98±0.28b

可见,短期内,风积沙区煤炭开采对土壤物理性质有负面影响,其变化特征也存在明显的"分区"特征,均匀沉陷区的土壤物理特性在采动 1 年后开始趋于采前水平,表现出一定自然修复的现象,基本恢复至采前水平,而地裂缝对开采边界土壤物理性质的影响在沉陷 1 年后仍难以消除。

三、中国黄土高原塌陷地土壤自修复

榆神府矿区位于毛乌素沙漠与黄土高原的过渡地带,呈明显的黄土沟壑地貌,地表塌陷。该区属温带半干旱大陆性季风气候,多年平均气温为 8.4 ℃,最高温度 38.9 ℃,最低气温 -27.9 ℃;年平均降水量为 436 mm,其中 6～9 月份降水量占年总降水量的 70%～80%;年蒸发量是年降水量的 4～10 倍;矿区以风沙土和黄绵土为主,土壤结构较疏松、有机质含量低。区内煤炭储量丰富,煤层厚、埋深浅,煤层埋藏深度一般为 100～300 m,煤炭开采方式主要采用综合机械化长臂式开采工艺,综采工作面长 200～400 m,工作面间留有20～30 m 宽的护巷煤柱。开采后地表塌陷程度较为严重,地表出现大量裂缝,裂缝宽度在10～50 cm,垂直位移在 0～80 cm。地表损害后土壤侵蚀强度增大、地表水体断流萎缩、地表植被受损。目前榆神府矿区黄土地貌土地复垦主要是工程复垦,包括人工、机械平整和充填土地,辅以适当生物复垦技术。

1. 不同植被恢复模式下土壤物理性质变化特征

人工和自然植被恢复 0～5 年土壤平均含水量较未塌陷样地分别低了 54%、59%(图 3-8),人工和自然植被恢复后土壤的改善程度和演化过程均存在一定差异,自然植被恢复过程中由于植被恢复进程较为缓慢,因而土壤质量改善速度较慢;人工抚育促进了人工植被恢复地植被群落生物量和多样性增加,因此人工植被恢复对土壤养分、土壤酶活性和菌类数量的改善速度大于自然恢复区。

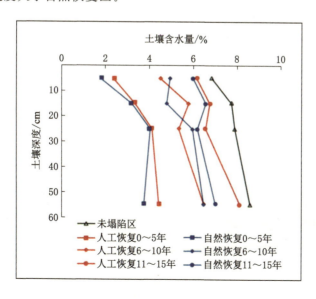

图 3-8 不同植被恢复模式下土壤含水量变化特征

2. 不同植被恢复模式下土壤养分变化特征

采煤塌陷区植被恢复初期(0～5年),土壤有机质、铵态氮、速效磷和速效钾质量分数均低于未塌陷区($p < 0.05$)(表3-14);自然植被恢复10年后,土壤有机质和有效养分质量分数仍然低于未塌陷前水平;而人工植被恢复6年后,土壤物理、化学、生物监测指标均可以达到甚至高于未塌陷前水平;研究区土壤含水量和有机质是影响其他土壤因子的主要指标。

表 3-14　不同植被恢复模式下土壤理化性质变化特征

样地类型		质量分数/(g/kg)			
		有机质	铵态氮	速效磷	速效钾
人工恢复区	0～5年	1.33±0.20bc	1.45±0.61c	2.30±0.53c	87.97±4.43bc
	6～10年	1.52±0.10b	2.90±0.53ab	2.42±0.92c	102.44±21.10ab
	11～15年	1.95±0.58a	3.29±1.24a	3.44±0.99a	114.93±26.33a
自然恢复区	0～5年	0.94±0.22d	1.95±0.08c	2.57±0.37c	57.53±7.05d
	6～10年	1.13±0.22cd	2.47±1.01b	2.46±0.62c	78.30±15.40cd
	11～15年	1.54±0.42b	2.74±0.58b	3.20±0.36b	77.89±8.73cd
未塌陷区		1.65±0.22ab	3.41±1.37a	3.88±0.69a	114.84±30.10a

3. 不同植被恢复模式下土壤生物学性质变化特征

人工植被恢复0～5年,土壤蔗糖酶、过氧化氢酶和磷酸酶活性都小于未塌陷区($p > 0.05$),而脲酶活性高于未塌陷区[图3-9(a)～(d)];蔗糖酶和磷酸酶活性随恢复时间先增大后减小,恢复10年后,蔗糖酶、过氧化氢酶和磷酸酶活性仍低于未塌陷区($p > 0.05$),脲酶活性与未塌陷区无显著差异($p > 0.05$)。自然植被恢复0～5年,土壤蔗糖酶和磷酸酶活性均小于未塌陷区($p > 0.05$),但脲酶和过氧化氢酶活性均高于未塌陷地且随恢复时间无显著变化($p > 0.05$),在恢复10年后,自然植被恢复样地蔗糖酶和磷酸酶活性仍低于未塌陷区($p > 0.05$)[图3-9(a)～(d)]。

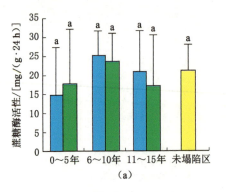 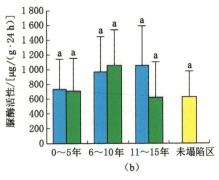

图 3-9　不同植被恢复模式下土壤生物学性质变化特征

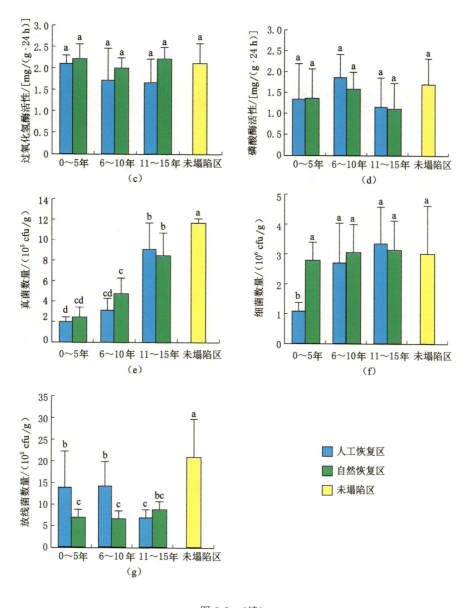

图 3-9 （续）

人工和自然植被恢复 0～5 年土壤微生物数量均低于未塌陷区（$p>0.05$）[图 3-9(e)～(g)]，其中真菌和细菌数量均随恢复时间增加，至恢复 10 年后，人工和自然植被真菌数量分别增加了 3.75、2.47 倍，仍较未塌陷区低 22%、28%（$p>0.05$）；细菌数量分别增加了 2.25 倍、0.11 倍，与未塌陷区无显著差异（$p>0.05$）。人工植被土壤放线菌数量虽随恢复年限增加，但增幅呈现减小趋势，恢复 10 年后减小了 50%，较未塌陷区低 67%；自然植被放线菌数量随恢复时间未显著增加，至 10 年后仍低于未塌陷区 58%（$p>0.05$）。对比两种植被恢复方式，在恢复 10 年后，除放线菌外，人工植被真菌和细菌数量均高于自然植被（$p>0.05$）[图 3-9(e)～(g)]。

第四章　矿区水体自修复机理及影响因素

第一节　煤矿区水体现状

一、煤矿区的水体

煤矿区水体主要包括地表水、矿井水、地下水、工业和生活废水等。由于煤炭开采打破了原有煤矿区水资源的自然平衡，改变了原有的补、径、排条件，煤矿区水资源形成以矿井为中心的局部新特征。

（一）地表水

煤矿区地表水会受到煤炭开采的影响。在煤层埋深较浅的区域，煤炭开采引起的"三带"（垮落带、裂缝带、沉陷弯曲带）波及地面，就会改变地表水原有的格局。在潜水位较高地区，由于开采沉陷使地下水位上升到地表标高以上或接近地表，就会形成积水坑、沼泽地或使地表盐碱化，破坏土地原有的使用价值，以徐州、淮北、淮南、枣庄、兖州等地煤矿区最为明显（丁忠义 等，2015）。

煤矿塌陷区水资源补给源主要为大气降水、浅层地下水和矿井水。塌陷水域的首要补给源为地下水，在地下水埋藏较浅的地区，地表塌陷后，地下水上返补给塌陷水域；其次为大气降水，除塌陷盆地本身直接接纳大气降水外，盆地外围的大气降水通过地表径流汇聚补给积水区；矿井生产过程中排放的大量矿井水也是塌陷积水区的重要补给源之一，但未处理的矿井水直接排放也导致了水体的污染。

（二）矿井水

煤矿矿井水是指在煤矿建井和煤炭开采过程中，由地下涌水、地表渗透水、井下生产排水汇集所产生的废水。它是煤矿生产中的一种伴生资源，其水源主要是大气降水、地表水、地下水和采空区积水等。目前我国吨煤开采产生矿井水约 1.87 m³，每年产生煤矿矿井水约 68.8 亿 m³，根据煤炭产量发展趋势研究预测，2035 年前我国煤矿矿井水每年可以稳定在 60 亿 m³ 以上（顾大钊 等，2021）。从矿井水资源化角度，矿井水一般分为洁净矿井水、含悬浮物矿井水、高矿化度矿井水、酸性矿井水和含毒害物质矿井水等五种类型（孙文洁 等，2022）。我国不同矿区主要矿井水类型见表 4-1。

表 4-1　煤矿"五大区"矿井水主要类型

地域	矿井水类型
晋陕蒙宁甘区	高矿化度矿井水、含毒害物质矿井水
华东区	高矿化度矿井水、酸性矿井水、含毒害物质矿井水

表 4-1(续)

地域	矿井水类型
东北区	高矿化度矿井水、酸性矿井水
华南区	高矿化度矿井水、酸性矿井水、含毒害物质矿井水
新青区	高矿化度矿井水

煤矿矿井水经处理后可作为生活用水、工业用水、农业用水、城市杂用水和景观环境用水。矿井水处理一般需要经过净化处理或/和深度处理。净化处理工艺包括混凝、沉淀、气浮、砂滤、中和、曝气、超磁分离、化学氧化、消毒等；深度处理工艺包括精密过滤、微滤、超滤、纳滤、反渗透、离子交换、电渗析、蒸馏、软化等。

（三）地下水

煤矿区地下水在煤炭开采过程中，与煤层、岩层接触，加上人类活动的影响，发生了一系列物理、化学和生化反应，因此其水质具有显著的煤炭行业特征。首先，地下水的存在对于煤炭开采来说是一把"双刃剑"。一方面，它是矿井的直接充水水源，为采矿作业提供了必要的水源。另一方面，如果地下水涌出量过大，可能会导致矿井涌水，严重影响煤矿生产的安全和效率。其次，矿区地下水的水质也是一个需要关注的问题。由于矿井水中悬浮物含量远高于地表水，感官性状较差。此外，矿井水中还可能含有废机油、乳化油等有机污染物，总离子含量也比一般地表水高得多。这些特点都增加了矿区地下水处理的难度。再次，由于采煤活动，煤层及其上覆岩土层垂向裂缝增多、增大，煤层及其上覆岩土层中的水均快速向下渗透；随着开采深度的增加，深层各含水层水被截留，转化为矿井水排出；地下水的流失造成的深层地下水位下降，很难在短时期内得到恢复。

（四）工业和生活废水

工业和生活废水是指在煤炭生产和煤炭加工以及人类生活过程中产生的废水和废液，包括随水流失的中间产物和污染物。

煤矿区工业废水，主要源自煤矿的开采、洗选加工及附属设施的运行过程。具体包括：

① 矿井废水。在煤矿开采过程中，地下水会与煤层、岩层接触，形成矿井水。这类废水通常含有高浓度的悬浮固体（SS）、化学需氧量（COD）、石油类物质、金属离子（如铁、锰、铜、锌等）、非金属元素（如硫、氟等），以及可能存在的放射性污染物。其 pH 值可能偏酸或偏碱，且水质受开采深度、地质条件等因素影响，波动较大。

② 选煤废水。在煤炭洗选过程中，为分离煤与矸石、去除杂质，大量使用水进行冲洗和浮选。产生的选煤废水含有大量的煤粉、岩屑、黏土等悬浮物，SS 含量极高，同时可能含有少量溶解性有机物和无机盐。这类废水一般呈中性，矿化度较低。

③ 其他工业废水。包括设备冷却水、地面冲洗水、煤炭转运过程中的洒落水、巷道排水等，这些废水虽然污染程度相对较低，但累积起来仍不可忽视。

煤矿区生活废水主要来自煤矿管理人员和工人的日常生活活动，包括厨房废水、洗涤废水、洗浴废水等。其特点是：

① 有机物含量较高。主要以生活污水中含有的食物残渣、洗涤剂、人体排泄物等有机物质为主，表现为较高的 COD 和 BOD（生化需氧量）。

② 氮、磷等营养物质多。氮、磷等营养物质来自洗涤剂和个人清洁用品,可能导致水体富营养化。

③ 病原微生物含量高,需要杀菌消毒以防止疾病传播。

④ 相比工业废水,生活废水的水质相对稳定,但处理难度仍然存在,尤其是对于煤矿区这类偏远地区,可能存在处理设施规模小、维护困难等问题。

二、煤矿区水文地质类型

我国煤炭资源和煤炭产区主要分布在华北、西北和西南,占全国煤炭资源保有总量的95.5%以及原煤产量的88.3%(孙亚军 等,2020)。根据我国主要煤炭产区的分布特征,我国煤矿区主要有3种典型的水文地质结构,分别为:华北型、西北-东北型和南方型煤田水文地质结构(孙亚军 等,2021)。

（一）华北型

我国华北型煤田多含水层,受断层和陷落柱等影响,具有复杂水文地质结构。由于采动裂隙的存在,含水层间普遍存在不同程度的水力和水质联系,顶、底板含水层均可能对矿井水质产生影响。有些矿区的最大采深已经超过了1 300 m,在垂向上矿井水质形成的作用空间很大,不同矿的矿井水质污染程度也有较大差异,闭坑后的矿井水质演化机理也相对复杂。

（二）西北-东北型

我国西北型煤田主采煤层为侏罗系煤层,水文地质结构总体简单,但不同地区顶板结构的松散性差异大,多孔隙的弱胶结砂岩含水层对矿井水水质形成有影响。受干旱-半干旱气候的影响,地表常常只有季节性河流,降雨量少,但蒸发量大,蒸发浓缩作用强烈,常以高矿化度的地下水和矿井水为主要特征,有些矿区的矿井水 TDS(总溶解性固体物质)甚至超过了40 g/L。

我国东北型煤田主要为晚侏罗-早白垩纪煤田,水文地质结构与西北型煤田类似,主要充水水源为地表水和煤层顶板裂隙水,受干旱-半干旱的气候及季节性降水的影响,其矿井水的 TDS 也较高。与西北型煤田不同的是,东北型煤田开采历史较早,大多数煤矿相继进入了老龄化阶段。因此,采空区积水(老空水)现象普遍存在,煤系地层的废弃采掘空间发生充分的水-煤作用,进而导致东北型煤田矿井水悬浮物大量超标,形成含镉、铅等毒性组分"矿井黑水",少数煤矿的矿井水中检出砷、酚等有害物质。

（三）南方型

我国南方型煤田煤层顶(如长兴组)、底(如茅口组)板均为岩溶强烈发育的灰岩含水层,其矿井水水质形成同时受顶底板灰岩含水层及其中多种伴生矿物的水岩作用控制。由于南方地区地形起伏大、沟谷深切、岩溶系统复杂、金属类伴生矿物(部分含有毒有害元素)背景值高,其矿井水质常具有强酸性(有些矿区 pH<3)、高铁锰的特征。特别是我国西南地区金属矿产资源丰富,其产生的矿井水常呈现镉、铅、汞、铬、砷、铜等有毒有害物质含量高的特征,对当地的生态环境产生严重影响。有些矿区的矿井水可自流出地表进入河流水系、浅层地下水等,对区域环境污染影响较大。

三、煤矿区水体环境问题

(一) 地表水

采煤塌陷积水多发生于中国东部高潜水位矿区,也是我国水资源相对丰富的区域。高潜水位地区每开采百万吨煤炭大约形成 360 亩采煤沉陷区,其中绝大多数为优良耕地。矿山开采活动对附近的耕地造成了严重破坏,采煤沉陷区面积逐年增多。采煤沉陷还导致生态环境进一步恶化,并带来一系列诸如村庄搬迁、居民安置等社会经济问题。根据 2018 年 Sentinel-2 影像共识别出黄淮海地区采煤沉陷湿地达 25 087.92 ha,广泛分布在所有采煤矿区。其中,安徽省淮南市采煤沉陷湿地面积最大,为 6 616.33 ha,占采煤沉陷湿地总面积的 26.37%(苏学武,2021)。塌陷积水区的水质也不同于一般的湖泊、水库等淡水水体。不同塌陷年龄、塌陷深度、塌陷面积的塌陷水域水质略有差别,原因之一在于塌陷水域四周高,近乎死水,容易污染、富营养化。例如,当回采工作面自开切眼开始向前推进的距离相当于 $(1/4 \sim 1/2)H_0$(H_0 为平均采深)时,采空区顶板将发生移动与变形,并波及地表,引起地表下沉。在采空区顶板变形、垮落及井下开采作业过程中均伴随着能量的释放,能量以地震波的形式释放并传播出去,产生了矿山井下开采特有的微震现象。塌陷水域自形成到稳定的过程中一直受到微震环境的影响。另外,塌陷水域水质还受到矿井排水、固体废弃物中有害物质的风化淋溶释放、外围农业面源污染等因素影响(徐良骥,2009)。

(二) 矿井水

煤矿矿井水的水环境问题主要是矿井水抽排、煤炭洗选、生活污水等衍生的各种水生态环境问题,常见的有矿井水污染、隔水岩组结构破坏、水资源流失、矿区土壤重金属富集、废弃矿井水位回升诱发的地质灾害等,如图 4-1 所示(孙亚军 等,2020)。

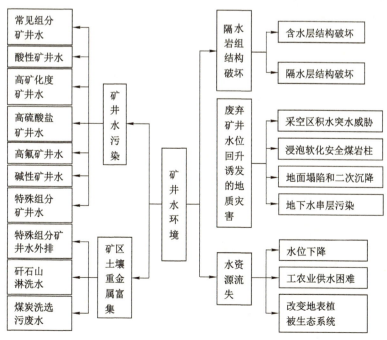

图 4-1　煤矿区水环境问题

1. 矿井水污染

矿井水污染主要表现为矿井水外排诱发的地表水和浅层地下水污染、矸石山淋滤水和煤炭洗选废水泄露对地表水系的污染、废弃矿井水对地下含水层的串层污染和地表水系的污染、煤层顶底板含水层的水通过导水通道进入工作面污染地下水等。有学者统计分析了全国201座煤矿的矿井水状况,发现常量离子是矿井水超标的主要成分,铁、锰含量超标比较常见,但有毒有害物质、有机污染物含量少、占比小,少数矿井水含有有益元素。但不同污染物对地下水污染的贡献量以及矿井水中污染因素的宏观分布仍存在诸多科学问题(孙亚军 等,2021)。目前国内对矿井水污染的模式研究深度不足,应从地下水污染的动力学机制出发,结合水动力-化学-生物等多场耦合方法,查清矿井水污染成因,从源头、通道和污染受体等方面进行阻断、减量。

2. 隔水岩组结构破坏

煤炭开采引发的一系列地质活动,打破了地下水系统的原有水文地质条件和岩组结构,不仅破坏了原有的含水层结构,例如以孔隙为主的弱渗含水层转变成为以裂隙为主的强渗含水层,而且造成了地下水循环系统中有效隔水层的损伤,进而影响原有地下水流场动态平衡。

3. 水资源流失

煤炭安全开采过程中,常疏放顶板含水层中的水,导致在煤炭开采区域形成大范围的水位降落漏斗。一方面,矿井水外排、煤炭开采形成的地裂缝会造成邻近水源地和浅层农业水井水位下降、泉水断流或流量减少、地表水系渗漏和退化;另一方面,矿井长期的疏排水破坏了地下水资源,间接造成了地下水资源量的流失和短缺,影响浅地表生态环境。

4. 矿区土壤重金属富集

矿区土壤重金属富集主要是富含重金属的矿井水长期外排至地表、煤炭洗选泄露的污废水或矸石山经过降雨淋滤生成含重金属的废水,经自然蒸发、运移和渗透,生物吸收和转化,土壤包气带吸附和富集等,使岩层中的重金属富集至地表土壤中,导致土壤重金属超标。酸性矿井水及其沉淀物的化学成分和物相组成中,主要包括酸性矿井水中硫酸根、铁、锰、铝、铅、钍、铀、铍、锌、镍、钴、铜等离子含量较高,对环境有潜在危害。

5. 废弃矿井水位回升诱发的地质灾害

废弃矿井水位回升过程中可能形成的地质灾害有:采空区积水突水威胁、浸泡软化煤岩柱、地面塌陷和次生沉降、地下水串层污染等。采空区突水诱因和致灾机理复杂,前兆信息采集普遍缺失,多源信息耦合分析不到位。废弃矿井水害是复杂的多相多场耦合问题,研究固-气-液和应力场-裂隙场-渗流场-温度场等耦合致灾机理多为定性研究,使废弃矿井孕灾过程的研究一直处于有方法无理论状态。而且,目前国内鲜有研究涉及由矿井水位回升引起的地面塌陷或地面次生沉降的成因机制、监测技术和方法。该方面的理论和技术还处于探索阶段,对因矿井水流场演化引起的地面变形的监测还很少,矿井水诱发的地质灾害还缺少定量评价方法和数学模型。

四、煤矿区水体污染的危害

(一)对人体健康的危害

首先,矿井水中可能含有过量的钙、镁等矿物质,这些物质在人体内积累后,容易形成结石,特别是在肾脏内,从而加重肾脏的负担,甚至可能导致肾结石等肾脏疾病。长期的肾脏负担加重还可能影响肾功能,使其不能及时调节机体水电解质的平衡,严重的情况下甚至可能造成肾衰竭。其次,矿井水作为浅表地下水,很可能含有较多的细菌和灰尘,存在一定的污染风险。如果这些水未经过滤或消毒直接饮用,细菌可能会进入肠胃,导致肠胃疾病的产生,如腹痛、腹胀、腹泻等症状。此外,不同地区的矿井水由于地质因素,矿物质的含量可能存在差异。长期饮用矿物质含量超标的矿井水,可能引发毒性作用,对身体造成损害。特别是矿井水中氟含量较高,长期饮用可能导致氟中毒,出现如氟斑牙、氟骨症等中毒症状。长期接触酸性矿井水可使手脚破裂,眼睛疼痒,危害人类健康。有的矿井水中含有有害元素,如神府矿区采空区和设备检修前的矿井水中主要存在人类活动废水和煤溶出有机质,设备检修期间矿井水中主要存在多环芳烃和石油类污染物,且荧光强度非常高;正式回采期间矿井水中则存在人类活动排出有机物、设备用油、煤溶出有机物等。综采工作面(尤其是设备检修阶段)矿井水中油类污染物质量浓度相对较高(杨建 等,2019)。贵州的高汞和高砷煤矿矿井水能将赋存于黄铁矿、硫酸盐、碳酸盐矿物中的有毒物质溶出,直接危害人类健康。

总的来说,矿井水由于其特殊的成分和可能存在的污染,对人体存在多方面的潜在危害。因此,应避免直接饮用未经处理的矿井水,确保饮用水的安全和卫生。如果出现相关症状或疑虑,应及时就医检查和治疗。

（二）对农业、工业的危害

矿井水对农业和工业的危害主要体现在以下几个方面。

1. 对农业的危害

① 水质问题:高矿化度矿井水中含有较高的无机盐、重金属及其他有害物质,如果未经适当处理直接用于农业灌溉,可能导致土壤盐碱化、养分失衡、重金属累积,影响土壤肥力和作物生长。长期使用这种水源,可能导致农作物减产,甚至对农产品质量构成威胁,影响食品安全。酸性矿井水(pH 值小于 5.5)含有硫酸等酸性物质,直接灌溉会导致土壤酸化,破坏土壤微生物生态平衡,影响植物根系发育,对不耐酸作物造成伤害。反之,碱性矿井水可能导致土壤碱化,影响植物对营养元素的吸收。

② 生态影响:若矿井水未经处理直接排放到地表水体或渗入地下,可能导致河流水含盐量上升、浅层地下水位抬高,引发土壤盐碱化,影响林木生长,削弱生态系统稳定性,对周边农田、草地、湿地等生态系统造成破坏。污染的矿井水可能影响到农田生物多样性,包括土壤微生物、有益昆虫和鸟类等,这些生物在维持农田生态平衡、促进作物生长方面起着重要作用。

2. 对工业的危害

主要是对生产过程产生影响:矿井涌水对煤矿生产活动构成直接影响,包括凿井、掘进、采煤作业的难度增加,需要额外投入人力、物力进行排水,导致生产效率降低、开采成本上升。大量涌水还可能引发巷道积水、顶板垮落、煤壁片帮等安全事故,威胁工人生命安全,甚至造成局部或全面停产。矿井水对井下各种生产设备、设施具有腐蚀作用,缩短其使用寿命,增加维修和更换频率,间接提高了煤炭成本。酸性矿井水具有很大的危害性,它能腐蚀管道、水泵、钢轨等矿井设备和混凝土结构,影响工业生产。此外,高湿度环境可能导致电气设备故障率上升,影响煤矿电力系统的稳定运行。

（三）对水资源的危害

煤矿企业每开采一吨煤往往产生大量矿井水,若不进行有效利用而直接排放,不仅是对水资源的巨大浪费,也加重了水资源短缺地区的压力。大量矿井水的处理和排放需投入高昂费用,且必须符合日益严格的环保法规要求。未达标排放可能导致企业面临环保处罚,损害企业声誉,增加运营风险。矿井水中的悬浮物会影响地表水体的自净,导致水质恶化。酸性矿井水排入地表水体,会降低地表水的 pH 值,抑制细菌和微生物的生长,妨碍水体自净,pH 值小于 4 时,鱼类会死亡;矿井水中某些重金属离子由不溶性化合物变为可溶性离子状态,毒性增大;煤矿的酸性矿井水中通常含有 Fe^{2+} 离子,氧化时消耗水中的溶解氧。高矿化度矿井水会严重污染地面环境,淤塞河流湖泊,破坏地表景观,抑制水生生物的生长和繁衍。

第二节　水体自净化案例

水体自净是指受污染的水体依靠自身的物理、化学和生物作用,逐渐降低污染物浓度和毒性,最终恢复到受污染前的状态的过程。当污水排入水体后,一方面会对水体产生污染,另一方面水体本身也具有一定的净化污水的能力。经过水体的物理、化学与生物的作用,污水中污染物的浓度得以降低。经过一段时间后,水体往往能恢复到受污染前的状态,并在微生物的作用下进行分解,从而使水体由不洁恢复为清洁。水体自净的定义有广义与狭义两种。广义上,它指的是受污染的水体经过水中物理、化学与生物作用,使污染物浓度降低,并基本恢复或完全恢复到污染前的水平。狭义上,它则专指水体中的微生物氧化分解有机物而使得水体得以净化的过程。然而,水体的自净能力是有限的。如果排入水体的污染物数量超过某一界限,即水体的自净容量或水环境容量,将造成水体的永久性污染。因此,虽然水体具有一定的自净能力,但为了保护水资源和环境,我们仍需采取措施减少污染物的排放,确保水体的健康和可持续利用。

一、国外水体自净化案例

（一）德国莱茵河流域综合治理

1. 污染状况

莱茵河是欧洲的重要航道及沿岸国家的供水水源地,对欧洲的社会、政治、经济发展都起着重要作用。19 世纪下半叶,莱茵河及其沿岸地区的开发利用造成了严重的环境与生态问题。

2. 治理措施

莱茵河流域综合治理措施与做法主要包括:建立流域多国高效合作机制,梳理一体化系统生态修复理念,推进流域基础地质、环境地质与生态调查,分阶段编制并联合实施流域治理规划,建立量化指标体系和各种生态修复模式,建立完善的监测预警体系,建立流域信息互通平台。莱茵河流域环境治理历程如图 4-2 所示。德国境内莱茵河沿岸,兴建了污水处理净化设施,特别是在鲁尔河段建设了许多水利工程与污水处理厂,并采用向河中充氧的措施,以进行水污染的治理和预防。20 世纪 60 年代以来,德国在莱茵河沿岸城市和工矿企业陆续修建了 100 多个污水处理厂,排入莱茵河的工业废水和生活污水的 60% 以上得到处理,每个支流入口也都建有污水厂,各工矿企业也都设有预处理装置。此外,德国政府还成立了一个"黄金舰队",负责处理压舱水等含油污水。在污染较为严重的河段采取人工充氧的措施,直接向水中充氧,增加水中的溶解氧(DO);对水量较小、河水温度较高且接纳大量污水的河段,则在水中安装增氧机,以提高水中的含氧量(王思凯 等,2018)。

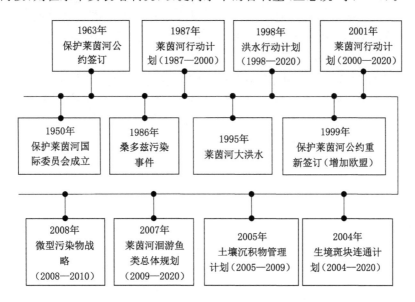

图 4-2　莱茵河流域环境治理历程(王思凯 等,2018)

3. 治理效果

1984 年莱茵河水环境治理已初见成效,莱法州梅茵兹市河段的水质已恢复到 Ⅱ～Ⅲ 类水质标准。1985—2000 年间,莱茵河中的有毒物质减少了 90%,莱法州大部分河段达到 E 类水质标准,符合饮用水水源的要求;生态功能得到恢复,水体微生物种群上升到正常水平,鱼类品种不断增加,其中包括鲑鱼等名贵鱼种,流域的社会经济得到健康和持续的发展。

(二)英国泰晤士河流综合治理

1. 污染状况

泰晤士河是英国著名的母亲河,全长 402 km,横贯英国首都伦敦等 10 多个城市,流域面积 1.3 万 km²,为伦敦提供 2/3 以上的饮用水和工业用水。泰晤士河历史上发生两次水质严重恶化事件。第 1 次水质严重恶化的原因主要是由于工业发展、人口膨胀、生活废弃物污染河水,第 2 次水质严重恶化主要原因是由于污水处理厂排放大量污水、雨水增加污染负荷、洗涤剂污染、电厂废水热污染。

2. 治理措施

泰晤士河的治理措施概括起来主要有以下 3 个方面:① 严格控制"三废"污染排放;② 建设大型污水处理厂;③ 采取河内人工充氧措施。

泰晤士河仅仅采用了截流排污、生物氧化、曝气充氧等常规措施,治理成功的关键在于管理上进行了大胆的体制改革及科学的管理方法,即将全流域 200 多个管水单位合并建成泰晤士河水务管理局,统一管理水处理、水产养殖、灌溉、畜牧、航运、防洪等各种业务(史虹,2009),这保证了水资源按自然规律进行合理、有效保护和开发利用,杜绝用水浪费和水环境遭到破坏。

3. 治理成效

经过约150年的治理,英国政府共投入300多亿英镑,1955～1980年总污染负荷减少了90%,枯水季节溶解氧最低点依然保持在饱和状态的40%左右。20世纪80年代,河流水质已恢复到17世纪的原貌,达到饮用水水源水质标准,已有100多种鱼和350多种无脊椎动物重新回到这里繁衍生息。

伦敦的下水道同时承载未处理的污水和雨水,由于它的流量有限,加之伦敦降雨量又大,排污系统无法及时排掉雨水,经常造成携带生活垃圾的雨水流入泰晤士河,严重威胁泰晤士河生态系统。为此,英国政府曾宣布耗资20亿英镑,于2020年前在伦敦地下80 m处修建一条长达32 km的污水水道,这将改变泰晤士河水污染现状,进一步改善其水质。

(三)日本琵琶湖综合治理

1. 污染状况

琵琶湖位于日本京畿地区滋贺县中部,是日本第一大淡水湖,流域面积8 240 km²,是滋贺县1 400万人的水源地,也是京都府、大阪府和兵库省水源的重要供给地。1950年开始,随着经济快速增长,工业废水和大量未充分处理的生活污水无限制地排放到琵琶湖流域,水质不断恶化,富营养化程度加剧,生态受到严重破坏。1977年琵琶湖发生大规模赤潮,此后10年间湖内藻类频繁暴发,直接影响居民的饮水安全。琵琶湖的水环境变化,与我国的太湖十分相似。

2. 治理措施

为了改善琵琶湖的水质状况,日本政府采取了许多水质保护措施。通过绿化、截污、底泥疏浚、控制农业面源污染、促进生态修复、鼓励环保科研、进行广泛的环保科普教育以提高全民环保意识,对琵琶湖水质进行保护。

对工业污染进行防治主要通过严格执行日本国家排放标准。1971年日本颁布了《水污染控制法》,1973年滋贺县颁布了《污染防治条例》,制定了比国家更严格的排放标准,部分项目的地方污水排放标准值较国家标准值严格2～10倍(王俊敏,2016)。1996年滋贺县出台了《小型企业污染防治条例》,对更小的排污单位也实行了控制。对生活污染防治主要通过加强3种类型的生活污水处理方式进行控制:城市区域生活污水通过管网进入城市污水处理厂处理;农村社区生活污水进入小规模社区处理厂处理;独立农户无法用管道收集生活污水的,则需安装家庭污水处理设备,或将污水外运至城镇污水处理系统处理。对养殖业和水产业污染源的控制是通过执行《湖泊水质保护专门法》进行的。对种植业污染源的控制主要通过农业用水的反复利用及配备农田自动供水装置,控制农田用水;使用缓效性肥料与侧条施肥插秧机,有效减少化学肥料的使用;鼓励农民减少农药的使用。这些措施显著减轻了农业对环境的污染。

3. 治理效果

琵琶湖被污染后,日本政府投入180亿美元,花了30余年的时间,使琵琶湖的污染得到了有效的控制,蓝藻水华消失,水质好转,水质相当于我国地表水质的二类标准,透明度达到 6 m 以上,成为著名的旅游胜地。琵琶湖治理的成功主要在于对污染源的源头控制和公众对水环境保护的积极参与(许卓 等,2008)。

(四)德国矿坑湖集水区修复

1. 污染状况

褐煤曾是德国热量和电力生产的重要贡献者。由于德国所有的褐煤煤矿都延伸到地下水位以下,矿井关闭后在残留的矿井空隙中形成了坑湖。坑湖(pit lake)受酸性矿山排水(AMD)和盐度等影响,水质通常较差,直接对周围和区域社区以及自然环境价值构成重大风险。同时坑湖水也有排放到地表或地下水的可能,甚至对野生动物、牲畜和人类等造成威胁。

在德国,用覆土完全回填是无法实现的;通过地下水反弹自然填充矿坑湖可能需要几十年甚至 100 年以上,除了地质条件外,气候也影响着矿坑湖的填充时间。但快速充填可以稳定矿井空隙的侧壁,减少酸化,提高坑湖的利用率。因此,在过去 35 年里,引河水和使用仍在运行的矿井水成为德国填充坑湖的最重要策略。图 4-3 显示了德国中部褐煤矿区坑湖分布。在过去 30 年里,该地区形成的大部分坑湖都被矿井水或河水填满。

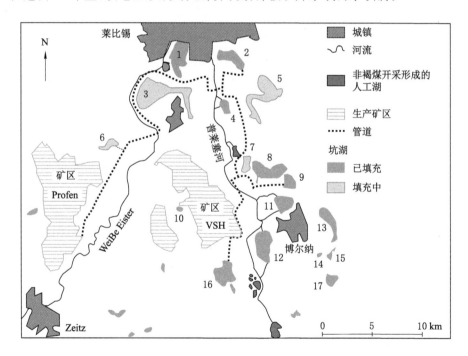

1—科斯普登(体积:109×10⁶ m³);2—马克莱贝格(体积:60×10⁶ m³);3—茨文考(体积:176×10⁶ m³);
4—斯托纳(体积:11×10⁶ m³);5—斯托姆塔尔(体积:157×10⁶ m³);6—韦尔本(体积:9×10⁶ m³);
7—康斯多夫(体积:22×10⁶ m³);8—海恩(体积:73×10⁶ m³);9—豪比茨(体积:25×10⁶ m³);
10—大斯托尔彭(体积:0.3×10⁶ m³);11—维茨尼茨(体积:53×10⁶ m³);12—博尔纳(体积:97×10⁶ m³);
13—博克维茨(体积:19×10⁶ m³);14—主蓄水池(体积:1.1×10⁶ m³);15—苏德基普(体积:1.6×10⁶ m³);
16—哈塞尔巴赫(体积:24×10⁶ m³);17—哈斯湖(体积:5.4×10⁶ m³)。

图 4-3 德国中部褐煤矿区坑湖分布

2. 治理措施

湖泊的水文环境是决定水质的关键因素。湖泊可能是源,也可能是汇,会影响整个河流系统的水质和水生生物。为此,将河流或其他地表水引流到坑湖中,主要是为了维持或改善坑湖水质(图 4-4),原因如下:

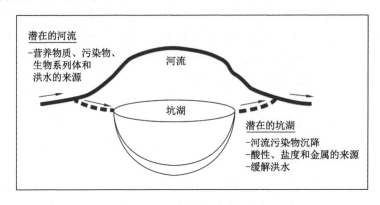

图 4-4   流经封闭策略概念图

① 矿山占用了河流的部分河道,矿山关闭后,将河流引回自然河床。
② 矿坑湖被指定为水库,或用于截留和缓冲洪水,为下游提供防洪保护。
③ 引入低酸或低盐等河水,来维持湖中最低水位或最低水质,进而符合排放标准。
④ 建议将坑湖作为处理设施,以改善河流的水质。

表 4-2 和表 4-3 分别列出了该策略对坑湖和河流的潜在好处和风险。

表 4-2   流经封闭策略对坑湖的潜在好处和风险

序号	潜在的好处	存在的风险
1	稀释湖水中升高的溶质浓度,例如盐度、污染物	流入的水流可能会在特定条件下向坑湖提供溶质,例如盐度
2	河水碱性对湖泊酸性有中和作用	
3	河水营养物(如碳和磷)对湖泊金属有吸附和沉淀作用	河水可能会引入营养物、有机污染物和金属等污染物
4	通过流入大量水输入水生生物,加速坑湖典型水生生物群落的集聚和建立	输入的水生群落可能是河流物种,不属于计划的典型湖泊生态系统;由于水域连通性,可能会在坑湖中出现有害物种
5	河水可以为新坑湖的食物网提供碳和磷,尤其是酸性坑湖	过量的河流营养物输入,可能导致湖泊富营养化
6	由于底栖沉积物的快速积累,湖水和湖泊沉积物之间相互作用产生的酸度可能会受到限制	营养物质可能被埋在无机沉积物中,导致无法利用
7	营养物质刺激初级生产,实现中和	水柱和湖泊沉积物中的铁和铝对磷的固定作用,在较长时间内获得营养物质

表 4-2(续)

序号	潜在的好处	存在的风险
8	流入的水提供了有机物质,进而提供了湖泊沉积物中硫酸盐还原的基质	一个相对弱碱环境的生成过程是长期的
9	半混合状态可以减少对矿山危险废弃物和 AMD 的处理	半混合状态可能会导致有害物质(金属、H_2S、CO_2、甲烷)的富集,在化学层受到侵蚀时产生风险,甚至发生石灰岩喷发

表 4-3　流经封闭策略对河流的潜在好处和风险

序号	潜在的好处	存在的风险
1	减少悬浮和溶解的污染物负荷,尤其是营养物质	pH 值和碱性降低;溶质污染物增加,如重金属、氨氮
2	增加河岸水生栖息地	成为阻止水生生物移动的物理或化学迁移障碍
3	减少洪水发生率,延长流量和持续时间	改变水文状况,减少洪峰,影响生物迹象和河道形态;渗漏和蒸发增加,导致河流总流量减少

对于水质较差的坑湖来说,流经封闭策略(flow-through closure strategies)可能是一种有效的矿山关闭策略。然而该策略在实施过程中的不确定性较大,有必要对流入和流出河段以及湖泊的生物和物理化学属性进行监测,以分析其科学合理性,也建议将监测工作纳入适应性管理框架中。如,选择硫酸盐、铁、磷、氨氮和硝酸盐氮的浓度和 pH 值来表征水质,其中 pH 值、硫酸盐和铁反映采矿影响,而磷和氮是富营养化的驱动因素,用于反映非采矿等人为活动造成的污染状况。使用集水区尺度工艺(catchment scale)减轻或修复坑湖水污染。通过化学和生物过程,包括稀释、吸收、絮凝和沉积,将坑湖污染物浓度降低到可接受的风险水平,并实现最终使用机会。

3. 治理效果

茨文考(Zwenkau)、斯托纳(Stöhna)、维茨尼茨(Witznitz)和博尔纳(Borna)等坑湖位于德国中部的褐煤开采区南部,取代了洪泛平原的蓄洪能力。2013 年 6 月,中东欧被洪水侵袭,Zwenkau、Stöhna、Witznitz 和 Borna 湖泊的蓄水量共达 60×10^6 m^3,其蓄洪量是同一流域的水库及其他防洪设施的 3 倍,也成功保护了莱比锡市。其中 Borna 湖仅在防洪期间与普莱塞河(Pleiße)相连,在坑湖周围修建了一条长达 6.5 km 的堤坝,以提高抗洪能力。该湖于 1970 年投入使用,蓄水量达 105.5×10^6 m^3,覆盖面积为 5.7 km^2。在 2011—2015 年间,仅有较短的两次河流入流,分别在 2011 年 1 月进水 7×10^6 m^3、2013 年 6 月进水 30×10^6 m^3。在此期间,以 0.39 m^3/s 速率流出,使湖泊水量保持相对平衡,见图 4-5。Borna 湖是 Pleiße 河中硫酸盐和铁的源,但很少有湖水流出到河中,为此影响不大。Pleiße 河中的硫酸盐和铁,主要是通过地下水直接从下游的 Witznitz 排土场进入。对于磷和氮,Borna 湖则起到了汇的作用。洪水增加了 Borna 湖的营养物质,为浮游植物提供生长环境。随后,浮游生物的死亡和地下水中的铁对磷起到了固定作用,使坑湖水质逐渐恢复。

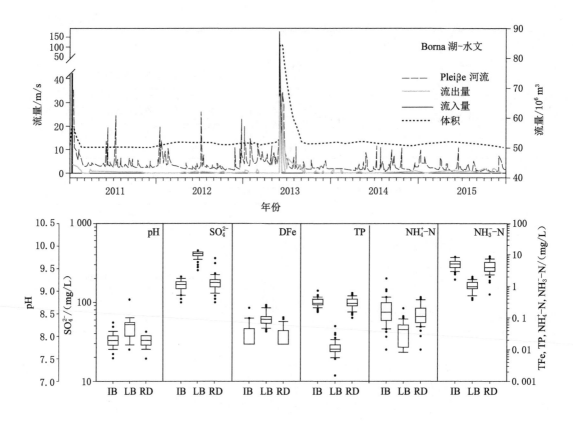

图 4-5　Borna 湖泊的水文和水质状况

（IB 表示流入；LB 表示 Borna 湖；RD 表示 Pleiße 河流）

（五）德国采煤塌陷湖自净化

1. 污染状况

TR-33 塌陷湖，位于 Łuk Mużakowa，属于 Wzniesienia Łużyckie 区域，沿东德和波兰西部的边界。Łuk Mużakowa 地区形成了 100 多个因采矿引起的"塌陷湖泊"，因煤炭开采的时间不同，塌陷年龄在 42 年至 100 年之间。其中，较年轻的塌陷湖比历史久的塌陷湖更具酸性，因为历史久的塌陷湖经历了自然中和的过程。矿区塌陷通常具有非常酸性或极酸性的水，pH 值范围为 2～4，具有高电导率和高铁、硫酸盐和重金属浓度的特征。湖泊中物种丰富度低、生物多样性低，缺少必需的营养物质，这限制了浮游植物和浮游动物的生长。

2. 自修复调查

通过亚化石植物和浮游动物、同位素数据（δ_{13}C、δ_{15}N）、有机碳和氮的元素分析[C/N 比和总有机碳（TOC）]以及沉积物分析等，揭示 TR-33 塌陷湖的自中和过程。具体方法包括：

① 岩芯测定。于 2013 年 9 月使用 Kajak 型重力取芯机对 TR-33 塌陷湖的沉积物进行收集，沉积物每隔 1 cm 取样一次，样品在 105 ℃下烘干过夜。根据铅-210 测年法计算出岩芯的年代，并通过铯-137 的地层学进行验证。

② 有机物分析。测定同位素数据（δ_{13}C、δ_{15}N）、总有机碳（TOC）和 C/N 比，以此分析 TR-33 塌陷湖中有机物积累的历史变化。

③ 化学水分析。测定水体中的 Ca、Fe、Mg、N 等元素的浓度；Ca、Mg 和 Fe 的浓度用原

子吸收光谱法测量,N 用凯氏定氮法定量,其他元素用等离子体发射光谱法(ICP-OES)
测量。

④ 硅藻分析。采集硅藻分析样品,制作永久性切片,并识别。使用 Shannon-Weaver 指
数测定硅藻多样性。

⑤ 蛤蜊分析。沉积物用 10% 的盐酸处理,然后添加 8% 的 KOH 加热 20 min,使材料
脱絮,用蒸馏水清洗,最后用 33 μm 的筛网进行筛分,获取蛤蜊残骸。

3. 自修复效果

调查发现,在 TR-33 塌陷湖的发育过程中,酸性水由"硫酸盐-铁-钙型水"转化为"碱性
碳酸氢-钙型水"。最初,TR-33 塌陷湖是一个较浅的水域,沉积物中仍有褐煤沉积。因水深
较浅,且极度酸性,导致先锋浮游植物群落仅有底栖生物尼曼短缝藻和盘肠蚤属能存活于
营养浓度低的酸性水中。煤炭开采结束后,水位上升,湖泊沉积物开始堆积。湖水变深后,
营养丰富,足以生长少量具有高营养需求的浮游硅藻类群。在此期间,嗜酸和亲酸的硅藻
物种高频出现,间接表明湖泊的 pH 值持续很低。自 1980 年以来,开始出现过渡期,硅藻群
落发生了变化,见图 4-6。嗜碱性硅藻的出现和增加,及嗜酸性藻类的减少到消失,表明湖
泊生态系统实现了自我恢复。矿坑湖泊的自中和过程受多因素影响,但对于 TR-33 塌陷湖
而言,时间长是较重要的方面。

总体而言,湖泊经历了四个阶段,其中自中和过程持续了 23 年:① 酸性强、水深浅的水
域,没有典型的湖泊沉积物,但沙层含有细褐煤颗粒,硅藻类和云母类群落非常差。② 酸性
强、水深较深的水体,植物和浮游生物的频率增加。③ 过渡期(重建硅藻和蛤蜊群落),表明
深层湖泊的底栖和浮游动植物具有生态耐受性。④ 环流、中性的水体,浮游类群增加,水体
营养增加。

1914—1980(酸性)　　　　　　　　　　　　　　2003—2013(中性)

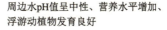
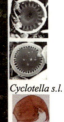

monoculture of Eunotia spp.

Cyclotella s.l.

Chydorus sphaericus

酸化、黄铁矿氧化、
高浓度铁、硫酸盐和重金属

周边水pH值呈中性、营养水平增加、
浮游动植物发育良好

Bosmina longirostris

自然中和
1980—2003

图 4-6　德国 TR-33 塌陷湖中和过程
(Sienkiewicz et al.,2016)

二、国内水体自净化案例

(一)城市河道

随着城市现代化、工业化的快速发展,大量生活污水及工业废水向河道超负荷排放,河

道水体自净能力逐渐降低。尤其是有机污染物大量排入,在好氧微生物的分解下,水体耗氧速率大于复氧速率,造成水体缺氧,有机物被厌氧分解,产生致黑致臭物质,最终导致水体黑臭(张列宇 等,2017)。城市黑臭水体不仅破坏河流生态系统、损害城市景观,而且也会影响居民生活、危害人体健康,一直是城市突出的环境问题。河网生态系统具有自我调节的特点,对外界干扰有一定的抵抗和恢复能力,但很多河道存在曲折交错、下游水位顶托等缺点,导致河网水动力条件差,不利于污染物的迁移扩散。此外,河网资源人为过度开发,大量围垦占用河流两岸滩地,修建水利工程,河道渠道化、硬质化等,导致河道系统生态环境异质性降低,污染物积累,水体自净能力减弱,生态系统退化(郑毅,2015;王旭 等,2016)。

1. 宿迁市马陵河

(1) 污染状况

江苏省宿迁市水系发达,坐拥洪泽湖、骆马湖两大湖泊,中运河、淮河等 9 条流域性河道,古黄河、西民便河等 14 条区域性河道,以及六塘河、利民河等 39 条骨干排涝河道。其中,马陵河(图 4-7)是宿迁市老城区一条重要排涝河道,1974 年人工开挖而成,全长 5.2 km,汇水面积 11.6 km²。河道水质长期处于黑臭状态,严重影响周边居民日常生活,被称为宿迁的"龙须沟"。

(a) 马陵河原污水管敷设位置　　　　　(b) 棚户区小雨混流漫溢

图 4-7　马陵河污染前状况

(2) 治理措施

① 截污纳管工程。对整个片区排水系统进行全面排查并制定方案,着力完善管网配套,提升污水收集能力,累计铺设污水主干管 8.6 km,补建和改造雨污水支管 13.3 km,新建、改造 2 座污水提升泵站,如图 4-8 所示。

② 片区改造工程。结合城市发展,推进两岸棚户区改造,退地还河、退地还绿,实现雨污分流,累计完成小区改造 28 个、新建雨污水管网 28 km 以上,棚户区征收拆迁 3.66 万 m²。

③ 源头湿地工程。沟通马陵河与中运河,配套建设源水生态湿地,通过自然净化,为马陵河提供清水补给,日补给量可达 2 万 t。

④ 清淤疏浚工程。加强河道内源治理,清除淤泥,拓宽河岸,增加水面,设置堰坝,保持生态基流,累计清淤 10 万 m³,扩挖河道面积 4 万 m²。

⑤ 生态修复工程。栽植生态修复能力强的水生植物,布设增氧设施,采用生态挡墙,全面提升水体自净能力和生态修复能力。

|　　（a）雨污水管敷设 |　　（b）初雨调蓄池施工 |　　（c）河道清淤疏浚 |

|　　（d）污水主干管敷设 |　（e）预制装配式挡墙安装 |　　（f）道路水稳摊铺 |

图 4-8　马陵河治理措施

⑥ 景观交通工程。应用海绵城市理念，新建沿河公园，铺设人行步道，结合路网状况，打通两岸交通道路，建成南北大通道，累计增加绿化面积 14.5 万 m²，新建道路 6.2 km，最终将马陵河打造成一条"生态河、景观带、南北大通道"。

（3）治理成效

随着马陵河综合整治的不断推进，河道水质日益改善，从感官上看，黑臭变清澈，鱼虾成群；从水质参数上来看，全线从治理前的重度黑臭逐渐变成Ⅴ类、Ⅳ类水质并稳定下来，同时污水处理厂的进水化学需氧量（COD）浓度从治理前的 400 mg/L 到现在的 70 mg/L，说明马陵河整治成效显著，如图 4-9 所示。

2. 北京市丰台区葆李沟

（1）污染状况

北京市丰台区葆李沟凉水河全长 68 km，流域面积达 629.7 km²，流经海淀区、丰台区、大兴区与通州区，是北京市南部地区防洪排水通道之一。治理前，河道右岸污水处理厂排放的中水直接进入河道。部分居民生活污水直排，一些小型工厂排放工业废水，造成水体污染较为严重，生态环境遭到破坏。河道内缺少必要的生物过滤地带，植被构成单一，河流自净能力较低。河道内存在两处横向截流拦挡，影响河道过洪能力和纵向连续性。

（2）治理措施

为解决河道污染治理难度大、水环境反复恶化等问题，全面分析造成河道内水环境污染的原因，并根据河道现状及水污染特征制定了包括截污纳管、恢复河道形态、增强水体流动性、设置生态滤床、重建水生植物系统、构建微生物系统及水生动物系统等措施的生态治理模式（图 4-10）。通过新建再生水排水管道与生态跌水相结合的方式增强整段河道内水体流动性并有效延长再生水处理时间，以提高水体溶解氧含量，采取空间置换时间的方式有效去除再生水内所含污染物。此后通过设置生态滤床系统，重建水生植物系统、微生物

（a）生态石笼、雨水溢流池

（b）生态浮岛

（c）增氧设施

（d）生态跌水

图 4-9　马陵河治理后实景

系统及水生动物系统等生态方法,促进水体自我修复,加速水生态系统内部对污染物的分解、转化速度,提升项目段水生态系统自净能力与稳定性(赵方莹 等,2019)。

（a）　　　　　　　　　　　　　（b）

图 4-10　凉水河生态治理工程

（3）治理成效

在封堵排污口的前提下,首先对河道内生活及建筑垃圾进行清理,保障行洪安全。其次,通过合理配置水生植物,提高河道整体净化能力;在保障行洪空间的同时,提升河道的景观效果。对现状横向阻水设施进行生态化改造,恢复河道水文形态连贯性,在不影响行洪安全的前提下,形成一定的动态水系景观。设置水下生态生物滤床及人工水草,为好氧、厌氧、兼性微生物提供适宜的生长环境与空间;构建微生物过滤带,用于降低 COD、氨氮等指标。定期投放复合微生物及复合酶,恢复并强化水体水质净化功能,降低各项水污染超标指标,治理取得明显成效(图 4-11)。

（a）治理前　　　　　　　　　　　　（b）治理后

图 4-11　凉水河生态治理前后对比图

（二）公园水系

1. 上海苏州河梦清园

（1）工程概况

梦清园位于上海市中心城区,苏州河南侧。2000 年,其周边区域"两湾一宅"被市民视为城市死角,环境恶化、水体黑臭、沿岸混乱、建筑破旧,是市中心土地利用价值最低的区域。随着市政府动迁改建工程的实施,该地块迅速成为市中心新时期高密度开发的中高档住宅区块。但商业行为高强度开发对城市空间造成较大的压迫感,密集的人口亦需要一块较大的绿色缓冲地带。作为苏州河环境整治工程中最重要的项目之一,其设计初衷是研究景观河流水体就地净化及生态重建,主要建设内容有环保展示中心、景观建筑、室外水净化、生态景观等。

（2）治理措施

梦清园景观水体生态净化系统由水质净化部分和水质稳定部分组成,该系统集成微生物治理、水生植物净化、水生态系统重建与优化等景观河流水质改善与水体修复技术,形成水生植物净化与生态改善的成套技术与系统(徐亚同 等,2006)。梦清园景观水体示范处理工艺如图 4-12 所示。苏州河来水经泵提升后,进入景观水体原位净化及生态恢复工艺,设计流量为 50 m^3/h,而实际运行为进水流量 100 m^3/h,每天进水时间 10 h。水质原位强化净化部分由折水涧、芦苇湿地、下湖、中湖和清洁能源曝气复氧系统等五部分组成(赵杨,2006)。

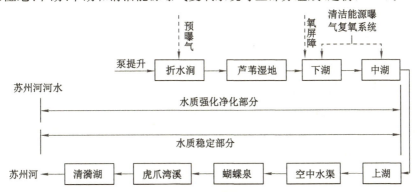

图 4-12　梦清园景观水体原位净化及生态恢复工艺简图

设置预曝气装置,主要是考虑到苏州河河水相对较浑浊,透明度较低,自然复氧不足,因而必须强化复氧,以确保后续的芦苇湿地处于好氧状态;而芦苇湿地为水质原位强化净化的核心单元,占地 800 m²,平均水深 0.5 m,主要是利用芦苇湿地具有的脱氮除磷功能。下湖和中湖分别为沉水植物生态系统,种植的沉水植物为伊乐藻、苦草和菹草等。浮叶植物则以睡莲为主,挺水植物主要是芦苇。同时,在芦苇湿地、下湖、中湖中,还放养了蚌类、螺蛳等底栖生物和鲢、鳙鱼等鱼类,以延长该处理系统的食物链网,强化其水质净化效果和恢复其生态系统多样性结构(图 4-13)。

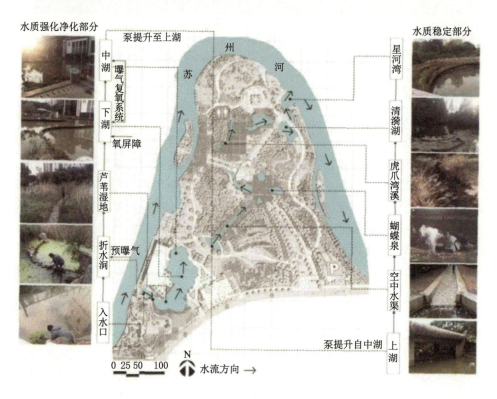

图 4-13 梦清园水系平面图、关键流程及治理前照片

梦清园的景观水体生物净化系统的水质稳定部分包括上湖、空中水渠、蝴蝶泉、虎爪湾溪、清漪湖,最终由出水口、星河湾流入苏州河,它们的主要功能是景观美化功能和培养水环境微生态系统、稳定水质(凌云,2007)。

(3)治理成效

建成后的苏州河梦清园成为生态环境教育的重要场所。通过环保展示中心的模型演示和室外生态景观净化工程示范,市民可充分认识河流污染的危害及其形成机制,以及水生态系统重建对水质改善的意义和重要作用(图 4-14)。

2.北京奥林匹克森林公园生态湖

(1)工程概况

雨水利用不仅是缓解北京市缺水、减轻排水和防洪压力的重要措施,也是实现和谐社会与宜居城市的重要措施之一。北京奥运中心区雨水利用范围,是指除奥运场馆和建筑用

（a）清漪湖　　　　　　　　　　　　　（b）草坪花溪

图 4-14　梦清园

地之外的公用区域,总面积约 85 hm²。北京奥林匹克公园中心区雨水利用系统,在确保排水通畅的前提下,体现了雨水自然净化的雨水利用效果,使收集的水质满足灌溉、水景、回灌地下的相关标准要求,节省了成本。

（2）治理措施

中心区水系采用龙形水系雨水自然净化综合利用技术。中心区水系南起北四环路,北至辛店村路,总长约 2.7 km,水面宽度 18～130 m,总水面面积 16.5 hm²。东岸为微地形绿化、西岸为湖边西路。与水系连接的绿地部分,只在水岸边设计下凹式渗滤沟,当雨水较大时,从绿地流下的雨水先经过滤沟过滤后再流入水系,保证了收集雨水的清洁度。湖边西路设置透水路面,雨水经渗滤、收集后排入水系,水系为自然水景系统,收集的雨水在自然水景系统中得到进一步的净化,达到景观Ⅲ类水体的标准。通过水系信息化调度调蓄雨水,生态护岸涵养、渗滤收集雨水,就近利用,每年可节省 9 万 m³ 的补水量。同时采用提高水质净化效率的生态护岸技术。作为水系系统的一部分,护岸影响着水体的清洁度。在奥林匹克公园中主要采取生态护岸形式,以生态防护为目的,采取自然形态的水岸处理方式。只在少部分为大量人群游憩活动提供服务的区域内采取硬质材料砌筑护岸。这种做法不但可以提高水系统的水体质量,还可以保证水体的景观效果达到最优,使岸边的雨水收集得以净化入水(邓卓智 等,2008)。

（3）治理成效

如图 4-15 所示,采用形态各异的生态护岸,可促进地表水和地下水的交换,滞洪补枯、

（a）　　　　　　　　　　　　　　　　（b）

图 4-15　北京奥林匹克森林公园生态湖

调节水位,恢复河中动植物的生长,利用动植物自身的功能净化水体。这种护岸既能稳定河床,又能改善生态和美化环境,尽量采用植物固坡的形式,减少堤防硬化,使河岸趋于自然形态。构筑浅水湾,种植芦苇、菖蒲、水葱等高等级水生植物和水柳等根系较为发达的树种等植物,以植物作为护堤措施,增加水生动物生存空间,为鱼儿、青蛙、螺蛳、大蚌等提供栖息、产卵、繁衍、避难的场所,从而更好地形成生态湖生物链。水边植物可以削减波浪对河道的冲刷,有利于堤岸保护和生态环境的改善。

（三）大柳塔煤矿

我国的煤炭资源储量大、分布广,长期的煤矿开采引发了诸多的水文地质效应及生态环境问题。

煤矿区矿井水污染概念模型如图 4-16 所示。

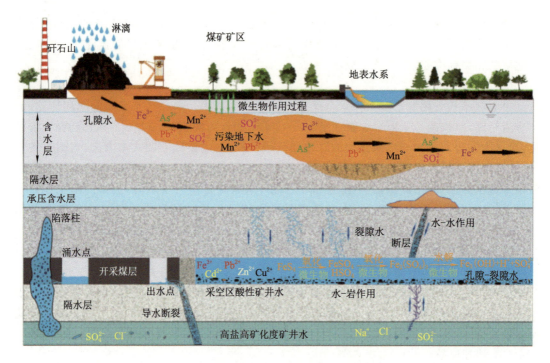

图 4-16　煤矿区矿井水污染概念模型

1. 矿区概况

神东矿区位于毛乌素沙漠边缘地带,属于干旱缺水地区,自然生态条件非常脆弱,水资源严重匮乏。随着神东矿区生产规模的不断扩大,生产生活需水量也在不断增加,但是现有的地面水和地下水却在不断减少,神东矿区用水紧张的矛盾越来越突出,水资源短缺正成为制约未来神东矿区和谐发展、可持续发展的关键问题。一些保水采煤技术,如限制采高、留设煤柱及充填开采等由于存在效率低、成本高、对环境影响大等问题,对干旱缺水的、浅埋煤层大采高且顶板垮落只有"两带"的神东矿区不宜适用。

2. 治理措施

大柳塔煤矿第一个采空区储水设施于 1998 年建成,在采空区储水技术的基础上,通过持续技术创新,2010 年在 2 个水平联合建成了充分利用采空区空间储水、利用采空区矸石对水体的过滤净化、自然压水的"循环型、环保型、节能型、效益型"的煤矿分布式地下水库，具有井下供水、井下排水、矿井水处理、水灾防治、环境保护和节能减排6大功能。大柳塔煤矿作为神东矿区特大型骨干矿井，是我国第一个建设地下水库的矿井，创造性地设计建设了安全可靠的"T"字型地下水库人工坝体，通过喷混凝土封顶等措施基本解决了人工坝体的防渗漏问题，并充分利用水往低处流的原理将井下污水全部回灌到采空区自然净化，储存利用，基本实现了污水零升井。同时，首次成功施工了155 m的大垂深垂直钻孔，并利用连通器原理，尽可能实现了自然压差供水，实现了水资源的高效循环利用，即具有流动过程中实现污水净化的功能，流到低凹处实现储水成库的功能，最终实现变水害为水利的功能（陈苏社 等，2016）。

3. 治理成效

地面储水外露地表，占地面积大，蒸发量大，水质易受污染，建设运营成本高，并且污水在地面处理排放导致矿井水利用率大幅降低（刘勇 等，2009）。井下储水深藏地下，不占土地，蒸发量小，水质可自然净化，建设运营成本低，井下采空区是"天然"的大容量储水空间和净化设施，矿井水利用率可大幅提高，可解放现有保水开采方法无法开采的大量煤炭资源，与限高开采相比，煤炭资源回收率可提高40%。地下水库技术成功地解决了矿井水害问题，让矿井水变水害为水利，变废为宝，自然净化，循环利用。煤矿地下水库技术，既能解决矿井水灾问题，又能满足矿区生产及生活用水，还能保护矿区生态环境，为西部缺水矿区煤炭资源开采的水资源保护和利用提供了新的途径。

第三节　水体自净化机理

污染物进入水体后，由于物理、化学、生物等因素的作用，污染物的浓度和毒性会逐渐降低，经过一段时间（距离）后，恢复到受污染以前状态的自然过程，称为水体自净化过程。水体的这种水质恢复功能，称为水体的自净能力或同化能力。水体的自净能力是有限的，当水体污染超过自净能力而无法恢复时，便会形成污染。

一、水环境容量

如前所述，水体自净能力与水体环境容量直接相关。水体的自净能力是有限的，如果排入水体的污染物数量超过某一界限时，将造成水体的永久性污染，这一界限称为水体的自净容量或水环境容量。新修订的《中华人民共和国水污染防治法》第二十条重申了"国家对重点水污染物排放实施总量控制制度"，并在第二十一条中的排污许可管理要件中增加了水污染物排放总量控制内容，这些都是基于环境容量而提出的。

（一）水环境容量定义

水环境容量是指，在不影响水的正常用途的情况下，水体所能容纳的污染物的量或自身调节净化并保持生态平衡的能力。它只与水量和水体自净行为有关，因此在研究水体自净行为之前必须进行水环境容量的估算。

（二）水环境容量分类

水环境容量根据不同的应用机制可以分为不同的种类，根据降解机理可以分为：稀释环境容量、自净环境容量;根据水环境目标可以分为:自然环境容量、管理环境容量;根据污染物性质可分为:有机物环境容量、重金属环境容量。

(三)影响因素

水体特征、水质目标、污染物特征是水环境容量的三大影响因素,此外,容量还与污染物排放方式及排放分布有着密切的关系。水体特征包括一系列自然参数,如流域面积、水文参数流量、流速、水温、理化参数及水体的各类作用等,这些自然参数决定着水体对污染物的稀释扩散能力和自净行为,从而决定着水环境容量的大小。不同污染物本身具有不同的物理化学特性和生物反应规律,污染物特性是内因。

(四)水环境容量计算模型

水环境容量计算模型通常涉及多个参数和因素,以全面评估特定区域内水体的污染物容纳能力。常用的水环境容量计算模型有如下三类:

① 基于污染物降解机理的模型。该模型将水环境容量划分为稀释容量和自净容量两部分。稀释容量是指在给定水域的来水污染物浓度低于出水水质目标时,依靠稀释作用达到水质目标所能承纳的污染物量。自净容量则是指由于沉降、生化、吸附等物理、化学和生物作用,给定水域达到水质目标所能自净的污染物量。

② 水体体积与污染物浓度标准模型。该模型将水环境容量表示为水体体积与允许的最大污染物浓度的乘积。水体体积是指水体的总体积或容量,而污染物浓度标准则是根据水质目标和环境保护要求确定的。

③ 湖泊或水库的水环境容量模型。对于湖泊或水库,其水环境容量通常根据湖泊的功能分区和水质目标来计算。这涉及湖泊中污染物质的平衡原理,即进入湖泊的污染物质总量与从湖泊中排出的污染物质总量之差等于湖泊内污染物质的储量。

水环境容量计算模型常用于评估在特定水质目标和条件下,水体能够容纳的污染物的最大量。如河流水环境容量模型,可评估河流在给定的水质目标、设计流量和水质条件下,所能容纳的污染物的最大量。它考虑了河流的流速、流量、污染物的衰减系数等因素。湖泊水环境容量模型会根据湖泊的水质模型来进行,通过计算湖体中各功能区的水质状况,以及分析各功能区水质达标时,入湖排污口的污染物允许排放量;平原河网区水环境容量模型,则采用基于点源和面源入河季节性特征的水环境容量计算方法,这种方法有助于准确分析平原河网区的水环境容量,并为流域管理提供科学依据。

水环境容量的计算是一个复杂的过程,需要考虑多种因素,包括水体的物理、化学和生物特性,污染物的性质、来源和迁移转化规律,以及水质目标和环境保护要求等。因此,在实际应用中,通常需要根据具体情况选择合适的计算模型和方法,并结合实际监测数据和经验参数进行校验和调整。

二、水体自净机理

水体自净按净化机理分为物理自净、化学自净和生物化学自净(黄儒钦 等,2016)。

(一)物理自净

物理自净是指污染物在水体中通过混合、稀释、扩散、挥发、沉淀等作用,使水体得到一定程度净化的过程。

其中稀释作用是一项重要的物理净化过程,污染物浓度高的水团为另一个浓度低的水团所稀释,或者两个或两个以上不同组成的水团进行互相混合,都可有效地减少污染物的浓度。最简单的例子就是,当新鲜水源(如雨水、地下水或上游来水)不断加入受污染水体时,污染物的浓度会因水量增加而相对降低。水中污染物质的稀释、混合在概念上很简单,而在机理上却是复杂的。稀释除与分子扩散有关外,还受絮流扩散作用的影响,混合作用与温度、水团流量和搅动情况有关。通过沉降过程可降低水中不溶性悬浮物浓度,由于同时发生的吸附作用,还能消除一部分可溶性污染物。

扩散作用是污染物分子在水体中由于浓度梯度自发地向低浓度区域迁移,有助于污染物的分散和浓度降低。水体中的污染物会随着水流和风力等自然力量的作用而扩散,这也有助于降低污染物的局部浓度。在弱酸性河水中,磷、铜、锌和三价铬等污染元素容易随水迁移,在碱性河水中,砷、硒和六价铬等污染元素容易迁移。

沉淀作用是水体中的悬浮颗粒物(如泥沙、重金属颗粒、某些微生物和其他可沉固体)因重力作用逐渐下沉至水底,形成沉积物,从而去除一部分污染物。

水体物理自净是环境科学中的一个重要概念,它涉及水体中污染物的自然降解过程。当污染物进入水体后,可沉性固体经沉降逐渐沉至水底形成污泥,而悬浮物、胶体和溶解性污染物则通过混合和稀释使浓度降低。这些物理作用有助于水体中污染物的初步净化。

在污水处理和污水总量控制中,合理应用物理净化作用,通过合理规划,可以节省财力和物力。同时,水体物理自净作用与其他自净方式(如化学净化和生物净化)相互作用,共同维持水体的生态平衡。需要注意的是,虽然水体物理自净过程可以在一定程度上降低污染物的浓度,但其净化能力是有限的。在严重污染的情况下,还需要结合其他净化方法,如化学处理和生物处理,来确保水体的质量和安全。

(二)化学自净

化学自净是指污染物质由于中和、氧化、还原、酸碱反应、分解、化合、吸附和凝聚等作用而使污染物质的存在形态发生变化和浓度降低。水体化学自净是水体自净的一种重要方式,它涉及水体中污染物的化学转化和浓度降低的过程。这个过程包括氧化还原、酸碱反应、分解合成、吸附凝聚等多种化学和物理化学作用。

氧化还原反应是水体化学自净的主要作用之一。污染物中的某些可氧化物质(如硫化物、氨氮等)会被水体中存在的氧气或氧化剂(如溶解氧、过硫酸盐、氯气等)氧化,转化为较为稳定的化合物,如硫化物氧化成硫酸盐,氨氮被氧化成硝酸盐或氮气。例如铁、锰等重金属离子可以被氧化成难溶性的氢氧化物沉淀下来,而硫离子可以被氧化成硫酸根离子随水流迁移。此外,还原反应也常在微生物的作用下进行,例如硝酸盐在缺氧条件下可以被反硝化菌还原成氮气而去除;当水体中存在着多种变价元素时,它们彼此因存在电位差而发生电子转移,进行氧化还原反应。氧化还原反应会使水中污染物的化学性质,特别是溶解度、稳定度和扩散能力等发生很大变化。

除了氧化还原反应,中和、分解、吸附和凝聚等也能够使有害的污染物转化为无害的物质,或者使其从水体中去除,从而达到净化水体的目的。例如,当水体中存在酸性或碱性污染物时,它们可以通过与水体中原有的碱性或酸性物质发生中和反应,从而降低其有害程度。再例如,污染物在水体中可能与其他物质发生分解-化合反应,形成新的化合物,这些新化合物可能更稳定、毒性更小或者更易于沉淀去除。还有,水体中的固相物质(如淤泥、沉积物)表面可以吸附水中的某些污染物,将其从水相转移到固相,从而降低了水体中的污染物浓度。之后,在适当的条件下,污染物也可能从固相解吸回到水相,但总体上有利于污染物在空间上的分散和浓度降低。此外,某些污染物可以通过胶体或微粒间的相互作用形成絮凝体,也就是胶溶-凝聚过程,然后通过自然沉淀或人工絮凝的方式从水体中分离出来。

水体化学自净是维持水体生态平衡的重要过程,通过化学和物理化学作用,使水体中的污染物得以转化和去除,保证水体的质量和安全。值得注意的是,水体化学自净的能力受到多种因素的影响,如温度、光照、pH 值、污染物的种类和浓度等。一般来说,温热环境的自净能力比寒冷环境强,因为温度升高可以加速化学反应。而酸性环境中金属离子活性增强,有利于迁移;碱性环境中则易形成氢氧化物沉淀,减少有害金属离子的浓度。尽管水体具有一定的化学自净能力,但它对于持久性、有毒性和高浓度的污染物净化效果有限,因此在实际水环境保护和污水处理中,往往需要配合其他物理和生物净化手段来增强水体的净化效果。

(三)生物自净

水体生物自净是水体自净的一种重要方式,是指水体中的各种微生物、水生植物以及水生动物通过各自的生理代谢活动,对水体中的有机污染物和某些无机污染物进行吸收、转化和降解,从而达到净化水体的目的。这一过程基于生态系统内的生物地球化学循环,是自然界中水体恢复清洁状态的关键机制之一。生物自净可使进入水体的污染物,经过水生生物降解和吸收作用,使其浓度降低或转变为无害物质。影响水体生物自净的因素有很多,包括污染物质的种类、性质和浓度,水体中的溶解氧含量,水温、pH 值、水流速度等水文条件,水体微生物种群结构及其活性,水生植被覆盖度及其多样性,水体的深度、透明度等物理特性等。

生物自净的机理包括微生物作用、水生植物作用和水生动物作用等。在溶解氧存在的情况下,好氧微生物会氧化分解水体中的有机污染物,将其转化为简单稳定的无机物。而在缺氧或厌氧条件下,厌氧微生物则进行分解,将有机污染物转化为二氧化硫、甲烷等。水生植物如凤眼莲等能够吸收水体中的重金属如镉、汞等,进一步净化水质。在水体内存在种类繁多的水生生物,从小到肉眼看不见的微生物,如细菌、放线菌和霉菌等,大到鱼、龟等,在水体受污染时,这些水生生物一方面会适应变化,另一方面也影响着污染物。可见,当污染物数量有限时,有些微生物能够把其中有机物转变为无机物,分解成氮、磷、钾等无机物,成为水生植物的营养源,使水生植物得以大量繁殖,而藻类等水生植物又成为水生动物的食物。这一系列的水生生物活动,使一些污染物浓度降低,起到了净化的效果。另外微生物也起着催化化学反应、絮凝有机物质的作用。

生物自净作用在水体自净过程中扮演着重要的角色,它可以有效地去除水体中的有机污染物和重金属等有害物质,提高水体的清洁度和生态平衡。因此,在环境保护和水污染治理中,充分利用和发挥水体生物自净的作用是非常重要的。

需要注意的是,虽然生物自净具有强大的净化能力,但水体污染超过一定限度时,生物自净作用可能会受到抑制或破坏。因此,我们应该注重预防和减少水体污染,保护水生态环境,确保生物自净作用的正常发挥。

实际上,上述几种净化过程是交织在一起的。以河流的自净过程为例,当一定量的污水流入河流时,污水在河流中首先混合和稀释,比水重的粒子逐渐沉降在河床上,易氧化的物质利用水中的溶解氧进行氧化。但大部分有机物由于微生物活动氧化分解而变成无机物,所消耗的氧气可通过河流表面在流动过程中不断地从大气中获得,并随浮游植物光合作用所放出氧气而得以补充,其中生成的无机营养物则被水生植物所吸收。这样,河水流经一段距离以后,就能得到一定程度的自然净化。

综上所述,水体自净过程是一个复杂而重要的自然过程。举一个例子,废水或污染物进入河流后,水体就开始了自身的自净过程。这个过程由弱到强变化,水体的pH值随之呈忽高忽低变化,直到逐渐趋于恒定,使水质逐渐恢复到正常水平。自净的特征主要包括以下过程(丁大宇,2015):① 污染物进入水体后,在连续的自净过程中,浓度呈逐渐下降的趋势。② 在自净过程的初期,水中的溶解氧数量会出现急剧下降趋势,到达最低点后又会缓慢地上升,逐渐恢复到趋近于正常的水平。③ 大多数有毒污染物经过多次的物理、化学和生物作用,转变成为低毒或无毒化合物。④ 一般复杂的有机物,比如碳水化合物、脂肪和蛋白质等,不论在溶解氧富裕或缺氧条件下,都能被微生物充分利用和分解掉。首先被降解为较简单的有机物,再进一步直到完全分解为二氧化碳和水。⑤ 不稳定的污染物会在自净过程中转变成为稳定的化合物。⑥ 重金属一类污染物进入水体后,从溶解状态被吸附或转变为不溶性化合物,沉淀后进入底泥。⑦ 进入水体的大量污染物,如果是有毒的污染物,则水体中的生物就不能繁衍栖息,就会导致生物的大量死亡,水中生物种类和个体数量就会大大减少。但随着自净过程的重复进行,有毒物质浓度或数量也会下降,生物种类和个体数量也会渐渐地回升,最终趋于正常的生物分布。

第四节　水体自净化能力的影响因素

水体自净过程复杂,影响水体自净的因素很多且相互关联,其中水中溶解氧含量和复氧速度与自净化作用密切相关。水体的自净过程也是复氧过程,如果耗氧超过溶氧,水质将会有所提高等,所以影响水体自净能力的因素可分为化学因素、物理因素和生物因素三类,如受纳水体的矿区地理水文条件、微生物的种类与数量、水温、复氧能力以及水体和污染物的组成、污染物浓度等。

一、化学因素

(一)污染物的种类和特性

因各类污染物本身所具有的物理、化学特性和进入水体中的含量不同,对水自净作用产生的影响也就不同。污染物可分为:① 易降解或难降解的污染物;② 易被生物化学作用分解或易被化学作用分解的污染物;③ 易在好氧条件下降解或易在厌氧条件下降解的污染物;④ 高浓度或低浓度的污染物等。

像合成洗涤剂(ABS)、有机氯农药(DDT、六六六)、多氯联苯等合成有机化合物,化学稳定性极高,是水体环境中长期存在并通过水循环遍及地球各个角落的污染物,属于难降解污染物。

酚和氰类化合物是工业生产中主要排放的污染物,一般化学性质很不稳定,虽然毒性强,但易发挥、易氧化降解,并能被水体中的泥沙和胶体颗粒吸附,也易被水生生物吸收利用,因此是水体中易净化的污染物。

有的污染物如重金属类,可能对微生物产生危害,降低其降解能力;也有的污染物如油类物质、合成洗涤剂,浮在水面影响水体与气体交换速度,使水体中溶解氧缺乏,因而降低水体的自净作用。

此外污染物质的浓度对水体的自净作用有着特殊影响,当污染物浓度过高,超过一定限度后,可抑制微生物的活性,水体自净能力大大降低,如水中有机污染物浓度很大,在分解过程中可造成水体严重缺氧,形成厌氧分解,导致污染物不仅不能被彻底降解,还会生成 H_2S 等有毒的气体,危害环境。

(二)水体的水情要素

水体条件直接影响化学反应,主要水情要素有水温、流量、流速和含沙量等,会影响化学反应效率和水体自净化能力。

水温可直接影响水中污染物的化学反应速度,还影响水中饱和溶解氧浓度和水中微生物的活性,从而直接或间接地影响着水体的自净作用。

水体的流量、流速等水文水力学条件,直接影响水体的稀释、扩散能力和水体复氧能力。含沙量的大小也影响污染物的迁移和转化,因泥沙颗粒能吸附水中某些污染物,当污染物被泥沙吸附并沉降时,水体就得到净化。

(三)溶解氧含量

溶解氧含量是影响水体化学作用的关键因素之一。在自然状况下,具有一定自净能力的河流,含有的溶解氧含量水平较高,可以满足水生生物生命活动所需,特别有利于好氧微生物的生存。好氧微生物能通过自身新陈代谢活动令水体得到净化。水中溶解氧是维持水生生物和净化能力的基本条件,往往也是衡量水体自净能力的主要指标。水中溶解氧主要来自水体和大气之间的气体交换和水生植物光合作用,构成水体复氧过程。

二、物理因素

水体自净作用的强弱还与矿区降尘、太阳辐射、矿井水水体本身物质含量及比例,以及底质特征、周围地质地貌等物理条件有关。合理的生态基流和水动力是恢复河道水体自净能力的关键所在(何嘉辉 等,2015;朱红伟 等,2018)。例如,水体的流动性(包括流速、流量等)会影响水体自净能力,水流可以带走水中的污染物质,减小其浓度,还可以增加水与大气的接触面积,促进氧气的溶解和水体的氧化反应,有利于污染物的分散和稀释。扩散作用可以帮助污染物分子从高浓度区域向低浓度区域转移,对于那些易溶或半挥发性的污染物来说,这种物理过程有助于降低其局部浓度。但当流速超过一个临界值使得底泥再悬浮发生时,水体自净作用在短时间内急剧降低。在引水工程中,合理控制和设计水力参数(流速流量、取水周期及间隔、增加消能水工建筑物)是控制水体水质的有效措施(朱红伟 等,2018);水温对水体生物的生长和代谢有着重要作用,从而影响其对有害物质的消化和降解能力,如温度升高通常会加快污染物的挥发速率,较高的水温能够提高氧气在水中的溶解度,进而促进好氧生物的活性,增强生物降解作用;光照能够促进水中植物的光合作用,提高水体中溶解氧的含量,促进生物的生长,有利于水体的自净作用;对于易挥发的污染物,通过水面蒸发可以减小其在水体中的浓度,沉降和浮选物理作用也会对净化能力产生影响,悬浮颗粒物和部分重于水的污染物可以通过重力作用自然沉降至水底,轻于水的物质可能会上浮,通过这些物理过程分离污染物。

河道特征也会影响水体自净能力。在河流上大规模筑坝拦截河流水量,引起河道水量大幅度减少甚至断流,降低水体的自净能力,降低河道生态系统的恢复力及抵抗力,会加剧水体污染。此外,河流线型对不同护岸形式河段的自净能力产生影响,多项水质指标沿程削减率随河流线型蜿蜒程度的增加而提升。在直立式浆砌石挡墙河段,河流线型通过提高悬浮微生物生物活性,从而增强河流自净能力,使 TP、NH_3-N、NO_3-N、DOC 等的沿程削减率显著提升。而在格宾石笼挡墙河段,河流线型通过增加悬浮生物量和提高生物活性,从而增强河流自净能力,使 NO_2-N、COD_{Cr}、TOC 和 DOC 的沿程削减率显著提高(何嘉辉 等,2015)。

三、生物因素

生活在水体中的生物种类和数量与水体自净能力关系密切,尤其是微生物的种类、数量及活跃程度。同时水体中生物种群、数量及其变化也可以反映水体污染自净的程度及变化趋势等。

不同的水生植物类型拥有不同的生长速率及向根部输送氧气的能力进而影响到去除污染物的能力。长势好的植物具有更好的净化能力,因此对植物的及时收割有助于延长湿地系统的使用周期。通过建立水中水生植物、鱼和微生物之间的循环系统等,更有利于水体净化。

微生物对污染物的分解和转化依赖其自身的新陈代谢活动,通过分解代谢和合成代谢将大分子有机物降解为稳定的小分子无机物。在水体的净化过程中,微生物种类的良性演替起着水质改善的指示作用(王雅钰 等,2013)。在自净过程初期,水中的有机污染物浓度较高,微生物大量繁殖,特别是耐污性的微生物。随着自净过程的不断进行,水中有机物逐渐被无机化,耐污性微生物数量因为缺乏营养基质或者被高级生物吞噬而渐渐减少,相反一些寡污性的微生物(如:光合细菌、芽孢杆菌、枯草杆菌、乳酸菌、放线菌等)开始出现,它们的出现表明了河水水质正在进行良性恢复。

第五节　水体自净化途径

一、水生植物净化途径

水生植物作为水域生态系统中的初级生产者,由于自身生长的需要,在生长过程中从水体中源源不断地吸收氮、磷等营养元素,使富营养化水体中氮元素和磷元素含量减少,起到了改善水质的效果。最为关键的是由于水生植物本来就生活在水中,因此利用水生植物修复富营养化水体方便可行,并且对环境干扰少,与自然生态系统和谐统一。水生植物是水体净化与生态修复中的关键要素、关键技术之一。在湖滨河岸生态带、人工湿地、生态浮岛等有着广泛应用(肖楚田 等,2019),如图 4-17 所示。其净化作用有:① 通过光合作用生成氧气和有机物,提高水体溶解氧含量和生化反应能量;② 对水中的氮、磷等营养元素有较强的吸收作用,有些植物如芦苇和大米草对水中悬浮物、氯化物、有机氮、硫酸盐有一定的净化能力;③ 增加阻力降低污染物扩散速率,防止污染源进一步扩散;④ 增加或稳定土壤的透水性,提供良好的过滤条件以防止被淤泥淤塞(窦明 等,2018)。

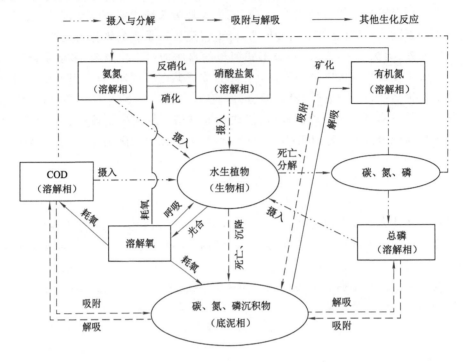

图 4-17 水质指标之间的相互作用关系示意图

(1) 直接吸收水中的氮磷等营养物质,吸附、富集重金属和一些有毒、有害物质

通过植株的吸收和生理转化,减少水体中氮、磷、有机物等污染物,从而提高水体质量和透明度。水生植物的吸收、吸附和富集作用与植株的生长状况和根系发达程度等密切相关,不同的气候季节、不同的植物品种、不同的污水源、不同的湿地工艺等,都会影响污水净化的效果。

(2) 稳定并改善湿地基质层的物理化学结构,提升基质中微生物的净化能力

植物通过光合作用将氧经过植株、根系向基质层输送,湿地中发达的植物根系具有巨大的表面积,可以固着生长大量微生物并形成生物膜,有氧区域和缺氧区域的共同存在为根区的好氧、兼性和厌氧生物提供了各自适宜的小生境,使不同的微生物各得其所,发挥相辅相成的净化作用。植物根系对基质有很强的穿透作用,可提高湿地内部的通气和水体流动性能。植物残体根系分泌物可以改良湿地的化学性质,为微生物的反硝化作用补充碳源,促进湿地脱氮。

(3) 有效拦截底边污染物、固土护坡、保持水土稳定

水生植物群落带,可拦截、净化地表径流夹带的泥沙和其他污染物,减轻湖泊、河流、渠塘的污染负荷;能够有效地减轻波浪对岸线和水体的冲击,稳定水体,防止底泥悬浮,从而减轻湖泊、河流、渠塘等水体营养化程度和生态破坏。

(4) 能改善生态景观环境,产生一定的经济价值

在净化水质、恢复生物多样性的同时,水生植物也是一道景观风景线。根据条件或需求配置水生蔬菜、饲料作物、原材料植物等,可兼顾一定的直接经济效益。

二、河流水动力调控途径

自然状况下,河流具有一定的自净能力,水体中的溶解氧足以满足自净过程中微生物分解有机物需要的氧量。但是当水体受到严重污染或超负荷污染时,过量的有机物排入水中,大气复氧不能及时补充消耗的溶解氧,溶解氧含量大幅降低,出现缺氧或无氧的河段,从而威胁好氧生物的生存。另外,水体中溶解氧过低,导致厌氧细菌繁殖,形成厌氧分解,产生甲烷、硫化氢等气体,发生黑臭问题。此时,必须采取必要的措施以改善水质。该类技术包括水量水质调配和曝气复氧,如图 4-18 所示。

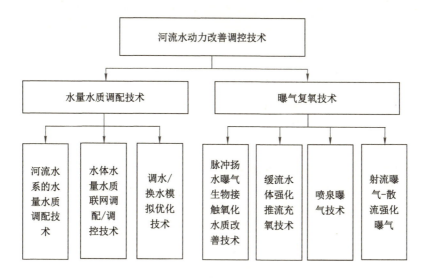

图 4-18 河流水动力改善与调控技术

在污染严重的水体中,单靠自然复氧作用,河水的自净过程非常缓慢。故需要采用人工曝气弥补自然复氧的不足。河道人工曝气技术作为一种投资少、见效快、无二次污染的河流污染治理技术在很多场合被优先采用。河道人工曝气技术能在较短的时间内提高水体的溶解氧水平,增强水体的净化功能,消除黑臭,减少水体污染负荷,促进河流生态系统的恢复;另外,河道曝气技术因地制宜,占地面积相对较小,投资省、运行成本低,对周围环境无不良影响,如果与综合利用相结合,还可实现环境效益与经济效益的统一,有利于工程的长效管理。但是要真正发挥河流水体人工曝气复氧技术的实际效益,还必须制订应用该技术的具体方案,得出可行的增氧量、曝气方式、季节最优化组合,并充分考虑景观和经济性原则。常用曝气充氧技术特点见表 4-4(谭淑妃,2016)。

表 4-4 曝气充氧技术比较表

技术类型	组成	优点	缺点	适用对象
脉冲扬水曝气	采用脉冲间歇曝气	节省气量 60%～80%	对航运有一定的影响	轻污染水体

表 4-4(续)

技术类型	组成	优点	缺点	适用对象
强化推流充氧		投资少、生态自然、无二次污染	维修麻烦	缓流水体
喷泉曝气	喷泉曝气和射流曝气	安装方便、基本不占地		景观水体
纯氧曝气	金属滤网快速过滤-纯氧曝气-絮凝沉淀	氧转移率		重污染河流或突发性污染事故的快速治理
射流曝气-散流强化曝气	高效充氧一体化水质净化	能耗低、结构紧凑、噪声低、故障率小		河道水体

三、水体人工辅助修复技术

1. 复合型生态浮岛水质改善技术

以水生植物的优选和可修复水体生物多样性的生态草植入为主要组成部分的复合型生态浮岛水质改善技术,对氮、磷营养物和有机物等均有一定的去除效果,可改善水体水质,提高水体透明度,控制水体富营养化(减缓藻类的增长速率、减弱藻类暴发程度),减少以再生水为补给水源的景观水体换水频率。在无外部水源补充条件下,夏季可延缓藻类暴发时间 1~2 d,暴发峰值也可降低约 30%(刘翔,2015)。

2. 多级复合流人工湿地异位修复技术

多级复合流人工湿地的构建,解决了传统人工湿地的运行效果不稳定、脱氮效果一般、填料易堵及冬季处理效果差等多项难题,使其出水主要水质指标稳定达到地表水Ⅳ类标准。该技术对 COD、总氮、总磷具有较好去除效果,在进水水质波动较大,水质较差的条件下,出水水质仍可稳定达到地表水Ⅳ类要求,多级潜流湿地示范工程在稳定运行阶段对 COD、总氮和总磷的去除率可达到 70%~90%。该技术主要用于景观水体的水质改善及长期保持,适用于征地方便的地区。

3. 景观河道生态拦截与旁道滤床技术

生态拦截与旁道滤床是在自然湿地结构与功能的基础上通过人工设计的污水处理生态工程技术,利用系统中的基质、水生植物、微生物的物理、化学、生物三重协同作用,来实现对污染物的高效降解,以达到净化水质的目的,具有投资少、运行维护费用低、管理简单、景观生态相容性好、自然社会效益好等优点,已被广泛应用于处理各类型污水(黄勇 等,2016)。

4. 生态护坡技术

生态护坡工程是一项建立在可靠的土壤工程基础上的生物工程,是实现稳定边坡、减少水土流失和改善栖息地生态等功能的集成工程技术。其目的是重建受破坏的河岸生态系统,恢复固坡、截污等生态功能(宋国香 等,2016)。

第五章 矿区植物群落次生演替机理及影响因素

第一节 矿区植物群落的概念和特点

一、矿区植物群落的概念

群落是指在一定时间内居住于一定生境中的不同种群所组成的生物系统,它虽然是由植物、动物、微生物等各种生物有机体组成的,但仍然是一个具有一定成分和外貌比较一致的组合体。一个群落中的不同种群不是杂乱无章分布的,而是有序而协调地生活在一起。自然界中的植物通常成群生长在一起,将经过一段时间的发展,有一定外貌、有一定的物种组成和一定结构的植物集合体称为植物群落。

但在煤矿区,采矿后植物恢复场地上刚种植的植物,由于植物生长尚未稳定,群落也没有实现自然演替,不存在特定外貌,种间关系不稳定,只能称之为"植物群聚"。但是随着生态修复时间的推移,修复后的矿区在自己特定的人工修复的基础上,经过自我更新形成自己特定的群落,即为矿区植物群落。

群落不是自然界的实体,而是生态学家为了便于研究,人为地从一个连续变化的植被连续体中确定的一组物种的集合。群落的存在依赖于特定的生境与不同物种的组合,但环境条件在空间与时间上都不断变化,因此群落之间往往不存在明显的边界,而且在自然界没有任何两个群落是完全相同或相互密切关联的。由于环境变化而引起的群落的差异性是连续的,群落只是为了研究方便而抽象出来的一个概念。

二、矿区植物群落的特点

矿区植物群落有两种类型,一是采矿破坏前原始区域的植物群落特征,二是修复后重建的植物群落特征。破坏前原始区域植物群落特征符合原始区域群落总体特征,但是重建后矿区植物群落的特征如下:

(一)不同区域植物群落差异性大

西部干旱半干旱煤矿区以草原和荒漠为主,年降雨量低,生态脆弱。矿区的重建植物群落表现出以下特征:① 直接种植植被演替后期的物种大大加速了原始植被演替进程;② 多样的人工配置群落比单一的人工配置群落更能促进群落向正向演替的方向发展;③ 能够适应矿区特殊生境的人工植被结构与自然植被表现出一定的差异,但这种差异仅表现在植被恢复的前几年,此后恢复的群落演替与自然植被的演替表现出趋同性;④ 制约矿区植物多样性变化的主要因素是土壤水分和演替时间。

东部高潜水位煤矿区,由于地下潜水位较高,所以煤矿开采后地表会沉陷积水,从而形成了独特的水陆复合型矿区生态环境。生境的改变抑制了原有陆生植物的生长,其逐渐衰退和消亡。原有植物的腐烂,使水中的营养物质比较丰富,藻类等水生生态系统的初级生产者和水生植物逐渐替代原有植物,最终形成湿地植物群落。采煤沉陷湿地形成以后,植物的分布与组成主要取决于水位和水体含盐梯度;在季节性积水的采煤沉陷湿地,地下水水位是决定植物群落分布的关键因子。

(二)露天矿区植物群落起始状态大多为人工群落

露天开采剥离表土,废石、尾矿、工业场地、施工机械等都可能压占地表植物,矿床的疏干排水引起的地下水位下降,都会影响周围植物。因此,在露天矿生态修复初期,适当的人为干预是非常必要的,可加速群落重建。群落的初始状态多为排土场栽种的植物或污染修复区栽种的植物,以本土物种为主。选择品种时不仅会考虑其经济价值的高低,还会考虑培肥土壤、稳定土壤、减少侵蚀、控制污染等因素。

(三)矿区植物群落结构不完整

一般自然环境中,从裸地到完整群落的形成需要经历从低等植物逐步进化到高等群落,这样自然演替形成的群落结构完整且稳定,能充分适应当地生态环境。但是煤炭开采后这些群落会消失,重新回到裸地状态,此时矿区生态修复不会从低等植物开始,通常会采用草、草-灌、草-灌-乔等植物配置模式。有些修复工程还会栽植经济作物,或者根据边坡坡度,进行立体配置植被。这样的植物配比通常比较简单,物种不会很丰富,且群落结构不完整,缺乏过渡的中间植物。

(四)矿区植物群落内植物间关联性较弱

由于植物群落结构的人为配置,群落内植物间的关联性较弱。例如草-灌配置模式中,灌木可能会因为缺少乔木遮阴导致生长状态较弱。排土场矸石堆积且含水量少,会影响灌木的生长,草本植物因需水量少而大量繁殖,这会进一步影响灌木的生长,时间久后草-灌配置的群落可能退化为"草"群落,导致群落的逆向演替,其根本原因就是因为植物间关联性较低,种间竞争不平衡,植物之间不能共生。

(五)矿区植物群落演替困难

煤矿区人工植物群落正向演替困难,一方面是人工植物群落自身结构导致,群落起始结构单一,物种多样性差,种群密度不稳定,种间竞争激烈,群落稳定性差,演替方向不确定性大。另一方面是人工修复社会经济目标所致。为了提高煤矿区生态修复综合效益,通常会采用间作的方式种植一些经济作物,但这种过多的人为干预会中断群落的演替过程,造成群落始终处在演替的初级阶段。

第二节　矿区植物群落次生演替案例

一、内蒙古某露天煤矿植被次生演替

该露天煤矿位于内蒙古满洲里,自晚清起,先后由俄罗斯、日本开采。20世纪60年代,该露天煤矿在经历数次改制后恢复正式生产,2016年去产能正式退出生产矿序列。历经100多年的开采,一个长达4.1 km、最宽1.6 km、覆盖面积约4.9 km²的矿坑形成,外围排土场覆盖面积达13 km²。

为改善矿区生态环境,内蒙古将该露天煤矿地质环境治理纳入了生态综合治理重点工程。针对该区高寒特点,结合坑内和排土场的土壤多为工业废弃物且缺乏营养、排土场落差大等的实际,首先对排土场进行地貌重塑,然后选择种植适合本地区生长的植被。通过多年的复垦绿化攻坚,矿区完成了边坡治理、场地平复、供水管网铺设灌溉、排洪沟开挖、内部环路等配套基础设施铺设等一系列修复工程。其中植被覆盖度由5%恢复到95%以上,种植植物存活率在85%以上,植被恢复总面积达805万 m²,种植树木约67.2万株,植物的种类逐年增加至70多种,逐渐将原有一年生杂类草向禾本科、豆科等多年生的优良牧草植物品种转变。生态环境的有效治理使这里的空气变得清新宜人,樟子松、紫叶稠李、云杉、糖槭及多种果树的种植,形成一道道绿色的屏障,把矿区打造成了绿色"天然氧吧"。到了金秋时节,漫山的沙棘果、山丁子、沙果等缀满枝头。羊群、鸡鸭鹅等牲畜家禽养殖基地逐步建立,野生动物也逐步增多,矿区逐步形成稳定、适应的生态群落,并初步形成局部的良性小气候环境。

(a) 修复前　　　　　　　　　　　　　　　　(b) 修复后

图 5-1　内蒙古某露天矿区修复前后变化

二、山西大同某矿区植被演替

山西大同某矿区煤炭开采历史可追溯到明代,共计有15对生产矿井,井田面积约350 km²,原煤年产量超过5 000万 t。该区域一直采取边采边复的土地复垦技术,主要包括地表沉陷治理、煤矸石治理、土壤修复、植被重建等,重建植被主要有油松、樟子松、白桦、山杨、沙棘、醋柳、沙桃等乔木和灌木树种,仅2019年人工乔木造林就达4 km²。该矿区植被群落以沙生冰草、黄刺玫和铁杆蒿等本土植物为主,耐旱、耐寒、耐贫瘠,生态适应性强。植物群落的种间关系研究表明,该矿区植物整体关联性较弱,群落的成熟程度较低,群落结构不完善、稳定性较差,仍处于演替的初、中期阶段。这主要是因为采煤导致的地表塌陷、地裂缝等限制了乔木植被的生长和群落发展,并使形变区率先形成灌木植被的聚居区,原本紧密的植被格局区域破碎化。

三、江苏徐州某矿区植被次生演替

该矿区位于徐州市贾汪区西南部,长期的煤炭开采形成大面积塌陷湖,产生了植物多样性贫乏、生态系统脆弱等问题,2010年实施了"基本农田整理,采煤塌陷地复垦,生态环境修复,湿地景观开发"四位一体的生态修复,建成国家湿地公园,植物共有97科、227属、353种(包括变种),植物以少属种科和单属种科占优势,既有多样化的组成,又有优势非常显著的科。4大优势科为菊科、蔷薇科、禾本科和豆科,与徐州市种子植物的优势科相同,一定程度上反映了植物组成的合理性。通过生态修复形成了空间景观丰富、物种多样的湿地公园,在丰富区域生物多样性、促进区域生态系统稳定等方面发挥了重要作用,被称为国内"采煤塌陷区生态修复的典范"。

四、长江下游沿岸废弃采石场崖壁植被次生演替

长江下游沿岸分布着很多责任主体缺失的采石场,采石场位于石灰岩或花岗岩的丘陵地带。长江大保护国家战略实施后,国家实施了长江两岸废弃采石场系统修复工程。影响采石场植被恢复的主要因素有废弃时间、风化层厚度、海拔高度等。采石场经过几十年的挖掘,山区地形扭曲,自然植物群落遭到严重破坏。采石场坡高一般在85~150 m之间,坡底长度在220~370 m之间,平均坡角在60°~70°之间。由于陡坡被不规则地开挖,在开采过程中形成了一些空洞和裂缝。这类微地形以砾石和沙粒为主,土壤的化学、物理和生物性质较差,植被立地条件不好。植被修复时,主要种植菊科、蝶形花科、蔷薇科等。大部分植物的定居与采石矿场在开采的过程中形成的崖壁上的空洞与裂纹有关,大多数乔木可以直接到达并定居在崖壁上一些不规则的、微凹或微地形处,因此,那里的植被能够存活下来。随着时间的推移,植物多样性不断增加,草本植物不断丰富,其原因是该区域雨水充沛,土壤种子库丰富,生物环境得到改善,提高了其生存能力,最终提高了物种的丰度。对没有修复的废弃采石场调查发现,裸岩上没有植物生长,但是只要有土的地方,就有植被,但是群落的构建种和优势种不稳定。演替过程可分为3个阶段。第一个阶段为停采10年左右,物种多样性由大到小依次为草本、灌木、乔木;第2个阶段为停采后25~30年,物种多样性由大到小依次为草本、乔木;第三阶段为停采50多年后,物种多样性顺序为乔木、灌木、草本。

五、印度阿萨姆邦Tirap露天煤矿排土场植被次生演替

印度东北部高硫黄煤矿排土场生态修复完成后,植物结构变化如图5-2所示。植被修复后,修复地点的木本、草本物种密度分别为43%和55%,其中莲类为3%~10%,灌木为12%~28%。但是,随着时间推移,在修复区域50%面积以上观察到苔藓植物的自然生长,而在不到30%的面积上观察到蕨类植物的自然生长。

(a) 修复前

(b) 修复前

图5-2　印度阿萨姆邦Tirap露天煤矿的排土场修复前后变化

（c）修复后　　　　　　　　　　（d）修复后

图 5-2 （续）

此外,草本、灌木和乔木的分布均在 50％以上。连续监测 3 年后,发现植物群落出现次生演替,包括从低等植物到高等植物的进展。这是由于在修复区域引入了适应排土场的物种、连续补栽,以及物种入侵等综合作用的结果。

六、德国东部下卢萨蒂亚褐煤矿区植被次生演替

德国东部下卢萨蒂亚褐煤矿区具有 150 年的采矿历史,在 1990 年后开始关闭并修复。该修复区风力侵蚀和水力侵蚀均较严重,土壤基质主要是砂质,这些不利因素大大限制了植物的建立和生长。为此,在裸露地面上建立的第一批植物以一年生草本物种为主,起到培肥和加速沙的土壤化。在第二年和第三年,种植灌木和乔木。这些多年生植物可有效捕获散开孢子,这些散开孢子通过基质表面二次扩散而漂移（Chambers et al.，1994）,因此,新物种或个体的建立主要发生在植被结构的边缘。

此外,由于植被的建立,排土场的风速降低了,水蚀也减少了。因此,在精细的空间尺度上提供了一个更良性的环境,新物种的生存概率提高了。植物群落通过正反馈机制在早期演替阶段引发植被发育,而先锋物种的建立有助于提高基质稳定性,也为新物种的定居提供了条件。这些初始定居植物为以后植物群落的形成起到了"核"的作用（Morrison et al.，1974）。可见,新植物个体的建立受益于已经存在的植物,要么是因为物种的物理空间移动到此而定居,要么是因为散开孢子的可用性增强等。然而,这些空间模式只能在短时间内被监测到（Zobel et al.，1993；Bertness et al.，1994；Callaway et al.，1997）。

七、蒙古国可汗肯特采矿迹地植被次生演替

苏联在蒙古采矿留下了很多采矿迹地,苏联企业离开后,这些迹地被植物自然生长并演替。蒙古气候为典型的大陆性温带草原气候,降雨量少,植被自然恢复很慢。即使过去了 30 年,与周围未受扰动的山坡相比,草本植物在多样性和丰度方面都非常差,有的矿区草本层恢复还不到 10％。但落叶松有分布,这是因为光照充足,落叶松能忍受土壤贫瘠,可生长在粗砂土壤中,也可生长在沙子、壤土和泥炭沼泽土壤中,还耐寒,能抵抗矿区冬季的严寒,承受极端天气的影响。

八、尼日利亚西南部矿区植被次生演替

尼日利亚西南部矿区生态修复后的头十年,生态景观由草本植物和灌木主导,以寿命

短、需光的先锋树种,如水茄、卵叶金石榴和茜草等为主(Guariguata et al.,2001)。但十年以后,逐步由寿命较长的高大、饱和但对光线要求较高的树种所主导,如山麻秆和山黄麻等,有的地方则出现了尺寸更大、寿命更长的物种,如吉贝和无花果等(Lang et al.,1983;Finegan,1996)。因为这些树种很多不能自我维持,过段时间就可能被其他物种所取代(Knight,1975;Saldarriaga et al.,1988)。在严重退化的 Olode 地区,演替轨迹则不同,生态系统结构和功能的恢复会更慢(Uhl et al.,1988)。

九、秘鲁亚马逊矿区植被次生演替

马德雷德迪奥斯是亚马逊地区保存最完好的天然林,具有很多不同种类的植物。然而,这种多样性受到非法开采的影响。1999 年秘鲁能源和矿业部与莫利纳农业大学、巴西合作署(ABC)达成一项倡议:实施秘鲁亚马逊东南部的马德雷德迪奥斯矿区重新造林工程。该工程投资 185 000 美元,占地 20 hm²,包括平整土地,种植 13 种快速生长的树种和作物,添加土壤有机物以及磷酸盐岩等。此后的 10 年和 20 年分别对工程区的植被演替进行评估,结果表明,20 年后生长的植被只有 3 种是重新造林开始时引入的,其余都是新生本土植被,如浆果、山大颜、凉喉茶、克鲁西亚木、绢木和野牡丹等(图 5-3),其中有的乔木直径超过 20 cm,高度超过 18 m,自然恢复的物种占总数的 80% 以上。但该人工林储存的生物量比演替时间相近的次生林少了 30%~69%,说明本地物种更有利于退化采矿地区的生态恢复。

(a)浆果　　　　　　　　　　　(b)山大颜

(c)凉喉茶　　　　(d)克鲁西亚木　　　　

　　　　　　　　(e)绢木　　　　(f)野牡丹

图 5-3　秘鲁亚马逊地区金矿开采停止 20 年后重新造林地区发现的盛开或结果的物种

十、巴西矿区植被次生演替

在巴西帕拉戈米纳斯市露天矿坑修复的主要程序为：在开挖时保留表土，堆放在旁边，以备土壤重建；采矿结束后，用周边无经济价值的建筑材料充填矿坑，开展地貌重塑，然后将保存的表土覆盖其上，重建植被的立地条件。最后在其上种植植被，部分区域保留空地，让植被自然再生（图 5-4）。

| (a) 再生先锋物种 | (b) 重建土壤剖面图 | (c) 具有先锋树种的林下 |

| (d) 具有自然再生的七年生态
系统恢复：再生先锋物种 | (e) 重建土壤 | (f) 先驱树种死亡个体的林下 |

图 5-4　修复 7 年后的矿区植被生态系统

在矿区修复后短短 7 年时间，林地植被结构已经形成，这可以归因于周围森林基质的恢复力，也可以归因于沉积在表层土壤中的种子库，促进了自然再生。由于表土是本地开采前的表土，所以保留了完整的种子和养分（Macdonald et al.，2015），自然演替 7 年后，空地被植被全覆盖。除了生物量很大外（Lopez-Ridaura et al.，2002），植物的花和果实加速了繁殖（De lima et al.，2008），这对森林覆盖率有重要贡献。然而调查也发现，修复区的香农多样性指数较低，均匀度低，生态优势度高，这表明这些区域的物种多样性较低，主要被少数优势物种所占据。

从上面不同国家、不同地理条件的矿区植被恢复案例可以发现，矿区植物群落的次生演替是在一系列特定条件下发生的。首先，矿山开采过程往往导致原有植被被彻底破坏，土壤结构受损，养分流失严重。这为次生演替提供了初始条件。其次，随着矿山开采活动的结束或减缓，人为干扰减少，为自然植被的恢复创造了可能。此外，气候、地形、土壤湿度等环境因素也对演替过程产生重要影响。

矿区植物群落的次生演替过程通常包括以下几个阶段：① 初始阶段。在矿区废弃地上，一些先锋物种如野草、草本植物等开始生长。这些物种具有较强的适应能力和繁殖能力，能够在恶劣环境中生存并快速占领空白地带。② 灌木阶段。随着时间的推移，一些灌木和矮小的乔木开始生长。这些植物通过根系固定土壤,减少水土流失,并为后续的植物生长提供庇护。③ 乔木阶段。在灌木阶段的基础上,乔木逐渐增多并高大起来,形成稳定的森林群落。乔木的树冠层为其他植物和动物提供了生境,促进了生物多样性的增加。④ 成熟稳定阶段。经过长时间的演替,植物群落逐渐趋于稳定。物种数量和多样性达到相对平衡状态,形成了具有自我维持能力的生态系统。

矿区植物群落次生演替有独特的优势,主要体现在以下几个方面:① 生态恢复。次生演替有助于矿区废弃地的生态恢复,改善土壤结构,提高土壤肥力,减少水土流失。② 生物多样性增加。随着演替的进行,植物群落的物种多样性和复杂性逐渐增加,为其他生物提供了更多的生境和食物来源。③ 景观美化。次生演替使得矿区废弃地逐渐恢复为绿色植被覆盖的景观,提高了区域的生态美学价值。

尽管矿区植物群落次生演替具有诸多优势,但也存在一些不足之处:① 演替速度较慢。次生演替是一个漫长的过程,需要数十年甚至上百年才能达到稳定状态。这限制了矿区废弃地快速恢复生产力的可能性。② 物种组成受限。由于矿区环境的特殊性,次生演替过程中能够生长的物种种类有限。这可能导致植物群落的物种多样性和生态功能受到一定限制。③ 人为干扰风险。在演替过程中,如果受到人为活动的干扰(如再次开采、垃圾倾倒等),可能导致演替过程中断或逆转。

总之,矿区植物群落次生演替是一个复杂而漫长的过程,需要在充分了解和掌握其规律的基础上,采取有效的措施促进生态恢复和生物多样性保护。同时,加强矿区废弃地的管理和监管,减少人为干扰风险,也是保障演替顺利进行的关键。

第三节　矿区植物群落次生演替机理

植物群落次生演替是受扰生态系统内植被自然恢复的主要动因。植物依靠光合作用、植物凋落、微生物活动等作用实现土壤、植被、大气系统间的能量与物质循环植物群落也随之不断演替和发展,共同促成了植被的自然恢复。

一、概述

植被演替理论是生态学的基本原理之一,生态恢复学揭示了退化生态系统自然恢复的内在规律,自 20 世纪 80 年代以来得到了迅猛的发展,现在已经成为世界各国的研究热点。恢复生态学这一名称最早在 1935 年由 Leppold 提出。但矿区生态恢复学则在 1985 年由英国学者 Bradshaw 和 Chadwick 研究废弃地管理和恢复时提出。西方发达资本主义国家随着工业化进程的加剧,有毒有害矿区废弃物也逐渐增加,不但影响当地景观,而且造成环境污染,引起了学者们的重视(Bradshaw,1980)。Brad-shaw 等通过改良土壤,筛选种植豆科植物和其他固氮植物的办法,成功地对矿区废弃地进行了改造(Bradshaw et al.,1980)。1973 年 3 月,在美国的弗吉尼亚召开了题为"受损生态系统的恢复"的国际会议,第一次专门讨论了受损生态系统的恢复和重建等许多重要的生态学问题(张光富 等,2000)。1980年 Cairns 主编了《受损生态系统的恢复过程》一书,从不同的角度探讨了受损生态系统恢复过程中的重要生态学理论和应用问题(张光富 等,2000)。1983 年在美国召开了"干扰与生态系统"的学术会议,1984 年在麦迪逊举行了植物园 55 周年学术会,会后出版了论文《恢复生态学》(余作岳 等,1996)。自80年代以来,恢复生态学的研究范围进一步拓展,研究范围不仅包括废弃地等的生态恢复,还包括森林、草地、湿地等不同生态系统的恢复。其研究方法是首先研究当地的潜在植被,然后筛选出适合当地气候、土壤等自然条件的顶级建群种,通过自然恢复和人工干预,形成当地的气候顶级。如日本宫胁昭教授在大阪、横滨等地开展了关于环境保护林的研究(Miyawaki et al.,1993)。1996年,美国生态学年会把恢复生态学作为应用生态学的五大研究领域之一(彭少麟,1995)。90年代以来,国外恢复生态学主要侧重于研究以下几种类型:以开采、挖损为特征的煤矿废弃地、采石场废弃地退化生态系统,因人类过度开发利用而导致严重退化的森林、草原、湖泊生态系统,因自然或历史原因受损的生态系统等(任海 等,1996)。此时国外恢复生态学的研究领域已经拓展到生活的方方面面,其理论也较为成熟。

我国在20世纪六七十年代也曾开展过有关植被恢复演替的研究,如对浙江建德山区的幼年次生林通过间伐、施肥等人工措施来改造林分的有益尝试。进入80年代以来,生态退化、环境污染等问题也日益突出,引起了政府有关部门的广泛关注和高度重视,"七五"和"八五"期间国家有关部门和地方政府从不同角度支持和资助了有关恢复生态学的研究,资助的主要课题有"生态环境综合整治""亚热带退化生态系统的恢复研究""内蒙古典型草原草地退化原因、过程、防治途径及优化模式的研究""我国主要类型生态系统的结构、功能及提高生产力途径的研究""黄土高原生态环境建设与可持续发展""黄土高原水土流失区的治理与综合利用示范研究"等。此外,我国在草原退化生态系统的恢复、采矿废弃地的复垦等方面也开展了卓有成效的研究。90年代先后出版了《热带亚热带退化生态系统的植被恢复生态学研究》《中国退化生态系统研究》《黄土高原地区森林植被建设的优化模型》《黄土高原水土流失与治理模式》《黄土高原植被建设与持续发展》《黄土高原地区环境变迁及其治理》等专著。21世纪初期,出版了《恢复生态学导论》《生态修复工程》《恢复生态学》《黄土高原植被建设》《陕西黄土高原植被生态环境与气候研究》《黄土高原树木水分生理生态学特征》等论著,发表的学术文章无数。近年来,植被恢复相关的研究更加关注区域环境,如河口湿地红树林植被恢复、喀斯特区植被恢复、高寒矿区排土场植被恢复、库布齐沙漠东部植被恢复等。在这些研究基础上,提出了适合中国国情、地区特色的恢复生态学理论和研究方法与体系。这些前辈们的科研结晶在不同的层面发挥着不可估量的作用。这标志着我国的恢复生态学上升到一个新的台阶。

因此,恢复生态学学术思想自从1935年被倡导,在20世纪80年代得以迅猛发展,现已成为世界各国的研究热点。它是现代应用生态学的一个分支,主要致力于那些在自然灾变和人类活动压力下受到破坏的自然生态系统的恢复与重建,它所应用的是生态学的基本原理,尤其是生态系统演替理论。根据不同的社会、经济、文化与生活需要,人们往往会对不同的退化生态系统制定不同水平的恢复目标,但是无论对什么类型的退化生态系统,应该存在一些基本的恢复目标或要求,如:① 实现生态系统的地表基底稳定性。因为地表基底是生态系统发育与存在的载体,基底不稳定,就不可能保证生态系统的持续演替与发展。② 恢复植被和土壤,保证一定的植被覆盖率和土壤肥力。③ 增加种类组成和生物多样性。④ 实现生物群落的恢复,提高生态系统的生产力和自我维持能力。⑤ 减少或控制环境污染。⑥ 增加视觉和美学享受等。这些目标中,前3个是基础,只有地表基底稳定、有一定的植被盖度、土壤质量得到恢复,系统中才能有丰富的生物种类和生物多样性,才能实现生物群落的恢复,进一步发挥和体现植物群落、生态系统的功能。因此,恢复生态学的实践基本上都是围绕着恢复植被、土壤质量恢复改善这两大目标来进行的。

二、植物群落演替原理

(一)Gause 假说

Gause 假说由俄国生物学家高斯(Gause)首次提出,指由于竞争的结果,生态位接近的两个种不能长期共存,可表达如下意义:① 如果两个种在一个稳定的群落中占据了相同的生态位,一个种终究将被淘汰;② 在一个稳定的种群中,没有任何两个种是直接的竞争者。因为只有这些种在生态位上分异,才能减少它们之间的竞争,进而保证群落的稳定;③ 群落是相互作用、生态位分化的种群系统。这些种群在它们对群落的空间、时间和资源利用方面,以及相互作用的可能类型,均趋向于相互补充而不是直接竞争。

Gause 假说也称为竞争排斥原理,说明物种之间的生态位越接近,相互之间的竞争就越激烈,会互相排斥。除了动物外,植物种群之间也存在竞争,共享有限资源是引起植物种群资源竞争的限制条件。例如,大树下面不长草,原因就是太阳能几乎全被枝繁叶茂的大树吸收了,草本难以得到生存的能量。除了能量资源外,土壤也会引起植物间的竞争,如植物在生长过程中改变了土壤环境的生物和非生物属性后,继而影响后续植物生长的过程。

(二)促进作用理论

该理论是最早的和经典的演替理论,是 Clements(1916)首先提出来的。该理论认为,演替的动力主要是生物之间及生物与环境之间的相互作用,最早定居的植物改造了环境,从而有利于新物种的定居生存,这一过程一再发生,直到顶级群落产生为止。因此,也有人将该理论称为接力植物区系学说(张峰 等,2002)。

一个物种的存在可能会促进或改善另一个物种的存活、生长和繁育等作用,这种作用可分为直接作用和间接作用。直接促进作用主要体现在对非生物环境胁迫的缓解与资源的富集,如缓解光强和高温、增加土壤水分和养分、防风等。大树底下喜阴的蕨类植物生长旺盛,就是这种直接作用的结果。而间接促进作用主要体现在协同防御或有益生物的引入等,如防止动物踩踏和啃食、吸引传粉者等方式促进目标物种的存活、生长与繁殖。可见,在矿区植物修复中,要充分利用种群间的互相促进关系,达到共生目的。

(三)初始植物区系学说

该学说是 Egler(1954)提出来的,他认为演替具有很强的异源性,因为任何一个地点的演替都取决于哪些植物首先到达那里。植物种的取代不一定是有序的,每一个种都试图排挤和压制任何新来的定居者,使演替带有较强的个体性。演替并不一定都是朝着顶极群落的方向发展,所以演替的详细途径是难以预测的。该学说认为演替通常是由个体较小、生长较快、寿命较短的种发展为个体较大、生长较慢、寿命较长的种。显然,这种替代过程是种间的,而不是群落间的,因而演替系列是连续的而不是离散的。这一学说也被称作抑制作用理论(张峰 等,2002;张光富 等,2001;孙儒泳 等,2002)。

初始植物区系学说存在一些争议。虽然它强调了物种在演替中的初始作用和异源性,但是一些学者认为,该学说对于演替的具体机制和路径的描述仍然过于模糊和不确定。他们认为,演替过程并非完全由最初的物种决定,而是受到多种因素的综合影响,包括环境条件、物种间的相互作用以及随机事件等。此外，初始植物区系学说在解释演替的普遍性和可预测性方面也存在一定的困难。由于每个地点的环境条件、物种组成和演替历史都可能不同，因此很难用单一的初始植物区系理论来预测所有地点的演替路径。总的来说，初始植物区系学说在生态学领域具有一定的影响力，但也存在一些争议和限制。为了更全面地理解演替过程，我们需要综合考虑多种因素，并结合更多的实地研究和实验结果进行分析。不过，初始植物区系学说对生态修复有很大的启示，因为矿区生态修复就是要恢复初始植物结构。根据该理论，在矿区生态修复时，应科学选择适合当地环境的植物种，以利用其竞争和适应能力，促进生态系统的健康发展，还要重视乡土植被的残留，这些可能是完全砍伐的森林或老龄地，也可能是严重退化的土地。这些残留植被可以作为生态修复的起点，利用其原有的植物种来促进生态系统的自然恢复。矿区生态修复时要理解演替过程，初始植物区系学说强调了演替过程中早期定居者的作用，这对于生态修复意味着需要深入了解和研究特定区域的植物群落演替历史和机制。通过模拟自然演替过程，可以选择适宜的植物种进行种植，以促进生态系统向预期的方向演替。矿区生态修复不仅关注自然系统的修复，还关注人地复合系统的强化，因为初始植物区系学说提醒我们，在修复过程中要考虑到人类活动对生态系统的影响，以及如何通过生态修复来改善人与自然环境的相互作用。总之，初始植物区系学说为生态修复提供了重要的理论指导，通过理解和利用自然演替规律，可以更有效地恢复和重建受损的生态系统。

（四）忍耐作用学说

该学说是 Conell 和 Slatyer（1977）提出来的。忍耐作用学说认为，早期演替物种先锋种的存在并不重要，任何种都可以开始演替。植物替代伴随着环境资源递减，较能忍受有限资源的物种将会取代其他种。演替就是靠这些种的侵入和原来定居物种的逐渐减少而进行的，主要决定于初始条件。该学说包括促进理论、抑制理论和忍耐理论。促进理论认为，早期演替物种（先锋种）的存在对于后续物种的定居和生长有积极的影响，即先锋种能够改善环境条件，为其他物种的到来提供便利。抑制理论认为早期演替物种可能会通过竞争资源或改变环境条件，阻碍后来物种的定居和生长。忍耐理论强调物种对环境条件的忍耐能力，即某些物种能够在不利的环境条件下生存，并随着环境的变化而逐渐扩张其种群。忍耐作用学说认为，群落演替的过程受到多种因素的影响，包括物种之间的相互作用和物种对环境变化的适应能力。因此，在矿区生态修复领域，我们要关注物种对环境变化的适应能力，以及物种之间的相互作用，这对于制定有效的生态修复策略具有重要意义。总之，物种忍耐作用学说为我们理解群落演替提供了重要的视角，它强调了物种之间相互作用的复杂性，以及物种对环境变化的不同反应。

（五）适应对策演替理论

该理论是 Grime（1989）提出来的，该理论将植物的适应策略分为 R-对策种、C-对策种和 S-对策种三类。R-对策种（ruderal strategy），适应于临时性资源丰富的环境，这类植物通常生长迅速，繁殖力强，能够快速占领开放空间，但寿命较短，抗逆性差。C-对策种（competitive strategy），生存于资源一直处于丰富状态下的生境中，竞争力强，称为竞争种，这类植物通常具有较大的个体和较长的生命周期，能够在竞争激烈的环境中生存。S-对策种（stress tolerant strategy），适用于资源贫瘠的生境，忍耐恶劣环境的能力强，为耐胁迫种，这类植物通常生长缓慢，繁殖晚,但能够在极端环境中生存。该学说认为,次生演替过程中的物种对策格局是有规律的,是可以预测的。一般情况下,先锋种为 R-对策种,演替中期的种多为 C-对策种,而顶级群落中的种则多为 S-对策种(张峰 等,2002;张光富 等,2001;孙儒泳,2002)。

适应对策演替理论对矿区生态修复有很好的启示。首先,它强调了物种适应环境的重要性。在生态修复过程中,我们应根据不同物种的适应对策,选择适合当地环境的物种进行种植和恢复。这有助于提高修复工程的成功率,使生态系统更快地恢复到健康状态。其次,适应对策演替理论提醒我们关注生态系统的动态变化。在修复过程中,生态系统的结构和功能会随着时间的推移而发生变化,我们需要密切监测这些变化,并适时调整修复策略。这有助于确保修复工程能够持续有效地进行,避免出现反弹现象。此外,该理论还强调了物种多样性的重要性。在生态修复中,我们应注重保护和恢复物种多样性,以提高生态系统的稳定性和抗干扰能力。通过合理配置不同适应对策的物种,我们可以构建一个更加健康、稳定的生态系统。最后,适应对策演替理论提醒我们在生态修复过程中要尊重自然规律。我们应该尽量避免过度干预,应通过合理配置和选择适合的物种和生态工程方法来促进自然恢复。这有助于保持生态系统的完整性,实现真正的生态修复。

(六)资源比率理论

该理论是 Tilman(1982)基于植物资源竞争理论而提出来的。该理论认为,一个种在限制性资源比率为某一值时表现为强竞争者,而当限制性资源比率改变时,因为种的竞争能力的不同,组成群落的植物种亦随之改变。因此,演替是通过资源的变化而引起竞争关系变化而实现的。该理论与促进作用学说有很大相似之处。该理论解释了植物群落中物种多样性的维持和演替过程中物种竞争的现象。植物的分布受到资源的限制,每种植物都需要特定的资源来生存,如光、水、氧等。不同的植物种在不同资源比率下表现出不同的竞争能力。当环境中限制性资源的比率发生变化时,具有较强竞争力的植物种也随之改变。物种之间竞争的结果取决于它们对不同资源的需求比率以及环境中这些资源的供给比率。一个种在某一资源比率下可能是强竞争者,但在另一资源比率下可能不是。

资源比率理论对矿区生态修复有指导作用。在自然恢复中,随着环境条件的变化,资源比率理论可以帮助我们理解为什么某些物种会在特定时期成为优势种,而其他物种则会衰退。资源比率理论还强调了多种限制性资源对植物群落结构和物种多样性的影响,这有助于我们认识到生态保护和生态修复维护物种多样性的重要性。因此,在生态修复工程中,了解资源比率理论,就可以帮助制定更有效的植被管理和恢复策略,以促进特定物种的生长或保持群落的多样性。

(七)等级演替理论

该理论是 Pickett 等(1987)提出来的,是一个关于演替原因和机制的等级概念框架,称为原因等级系统。该框架有三个基本层次:第一层次是演替的一般性原因,主要关注裸地的可利用性以及物种对裸地利用能力的差异、物种对不同裸地的适应能力等;第二层次是上述基本原因分解为不同的生态过程,比如,裸地可利用性决定于干扰的频率和程度,而物种对裸地的利用能力决定于种的繁殖体生产力、传播能力、萌发和生长能力等;第三层次是最详细的机制水平,包括立地和物种间的相互作用及其如何推动演替,这些相互作用被视为演替的本质。这一理论较详细地分析了演替的原因,并考虑了大部分因素,它有利于演替分析结果的解释(张峰 等,2002;张光富 等,2001;孙儒泳,2002)。

等级演替理论可用于矿区生态修复中。首先,等级演替理论强调了生态修复中应尊重自然演替的规律。自然生态系统经历着复杂的演替过程,从初级演替到成熟演替,每个阶段都有其特定的物种组成和功能。在生态修复过程中,我们应遵循这些自然规律,避免过度干预,而是通过合理配置和选择适合的物种,促进生态系统的自然恢复。其次,等级演替理论提醒我们在生态修复中要注重物种多样性的保护和恢复。物种多样性是生态系统稳定性和功能的重要基础。在修复过程中,我们应努力保护和恢复不同层次的物种多样性,包括关键物种、功能群和生态系统整体的多样性。通过提高物种多样性,可以增强生态系统的抗干扰能力和稳定性,促进生态系统的健康恢复。第三,等级演替理论还强调了环境因子在生态修复中的重要性。环境条件对物种的生长和繁殖具有重要影响,进而影响着生态系统的演替过程。在生态修复中,我们应充分考虑环境因素,如气候、土壤、水分等,为修复物种提供适宜的生长条件。同时,我们还可以通过调整环境因素,如进行土地整理、改善土壤质量等,来优化修复效果。最后,等级演替理论提醒我们在生态修复中应采取长期治理和综合治理的策略。生态修复是一个长期的过程,需要持续多年的治理和管理。在修复过程中,我们应从多个方面入手,包括土地整理、物种选择、种植技术、水肥管理、生态保护等方面,进行综合治理。通过综合施策,可以更有效地促进生态系统的恢复和重建。

上面介绍了七大演替理论,其实生态学中尚有多种演替理论,也广为人知(张峰 等,2002)。生态演替是一个复杂的过程,对其经常存在不同观点的争论,直到现在仍没有哪一种观点占据绝对的支配地位,对生态演替机制的研究仍然是目前生态学研究中的重大和热点问题。但大部分研究都集中在对不同演替阶段群落的物种组成、演替模型以及演替顶级理论方面(尚文艳 等,2005)。

三、矿区植物群落次生演替机理

(一) 矿区植物群落次生演替过程

植被在采矿活动(地表形变)长期影响下在某一固定时点呈现出的状态即为采矿活动的影响结果,而在不同程度的地表形变长期影响下出现的结果可能存在本质性差异。植被的状态可以由植被、土壤和气候三因素共同反映。不难发现,植被类型的差异必然导致植被和土壤因素的差异,且不同类型植被的三种因素必然在一定范围内波动。为了便于理解,将植被和土壤维度投影到气候因素维度上,如图5-5所示。

根据不同类型植被在土壤和植被要素上的差异,分别划定了草本(绿色椭圆)、灌木(蓝色椭圆)和乔木(红色椭圆)植被的状态变化空间,三种类型植被相交的部分指代不同植被类型却表现出相似状态的植被。当草本植被变化空间内的一点发展至乔木植被变化空间时,对应的生态意义为一处草本植被经

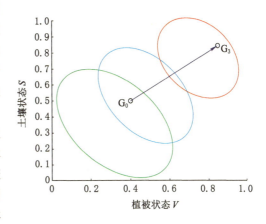

图 5-5　植物群落演替的理论范围

过自然演替发展成为乔木植被的过程。地表形变的影响结果大体上可以分为植被状态变化和类型变化两种影响结果。

1. 植物群落演替的状态变化

植被的状态变化不难理解,在不考虑气候因素的变化时,其含义为植被在地表形变影响下维持原有的植被类型,但其植被的生长状态发生变化。如图 5-6 所示,草本植被 G_0 在无扰动情况下经过自然演替 Δt 时间后可以发展为乔木植被,而当采矿扰动出现后,其状态在短期内退化为草本植被 G_1,经过相同时间自然演替 Δt 时间后,其最终状态为乔木植被 G_2,然而根据这一时期内植被所接受的自然营力作用,其理想状态为乔木植被 G_4,而 G_2 与 G_4 间的差异便来自地表形变的长期影响。这里需要解释的是地表形变影响下植被的参照物。植被 G_0 与 G_1 之间的差异来自地表形变的短期影响,植被 G_2 与 G_3 之间的差异包含了短期影响和长期影响累积的作用,因此在确定地表形变的影响结果类型时需要对比植被 G_2 与 G_4 的状态。很显然,图 5-6 中的植被 G_2 与 G_4 均属于乔木植被,两点之间的差异表现在植被的生长状态,此时,地表形变主要是对植被生长状态产生长期影响,状态变化是这一长期影响的结果。

2. 植物群落演替的类型变化

植被的类型变化是指在地表形变长期影响下,植被的类型发生改变。如上文所述,直接对比植被 G_2 与 G_4 可以发现,地表形变导致经过 Δt 年时间后原本应当为灌木植被的 G_4,在实际情况下成为草本植被 G_2,如图 5-7 所示。值得注意的是,这种植被类型的变化并非是指地表形变直接使原本的植被发生了退化的现象,也不是植被经过自然演替发展成为高等级植被的情况,而是指由于地表形变的出现,导致原本经过一定时间后能够发展成为某种类型的植被,在经过相同的时间后成为其他类型的植被。在现实情况下,这一现象可以理解为植物群落演替速度的降低,例如草本植被在理想条件下经过 10 年可以演替成为乔木植被,但由于地表形变的出现,经过 10 年的演替这一草本植被转变为了灌木植被。因此,在经过相同演替时间的同一时点,所观察到的植被类型便发生了变化。此时,地表形变主要是对植物群落演替产生长期影响,类型变化是这一长期影响的结果。为了便于理解这一类型变化,在对比原始情景和形变情景时,也可以将此现象认为是广义上的植被退化现象。

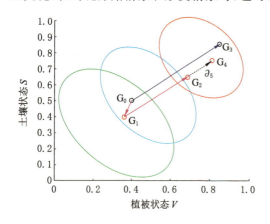

图 5-6 植物群落演替的状态变化

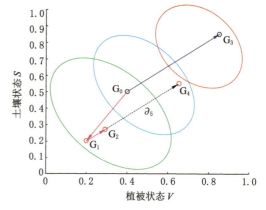

图 5-7 植物群落演替的类型变化

　　两种类型的影响结果存在本质区别。对于发生状态变化的植被,由于其植被类型没有发生变化,因此依旧保持了地表形变影响前相似的组成和结构。在现实情况下,这一现象的实际表现可能包括植被覆盖度的降低、群落物种的减少、植物长势的下降等。尽管这一过程中并非只受到地表形变的影响,但却保留了容易识别的可监测实体,通过长期、持续的监测依旧可以获取这些状态的渐变的过程,因此能够提取出地表形变对状态变化的植被的影响。

　　另外,对于类型变化的植被,其实际的变化可能较为复杂。植被类型的改变参照了不同类型群落的状态变化空间。而在现实情况下,一般很难确定这一变化空间边界,因此就无法确定植被当前所处的相对状态,在地表形变影响下出现的状态差异,唯有通过植被实际的类型变化进行确定。植被类型的变化首先是一种"质"的变化,而这也脱离了地表形变作为一种慢变量影响的独特方式,与快变量影响下植被的响应方式相似。其次,"量"的变化是一个缓慢发生的过程,这一变化过程中也积累了大量时点的植被状态,在探究地表形变影响时可以作为一个整体进行研究。相反地,"质"变尽管是"量"的累积过程,但在质变发生后便无法将质变前后的植被进行对比,从而丧失了可以比较变化的参照物。在这些限制因素下,一般难以从现实情况中探究地表形变对类型变化植被的影响。

(二)矿区植物群落次生演替驱动力

1. 生态系统自然驱动

　　采矿活动过程中,矿区原有的植物群落被严重或完全破坏,据统计,我国因采矿直接破坏的森林面积累计达 106 万 hm^2,破坏草地面积为 263 万 hm^2(彭建 等,2005)。虽然在废弃矿地自然演替过程中,某些耐性物种会逐渐侵入而实现植物定居,但这个过程是缓慢的(Bradshaw,2000)。排土场从裸地恢复到原来的植被状态至少需要 20～30 年,特别是进入羊草杂类草阶段非常困难(李培军 等,1996)。而对于一些立地条件极为恶劣的采矿废弃地,如铁矿排岩场、铁矿尾矿库等,如果不进行人工种植,其自然恢复过程会更长,甚至需要上百年时间(Bradshaw,2000)。因此,矿区废弃地生态环境恢复与重建的关键是在正确评价废弃地类型和特征的基础上进行植被的恢复与重建,进而使生态系统实现自行恢复并达到良性循环。

2. 先锋植被驱动

　　由于矿区废弃地立地条件极为恶劣,用于矿地恢复的植物通常应该选择抗逆性强(对干旱、潮湿、瘠薄、盐碱、酸害、毒害、病虫害等立地因子具有较强的忍耐能力)、茎冠和根系发育好、生长迅速、成活率高、改土效果好和生态功能明显的种类。禾草与豆科植物往往是首选物种,因为这两类植物大多有顽强的生命力和耐贫瘠能力,生长迅速,而且后者能固氮(Berdusco et al. ,1999;陈志彪 等,2002)。在禾本科植物中,狗牙根是被用得最早、最频和最广泛的物种之一。不过,Holmes 和 Richardson(1999)发现,狗牙根在人工模拟的采矿地应用效果不佳。黑麦草通常是一种多年生、适应性强的草类,生长迅速,对重金属 Cu、Zn、Pb、Cd 和 Ni 有较强的吸收能力,其根系发达,有利于克服废弃地的干旱胁迫,因此在早期矿区废弃地植物修复中被广泛应用(Dijkshoorn et al. ,1979)。阳承胜等(2000)研究发现,双穗雀稗(paspalumdis-tichum)等重金属耐性植物在轻度改良的 Pb/Zn 尾矿上能够成功定居。近几年发现,香根草和百喜草对酸、贫瘠和重金属都有很强的抗性,适合用于矿区废弃地植被再建(夏汉平 等,2002)。其中,香根草根系发达,还可以有效控制和防止土壤侵蚀和滑坡,对土壤盐度、Na、Al、Mn 和重金属(Cd、Cr、Ni、Pb、Zn、Hg、Se 和 Cu)都具有极强的耐受能力。代宏文等(2002)在铜陵铜矿粗砂尾矿库边坡种植香根草等植物,植株长势好,覆盖度高,种植 4 个月后的植被总覆盖度达到 95% 以上。香根由于草适应性强、生长快,能有效改善种植地的微域生态环境,从而促进其他植物的生长,加速了采石场和其他矿区植被的恢复。但由于香根草属暖季型草,不适合北方较寒冷地区生长(可抗最低温度为-15.9℃),目前在北方地区矿区废弃地修复中还没有应用实例。在豆科植物方面,首先应撒播非侵入性的、生长迅速的 1 年生乡马铃薯科植物。目前,一些草本豆科植物如三叶草、胡枝子、沙打旺和草木樨等在全球很多矿地被广泛采用,大多取得良好的恢复效果。一些木本豆科植物如金合欢、胡枝子等也被广泛应用。另外,沙棘虽不是豆科植物,但由于其有固氮能力,而且根系庞大,能固土护坡、涵养水源,已被我国列入改善生态环境的首选植物和先锋树种。一般矿地恢复过程中采用将豆科与非豆科植物进行间种的方式,这样非豆科植物被促进生长的效果十分明显。因为植物通过共生固氮所获得的氮素是有机氮,与无机氮相比具有有效期长、易积累、又可通过微生物矿化转化成无机氮缓慢释放、易被植物吸收等优点。因此,对于养分缺乏,特别是缺氮的矿地,豆科植物的种植尤为重要(Dobson et al.,1997;杨修 等,2001)。禾草与豆科的草本植物往往只是矿区退化生态系统恢复过程中的先锋种。根据植物群落学原理,物种多样性是生态系统稳定的基础。因此,在矿区生态重建中,使用混合种,特别是将乔、灌、草、藤多层配置结合起来进行恢复的效果要比单一品种或少数几个种的效果好(夏汉平 等,2002)。

3. 重金属富集植被驱动

植物修复主要是指对矿区土壤基质中重金属和某些有机化合物的净化作用,包括植物吸收、植物挥发、植物降解和植物固定四个方面(Chu et al.,1996;Hutchinson et al.,2001)。对于不同的矿区废弃地,根据其土壤基质污染程度、重金属类型,所选择的修复植物种类和修复机理是不同的(黄铭洪 等,2001)。在 Pb/Zn 尾矿上定居的雀稗、双穗雀稗、黄花稔和银合欢对 Pb 的吸收表现出不同模式,雀稗所吸收的 Pb 大部分被滞留在根部,较少影响地上部茎叶的光合作用及生长,从而使植物对重金属 Pb 更具耐性;双穗雀稗和黄花稔所吸收的 Pb 较多地被转移到便于收获移走的地上部分,因而具有较大的修复潜力;木本植物银合欢所吸收的 Pb 80% 以上积累在根、茎的皮和木质部分及枝条部分,只有 15% 左右分布在叶片中(孙庆业 等,2001)。阳承胜等(2000)研究发现,鸭跖草是 Cu 的超富集植物,可用于 Cu 污染土壤的植物修复与重建。姜理英等(2002)在浙江 Pb/Zn 矿区发现一种新的具有耐 Zn 特性的 Pb 富集植物东南景天。薛生国等(2003)对湘潭 Mn 矿污染区的植物和土壤进行了野外调查,发现商陆科植物商陆对 Mn 有明显的超富集特性,叶片内 Mn 含量高达 19 299 mg/kg。香根草不仅生物量大,根系发达,对 Cd 的吸收能力也很强,在 Cd 浓度仅为 0.33 mg/kg 的土壤上,每公顷能吸收 Cd 218 g/hm^2,因此,可用于修复 Cd 污染严重的矿区(Truong,1999)。另外,研究还发现,有一类植物虽然对重金属没有富集作用,但具有较强的耐受性,可以在重金属含量很高的土壤和水体中生长,其地上部分能保持较低并相对恒定的重金属浓度。节节草、狗牙根、营草、白茅等能在 As、Sb、Zn、Cd 等复合污染的土层中生长良好,可作为长江流域矿区废弃地植被恢复的先锋植物(宋书巧 等,2001)。研究发现,有近 200 种植物能够在不同类型的尾矿库上自然定居,对不同重金属表现出一定的耐受能力。

四、植物群落次生演替机理在矿区植被恢复中的应用

植物群落演替根据其基质性质不同,分为植被在裸地上的形成和建立过程的原生演替和植被在受到内外干扰后的恢复或重建的次生演替两种类型(任海 等,2001)。演替的实质是群落的重新组织,植物种群是群落重组的基础,个体是群落重组的基本材料(王炜 等,2000)。凡是影响群落演替速率和方向的因素都会改变生态系统的结构和功能。由于生态系统的多样性和植物的环境在不同的尺度都是处于一种不断变化的状态中,所以,演替理论构筑了植物生命历史演化、种群动态、竞争的相互作用、营养动态、群落的组织结构等的基石。因此,修复受损或退化的生态系统,预测未来全球变化的后果都依赖于群落演替理论(赵平,2003)。

人工干预加速植被恢复的理论基础是演替理论,演替是渐进有序进行的,这就要求在退化生态系统恢复和重建中也要根据现状,遵循植被演替规律,比如选择当地的乡土树种、草种,一方面可以适应当地的生态环境,另一方面可以避免外来生物的入侵。同时人工干预须循序渐进地进行,避免在生态环境条件不成熟时试图一步到位将退化生态系统恢复到退化前的水平。大多数现代生态学家认为演替是多方向的过程,演替的结果可能会有多个端点,这与 Tansley(1939)提出的多元顶级学说相符合,强调过程比端点更重要(Pickett et al.,1987)。了解演替过程,可对群落结构组成动态取得认识,如演替过程中序列种的种类、多样性、丰富度,演替的发展趋势等,有利于对退化生态系统的恢复进行调控。控制演替的几种因素为:环境的不断变化、植物繁殖体的散布(即植物本身不断进行繁殖和迁移)、植物之间直接或者间接的相互作用、群落中植物种类的不断发生,以及人类活动的影响。这几种因素中,植物繁殖体散布、群落中植物种类发生、人类活动都是可以通过科学研究达到加速植被恢复的行之有效的手段,也是演替理论在植被恢复中的应用。由于演替理论能为生态恢复缩短时间提供依据,是恢复生态学的基础理论之一。生态演替的作用,使得退化系统植被能够减轻干扰而向顶级方向发展,恢复其原有植被的结构和功能,最后演变为稳定的顶级群落,使恢复系统的能流、物流和信息流得以正常运转(何跃军 等,2004)。

有了这种演替理论的指导,在受到严重人为扰动的矿区要进行植被恢复和重建,应首先着手群落演替规律的研究。据报道在黄土高原子午岭林区的阴坡、半阴坡、阳坡、半阳坡从草本群落到顶极的演替全过程需要约 150 年,可见,演替是循序渐进且漫长的过程(邹厚远 等,1998)。同时,也提示我们在生态学脆弱的矿区,植被恢复任重而道远。为了加速其恢复速度,矿区这一严重退化的区域,专家们都认同人工干预＋自然恢复这一方式更有效。同时它也是恢复生态学所强调的人为促进退化生态系统的恢复这一论点(何跃军 等,2004)。即遵循植被演替规律,在不同的演替阶段引进生态演替所需的关键物种,将加速退化生态系统生态恢复的进度,对退化生态系统的恢复意义重大。

针对这一论点科研工作者提出了具体的实施方法,黄土高原的植被建设应遵循植被的自然演替规律,采取"一退(退耕农田)、二封(封禁)、三改造(人工补植)"的方法,其优点是可以减少工作量,提高造林成活率,避免大面积动土以防止土壤水分蒸发和造成新的水土流失(杜峰 等,2003)。彭镇华等(2005)提出在西部干旱半干旱矿区的次生林区应实行"封山育林为主,辅之以人工措施"植被恢复策略,在土层浅薄、坡度较陡的生态脆弱地段,需要进行长期的植被封育;在土层深厚而且坡度平缓地段,可适当辅之以人工措施,包括人工抚

育,以及补植有经济价值的乡土树种等。

关于该方面研究有许多报道:如对短花针茅荒漠草原撂荒恢复规律进行了研究,结果表明,在荒漠草原这一生态脆弱区进行植被恢复并加速其恢复速度,要遵循"一二年生杂类草阶段、根茎禾草阶段、旱生多年生轴根型植物阶段、丛生禾草阶段"的演替规律,如选择下一阶段的优良牧草或生态生物学特性相似牧草提前补播,可加速演替进展(占布拉 等,2000)。程积民(1999)认为,将沙打旺种群播种到百里香草地,使草地尽快演替为长芒草草地。林勇等(2001)总结出在太行山低山丘陵区,由于长期过度放牧或林木砍伐,群落结构和立地条件发生变化,直接营造铁橡栋林已很难成功,结合其演替规律,在现有的生态条件下,通过嫁接技术发展枣树经济林,取得了较好的成效。按照当地植被演替规律,对退化生态系统进行人为干扰可加速其演替进程(张广才 等,2004)。邹厚远等(1998)通过在撂荒地补播豆科植物沙打旺促进演替。彭少麟通过对次生林地生态系统的恢复研究总结出恢复的步骤是按本地带植被的演替规律,人为促进顺行演替的发展。对处于演替早期阶段的林地进行林分改造,在马尾松疏林或其他先锋林中补种锥栗、木荷、樟树等,以促使针叶林快速顺行演替为高生态效益的针阔叶混交林,进而恢复季风常绿阔叶林(彭少麟,1995)。根据其演替规律,仅知道在哪一阶段种什么树和草还是不够的,因为随着演替的进行,环境条件也会发生变化,随之演替序列种的生理生态学特征、生态位等均会发生变化。所以还要进一步对演替序列的生长环境条件、群落动态特征、生态位与物种替代机制等进行研究。

第四节　矿区植物群落次生演替影响因素

群落重建是群落内物种逐渐替代、更新及稳定的过程,次生演替群落是正在进行中的动态群落重建。群落重建过程的研究是认识植被的动态变化、理解群落演替机制的重要途径。矿区植被群落由于人类采矿活动的扰动导致植被变化的范围和速度非常快,对植被演替过程中的群落重建机制的影响非常明显。经典的群落构建理论认为演替由确定性过程控制,在演替早期,环境过滤决定了群落的物种组成,随着演替的进行,物种间的相互作用可能会逐渐超过环境因子的作用而成为群落结构的决定因子。采矿活动的扰动、矿区的地质环境条件、矿区原有植物群落特征等均影响群落的空间结构、组分及其生态位,对矿区植物群落演替有重要影响。本研究将矿区植物群落演替的影响因素分为采矿活动、自然条件变化、矿区生态建设。

一、采矿活动对矿区植物群落演替的影响

在井工矿区中,当地下开采的工作面推进到一定距离后地表会随之发生变化,开始出现移动盆地。以开采过程中产生的地表沉陷为例,如图5-8所示,地表形变随着工作面的推进而出现,并逐渐由小增大;而对于地表固定的一点,沉陷速度则表现出由快变慢的趋势。当采空区达到充分采动面积后,地表下沉最大值达到了该区域地质条件下的最大值,工作面继续推进时采空区面积将继续增大,但地表最大下沉值将不再增大。因此,对于已经到达最大下沉值的地表,可以认为这些区域的地表形变已经结束并将保持相对稳定的状态。类似地,沉陷盆地边缘的地表裂缝也具有相似的变化规律,在裂缝发育至一定宽度、深度后,地表开裂便逐渐停止。

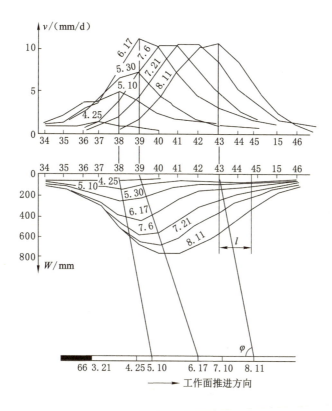

图 5-8 工作面推进过程中下沉盆地与下沉速度变化规律

半干旱区井工矿区地表形变主要包含地表沉陷、裂缝、滑坡、崩塌等类型。尽管这些地表形变在产生机理、表现形式上存在一定差异,但围绕它们对植被的影响时,可以根据影响的作用尺度大致分为以下两类:① 导致整体植被变化的地表形变;② 导致局部植被变化的地表形变。

第一类地表形变以地表沉陷为代表。地表沉陷产生的影响通常体现在大空间尺度上,例如某个受到沉陷影响的一块坡面,坡面内的植被可能整体出现植被覆盖度的增加或减少,而在坡面内部的则无明显的差异,如图 5-9 所示。所以通过小尺度的野外调查坡面内部植被的差异,难以反映地表形变对植被的长期影响。

(a)   (b)

图 5-9 地表沉陷影响后的植被

第二类地表形变以地表裂缝为代表。由于地表裂缝所造成的地表开裂面积相对于整个坡面而言,其空间范围较小,受到地表形变影响的植被范围往往也十分有限,通常只对裂缝周边一定范围内的植被产生影响,如图 5-10 所示。在这种情况下,从大空间尺度上对比地表裂缝造成的植被立地条件往往难以发现明显的差异,因为植被立地条件同样受到地形、水文、植被等多种因素的影响,难以保证在大空间范围内不同坡面的环境条件均相同。因此,探究地表裂缝产生的影响需要从小尺度出发,通过单个坡面内部由于地表裂缝影响区域与其他无影响区域存在的差异进行反映,与之相似的地质灾害还有滑坡、台阶等。

(a)   (b)

图 5-10　地表裂缝影响后的植被

(一) 地表沉陷对植被的影响分析

地表沉陷对植被的影响实际上可以通过地形因素与植被相关参数之间的相关关系加以证明,当植被相关参数与地形因素存在密切相关关系时,即可证明地表沉陷导致的地形变化也必然引起植被的变化。由于不同类型和组成的植被可能有着相似的地形条件,为了建立地形因素与植被的定量关系,选择结构参数反映植被的状态。因此,主要步骤为获取地表沉陷区域内植被结构参数的空间分布情况,以及地形因素的分布情况,最后建立地形要素与植被结构参数间的相关关系。

1. 沉陷区植被结构参数的空间分布

以大同煤峪口矿与忻州窑矿为研究区域,通过地表沉陷对植被结构参数影响的特征进行分析。借助无人机与卫星遥感影像建立的植被结构参数反演模型,获取了沉陷区域(煤峪口矿与忻州窑矿)内的植被结构参数分布情况。值得注意的是,沉陷区内存在许多受到人类活动影响的区域,例如耕地、建设用地、光伏板、裸地、阔叶林(主要为人工种植)。为了减少这些区域内由于人类活动引起的结构参数变化,需要将这些区域进行掩膜保留主要受到地表沉陷影响的植被。因此,对植被类型数据进行分类,分为人类活动密集区和植被自然生长区,如图 5-11 所示。

然后对沉陷区植被结构参数植被覆盖度、Shannon 指数、Margalef 指数、Pielou 指数、植被生物量等进行反演,得到植被自然生长区的结构参数分布情况,如图 5-12 所示。

2. 植被结构参数分布与地形因素的空间相关关系

在获取自然生长的植被结构参数后,通过相关性分析确定地形因子与结构参数间的空间相关关系,获取研究区的高程、坡度及坡向分布情况,如图 5-13 所示。

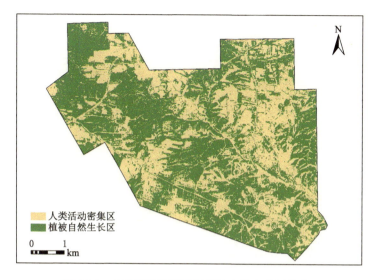

图 5-11 人类活动密集区与植被自然生长区分布

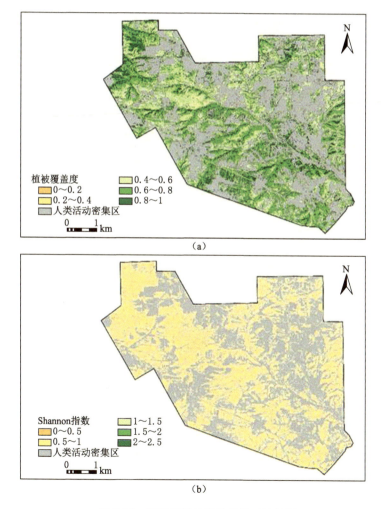

图 5-12 研究区植被结构参数反演结果

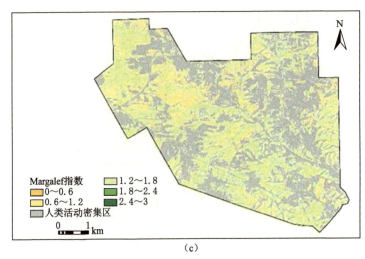

(c)

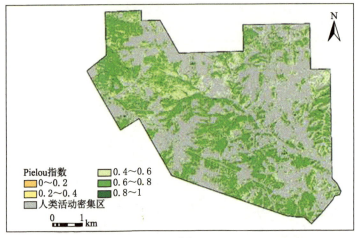

(d)

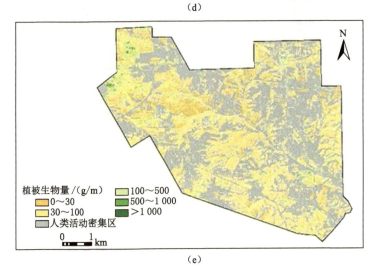

(e)

图 5-12 （续）

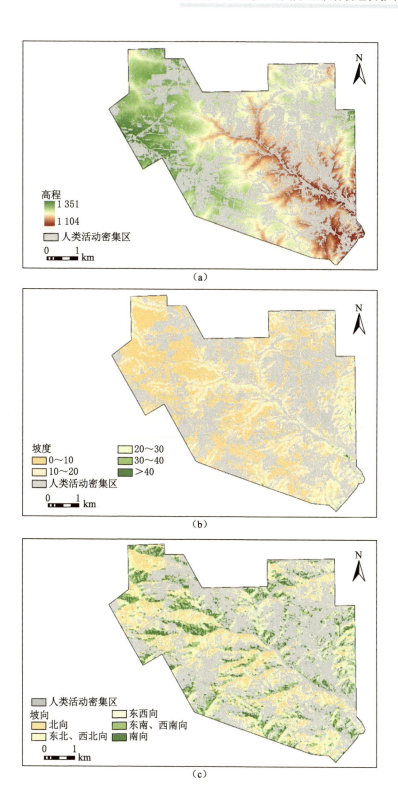

图 5-13　研究区地形分布情况

　　将经过掩膜的植被结构参数与地形要素进行 Pearson 相关分析,得到植被结构参数与地形因子的相关性分析结果,如表 5-1 所示。其中,为了定量化坡向对植被的影响,规定南向(阳坡)的数值为 5,北向(阴坡)的数值为 1,而东西向的数值等于 3。结果显示,植被覆盖度和植被多样性指数,与高程、坡度、坡向均具有有极其显著的相关性,且均与高程以及坡向呈现出负相关关系,而与坡度表现出正相关关系。植被生物量则仅与高程与坡向显著相关,其中与高程显著正相关而与坡向显著负相关。这可能来自以下三个原因。首先,从坡向来看,植被覆盖度、植被多样性以及植被生物量均随着坡向数值的提高而降低,这主要是由于在半干旱区,水分是植被生长发育的主要影响因素。坡向数值越大说明其越趋向于阳坡,则区域内的水分蒸发越强,土壤含水率则相对较低,从而导致植被生长及群落发展相对较慢。其次,从坡度来看,随着坡度的增加植被覆盖度及多样性也随之提高,这主要来源于坡度对于地表径流和水土流失的影响。从煤峪口矿开采范围内获取的无人机影像可以发现,植被覆盖度及多样性较高的区域主要集中在坡度较大的沟壑区域,由于起伏的地形促进了径流的形成,进而引起土壤养分在径流过程中被携带至低洼区域,导致原本分散的水分和养分集中在沟壑区域,这也促进了这些区域植被的发展和植被的生长。但由于坡度较大,这些沟壑区域的植被往往也难以发展为乔木植被,这也在一定程度上使得坡度与植被生物量间的相关性并不显著。最后,从高程来看,随着高程的增加,植被覆盖度及多样性随之降低,而植被生物量则逐渐提高。这可能来自沟壑地形下植被的分布特征,由于受到降雨径流的影响,低洼区域成为养分和水分的汇集区,但同时由于坡度较大,乔木植被的生长也受到限制。因此,乔木植被也往往位于地势较为平缓、高程较高的区域,由于乔木植被的单位生物量远远大于草本植被和灌木植被,高程也因此与植被生物量呈现出了正相关关系。

表 5-1　植被结构参数与地形因素的相关性分析结果

	植被覆盖度	Margalef 指数	Pielou 指数	Shannon 指数	植被生物量
高程	$-0.069**$	$-0.097**$	$-0.115**$	$-0.116**$	$0.017**$
坡度	$0.082**$	$0.086**$	$0.094**$	$0.121**$	-0.002
坡向	$-0.299**$	$-0.270**$	$-0.265**$	$-0.293**$	$-0.061**$

注:* 代表在 0.05 水平下存在显著差异,** 代表在 0.01 水平下存在显著差异。

　　总体来看,植被结构参数与地形因素间存在着密切的联系,这也说明地表沉陷导致高程、坡度和坡向发生变化后,区域内的植被也必然随之变化。将高程、坡度和坡向的变化使用地表沉陷剧烈程度表示时,分别为沉陷深度、沉陷角度和沉陷方向,根据高程、坡度和坡向与植被结构参数间表现出的空间相关关系可以认为,沉陷深度、沉陷角度和沉陷方向是影响植被结构参数的关键因素,决定了植被结构参数的变化情况。

　　(二)地表裂缝对植被的影响分析

　　地表裂缝作为一种导致局部植被变化的地表形变,需要在较小的空间尺度内探究其对植被的影响及关键影响因素。通过文献综述中地表裂缝对植被的影响可以发现,许多研究均发现了裂缝周边植被发生退化的现象,且对这一现象的产生机理进行了分析,主要原因是地表裂缝导致了周边土壤属性退化。因此,通过裂缝相关特征与土壤属性退化程度间的相关关系,揭示地表裂缝对植被的影响及关键影响因素。其分析步骤为先获取裂缝周边土壤属性的变化情况,以及地裂缝的相关特征,最后确定土壤属性退化与地表裂缝特征间的相关关系。

1.地表裂缝周边土壤属性的变化情况

通过对比地表裂缝边缘点与对照点的土壤属性发现,沉陷区裂缝周边的植被立地条件出现了明显的下降。裂缝边缘点在土壤有机质含量、土壤含水率、土壤田间持水率、土壤容重以及土壤黏粒含量指标上,与周边对照点相比值较低,而土壤孔隙度指标则出现了显著的提高。其他几项土壤属性,包括分形维数、土壤粉粒与砂粒含量则显示出显著差异。

进一步对比裂缝边缘点与对照点存在显著差异的土壤属性发现(表 5-2),其中变化最为明显的土壤属性为土壤含水率,边缘点的含水率较对照点下降了 20.65%;其中变化程度最小的指标为土壤田间持水率,但也出现了 11.95% 的下降。总体来看,裂缝边缘点与对照点这些土壤属性的变化程度约为 15.27%,主要表现为土壤属性值的下降。

表 5-2　地裂缝引起的土壤属性变化

相关土壤属性	变化值	相关土壤属性	变化值
土壤有机质含量/(g/kg)	3.02±0.028	土壤孔隙度	0.06±0.01
土壤含水率/%	2.15±0.22	土壤黏粒/%	0.754±0.01
土壤容重/(g/cm³)	0.18±0.02	均值	
土壤田间持水率/%	4.22±0.01		

裂缝特征主要包括裂缝的宽度、深度、坡度、长度,考虑到植被覆盖度与土壤属性间的密切关系,同样将裂缝周边的植被覆盖度作为裂缝的特征之一。

2.土壤属性变化与地表裂缝特征的相关关系

相关性分析结果表明,土壤属性的变化与其周边的地表裂缝特征,包括地表裂缝宽度、坡度以及植被覆盖度显著相关。根据方差分析结果得知,地表裂缝引起了土壤属性的变化,主要包括土壤有机质含量、土壤含水率、土壤田间持水率、土壤容重、土壤黏粒含量以及土壤孔隙度的变化。为了探究地表裂缝对土壤属性变化的影响,将地表裂缝的特征指标,包括地表裂缝的宽度、深度、长度与坡度与土壤属性变化度进行相关分析。此外,考虑到植被覆盖度与土壤属性可能存在密切的相关关系,将植被覆盖度与受到显著影响的土壤属性的变化值(表 5-3)和变化度(表 5-4)进行相关分析。结果显示,这些土壤属性的变化值与变化度均与地表裂缝的宽度和坡度呈现显著正相关关系,而与地表裂缝周边的植被覆盖度呈现显著负相关关系。

表 5-3　土壤属性变化值与裂缝特征的相关系数

土壤属性变化值	地表裂缝特征				植被覆盖度
	宽度	深度	长度	坡度	
土壤有机质含量-变化值	0.525**	−0.251	0.268	0.301	−0.587**
土壤含水率-变化值	0.598**	−0.185	0.117	0.577**	−0.601**
土壤容重-变化值	0.710**	−0.104	0.140	0.601**	−0.683**

表 5-3(续)

土壤属性变化值	地表裂缝特征				植被覆盖度
	宽度	深度	长度	坡度	
土壤田间持水率-变化值	0.524**	−0.090	0.125	0.393*	−0.456**
土壤孔隙度-变化值	0.502**	−0.253	0.261	0.649**	−0.540**
土壤黏粒含量-变化值	0.407**	−0.089	0.230	0.324*	−0.558**

注：* 代表在 0.05 水平下存在显著差异，** 代表在 0.01 水平下存在显著差异。

表 5-4　土壤属性变化度与裂缝特征的相关系数

土壤属性变化度	地表裂缝特征				植被覆盖度
	宽度	深度	长度	坡度	
土壤有机质含量-变化度	0.664**	−0.224	0.153	0.422**	−0.808**
土壤含水率-变化度	0.634**	−0.215	0.285	0.616**	−0.677**
土壤容重-变化度	0.668**	−0.102	0.095	0.617**	−0.664**
土壤田间持水率-变化度	0.600**	−0.144	0.175	0.423**	−0.558**
土壤孔隙度-变化度	0.520**	−0.264	0.263	0.648**	−0.561**
土壤黏粒含量-变化度	0.381*	−0.187	0.284	0.396*	−0.629**

注：* 代表在 0.05 水平下存在显著差异，** 代表在 0.01 水平下存在显著差异。

冗余分析结果表明土壤属性变化度与地表裂缝特征间关系更为密切。在去除与土壤属性变化关系较小的地表裂缝特征后（地表裂缝的深度与长度），地表裂缝宽度、坡度以及植被覆盖度与各个土壤属性变化度以及变化值之间关系如图 5-14 所示，其中 DP 与 DV 分别指土壤属性的变化值与变化度；SOM 为土壤有机质含量；SMC 为土壤含水率；BD 为土壤容重；FC 为土壤田间持水率；SP 为土壤孔隙度；Clay 为土壤黏粒含量。结果显示，地表裂缝特征指标分别解释了 Si_DP 和 Si_DV 中总体变化的 74.81% 和 49.6%。其中植被覆盖度和坡度分别占 Si_DP 总方差的83.1% 和 10.7%，而植被覆盖度和宽度分别占 Si_DV 总方差的 87.1% 和 8%。坡度和宽度均与 Si_DP 和 Si_DV 呈现正相关关系，而植被覆盖率则

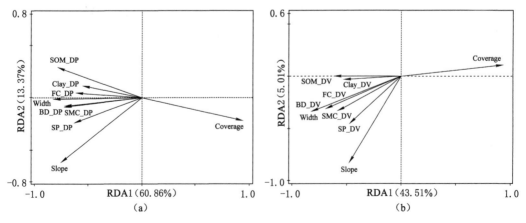

图 5-14　地表裂缝边缘点土壤属性变化度及变化值与地表裂缝特征的冗余分析排序图

与 Si_DP 和 Si_DV 为负相关关系。总体来看,地表裂缝的宽度、坡度和植被覆盖度是影响植被立地条件变化程度的关键因素,且与 Si_DP 的关系更为密切。

为了进一步确定土壤属性变化与地表裂缝特征之间的定量关系,选择土壤属性变化度作为因变量,地表裂缝的宽度、坡度和植被覆盖度作为自变量,分别建立土壤属性变化度反演的多元线性回归模型、随机森林模型与 BP 神经网络模型,对各个土壤属性变化度预测的精度如表 5-5 所示。结果显示,BP 神经网络模型具有最高的预测精度,其中对土壤有机质含量变化程度的预测效果最高,其决定系数 R^2 达到了 0.886 7,其余土壤属性变化实测值与预测值间的拟合公式和决定系数如图 5-15 所示。

表 5-5 土壤属性变化度不同反演模型精度表

R^2	多元线性回归模型	随机森林模型	BP 神经网络模型
土壤有机质含量-变化度	0.704 1	0.550 9	0.886 7
土壤含水率-变化度	0.468 5	0.366 6	0.778 8
土壤容重-变化度	0.563 4	0.406 4	0.712 9
土壤田间持水率-变化度	0.404 3	0.251 2	0.565 8
土壤孔隙度-变化度	0.552 2	0.421 8	0.558 2
土壤黏粒含量-变化度	0.399 1	0.192 6	0.548 8

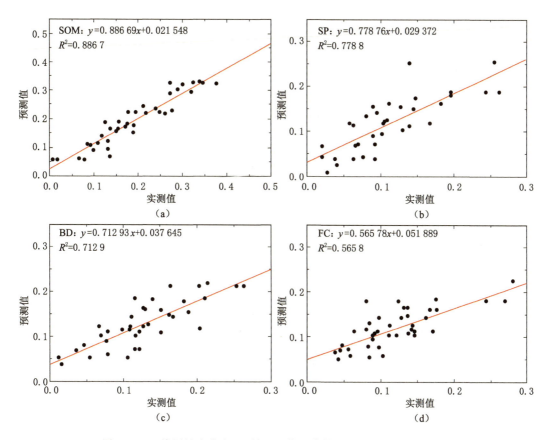

图 5-15 土壤属性变化度 BP 神经网络反演模型实测值与预测值精度

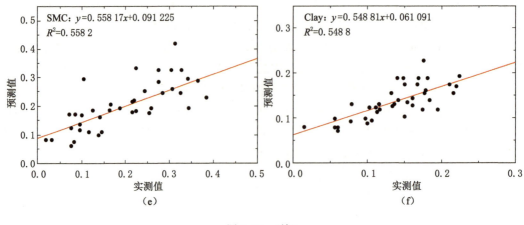

图 5-15　（续）

　　土壤属性变化度与地表裂缝特征间的相关性分析和反演模型结果表明,地表裂缝引起了周边土壤属性的退化,而地表裂缝宽度和坡度是决定土壤属性退化程度的关键因素。这主要来源于地表裂缝引起的水文过程改变。① 地表裂缝引起的土壤坡面一方面直接扩大了土壤裸露面积,加快了土壤蒸发和风力侵蚀。② 开采沉陷引起的地表坡度增加也加速了降水径流的强度,使得地表裂缝边缘的土壤也更容易受到雨水侵蚀,从而加剧了土壤及养分的流失。③ 此外,土壤组成结构的破坏和应力损伤也会对地表裂缝周边植被造成影响,从而影响植被稳固土壤、汇集养分及减缓径流的作用。这也解释了裂缝周边的植被覆盖度与土壤退化程度呈现的显著负相关关系。

　　总体来看,地表裂缝的形态特征与地表裂缝周边土壤属性的退化程度存在密切联系。当地表裂缝出现后,裂缝周边的土壤将出现不同程度的退化,退化的程度则与裂缝的形态密切相关。根据裂缝宽度和裂缝坡度与土壤属性变化度之间的相关关系可以认为,裂缝宽度与裂缝坡度是地表裂缝影响土壤属性的关键因素,并间接地决定了植被的变化情况。

　　综合地表沉陷和地表裂缝对植被长期影响的关键因素可以发现,地表形变将引起植被或植被所处土壤环境的变化,而地表形变的剧烈程度是决定植被受影响程度的关键。其中,沉陷深度、沉陷角度和沉陷方向是地表沉陷影响植被的关键因素,裂缝宽度与裂缝坡度是地表裂缝影响土壤属性的关键因素。

　　（三）不同矿区生态系统阶段对植被演替的影响

　　我国大多矿区生态系统的共同特点是:处在生态脆弱区,有较充足的光温资源、较贫瘠的水土资源和较丰富的矿产资源。矿产资源开发的结果是:光温不变,水土废弃,矿石耗竭。我国目前矿区生态系统可能出现 4 种演替模式(图 5-16)(白中科 等,1999)。

　　在进行矿产资源开发前,原生态系统将有两种可能的演替模式。模式①属于一般整治下的低稳定生态系统。因不可能得到矿区经济的支持,可能缺乏足够的资金来进行治理,故此种生态系统仅可低水平持续发展,矿区植被演替依靠"人工辅助手段＋自身恢复力"进行更新演替。模式②虽然水土光热资源较为丰富,但若维持现状,因无任何外来经济支持,属于不整治下的不稳定生态系统,矿区植被生态系统的演替完全依附本地的资源禀赋条件,自我修复和自我发展需要较长周期。

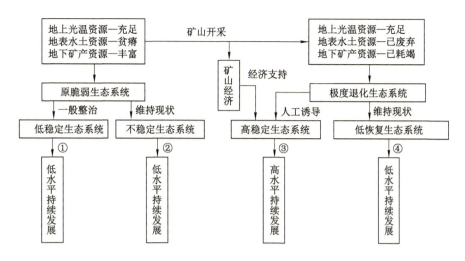

图 5-16　我国矿区生态系统的 4 种演替模式

　　在进行矿产资源开发的情况下,原生态系统也将有两种可能的演替模式。模式③是在矿区经济支持和人工诱导下重建的高稳定生态系统。这种情况下矿区在经济发展时,虽然占用和破坏大量土地,开采矿产资源和消耗其他生态环境资源,并排放大量的生产性废弃物,生态系统极度退化,但在矿产资源开发利用过程中获得的经济效益反哺矿区生态环境保护工作,通过合理的开采计划和科学的综合整治,矿区生态系统受到的干扰和破坏降到最小,并能得到逐渐恢复,这种生态系统在人工辅助技术的支持下,矿区植物生态系统可以快速地重建、修复,达到高水平持续发展。模式④中由于对其采矿生产中造成的生态环境破坏的成果不进行治理,结果导致一方面矿区经济活动大大超过矿区生态系统的承载能力,资源过度开发和利用导致资源短缺和环境恶化,从而引起矿区经济停滞和衰退;另一方面,经济停滞和衰退导致缺乏足够的资金去改善和修复被破坏的生态系统,只能进一步向生态系统索取资源,继续加重矿区生态环境危机。经济衰退和生态环境恶化互相制约,进而形成恶性循环。在这种模式下,矿区生态系统与经济系统表现为相互制约,从而引起矿区停滞和衰退。对矿区植被生态系统不做任何保护治理,仅靠本地的资源禀赋和自我更新演替,生态系统可以缓慢恢复。但是针对恢复区域有较大自然灾害的问题,植物生态系统的自我更新能力会比较差,不利于区域植物生态系统的恢复。

　　在实际矿产资源开发利用中,矿区生态系统演替可能介于上述 4 种模式之间。正确认识矿区矿产资源和水土光热的资源特征,边开采边治理,合理运用各种先进采矿工艺和设备,减少矿产资源消耗、生态环境破坏,促进资源综合利用,取得最优社会、经济和生态效益,使矿区生态系统处于健康稳定发展状态。

二、自然条件变化对矿区植物群落演替的影响

1. 气候特征

　　气候影响的主要因子有风、蒸发和干燥、雪、冰雹、闪电和洪水泛滥。虽然它们各自单独发生作用,但更多的是同时发生作用,矿区植物的生长受到这些气候因素的影响。干燥的破坏作用常与风有关,蒸发作用旺盛,破坏力加大。干燥也导致土壤变干,不能生长高等

植物,以致矿区植物群落退化或者恢复力降低。在不同的地形条件下,风的影响是不同的,诸如在土壤浅薄的山顶,脆弱的矿区植物系统会由于风的作用出现生态系统演替缓慢或者生态系统退化现象。雪使脆弱的矿区植物群落的地面裸露,在终年积雪的地方,由于窒息作用和遮挡阳光,除去藻类植物外,很少有高等植物生长。由于地形的关系,有时过大的雨量或雪水泛滥,也可以使一个地方的植被全部变成暂时或永久的水泽地。如果是永久的水泽地,水生植物可以迁移进来。如果是暂时的,由于窒息、冲洗或泥沙沉淀所生成的裸地,不久陆生植物就迁移进来。

2. 植物繁殖体

矿区复垦形成植物群落或是更新或是演替,关键是植物繁殖体的种群数量。植物繁殖体包括孢子、种子、果实、芽蘖和植物体的片段。繁殖过剩是竞争的原因,但是植物所产生的繁殖体可能有很多,虽具有无限繁殖的可能性,不过通常有大量繁殖体得不到发芽生长和繁殖的机会。

繁殖体类型和散布方式不同,所形成的群落状态也不相同。繁殖体的散布过程包括一个或多个运动阶段,通常植物到达某一个地定居,也常不只有一次散布。散布受繁殖体的可动性、散布因子以及距离和地形等因子的影响。除了水生的藻类和菌类植物,它们的繁殖孢子本身有运动性能外,一些比较高等的植物,它们的繁殖体都要依靠散布因子才能运动。运动的后果是否能到达迁移目的地主要取决于繁殖体的可动性和散布动力。就陆生植物来说,可动性的大小是由繁殖体的大小、重量、面积和有无特殊构造来决定的。特别是靠风力和水力散布的果实和种子更是如此。就种子或果实来说,形体愈小,所含的储藏养料愈少,成活率也就愈低。通常距离母体愈远的地点愈难散布到。例如松树种子的散布距离只有 100 m;云杉铁杉在 150 m 以外就不易形成密林。在这些树木散布种子的季节,如果适有大风,也可以远至几千米。通常,种子个别散布的、初期所形成的群落,多半是稀疏的;成簇散布的(如苍耳),必成密生群落。

繁殖体的位置,对于散布也很有关系。就种子植物来说,特别是风播的,顶生果序比腋生果序有利;高出于叶的果序比叶丛中的果序有利,总梗长的对散布也比较有利。

3. 地表植被类型的影响

植被作为生态系统物质循环和能量流动的中枢,对修复后植物生态系统的影响十分关键。对黄土高原修复后的矿区植被次生演替过程中植物群落变化的研究发现,处于不同演替阶段的植物群落之间存在着化感作用,这种化感作用可能是推动植物群落内因性生态演替的原因之一。在演替过程中植物群落覆盖度随演替年限的增加而增加,使得植物群落的结构趋向复杂化。对宁夏典型草原矿区修复研究发现,随着演替年限的增加,植物群落多样性、丰富度指数均呈波动增加趋势,但均匀度指数没有明显的变化趋势。对科尔沁沙地自然恢复矿区植物群落演替规律的研究发现,不同的演替阶段优势物种不同,物种的替代及生境的改变是演替发生的主导因素,物种多样性和丰富度指数随演替时间的增加而增加。对黄土高原矿区修复后草地次生演替过程中物种多样性的研究发现,草本植物多样性呈驼峰状演替模式,即在恢复演替中期植物多样性出现最大值,研究还发现,草地经过 30 年的恢复,逐渐达到了稳定的植物群落状态。典型草原植被覆盖度、丰富度和多样性指数随着自然恢复年限增加呈先上升后下降的变化。物种本身的遗传特性和外部的环境条件的差异共同影响着植物群落功能性状的表达。

4. 土壤质量的影响

土壤作为生态系统中诸多生态过程的载体,在一定程度上,矿区植物群落的恢复也是土壤养分不断积累、物理性能不断改善的过程。土壤作为植物群落的主要环境因子,是植物群落恢复的重要驱动力之一。近年来,出现了许多有关矿区植被恢复时土壤性质变化的研究。对黄土高原矿区生态修复中土壤改良作用的研究发现,通过人工种植或自然修复能够有效改善土壤条件。对黄土高原矿区植被恢复的研究发现,植被恢复会极大地引起土壤理化因子的变化,如:矿区生态修复之后土壤中有机碳、氮、磷的含量显著高于修复前土壤中的含量,表明植被对土壤养分循环、土壤质量维持具有重要的促进作用。对农田、草地和林地的研究发现植被恢复增加了土壤孔隙度,降低了土壤容重,林地中土壤有机质、氮和钾的含量高于其他土地利用类型,表明在植被恢复过程中,植被可通过植物的吸收、固定和分解使土壤理化因子在时间和空间尺度上出现不同的动态变化过程。对黄土高原矿区修复后耕地150年土壤理化性质变化的研究发现,土壤的理化性质与修复年限及植被恢复的阶段具有紧密的联系。然而,也有发现黄土高原不同演替年限土壤有机质和土壤全氮含量随着修复年限的增加呈下降趋势,表明在植被恢复的不同阶段土壤理化性质可能有不同的变化趋势。在植被恢复过程中,修复地通过次生演替恢复到植物顶级群落是一个漫长过程,作为生态环境的主要因子,土壤和植被之间是不断适应和改造的过程。

5. 植物-土壤-微生物相互作用的影响

群落演替过程中植物-土壤-微生物也存在协同作用。土壤微生物作为地上植物群落和地下生态系统的纽带,在生态学和进化动力学中起着至关重要的作用,微生物作为土壤中的主要分解者,可以通过对土壤营养元素的周转来调节养分的供应,进而影响植物的生长、资源分配和物理化学组成,同样的,植物可以通过提高生态系统净初级生产力来增加植物生物量的周转速率及根系分泌物的种类,改善土壤理化性质,进而为微生物提供养分来源,促进植物和微生物之间的协同进化。通过造林后微生物群落变化的研究发现,植被恢复后土壤微生物群落结构和功能的变化主要取决于植被类型和恢复年限。研究干旱区6种典型植物群落下土壤的群落特征的差异,发现植物群落多样性与土壤微生物多样性之间呈现出显著正相关关系。植物恢复过程中植物多样性指数和丰富度指数的增加促进微生物多样性显著增加,并且植物均匀度指数可以通过调节植物物种丰富度指数从而对微生物群落产生影响。从微生物群落多样性的全球格局来看,微生物群落的多样性和组成主要取决于植物群落类型。植物群落和土壤养分的异质性可显著改变地下微生物群落组成的结构。目前,除了冰川区域外,地球上超过四分之三的陆地生态系统均受到不同程度的人为干扰。越来越多的研究报告表明,生态系统地上和地下部分通过直接或间接作用建立了紧密的联系。植被和土壤能改变微生物生长和繁殖的物理化学条件,因此,地上植物群落和土壤理化性质无论发生何种变化都可能会强烈影响地下微生物群落的结构和功能。植物群落和土壤理化性质不仅制约着微生物群落的多样性和组成,其对微生物生物量的变化也产生着巨大的影响。微生物生物量可以准确地反映土壤质量状况以及环境质量状况。

三、矿区生态建设对植物群落演替的影响

植被退化是矿区重要的生态环境问题之一,虽然气候条件是影响植被分布的主导因素,但人类的建设与破坏活动对植被演替的驱动作用越来越显著,它会改变了一定区域内

顶级群落的空间格局,如生态林、固沙灌木等空间分布。近30年来,随着人类生产生活的高速发展,为了遏制生态的进一步恶化,我国的矿区生态修复进入快速发展期。目前我国已在矿区基质改良、土地重构、物种选择、植被配置模式等方面做了大量工作,在山西、内蒙古、长江沿岸等多个地区形成多个矿区复绿的演替热点。因此,生态工程因素成为矿区植物演替的重要驱动力。

尽管生态建设取得了丰硕的成果,但是在矿区土地复垦率、生态修复质量和后续管护等方面仍有明显差距。在未来生态建设过程中,我们应遵循次生自然环境规律要求,才能有效提高人工植被的自然整合能力。能林则林,能草则草,减少盲目性,提倡科学性。

第五节 矿区植物群落次生演替模拟

群落演替是指随着时间的推移,一个群落被另一个群落代替的过程,也是自然界中植被类型变化的主要方式。根据地表形变对植被长期影响的作用机理可知,地表形变过程引起了土壤和植被要素的退化,从而限制了植被在形变发生后的生长与发展,而植物群落的演替过程正是首当其冲的生态过程。因此,构建能够模拟群落演替过程的模型、还原形变发生后群落演替过程和结果的差异成为认识地表形变对植被类型变化长期影响的前提。

一、植物群落次生演替模型

(一)元胞自动机理论基础

元胞自动机中最基本的概念是元胞(cell),是将空间按一定规则划分后得到的最小单位。元胞的重要特点是它状态有限,同时所有元胞根据同一种规则进行演化和更新。元胞会对相邻的元胞产生影响,整个离散空间中的元胞互相影响,最终形成了整体演化趋势。元胞自动机模型和其他离散动力学模型的主要差别是:① 它没有明确严格的函数或公式,而是通过更新规则产生演化趋势;② 元胞的状态是有限的,同时这些状态的影响范围在时间和空间上都是有限的。

通常情况下,满足了元胞自动机特点的演化模型都可以称为元胞自动机模型。因此,元胞自动机模型不是具体的方法,而是一类方法的统称。典型的元胞自动机主要由元胞空间、元胞邻居、元胞状态及转化规则组成。所有离散的元胞在一定空间范围内组成元胞数据集,遵循相同的规则使得元胞之间互相影响和演化,最终反映出复杂的行为或现象的演化趋势。

1. 元胞空间

元胞空间即为覆盖研究区域网格单元的集合,可以是一维、二维或多维的,其中二维元胞空间在现实中应用最为广泛。如图5-17所示,二维元胞空间的划分方式通常有三角形、四边形和六边形,它们各有适用条件和优缺点。由于四边形网格的划分方式在编程实现和显示方面都比较简便,因此是目前比较流行的网格划分方式。

2. 元胞邻居

如图5-18所示,元胞邻居目前主要分为三类:冯诺依曼(Von Neumann)型、摩尔(Moore)型、扩展的摩尔型,三种邻居类型需要根据实际场景中不同规则进行选择。

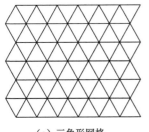
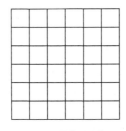
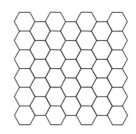

（a）三角形网格　　　　　（b）四边形网格　　　　　（c）六边形网格

图 5-17　二维元胞空间的主要类型

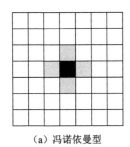
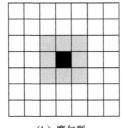

（a）冯诺依曼型　　　　　（b）摩尔型　　　　　（c）扩展的摩尔型

图 5-18　二维元胞邻居的主要类型

3. 元胞状态

元胞状态表示元胞在模型中的非空属性集合。每个元胞都有特定的状态值，通常为布尔值或离散集的形式，并随着模型的演化时刻发生改变。

4. 转化规则

转换规则是元胞自动机的核心，体现了被模拟过程的逻辑关系，决定着空间变化的结果，是根据元胞当前时刻的状态和邻居状态来决定下一个时刻该元胞状态的动力学函数。

总体来看，元胞自动机模型可以通过简单的局部转换规则来模拟十分复杂的空间结构。这一方法相较于以往的经验函数模型、林窗模型、全球植被动态模型等具有更强的灵活性、适用性和可靠性，不仅能反映演替过程中植被在各种生态水文过程作用下的时间变化过程，同时能反映植被与周边环境间相互作用的空间交互过程，尤其适用于小区域的开采沉陷区植物群落演替模拟。因此，此部分将展示基于元胞自动机模型开发的植物群落演替模拟模型，通过模拟开采前后地形条件下植物群落演替过程，对比两种情景下形成的植被格局差异，以此反映地表形变对植物群落演替的长期影响。

（二）植物群落次生演替模型结构设计

此部分选择半干旱区井工矿区作为研究区域。基于前文关于半干旱区井工矿区地表形变对植被长期影响的作用机理和关键因素可知，地表形变引起了植被和土壤要素的退化，从而限制了植被的生长，其中以高程、坡度和坡向为代表的地形因素的变化是关键影响因素。结合半干旱区地质、水文、气候条件的特点分析可知，降雨径流是影响地表形变的主要水文过程，也是其他生态水文过程发生变化的起源。当地表形变发生后，首先以地表沉陷和地表裂缝为代表的形变通过根系拉伸等直接引起植被的死亡，此外，地表形变也导致了区域内高程、坡度和坡向的变化,并将对后续的水文过程产生影响。

降雨径流过程是高程变化后首先发生变化的水文过程。降雨发生后土壤通过雨水入渗将水分储存在土壤中,为植被种子萌发提供了必要的水分条件;当降雨强度大于土壤入渗速率时,区域内将形成地表径流;地表径流将会裹挟土壤随重力方向朝低矮的沟壑区域流去,这一过程使得沟壑区域变成养分聚集区;而土壤水分蒸发也会造成区域内的水分空间分布差异,阳坡蒸发速率大,土壤水分低,阴坡蒸发速率小,土壤水分高。在降雨径流、土壤入渗、水土流失、水分蒸发一系列过程中,高程决定了径流的流向,坡度决定了入渗和径流的速率,坡向决定了蒸发的速率。因此,地表形变引起的高程、坡度和坡向变化,将引起上述水文过程的变化,这种变化经过长期的积累最终将导致区域内植被立地条件的空间差异。

植被生长和群落演替过程则由于植被立地条件空间分布的变化而受到影响。在经过一系列水文过程后,区域内的植被立地条件开始出现差异,其中植被自然生长所需的必要立地条件主要包括土壤水分、养分和种子库。当植被立地条件满足不同类型的植被生长所必需的条件后,这些植被的种子便有一定概率地开始萌发和生长。而在生长季结束之后,草本植被和一部分灌木植被则会出现死亡,一部分灌木植被和乔木植被则会出现凋落,这些植被残枝和掉落物会进入土壤转换为有机质等被土壤储存起来;凋落的种子也将进入土壤种子库,从而为次年植被的萌发提供所需的养分和种子。这种生长和死亡的过程将会在区域内年复一年地循环,与其他生态水文过程一并发生,最终共同促成了区域植被格局。因此,通过上述一系列生态水文过程,地表形变对植被类型的变化产生了长期的影响。

基于地表形变对植被的长期影响过程,植物群落演替模型主要由三个功能模块组成,分别为地表形变模块、降雨径流模块和生长演替模块,各模块间的主要流程和变量间的相互关系如图 5-19 所示。

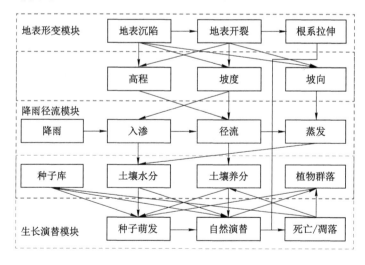

图 5-19　植物群落演替模型架构

为了详细介绍植物群落演替模拟模型,将从模型的元胞空间设计、元胞邻居设计、元胞状态设计以及转化规则设计进行详细介绍。

1. 元胞空间设计

为了兼容地形数据及无人机影像的栅格数据,选择四边形网格作为元胞空间,如图 5-20 所示。考虑到生态学中植被划分的最小单元大小,将每个元胞大小设定为现实世界中 1 m² 的正方形地块,在以下内容中涉及的植被覆盖度、植被类型、土壤水分、地表径流量等状态变量均表示为 1 m² 大小元胞内的状态。整个元胞空间的范围则根据栅格数据的空间决定。

2. 元胞邻居设计

考虑到现实情况下地表径流和植被生长过程中相邻斑块间的作用方式,选择摩尔型作为此模型的元胞邻居,如图 5-21 所示。每个元胞受到与其相邻的 8 个邻居元胞的作用,在不同的模块中遵循不同的规则变化。

$C_{(x-1,y-1)}$	$C_{(x-1,y)}$	$C_{(x-1,y+1)}$
$C_{(x,y-1)}$	$C_{(x,y)}$	$C_{(x,y+1)}$
$C_{(x+1,y-1)}$	$C_{(x+1,y)}$	$C_{(x+1,y+1)}$

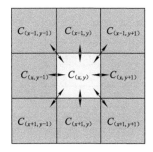

图 5-20 四边形网格划分方法　　　　图 5-21 四边形网格元胞自动机摩尔型邻居模型

3. 元胞状态设计

每个元胞的状态主要包括全局参数、降雨参数、地形参数、入渗参数、径流参数、蒸发参数、土壤参数和植被参数,如表 5-6 所示。

表 5-6　元胞状态参数类型及含义

参数类型	参数名称	参数缩写	含义
全局参数	元胞数量	$n * n$	元胞数据集的空间范围
	日期(天)	i	代表植被生长模块内每一步长所代表的现实意义
	时间(分钟)	j	代表降雨径流模块内每一步长所代表的现实意义
降雨参数	降雨总量	sumrain	某一季度内区域的降雨总量,单位为 mm
	降雨天数	rainday	某一季度内区域的降雨总天数
	降雨时间	raintime	单次降雨持续的时间,单位为 min
	降雨强度	arain	单位时间内落入元胞的平均雨量,单位为 mm/min
	雨水落入概率	prain	元胞每分钟内获得单位雨量的概率
	单位降雨量	rain	单位时间内落入地表的雨量,单位为 mm
地形参数	高程	t	元胞沿铅垂线方向到绝对基面的距离
	相对最高点	maximum	元胞 $C(x,y)$ 及其邻居元胞中相对于元胞 $C(x,y)$ 的最高点元胞
	相对最低点	minimum	元胞 $C(x,y)$ 及其邻居元胞中相对于元胞 $C(x,y)$ 的最低点元胞
	坡度	s	元胞所在地表单元陡缓的程度,由高程数据计算获得
	坡向	direction	元胞所在地表的朝向,由高程数据计算获得

表 5-6(续)

参数类型	参数名称	参数缩写	含义
入渗参数	累计入渗量	suminfil	降雨持续时间内入渗至土壤的总水量,单位为 mm
	单位入渗量	infil	单位时间内入渗至土壤的水量,单位为 mm
	入渗速率	infilrate	单位时间内入渗至土壤的最大水量,单位为 mm
	入渗时间	Infiltime	降雨持续时间内入渗的累计时间,单位为 min
	元胞最大入渗量	maxinfil	降雨持续时间内土壤所能容纳的总水量,单位为 mm
径流参数	单位径流量	runoff	单位时间内的地表总水量,单位 mm,由降雨强度、入渗量、流出量与流入量决定
	径流时间	runofftime	降雨持续时间内发生径流的累计时间,单位为 min
	径流流出量	flowout	单位时间内流出地表的水量,单位为 mm
	径流流入量	flowin	单位时间内流入地表的水量,单位为 mm
	径流速率	runoffrate	单位时间内通过地表的最大水量,单位为 mm
	元胞最大径流量	maxrunoff	降雨持续时间内地表所能容纳的总水量,单位为 mm
	邻居元胞流出量	surflowout	邻居元胞的径流流出量
蒸发参数	春季单日蒸发量	springeva	春季土壤每日内由于蒸发失去的水量,单位为 mm
	夏季单日蒸发量	summereva	夏季土壤每日内由于蒸发失去的水量,单位为 mm
	秋冬季单日蒸发量	wintereva	秋冬季土壤每日内由于蒸发失去的水量,单位为 mm
土壤参数	土壤水分	moisture	土壤含有的水量,单位为 %
	土壤养分	nutrition	土壤含有的有机质含量,单位为 g/m^2
	饱和含水量	satumois	土壤在水分饱和状态下可以容纳的最大水量,单位为 %
	田间持水量	fieldmois	土壤在自然状态下可以保持的最大水量,单位为 %
	养分最大量	maxnutrition	土壤在养分饱和状态下可以容纳的最大有机质含量,单位为 g/m^2
	土壤种子库	seed	土壤中含有的种子数量
植被参数	植被覆盖	plant	区域内的植被覆盖情况,存在 4 种状态,分别为无植被、草本、灌木和乔木
	新生草本植被	Nherb	新萌发的草本植被
	新生灌木植被	Nshrub	新萌发的灌木植被
	新生乔木植被	Ntree	新萌发的乔木植被
	凋落植被	Dplant	在秋冬季自然凋落死亡的植被
	植被死亡概率	Pdeath	在秋冬季每日内植被出现凋落死亡的概率
	获得种子的概率	Pseed	单日内通过动物携带、风力作用等偶然因素获得种子的概率
	种子萌发概率	Pherb, Pshrub, Ptree	单日内草本、灌木及乔木植被种子在分别满足萌发所需的基本条件后萌发为植被的概率
	种子萌发所需水分	herbmoisture, shrubmoisture, treemoisture	草本、灌木及乔木植被种子萌发所需的最低土壤水分条件

表 5-6(续)

参数类型	参数名称	参数缩写	含义
植被参数	种子萌发所需养分	herbnutrition, shrubnutrition, treenutrition	草本、灌木及乔木植被种子萌发所需的最低土壤养分条件
	邻居植被	surherb, surshrub, surtree	邻居元胞的植被分布情况

全局参数包括元胞数量、日期和时间，其中元胞数量决定了元胞自动机模型的空间范围，日期和时间则分别对应了植被生长模块和降雨径流模块中的每一步长的现实意义。步长是模拟模型中的最小时间单位，所有模拟过程均在其对应的步长时间单位内发生。综合考虑计算量、模拟精度和效率，设置植被生长模块的步长单位为天，每前进一个步长代表元胞在现实世界中经过一天，前一天元胞的结束状态将作为后一天的元胞的起始状态；设置降雨径流模块的步长单位为分钟，每前进一个步长代表元胞在现实世界中经过一分钟，前一分钟元胞的结束状态将作为后一分钟的元胞的起始状态。

降雨参数包括降雨总量、降雨天数、降雨时间、降雨强度、雨水落入概率、单位降雨量等，以此模拟现实世界中的降雨情景。其中，降雨总量、降雨天数、降雨强度、雨水落入概率均根据研究区实际的降雨情况确定，单位降雨量则根据每次降雨发生时以上几个参数的实际值计算获得，具体参数设置在下文的元胞转化规则中详细介绍。

地形参数包括高程、相对最高点、相对最低点、坡度及坡向，用于反映模拟区域的地形条件。使用的高程数据来自无人机获取的 DTM 以及 ALOS 卫星获取的 DEM 影像，其中无人机 DTM 影像根据元胞的大小将其重采样为 1 m² 的栅格，ALOS 卫星 DEM 影像则将其进行插值分析进行等比例缩小为 1 m² 的栅格。在此基础上通过 Arcmap 将获取的高程数据通过栅格分析转化得到坡度和坡向数据。而相对最高点和相对最低点则通过比较相邻元胞的高程确定，具体参数设置在下文的元胞转化规则中详细介绍。

入渗参数包括累计入渗量、单位入渗量、入渗速率、入渗时间、元胞最大入渗量，主要描述和限定雨水入渗并转化为土壤水分的过程。其中入渗速率和元胞最大入渗量由元胞的土壤养分、坡度、植被类型、入渗时间共同决定，并随着这些参数的变化而不断改变；单位入渗量、累计入渗量和入渗时间则随着降雨和径流持续的时间确定，主要用于降雨径流模块结束时的土壤水分增加量。具体参数设置在下文的元胞转化规则中详细介绍。

径流参数包括单位径流量、径流时间、径流流出量、径流流入量、径流速率、元胞最大径流量、邻居元胞流出量，主要描述和限定地表径流过程。其中，径流速率和元胞最大径流量由坡度及元胞的植被覆盖情况共同决定；单位径流量、径流时间、径流流出量、径流流入量、邻居元胞流出则根据径流发生时的雨量、邻居元胞间的高程关系、径流速率等决定。具体参数设置在下文的元胞转化规则中详细介绍。

蒸发参数包括春季单日蒸发量、夏季单日蒸发量与秋冬季单日蒸发量，用于反映土壤水分的单日蒸发速率。当土壤的含水率超过田间持水率时蒸发随即发生，并根据季节的不同、坡向的不同,元胞的单日蒸发量存在一定差异。具体参数设置在下文的元胞转化规则中详细介绍。

土壤参数包括土壤水分、土壤养分、饱和含水量、田间持水量、养分最大量和土壤种子库,是决定植被种子萌发的关键参数。土壤水分、养分和种子库是植被萌发的必要条件,而饱和含水量、田间持水量、养分最大量则分别影响着入渗、径流和养分累积过程。具体参数设置在下文的元胞转化规则中详细介绍。

植被参数包括植被覆盖、新生草本植被、新生灌木植被、新生乔木植被、凋落植被、植被死亡概率、获得种子的概率、种子萌发概率、种子萌发所需水分、种子萌发所需养分、邻居植被,主要用于反映和限制区域内植被覆盖情况。其中植被覆盖、新生草本植被、新生灌木植被、新生乔木植被、凋落植被反映了每一步长内元胞的原始植被覆盖、植被种子萌发和植被死亡凋落的状态,而植被死亡概率、获得种子的概率、种子萌发所需水分、种子萌发所需养分、邻居植被则规定了植被种子萌发过程中发生各类活动的概率和限制条件。具体参数设置在下文的元胞转化规则中详细介绍。

4.转化规则设计

(1)根系损伤规则

地表形变不仅引起地表高程、坡度、坡向的变化,同时也导致部分植被的死亡。考虑到不同类型植被的生长方式及对外界扰动的恢复力差异,设置草本、灌木和乔木植被对沉陷的忍耐阈值分别为1.5 m、1 m和0.5 m,即当沉陷深度大于1.5 m时,区域内的草本植被即死亡,当沉陷超过1 m和0.5 m时灌木和乔木则死亡。在模型中,将地表形变设置为模拟的第一天发生,死亡的植被将作为养分被土壤吸收,养分吸收规律与植被自然死亡时一致。

(2)降雨规则

在真实的降雨场景中,单位时间落入地表的雨水呈现随机分布规律。将雨滴横截面作为单位面积并投影到其落入的地表,将秒作为单位时间并记录每一秒内落入地表的雨水数量。通过持续观测可以发现,在每一秒内具有落入雨水的地表是随机的,而单位时间内含有降雨落入地表的面积与地表总面积的比值即为降雨落入概率。在本模型中,考虑到模型的整体运行速度,将运行的步长即单位时间设定为分钟,单位面积为1 m² 的元胞,其含义为每1 min 内落入1 m² 面积地表的雨量。单位步长内元胞在单位降水量状态上的变化如图5-22 所示。

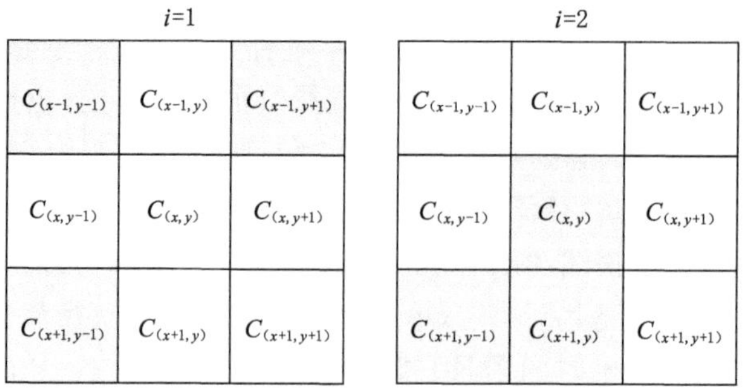

$i=1$		
$C_{(x-1,y-1)}$	$C_{(x-1,y)}$	$C_{(x-1,y+1)}$
$C_{(x,y-1)}$	$C_{(x,y)}$	$C_{(x,y+1)}$
$C_{(x+1,y-1)}$	$C_{(x+1,y)}$	$C_{(x+1,y+1)}$

$i=2$		
$C_{(x-1,y-1)}$	$C_{(x-1,y)}$	$C_{(x-1,y+1)}$
$C_{(x,y-1)}$	$C_{(x,y)}$	$C_{(x,y+1)}$
$C_{(x+1,y-1)}$	$C_{(x+1,y)}$	$C_{(x+1,y+1)}$

图 5-22 降雨过程中元胞状态变化示意图

为了反映区域真实的降雨情况,通过区域的季度降雨总量、降雨天数、降雨时间、降雨强度、雨水落入概率以计算降雨强度。具体公式为

$$rain = arain \times prain \qquad (5\text{-}1)$$

$$arain = \frac{sumrain}{rainday \times raintime} \qquad (5\text{-}2)$$

式中,rain 为每一步长内元胞获得的雨量,prain 为雨水落入概率,sumrain 为累计降雨量,rainday 为降雨天数,raintime 为降雨时间。

以云冈区过去 50 年的降雨情况作为参考(李效珍 等,2011),分别确定不同季节的降雨量。由于云冈区降水 70% 集中在春夏季,且此模型仅将春夏季作为植被的生长期,秋冬季的降水既无法形成径流也无法促进植被的生长,因此仅在春夏季时考虑降雨情况。其中设置春季为每年度的第 59 天至第 151 天,夏季为第 151 天至第 243 天,其余时间为秋冬季。具体参数如表 5-7 所示。

表 5-7　生长季降雨参数设置

降雨参数	春季	夏季
累计降雨量/mm	50～60	220～280
降雨天数/天	10～20	20～40
降雨发生概率	0.17	0.33
降雨时间/min	60～600	60～720
雨水落入概率	0.2～0.5	0.2～0.5

(3) 土壤入渗规则

土壤入渗是指地表水在重力势、基质势等作用下运移、存储变为土壤水的过程,是水循环的重要环节,也是影响地表径流的重要因素。入渗速率表示单位时间通过单位面积的地表渗入至土壤的水量,受到降雨强度、土壤类型、土壤含水率、植被覆盖度、坡度等多种因素的影响。

目前,针对土壤入渗速率的特征及预测已有大量的研究,最为常见的模型主要包括 Kstiakov 模型、Horton 模型、Holtan 模型、方正三模型等(吕刚 等,2008;赵西宁 等,2004)。这些模型大部分是将入渗时间作为因变量,将土壤质地、初始含水量、降雨强度作为模型参数,通过确定入渗时间与入渗速率间的经验方程进行估算(解文艳,2004;李毅 等,2006)。如图 5-23 所示,这些模型中入渗时间与入渗速率基本呈现幂函数或指数函数关系,随着入渗时间的增加,入渗速率随之减小并稳定在固定的一个值,这一入渗速率也被称为稳定入渗率。

已有针对黄土丘陵区的土壤入渗速率开展的大量的研究,积累了大量不同坡度、不同植被覆盖度、不同雨强下的土壤入渗速率拟合公式(蒋定生,1986;吴钦孝 等,2004;袁建平 等,2001;杨政 等,2015;刘汗 等,2009;周星魁 等,1996)。因此,参照以往黄土丘陵区土壤入渗速率的拟合模型,并综合考虑了坡度、植被覆盖、土壤质地对入渗速率的影响,确定了各个元胞的土壤入渗速率公式。对于植被覆盖的土壤来说,由于植被覆盖能有效减缓地表水的流动,从而大大增加其稳定入渗率;坡度的增加则会减少来自重力的分量,从而引起

入渗速率的减小,如图 5-24 所示。而对于无植被覆盖的土壤来说,除了受到入渗时间和坡度的影响外,由于其地表更容易受到降雨径流的侵蚀,其土壤养分将更容易流失从而导致土壤质地的恶化,进一步降低土壤入渗速率。因此针对裸地土壤增加了一个土壤养分的调节参数,当土壤养分低于土壤初始条件时,其土壤入渗速率将逐渐下降,以模拟现实情况下土壤侵蚀增加并逐渐沙化的现象。

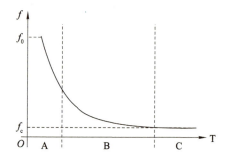 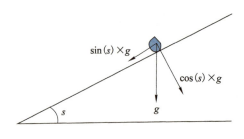

图 5-23　土壤入渗速率随入渗时间的变化情况　　　图 5-24　降水在坡面的重力加速度分量

$$\text{infilrate}_{\text{veg}} = \cos(s) \times (1.91 + 0.326 \times e^{-0.215\text{infiltime}}) \tag{5-3}$$

$$\text{infilrate}_{\text{bare}} = \cos(s) \times (0.3 + 0.621 \times e^{-0.25\text{infiltime}}) \times \frac{\text{nutrition}}{\text{ininutrition}} \tag{5-4}$$

其中 $\text{infilrate}_{\text{veg}}$、$\text{infilrate}_{\text{bare}}$ 分别为植被覆盖和无植被覆盖区域的土壤入渗速率,infiltime 为入渗时间,nutrition 为土壤养分含量,ininutrition 为土壤初始养分含量。

　　入渗是地表水转化为土壤水的唯一过程。由于地下水间移动以及土壤水再分配同样为复杂过程,为了保证模型运行的连贯性,在此模型中仅考虑表土土壤水分的变化。入渗结束后,表土土壤的水分增加量即等于累计入渗量,而表土为地表 20 cm 以内的土壤。值得注意的是,当土壤水分含量达到土壤的饱和含水量时,土壤入渗过程将会暂停,多余的地表水则会以径流的形式流向周边区域。通过对研究区域土壤的采样化验,测得不同覆盖类型的土壤饱和含水量如表 5-8 所示。

表 5-8　不同植被覆盖下土壤的饱和含水量

	植被覆盖	无植被覆盖
饱和含水量/%	0.35	0.3

　　为了便于降雨量、入渗量、含水量等不同量纲变量之间的转化,本文中定义的含水量均统一为单位体积内土壤水分的比例。由于降雨形成的地表水以及地表土壤的投影面积均为 1 m²,所以土壤含水量的公式则等于累计入渗量的深度与表土深度的比值,将深度单位统一为 mm 后土壤含水量的公式为

$$\text{moisture} = \text{moisture} + \frac{\text{suminfil}}{200} \tag{5-5}$$

其中 moisture 为土壤含水量,suminfil 为土壤累计入渗量。

　　(4) 径流规则

　　当地表水流速大于土壤入渗速率时开始出现径流。对于单个元胞来说,地表水输入来

源包括降雨和来自其他元胞的径流,输出方式则包括土壤入渗及流出至其他元胞的径流。首先,当降雨落入地表后随即入渗至土壤中形成土壤水,当单位时间内的降雨量高于土壤单位时间内的入渗量时,无法入渗至土壤的降水随即形成地表径流,值得注意的是,本文中降雨量的单位为 mm,其含义为单位时间内落入单位面积内水量的深度,而单位面积为元胞的投影面积 1 m²。但对于地表径流,坡度的存在使得地表径流实际通过的面积将大于元胞的投影面积,如图 5-25 所示。因此,从降雨中获取的径流量需要进行转化,根据勾股定理可得,坡度为 s 的坡面实际单位面积为 $1/\cos(s)$,则径流公式为

$$\text{runoff}' = \text{rain} \tag{5-6}$$

$$\text{runoff} = \frac{\text{runoff}'}{\dfrac{1}{\cos(s)}} = \cos(s) \times \text{runoff}' \tag{5-7}$$

考虑土壤入渗后的径流公式为

$$\text{runoff} = \text{runoff} + \text{rain} \times \cos(s) - \text{infil} \tag{5-8}$$

其中 runoff 为地表径流量,rain 为降雨雨量,infil 为土壤入渗量。

在此之后,地表径流随即在重力作用下开始向周边区域流动,当径流在一个元胞 $C(x,y)$ 内形成时,如果元胞 $C(x,y)$ 并非是其相邻的 8 个邻居元胞中的高程最小元胞,那么径流将在重力的作用下从该元胞流向相对于此元胞的最低点。例如,对于元胞 $C(x+1, y+1)$ 是元胞 $C(x,y)$ 邻居元胞中高程最小元胞,那么在元胞 $C(x,y)$ 中形成的径流便会流入 $C(x+1,y+1)$ 中;与此同时,如果元胞 $C(x+1,y+1)$ 并非其邻居元胞的最低点,则 $C(x+1,y+1)$ 同样会流入其他元胞中。值得注意的是,由于重力方向是固定的,所有每个元胞形成径流的流出方向只有一个,径流将始终流入高程相对较低的元胞,如图 5-26 所示。

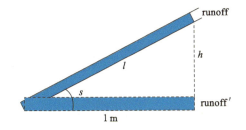

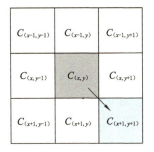

图 5-25　不同坡度元胞的径流状态　　　　图 5-26　非相对最低点元胞径流的流出方向

而当一个元胞 $C(x,y)$ 的高程小于周围所有邻居元胞时,此元胞则成为径流的汇聚点,邻居元胞形成的径流都将流入元胞 $C(x,y)$ 中,而元胞 $C(x,y)$ 形成的径流则不会流出。但是,当元胞 $C(x,y)$ 内汇集的径流超出其所能汇集的最大值(maxrunoff)时,元胞 $C(x,y)$ 的邻居元胞则将停止流出。当径流量逐渐增加时,元胞 $C(x,y)$ 中的径流将向邻居元胞溢出,但由于未超过其邻居元胞的最高点,所有其邻居元胞内的径流仍然会继续向元胞 $C(x,y)$ 内流入,直到到达元胞 $C(x,y)$ 的最大径流量。单个元胞径流的最大径流量由元胞 $C(x,y)$ 的高程与相对于元胞 $C(x,y)$ 最高点的高程决定。元胞 $C(x,y)$ 的邻居元胞内的径流由于无法再流出,这些邻居元胞也将逐渐汇集径流,从而出现径流由低向高增加的"溢出"现象,如图 5-27 所示。

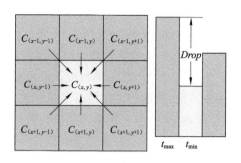

图 5-27 相对最低点元胞径流的流入方向

在径流过程中,元胞 $C(x,y)$ 的流出量与其径流量以及径流速率有关,而流入量则等于其邻居元胞的流向元胞 $C(x,y)$ 的流出量总和。当元胞单位步长内的径流量小于元胞的径流速率时,流出量等于此时的径流量,即

$$\text{flowout} = \text{runoff} \qquad (5\text{-}9)$$

当元胞单位步长内的径流量大于元胞的径流速率时,流出量则等于元胞的径流速率乘以单位时间,即

$$\text{flowout} = \text{runoffrate} \qquad (5\text{-}10)$$

其中元胞 $C(x,y)$ 的径流速率表示单位时间内通过元胞的最大径流量,这一速率通过曼宁公式计算得到。曼宁公式是一个估测液体在开放管道(即明渠流)或非满管流中平均速度的经验公式,即

$$v = \frac{k}{n} R_\text{h}^{2/3} S^{1/2} \qquad (5\text{-}11)$$

式中,v 是流速;k 是转换系数,国际标准值为 1;n 为曼宁粗糙系数,通过查询曼宁系数表确定;R_h 为水力半径,计算方式是过水截面积与湿周长的比值;S 为水力坡线或是线性扬程损失的斜率。

将每个元胞作为径流流动的基本空间单元,则 R_h 为通过元胞的水深,为了便于降雨量、径流量之间的水量交互与计算,对径流量与降雨量均统一使用 mm 作为单位,因此在计算最大径流速率的公式中将径流量直接作为水深计算;经过查询曼妮系数表后,规定裸土的粗糙系数为 0.02,植被覆盖土壤的粗糙系数为 0.095;斜率 S 则等于坡度的正切值 $\tan(s)$。

当元胞 $C(x,y)$ 为周围一个或多个邻居元胞的最低点且未达到元胞最大径流量时,其流入量等于周边邻居元胞流出量的总和,即

$$\begin{aligned}
\text{flowin}(x,y) = &\text{flowout}(x-1,y-1) + \text{flowout}(x-1,y) + \\
&\text{flowout}(x-1,y+1) + \text{flowout}(x,y-1) + \text{flowout}(x,y+1) + \\
&\text{flowout}(x+1,y-1) + \text{flowout}(x+1,y) + \text{flowout}(x+1,y+1)
\end{aligned} \qquad (5\text{-}12)$$

当元胞 $C(x,y)$ 相对于所有邻居元胞均不是最低点时,元胞 $C(x,y)$ 内仅存在流出量,流入元胞 $C(x,y)$ 的流入量等于 0。

最终,当发生流入和流出过程后再次计算径流量,公式为

$$\text{runoff} = \text{runoff} + \text{flowin} - \text{flowout} \qquad (5\text{-}13)$$

从而输出这一步长内的径流量,作为下一步长的起始状态。

（5）蒸发规则

当土壤含水量高于土壤的田间持水率时则土壤水分开始蒸发，这一过程主要发生在无降雨期间。土壤的田间持水率主要受到覆盖类型的影响，存在植被覆盖的土壤其保水持水能力较强，而裸土则相对较弱。不同覆盖类型的田间持水率如表 5-9 所示。

表 5-9　不同覆盖类型元胞的田间持水率

	植被覆盖	无植被覆盖
田间持水率	0.22	0.15

蒸发速率在不同季节内因地形位置的不同而有所差异。在半干旱区，土壤的蒸发速率受坡向与植被覆盖的影响。在相同的气候条件，空气的平均温度、风速等影响蒸发速率的因素在单位面积内一般无明显差异。但由于不同坡向的差异，阳坡区域的土壤由于光照时间较长而温度较高，土壤的蒸发速率也较高，如图 5-28 所示。另外，地表的植被覆盖则会一定程度地降低地表土壤的温度，从而降低土壤的蒸发速率。参考云冈区过去 50 年的气象数据，并将蒸发速率转化为日蒸发量后，确定研究区不同季节、不同坡位及不同植被覆盖土壤的蒸发速率，如表 5-10 所示。

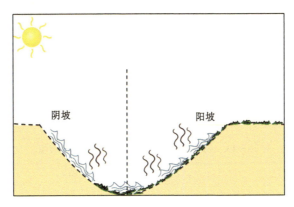

图 5-28　不同坡向的蒸发差异示意图

表 5-10　不同坡向的角度范围及蒸发速率

坡向	角度	蒸发速率/(mm/d)					
		无植被覆盖			植被覆盖		
		春季	夏季	秋冬	春季	夏季	秋冬
北向（阴坡）	(0,22.5)∪[337.5,360)	0.01	0.02	0.015	0.005	0.01	0.007 5
东北向	[22.5,67.5)	0.015	0.025	0.02	0.007 5	0.012 5	0.01
东向	[67.5,112.5)	0.02	0.03	0.025	0.01	0.015	0.012 5
东南向	[112.5,157.5)	0.025	0.035	0.03	0.012 5	0.017 5	0.015
南向（阳坡）	[157.5,202.5)	0.03	0.04	0.035	0.015	0.02	0.017 5
西南向	[202.5,247.5)	0.025	0.035	0.03	0.012 5	0.017 5	0.015

表 5-10(续)

坡向	角度	蒸发速率/(mm/d)					
		无植被覆盖			植被覆盖		
		春季	夏季	秋冬	春季	夏季	秋冬
西向	[247.5,292.5)	0.02	0.03	0.025	0.01	0.015	0.012 5
西北向	[292.5,337.5)	0.015	0.025	0.02	0.007 5	0.012 5	0.01
平向	0	0.02	0.03	0.025	0.01	0.015	0.012 5

(6)土壤养分积累及流失规则

土壤养分的积累主要来源于植被凋落物和残枝分解。当植被在秋冬季凋落枝叶时,其凋落物将被土壤中的微生物分解并转换为土壤养分;当植被死亡时,其残留的根茎也将被土壤吸收转化为土壤养分,这两种方式也是土壤养分的主要来源。其中,灌木和乔木植被包含植被死亡和凋落过程,而草本植被只通过死亡过程转化养分。此外,由于灌木植被和乔木植被的冠幅较大,其凋落和死亡后的枝叶通常也将落入周边区域,因此乔木和灌木植被的邻居元胞也将在其凋落和死亡时获得养分。其中,凋落是没有死亡的乔木和灌木植被在进入秋冬季后每天发生的过程,而死亡则是植被在进入秋冬季后发生的单次过程。由于不同类型植被在掉落物量上的差异,其各自的养分积累效率也有所不同,一般认为从高到低依次为乔木植被、灌木植被和草本植被。基于研究区土壤养分水平情况,规定不同植被凋落或死亡后土壤养分的增加情况如表 5-11 所示。为了避免局部区域养分过高不符合现实情况,同时设置了土壤养分的最大值为 40 g/kg,当土壤养分超出这一最大值后养分将不再增加。

表 5-11　植被死亡或凋落时土壤养分增加量

土壤养分增加量/(g/kg)	乔木	灌木	草本
植被死亡(自身元胞)	4.5	3	1.5
植被死亡(邻居元胞)	0.375	0.187 5	0
植被凋落(自身元胞)	0.022	0.011	0
植被凋落(邻居元胞)	0.001 4	0.000 7	0

另外,径流对土壤的冲刷裹挟作用导致了土壤养分的改变。如图 5-29 所示,径流通过土壤时,一部分土壤以及土壤中的有机质、氮磷钾等养分会在径流的裹挟作用下融入径流中,从而造成土壤养分的流失(丁文峰 等,2010)。径流的强度越大,其造成的养分流失则越明显;降雨的强度越大,土壤养分流失速率越大。在这一过程中,地表植被则会起到减弱径流、稳固水土的作用,因此植被覆盖土壤养分流失速率将明显低于裸土的养分流失速率。另外,区域中的径流汇集区则成为这些携带着土壤养分的主要输送区域,这些区域将成为区域内的土壤养分肥沃区。

以往的研究针对径流引起的土壤养分流失积累了大量预测模型,通过参考之前的研究(张兴昌 等,2000;王升 等,2012;索安宁 等,2007;李婧 等,2010),确定了不同类型土壤的

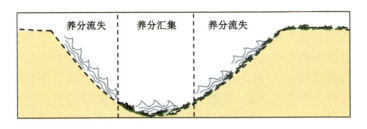

图 5-29　土壤养分流失示意图

养分流失速率(表 5-12)。此外,为避免一些区域土壤养分持续流出或流入而造成养分过高或过低的情况,分别设置 5 g/kg 和 30 g/kg 作为土壤养分的最低值和最高值,当土壤养分达到阈值时养分则不会再减少或增加。

表 5-12　土壤养分变化速率

土壤养分变化速率	植被覆盖	无植被覆盖
流出量≥流入量	$-0.8\times\dfrac{arain}{2}\times\dfrac{runoff}{50}$	$-5.46\times\dfrac{arain}{2}\times\dfrac{runoff}{50}$
流出量<流入量	$5.46\times\dfrac{arain}{2}\times\dfrac{runoff}{50}$	$0.8\times\dfrac{arain}{2}\times\dfrac{runoff}{50}$

注：* arain 表示雨强,runoff 表示地表径流量。

(7) 种子库积累规则

土壤种子库是植被生长的必要条件,种子的获得主要来自原有植被的凋落、周边植被的凋落及其他偶然事件(谢伟 等,2020;马全林 等,2015;Wang et al.,2020;Dairel et al.,2020)。植被在生长过程中都会随之产生一定数量的种子,这些种子大多会凋落在植被周围并进入土壤种子库中,当次年生长季到来时在满足种子萌发必要的水土条件后成为新的植被个体;相似地,周边区域植被的种子也可能掉入其相邻区域,从而满足植被生长所需的土壤种子库条件。除此之外,一些偶然事件同样会为某一区域的土壤提供种子,例如风力运输、动物携带等。规定植被死亡后其种子数量增加 1;而每天所有元胞因为偶然事件的概率为 0.000 4,偶然事件发生后其种子数量增加 1。

$$seed = seed + Dplant + (rand(n) < Pseed) \tag{5-14}$$

式中,seed 为种子数量;Dplant 为死亡植物的数量;rand(n)表示种子自然获得的偶然事件;Pseed 为偶然事件发生的概率。

对于来自相邻植被获得的种子,则统一使用逻辑判断,即当周边存在相同类型的植被时,则满足植被生长的种子库条件。

(8) 植被生长规则

不同植被生长所需的土壤水分、养分、种子库以及种子萌发概率均存在一定差异。植被的发展基本遵循草本—灌木—乔木的演替顺序,且随着群落等级等提高,不同植被生长所需的必要条件也随之提高(杨勤学 等,2015;傅微 等,2019;Guo et al.,2018)。一般来说,灌木植被所需的土壤养分条件高于草本植被,但在水分条件上无明显差异(王俏雨 等,2019;马俊梅 等,2018;樊如月 等,2019);而乔木所需的土壤养分和水分条件均较高。此外在现实情况中,植被还会呈现出一种"聚集"现象,即相同类型的植被集中在一片区域密集生长形成茂盛的植被。这主要来源于两个方面。首先,无论是草本、灌木还是乔木植被,其种子在凋落过程中均有几率落入周边区域,进入相邻区域的土壤种子库中,当满足种子萌发条件时便生长为相同的植被;其次,灌木和乔木植被由于植被凋落物较多,还将为相邻区域的土壤提供养分以提高土壤质量,从而更容易满足种子萌发条件。另外,对于灌木和乔木植被,其植被冠幅一般较大,单株植被冠幅常常达到 $2\sim10$ m²,这将进一步影响它们的作用范围。因此,为了模拟现实情况下植被呈现出的"聚集"现象,同时将邻居元胞的植被覆盖情况作为植被生长的触发条件。对于灌木和乔木植被,其植被冠幅一般较大,单株植被冠幅常常大于 1 m²,超出了设置的最小空间单元。此外,叶片凋落物及种子还将为相邻区域的土壤提供养分及种子,所以当元胞 $C(x,y)$ 的邻居元胞存在灌木和乔木植被时,元胞 $C(x,y)$ 也将满足灌木或乔木生长所需的养分和种子条件,如图 5-30 所示。对于这些存在邻居元胞为灌木和乔木植被的元胞,水分则成为主要限制条件。从植被自然恢复的规律来看,一般在草本植被发育 $3\sim5$ 年后开始出现灌木植被,而乔木植被的自然恢复往往需要 10 年以上的时间。基于以上规则,在参考以往黄土丘陵区植被自然恢复的研究案例基础上(温仲明 等,2017;Jiao et al.,2007;刘玉林 等,2018;郭明明 等,2018;王文鑫 等,2018),确定了不同类型植被所需的土壤养分、水分和种子库条件如表 5-13 所示,当元胞满足生长所需的必要条件和群落发展规律后,种子将有概率萌发为植被。

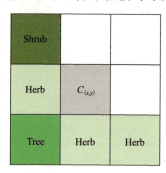

图 5-30　邻居元胞植被覆盖类型对种子萌发的影响

表 5-13　不同类型植被种子萌发条件

	土壤水分	土壤养分	土壤种子库	植被覆盖状态
草本	≥0.15	≥10	≥1 或 surherb>0	\
灌木	≥0.15 或 surshrub>0	≥18 或≥10 且 surshrub>0	≥3 或 surshrub>0	草本植被
乔木	≥0.28 或 surtree>0	>30 或≥10 且 surtree>0	≥6 或 surtree>0	草本植被

* surherb,surshrub,surtree 分别代表邻居元胞中草本、灌木和乔木植被的数量。

而对于不同类型植被的萌发概率来说,在一定范围内水分条件和养分条件越充足,其种子萌发的概率越高;邻居元胞中存在灌木和乔木的数量越多,种子萌发的概率同样越高。因此,在设置不同种子萌发概率时加入了土壤水分和养分调节参数,以确定不同植被在不同土壤条件下的种子萌发概率。

$$\text{Pherb} = 0.006 \times \frac{\text{nutrition}}{\text{herbnutrition}} \times \frac{\text{moisture}}{\text{herbmoisture}} \tag{5-15}$$

$$\text{Pshrub} = 0.005 \times (\text{surshrub} + 1) \times \frac{\text{nutrition}}{\text{shrubnutrition}} \times \frac{\text{moisture}}{\text{shrubmoisture}} \tag{5-16}$$

$$\text{Ptree} = 0.001 \times (\text{surtree} + 1) \times \frac{\text{nutrition}}{\text{treenutrition}} \times \frac{\text{moisture}}{\text{treemoisture}} \tag{5-17}$$

（三）植物群落演替模型代码实现

在 Matlab 中编程实现植物群落演替模型的结构和功能。由于模型中的降雨径流和生长演替模块中单位步长存在差异，即对应了不同的模拟时间，因此在开发过程中降雨径流模块将作为生长演替过程中的一项功能函数，当触发降雨事件后降雨径流模块随即开始工作，但在模型运行时降雨径流过程则不会单独显现，而是在降雨、径流、入渗等过程完成后直接输出降雨径流后的土壤含水量、养分等元胞状态参数。为了展示降雨径流模块运行时的地表径流过程，假设雨强为 0.5 mm/min，则地表径流过程如图 5-31 所示。随着降雨时间的增加，地表径流逐渐累积，并从高向低汇聚。这一过程中每个元胞的土壤含水量、养分等状态参数也根据径流、入渗规则等不断变化。

为了便于元胞参数的设置，同时设计了植物群落演替模型的用户窗口界面，如图 5-32 所示。

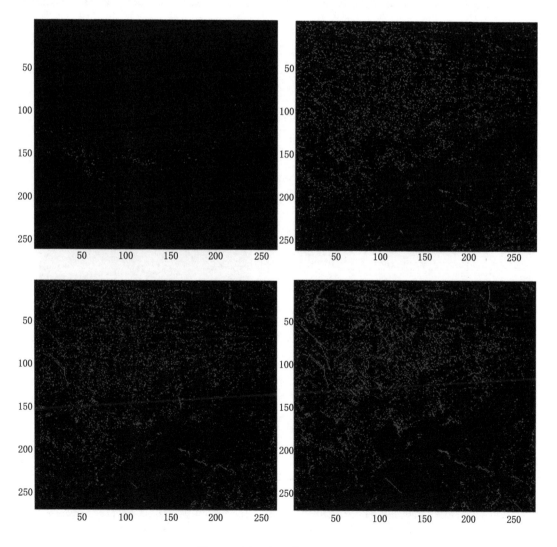

图 5-31　降雨径流模块运行界面

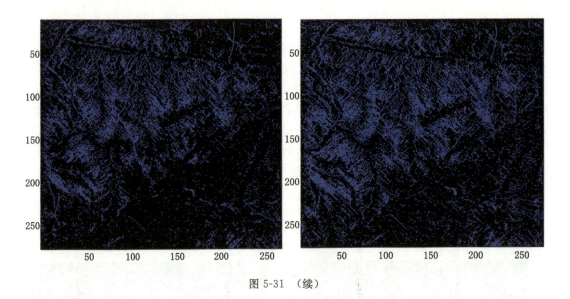

图 5-31 （续）

图 5-32 植物群落演替模型的用户窗口界面

通过点击高程、坡度、坡向、实际植被、掩膜区域按钮可以实现基础地形数据、验证数据、掩膜数据的导入。在输入各个元胞的状态参数后通过点击应用按钮将其转换为对应的变量形式。开始、停止和退出按钮则分别实现了模拟的开始、暂停和结束功能。在模拟开始后，降雨径流等生态水文过程不断发生，植被随之开始演替。根据模拟开始前设置的终止条件,模型可以按照固定的模拟时间或是演替至某一植被覆盖度时停止,并输出此时的植被分布情况。

（四）植物群落演替模型精度检验

为了验证建立的植物群落演替模型对地表形变区植物群落演替的模拟效果,选择煤峪口矿开采范围内的沉陷区作为验证区域。该区域内地形环境十分丰富,既包含了平坦的地面又涵盖了凹陷的沟谷,同时远离人类活动区,因此可以认为该区域的植被格局主要依靠植被自然演替形成。为了验证植物群落演替的模拟效果,在输入基础数据时,以无人机获取的高程数据作为区域的地形基础数据,将无人机反演得到的植被覆盖情况作为验证数据与模拟后的植被格局进行对比。为了反映真实情况下真实的地表径流、植被生长等过程,将高程数据以及植被覆盖数据进行重采样,将其转化为大小为 1 m×1 m 的栅格。然后在获取的高程数据基础上,在 Arcmap 中通过栅格分析功能进一步转化得到区域的坡度及坡向信息,并一同输入至模拟模型中,如图 5-33 所示。由于在验证区域内存在少量道路,这在一定程度上会影响模拟的效果,因此在输出结果前使用掩膜层模拟道路对植被格局的影响。

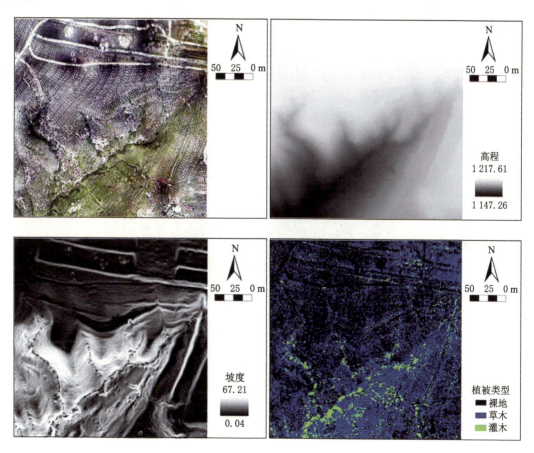

图 5-33　验证区域输入条件

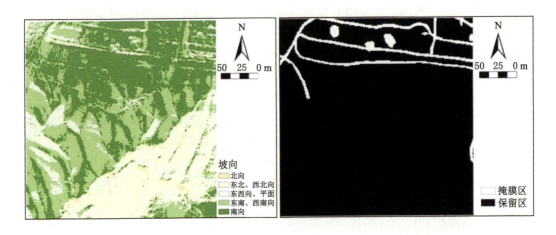

图 5-33 （续）

为了定量评价模型对植被格局的模拟效果,将模拟植被格局与实际植被格局划分为若干个大小的斑块(图 5-34),依次比较各个斑块内不同植被的覆盖度,并计算模拟结果的整体精度。这是由于植物群落演替的随机性,每一次模拟过程中同一位置的植被类型均是不确定的,因此通过划分不同大小的斑块比较不同景观尺度下的植被覆盖度进行验证较为合理。当模拟结果与实际结果中对应斑块内植被覆盖度相似,则说明此模型能较好地模拟现实情况中植被的自然生长情况。为了体现植被类型的差异,在精度评价中分别对植被覆盖度、草本覆盖度及灌木覆盖度进行评价,用于反映不同类型植被格局的模拟精度。由于用于验证的区域内仅发现一处乔木植被,因此精度评价时不单独考虑乔木植被格局。

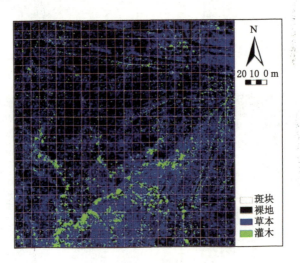

图 5-34 植被斑块划分

为了量化模拟结果的精度,采用归一化均方误差 NMSE 反映模型的模拟效果。归一化均方误差 NMSE 是一种反映两张图像之间相似度的指数,其值域为 0 到正无穷,NMSE 的值接近 0 则说明实际值与预测值之间差异越小,模型的模拟精度越高,具体公式为:

$$\text{NMSE} = \frac{\sum_{i=1}^{n} (y_i - \widehat{y}_i)^2}{\sum_{i=1}^{n} y_i^2} \tag{5-18}$$

式中，n 为划分斑块数量；y_i 与 $\widehat{y}_i$ 分别为实际植被格局与模拟植被格局中对应斑块的植被覆盖度。

考虑到不同划分尺度下植被格局相似度存在一定差异，选择了 10 m×10 m，20 m× 20 m，50 m×50 m，80 m×80 m，100 m×100 m 的五种评价尺度。

当模拟结果中的植被覆盖度接近验证数据的植被覆盖度时，即停止模拟并将此时的植被格局记录并与验证数据进行比较。在验证数据中，植被覆盖度为 50.78%，其中草本覆盖度为 43.27%，灌木覆盖度为 7.51%。在进行模拟时，规定当模拟结果的植被覆盖度介于 35% 与 55%，且灌木覆盖度介于 7% 与 8% 之间时即停止模拟，并输出此时的模拟结果。然后将此时的模拟结果与验证数据进行比较，分别计算不同尺度下的 NMSE 并自动记录。为了减少单次模拟带来的随机性，设置模拟次数为 50 次，取每次模拟结果与验证数据的 NMSE 平均值为最终值。

模拟的植被格局如图 5-35 所示，总体模拟精度如图 5-36 所示。从不同尺度的模拟精度来看，随着观察尺度的增加，模拟植被格局与实际植被格局间的差异度随之降低，表明模拟精度随之增加。其中，灌木植被的空间分布格局差异度最高，草本植被次之，而总体的植被覆盖度则最相似。这主要来自不同的植被覆盖度基数的差异，其中灌木覆盖度基数最小，因此在划分的斑块中较小的差异都将被放大，尤其考虑到植被的自然演替本身便是充满随机性的过程，使得灌木植被格局的模拟在较小尺度精度较低。

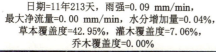

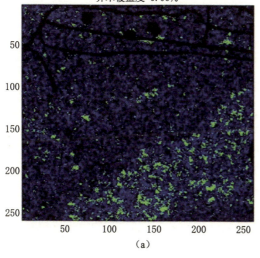

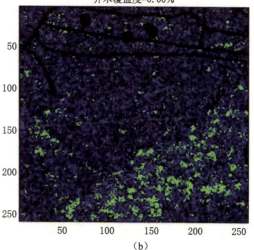

图 5-35　验证区域植被格局模拟结果

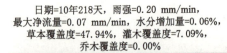

日期=10年218天，雨强=0.20 mm/min，
最大净流量=0.07 mm/min，水分增加量=0.06%，
草本覆盖度=47.94%，灌木覆盖度=7.09%，
乔木覆盖度=0.00%

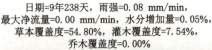

日期=9年238天，雨强=0.08 mm/min，
最大净流量=0.00 mm/min，水分增加量=0.05%，
草本覆盖度=54.80%，灌木覆盖度=7.54%，
乔木覆盖度=0.00%

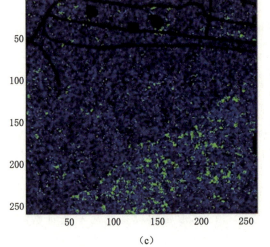

（c）

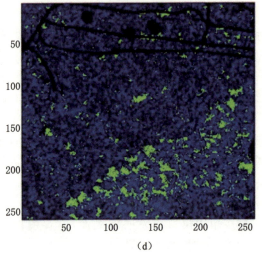

（d）

图 5-35 （续）

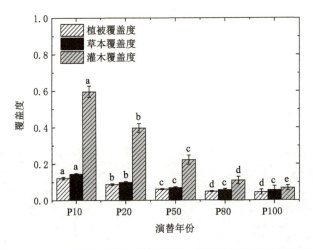

图 5-36　不同尺度下模拟植被格局和实际植被格局的差异度

　　但从整体效果来看，目前设计的模拟模型能够还原现实世界中的植被格局，在 100 m×100 m 尺度下模拟格局与实际格局间差异度均小于 0.1，因此认为此模拟模型能够较好模拟植被格局，可以反映植被受到地表形变影响出现的类型变化。

　　植物群落演替模拟结果的时间变化表明，模拟模型能够较好地还原群落的演替过程。图 5-37 反映了沉陷裂缝区内不同类型植被覆盖度在自然恢复 10 年间的动态变化，图 5-38 展示了植物群落演替的模拟结果在年度生长期最后一天的植被覆盖情况。

　　在演替初期，草本植被的发展速度较快，灌木植被由于对土壤养分和种子数量的要求较高，在演替的前 3 年间无灌木植被出现。但随着草本植被凋落死亡并转变为土壤养分，区域内逐渐开始出现灌木植被。根据设置的群落演替模拟的停止条件，50 次模拟结果到达植被覆盖条件平均需要 10.46 年,这与以往研究中的草本-灌木植被的恢复和演替时间相似。在以往的自然恢复实例中发现,植被的自然恢复基本遵循草本植被→草本-灌木植被→草本-灌木-乔木植被的演替顺序,其中灌木植被一般在自然恢复 3～5 年后出现,而乔木植被的恢复需要十年乃至几十年。验证区域的模拟结果中均仅存在较少数情况在自然演替 10 年后开始出现乔木植被,这也与实际的自然演替过程基本一致。

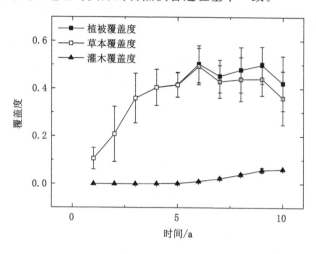

图 5-37　群落演替模拟过程中植被覆盖度的时序变化

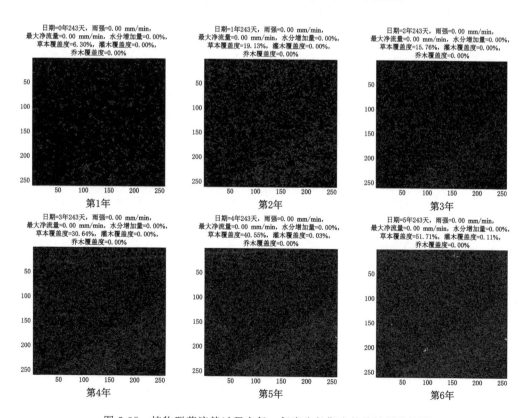

图 5-38　植物群落演替过程中每一年度生长期末的植被覆盖情况

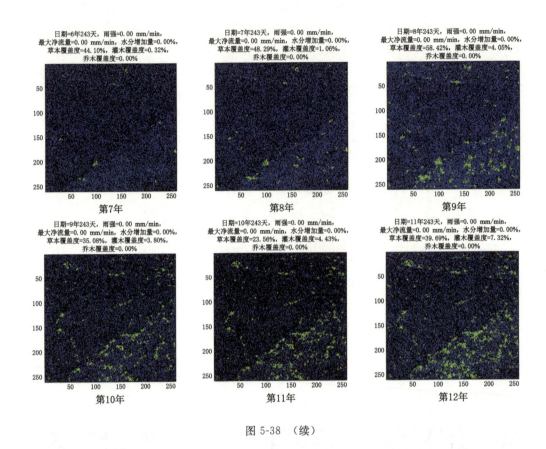

图 5-38 （续）

　　模拟结果中植被的空间分布也与实际情况相似。验证区域内低矮的沟壑区由于水分与养分的汇集，成为灌木植被的聚集区域。通过对比验证区模拟结果和地形条件可以发现，灌木植被主要集中分布在高程较低、坡度较小且坡向为北向的区域。由于本次研究中设置的初始土壤养分条件仅满足草本植物的生长，因此在演替初期不存在灌木植被。但随着土壤获取草本植物凋落物而积累养分的过程中，地表径流通过裹挟区域内的土壤养分，在重力作用下不断向低矮区域汇集使其成为养分和水分的富集区，因此高程较低的区域往往率先满足了灌木植被的生长条件。而坡度较小的区域则由于土壤入渗速率、径流速率较小，相较于坡度较大的土壤能够储存更多的水分和养分。坡向则主要影响着土壤的蒸发速率，这使得面向北方的阴坡更适宜植被的生长。总体来看，模拟结果中无论是植被的动态变化或是空间分布均与实际情况的植物群落演替规律一致，表明开发的植物群落模型能够较好地还原真实的群落演替过程。

二、沟壑地形下矿区植物群落演替模拟

　　沟壑地形是半干旱区主要的地形条件。在无形变发生时，沟壑区域内的植被格局便存在明显的空间差异，这主要来源于区域内地形起伏而带来的立地条件差异。当形变发生后，立地条件的空间差异也将进一步增加，引起植被格局的进一步变化。考虑到植被格局是植物群落演替模拟模型的输出结果之一，初始植被覆盖情况必将对模拟结果带来明显影

响。因此,本节也分别对沟壑区域在低初始植被覆盖以及高初始植被覆盖下的植物群落演替进行模拟,以反映地表形变对沟壑区域的植物群落演替在不同初始植被覆盖下的长期影响。

（一）沟壑区域形变前后地形及初始植被覆盖条件

为了还原植被在无其他人类活动干扰下的自然演替过程,本节选择研究区内一处沉陷区作为模拟区域,并将其地形、植被覆盖、地表沉陷情况作为输入数据进行模拟。如图 5-39 所示,模拟区域位于煤峪口矿和忻州窑矿开采范围内,基于沉陷预计结果确定区域内沉陷范围及深度。

图 5-39　模拟区域范围及沉陷分布情况

为了还原形变发生前的地形和植被覆盖情况,特选择模拟区域于 2006 年沉陷发生前的原始 DEM 遥感影像作为基础地形数据,然后使用模拟区域 DEM 影像在 Arcmap 中通过栅格分析进一步获取区域的坡度及坡向信息。

植被覆盖数据则采用 2006 年植被分类结果,并根据分类结果将区域重分类为裸地、草本、灌木及乔木 4 种类型,其中草本植被初始植被覆盖度为 31.57%,灌木初始植被覆盖度为 40%。乔木初始植被覆盖度为12.09%,整体分布情况如图 5-40 所示。而在低初始植被覆盖时,将植被覆盖度等于零这一理想条件作为低初始植被覆盖下植被格局自然演替的基础条件。

沉陷对地形的影响主要体现在地表高程的下降,以及在沉陷区内引起地表裂缝。为了模拟地表裂缝起到的截流作用,设置地表裂缝的深度均为 10 m。通过 Arcmap 的栅格计算功能,将原始地形的高程减去沉陷深度后得到模拟区域沉陷后的高程,然后再通过栅格分析进一步获得沉陷后地形的坡度及坡向。沟壑区域沉陷后的地形、坡向、坡度以及植被覆盖如图 5-41 所示。

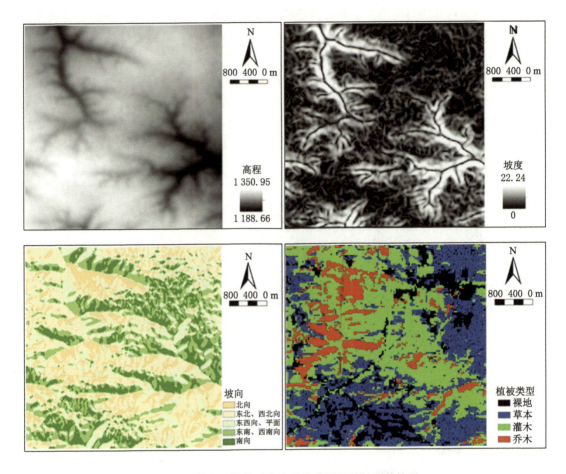

图 5-40 模拟区域扰动发生前的地形及植被覆盖情况

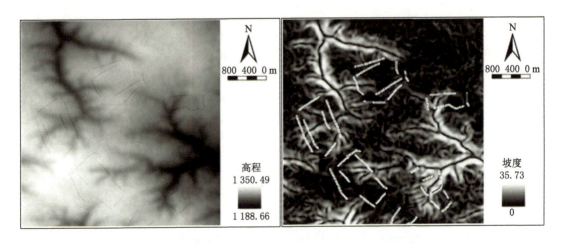

图 5-41 模拟区域形变发生后的地形及植被覆盖情况

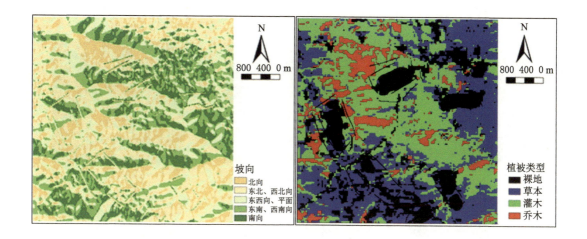

图 5-41　（续）

（二）沟壑区域-高初始植被覆盖下地表形变前后的植物群落演替模拟

沟壑区域在高初始植被覆盖情况下,原始情景和形变情景中植物群落在 30 年自然演替过程中的时序变化情况分别如图 5-42 和图 5-43 所示。

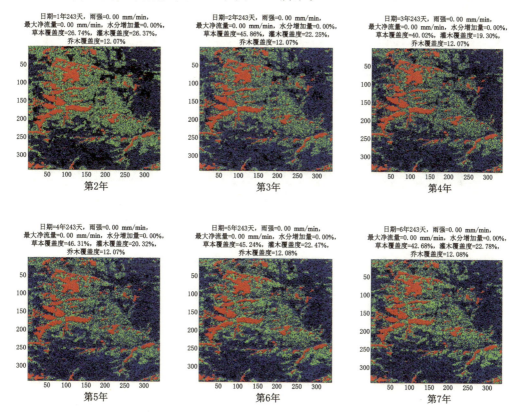

图 5-42　沟壑地形-高初始植被覆盖条件下原始情景植被格局的 30 年时序变化过程

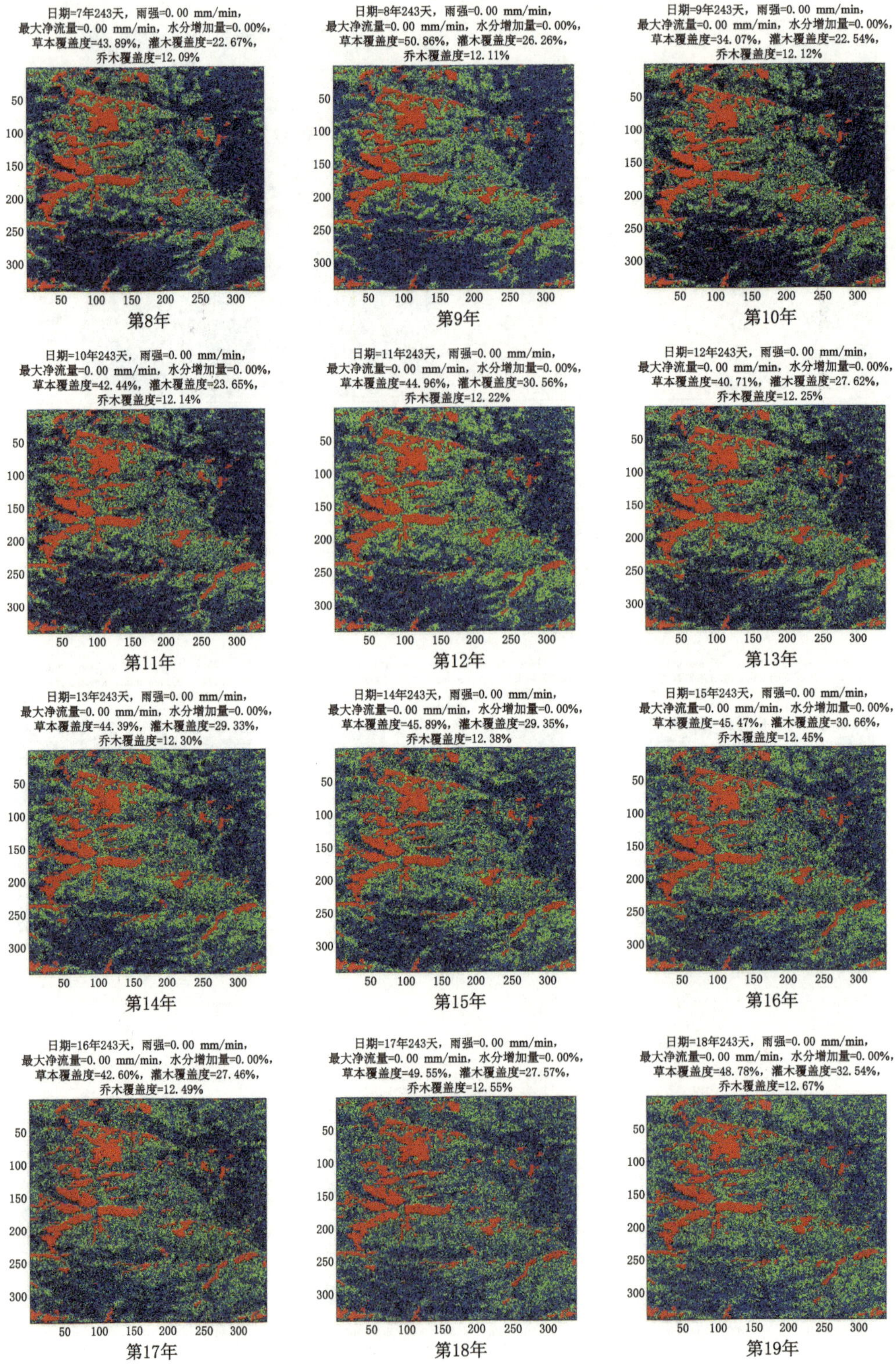

日期=7年243天，雨强=0.00 mm/min，
最大净流量=0.00 mm/min，水分增加量=0.00%，
草本覆盖度=43.89%，灌木覆盖度=22.67%，
乔木覆盖度=12.09%

第8年

日期=8年243天，雨强=0.00 mm/min，
最大净流量=0.00 mm/min，水分增加量=0.00%，
草本覆盖度=50.86%，灌木覆盖度=26.26%，
乔木覆盖度=12.11%

第9年

日期=9年243天，雨强=0.00 mm/min，
最大净流量=0.00 mm/min，水分增加量=0.00%，
草本覆盖度=34.07%，灌木覆盖度=22.54%，
乔木覆盖度=12.12%

第10年

日期=10年243天，雨强=0.00 mm/min，
最大净流量=0.00 mm/min，水分增加量=0.00%，
草本覆盖度=42.44%，灌木覆盖度=23.65%，
乔木覆盖度=12.14%

第11年

日期=11年243天，雨强=0.00 mm/min，
最大净流量=0.00 mm/min，水分增加量=0.00%，
草本覆盖度=44.96%，灌木覆盖度=30.56%，
乔木覆盖度=12.22%

第12年

日期=12年243天，雨强=0.00 mm/min，
最大净流量=0.00 mm/min，水分增加量=0.00%，
草本覆盖度=40.71%，灌木覆盖度=27.62%，
乔木覆盖度=12.25%

第13年

日期=13年243天，雨强=0.00 mm/min，
最大净流量=0.00 mm/min，水分增加量=0.00%，
草本覆盖度=44.39%，灌木覆盖度=29.33%，
乔木覆盖度=12.30%

第14年

日期=14年243天，雨强=0.00 mm/min，
最大净流量=0.00 mm/min，水分增加量=0.00%，
草本覆盖度=45.89%，灌木覆盖度=29.35%，
乔木覆盖度=12.38%

第15年

日期=15年243天，雨强=0.00 mm/min，
最大净流量=0.00 mm/min，水分增加量=0.00%，
草本覆盖度=45.47%，灌木覆盖度=30.66%，
乔木覆盖度=12.45%

第16年

日期=16年243天，雨强=0.00 mm/min，
最大净流量=0.00 mm/min，水分增加量=0.00%，
草本覆盖度=42.60%，灌木覆盖度=27.46%，
乔木覆盖度=12.49%

第17年

日期=17年243天，雨强=0.00 mm/min，
最大净流量=0.00 mm/min，水分增加量=0.00%，
草本覆盖度=49.55%，灌木覆盖度=27.57%，
乔木覆盖度=12.55%

第18年

日期=18年243天，雨强=0.00 mm/min，
最大净流量=0.00 mm/min，水分增加量=0.00%，
草本覆盖度=48.78%，灌木覆盖度=32.54%，
乔木覆盖度=12.67%

第19年

图 5-42 （续）

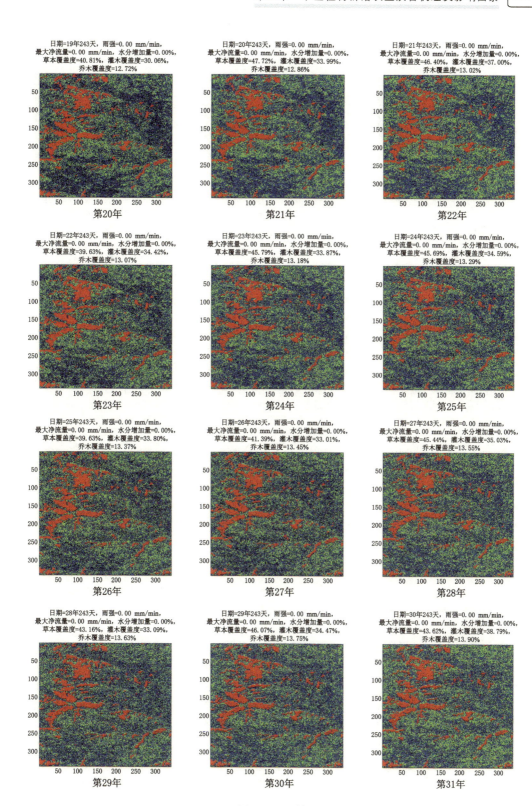

图 5-42 （续）

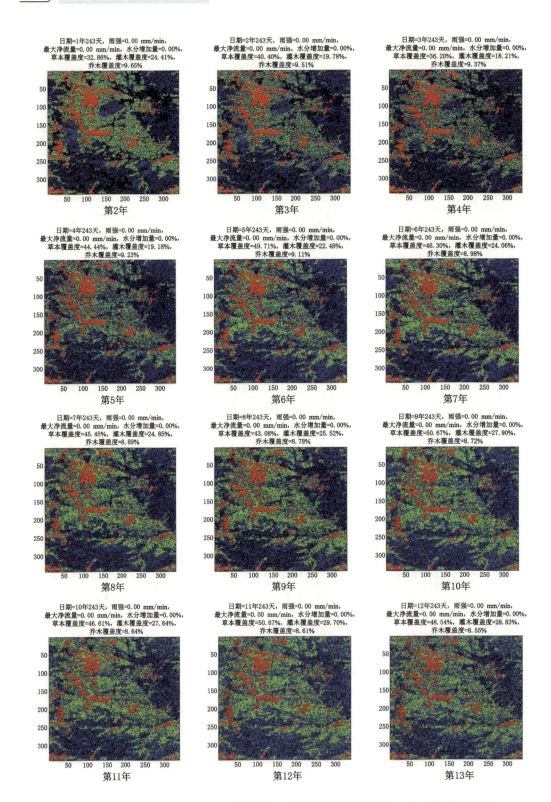

图 5-43 沟壑地形-高初始植被覆盖条件下形变情景植被格局的 30 年时序变化过程

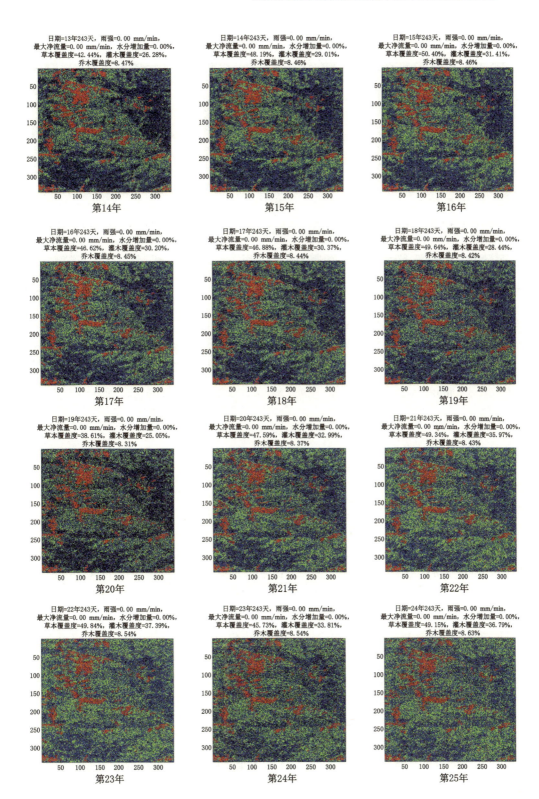

图 5-43　（续）

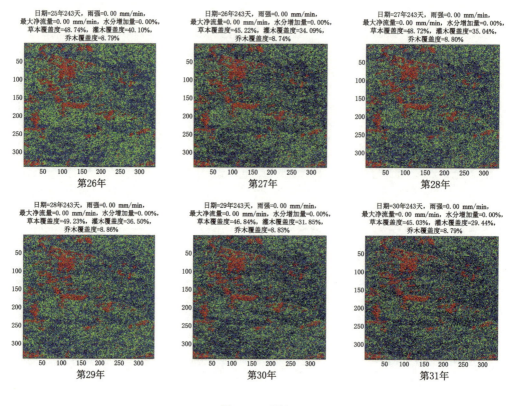

图 5-43 （续）

从整体变化上来看,原始情景的植被格局经过 30 年的演替没有发生明显的变化,尤其是乔木植被基本保持着原有的分布情况。灌木植被则有了明显扩张,原始的草本植被分布区域逐渐演替成为灌木植被。

在沟壑地形且高初始植被覆盖时,形变情景下植被格局的变化整体上与原始情景相似,灌木植被呈现出明显的扩张趋势,但不同的是原本的乔木植被覆盖区域经过 30 年的演替出现了松散分布的情况,这说明部分初始的乔木植被出现了一定程度的退化,转变为灌木和草本植被,逐渐由单一、整体的乔木林地向混交林地发展。

为了减少单次模拟的随机性,分别对原始情景和形变情景下的沟壑区域进行了 10 次模拟,在此选择了第一次模拟中的两种情景,当自然演替经过 10 年、20 年以及 30 年时对植被进行直观比较,如图 5-44 所示。通过对比可以看出,在经过 10 年自然演替后,形变情景下由于形变发生时导致乔木大量死亡,乔木植被量明显少于原始情景下的乔木植被量。随着时间的推移,形变情景中乔木植被并没有出现明显的恢复,而是转变为灌木和草本植被。与原始情景相比,形变情景中的植被格局更加松散,乔木、灌木与草本植被相互交叉分布。尤其是乔木植被覆盖区域,原始情景中初始乔木植被基本保持着单一集中的分布结构。

为了探究两种情景下植被的动态变化,同时记录了两种情景下每次模拟过程中每一年度生长季最后一天时的各类植被覆盖度,并将所有模拟结果中各年度植被覆盖度的平均值作为两种情景下的最终值,如图 5-45 所示。在两种情景下,在 30 年的演替过程中草本植被始终是区域内主要的植被,但草本覆盖度与灌木覆盖度之间的差距在不断缩小。从整体植

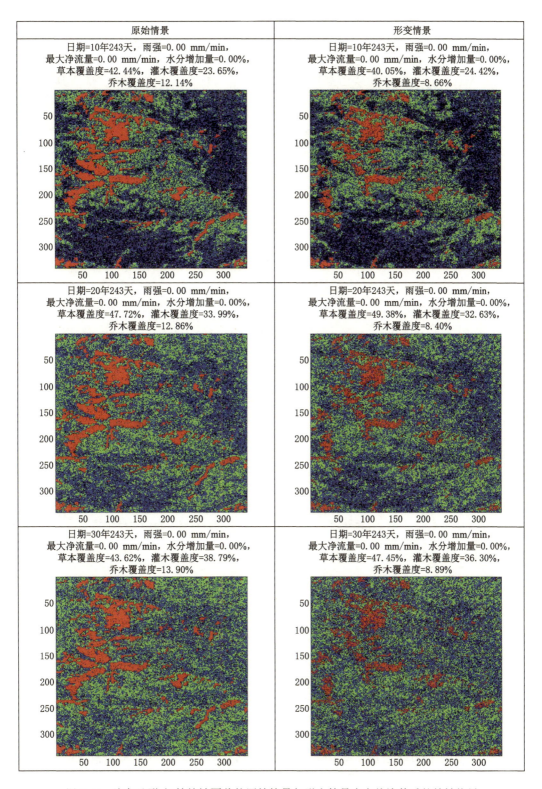

图 5-44　沟壑地形-初始植被覆盖的原始情景与形变情景中自然演替后的植被格局

（自上而下分别为自然演替 10 年、20 年和 30 年的植被格局）

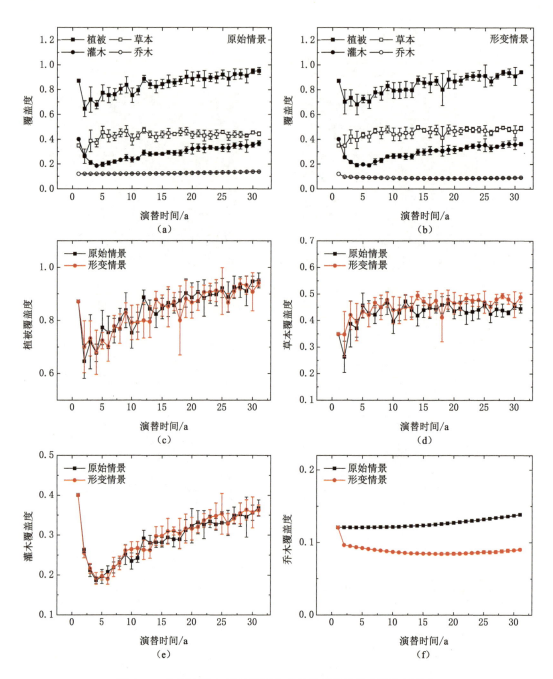

图 5-45　沟壑地形-初始植被覆盖条件下原始情景和形变情景中
植被覆盖度的动态变化

被覆盖度来看,原始情景和形变情景的植被覆盖度在前5年均出现了明显的下降,随后始终保持增长趋势,根据具体植被类型的覆盖变化可以发现,初始5年中整体植被覆盖度的下降主要来源于灌木植被覆盖的大幅减少,这在两种情景中均有所体现。具体来看,草本覆盖度变化趋势在两种情景中比较相似,均在前5年快速增长后逐渐平稳,但形变情景中的草本覆盖度大部分时间均高于原始情景中的。对于灌木覆盖度来说,在起始的5年中两种情景均出现了大幅度地下降。通过对模拟结果的观察发现,这主要与输入的起始植被图层的植被分布有关。由于起始植被数据中灌木植被实际上来自较低分辨率的 Landsat 影像分类结果,使得灌木植被的分布情况与现实情况中的灌木植被有所差异,因此在模拟结果的最初几年,模型将对这一不合理的灌木植被分布进行修正,使其更加趋近于现实世界中植被分布情况。而在此之后可以发现,两种情景下的灌木植被均呈现明显的增长趋势,且没有出现明显的覆盖度差异。而对于乔木植被来说,地表形变的出现将对形变区内的乔木植被造成剧烈的影响,大量乔木植被在短期内死亡,乔木覆盖度也随即出现大幅下降。不仅如此,在随后的几年中由于地形的变化,形变情景中的乔木覆盖度也保持着下降的趋势,在自然演替至大于 15 年之后才逐渐开始出现上升的趋势。与之相对的,原始情景中的乔木覆盖度则在 30 年演替中始终保持增长的趋势。

为了定量比较两种情景下植被格局的差异,使用 NMSE 以反映两种情景下植被格局的相似度。首先将原始情景下的每一年度生长季最后一天的植被格局模拟结果作为验证数据,如图 5-46 所示。然后将 10 次模拟中形变情景下相同时间的植被格局与之进行对比,参照 NMSE 的计算公式,分别按照 10 m×10 m,20 m×20 m,50 m×50 m,80 m×80 m,100 m×100 m 的斑块尺度计算两种情景下植被格局的相似度。最后取 10 次模拟的平均值作为最终值,以反映两种情景下植被格局相似的动态变化特征。首先在所有植被覆盖度中,与上文中验证数据精度检验的规律相似,不同尺度间的植被格局 NMSE 变化情况均相似,且斑块尺度越小植被格局的相似度越低,随着尺度的增加植被格局间的相似度随之增加。从整体植被覆盖度反映的植被格局来看,两种情景下的植被格局在 30 年演替过程中相似度均较高,没有出现明显的差异。除了草本植被格局在起始几年中出现了一定的差异外,两种情景下不同植被类型的植被格局在整个演替过程中保持着较高的相似度,其中乔木植被格局的差异度保持着微小的增加趋势。

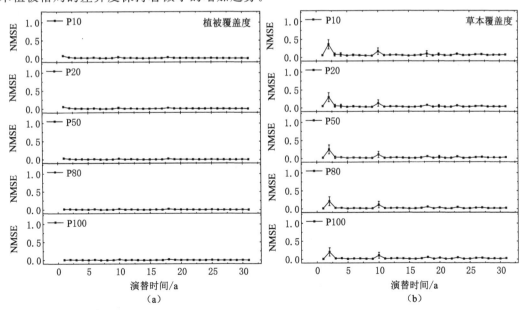

图 5-46 沟壑地形-高初始植被条件下形变情景与原始情景中基于
不同植被覆盖度的植被格局差异度时序变化

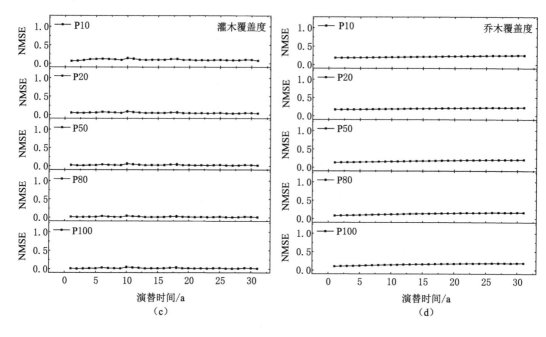

图 5-46 （续）

　　总的来说,在沟壑地形且高初始植被覆盖的区域,植物群落演替主要受到原始的地形条件和植被条件的影响,以及地表形变发生时造成的植被死亡等短期影响,而地表形变对植物群落演替的长期影响并不明显,使得形变情景和原始情景中植被覆盖度的动态变化和植被格局比较相似。

　　（三）沟壑区域-低初始植被覆盖下地表形变前后的植物群落演替模拟

　　沟壑区域在低初始植被覆盖情况下,原始情景和形变情景中植被格局在30年自然演替过程中的时序变化情况分别如图5-47和图5-48所示。从整体变化上来看,原始情景的植被格局在自然演替的前5年中,并没有出现明显的灌木植被聚集区域,大部分区域主要以草本植被为主。在演替进行到第6年后,区域内逐渐形成了多个灌木植被聚集区,并在未来的几十年中逐渐向整个区域扩展。经过30年的自然演替,乔木植被的比重仍然较少,且在区域内的分布比较松散。

　　与原始情景不同的是,形变情景中在自然演替的第3年区域内中部便形成了较为明显的灌木植被聚集区域,并在接下来的几年中这一区域不断向外扩张,与此同时其他区域也逐渐形成植被。随着演替的继续,区域内整体的植被分布情况则与原始情景逐渐相似。在自然演替至第10年后,形变情景与原始情景在整体的植被格局上便不存在明显的差异。

　　通过对比两种情景在演替10年、20年以及30年后的植被可以发现,低初始植被覆盖的两种情景在自然演替后的植被格局并未出现明显差异(图5-49)。如前文所述,形变情景与原始情景的植被格局在开始演替的前5年存在一定差异,主要体现在灌木植被聚集区上。当演替进行到第10年之后,两种情景中的植被格局则无明显的差异。这在一定程度上表明沟壑地形且低初始植被覆盖条件下,地表形变没有造成明显的植被格局变化。

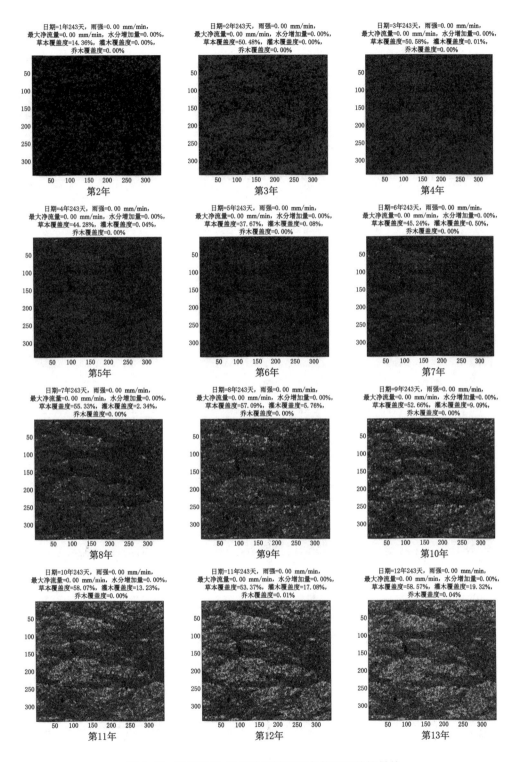

图 5-47 沟壑地形-低初始植被覆盖条件下原始情景植

被格局的 30 年时序变化过程

日期=13年243天，雨强=0.00 mm/min，
最大净流量=0.00 mm/min，水分增加量=0.00%，
草本覆盖度=51.55%，灌木覆盖度=19.68%，
乔木覆盖度=0.13%

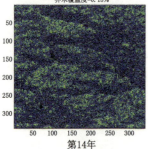

第14年

日期=14年243天，雨强=0.00 mm/min，
最大净流量=0.00 mm/min，水分增加量=0.00%，
草本覆盖度=57.86%，灌木覆盖度=24.15%，
乔木覆盖度=0.38%

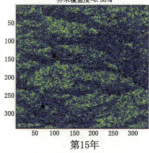

第15年

日期=15年243天，雨强=0.00 mm/min，
最大净流量=0.00 mm/min，水分增加量=0.00%，
草本覆盖度=50.39%，灌木覆盖度=25.32%，
乔木覆盖度=0.56%

第16年

日期=16年243天，雨强=0.00 mm/min，
最大净流量=0.00 mm/min，水分增加量=0.00%，
草本覆盖度=49.47%，灌木覆盖度=25.76%，
乔木覆盖度=0.82%

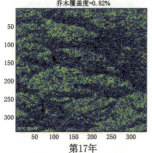

第17年

日期=17年243天，雨强=0.00 mm/min，
最大净流量=0.00 mm/min，水分增加量=0.00%，
草本覆盖度=58.22%，灌木覆盖度=29.83%，
乔木覆盖度=1.24%

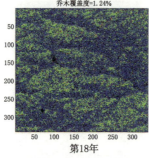

第18年

日期=18年243天，雨强=0.00 mm/min，
最大净流量=0.00 mm/min，水分增加量=0.00%，
草本覆盖度=45.18%，灌木覆盖度=27.69%，
乔木覆盖度=1.49%

第19年

日期=19年243天，雨强=0.00 mm/min，
最大净流量=0.00 mm/min，水分增加量=0.00%，
草本覆盖度=37.24%，灌木覆盖度=24.55%，
乔木覆盖度=1.63%

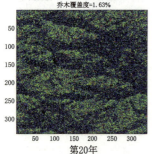

第20年

日期=20年243天，雨强=0.00 mm/min，
最大净流量=0.00 mm/min，水分增加量=0.00%，
草本覆盖度=48.52%，灌木覆盖度=27.35%，
乔木覆盖度=1.90%

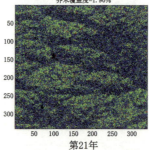

第21年

日期=21年243天，雨强=0.00 mm/min，
最大净流量=0.00 mm/min，水分增加量=0.00%，
草本覆盖度=53.04%，灌木覆盖度=32.28%，
乔木覆盖度=2.45%

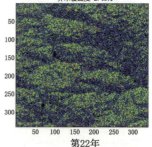

第22年

日期=22年243天，雨强=0.00 mm/min，
最大净流量=0.00 mm/min，水分增加量=0.00%，
草本覆盖度=53.35%，灌木覆盖度=31.90%，
乔木覆盖度=2.84%

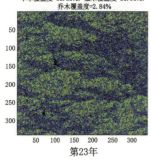

第23年

日期=23年243天，雨强=0.00 mm/min，
最大净流量=0.00 mm/min，水分增加量=0.00%，
草本覆盖度=53.08%，灌木覆盖度=36.53%，
乔木覆盖度=3.37%

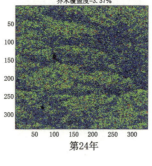

第24年

日期=24年243天，雨强=0.00 mm/min，
最大净流量=0.00 mm/min，水分增加量=0.00%，
草本覆盖度=46.63%，灌木覆盖度=34.53%，
乔木覆盖度=3.68%

第25年

图 5-47 （续）

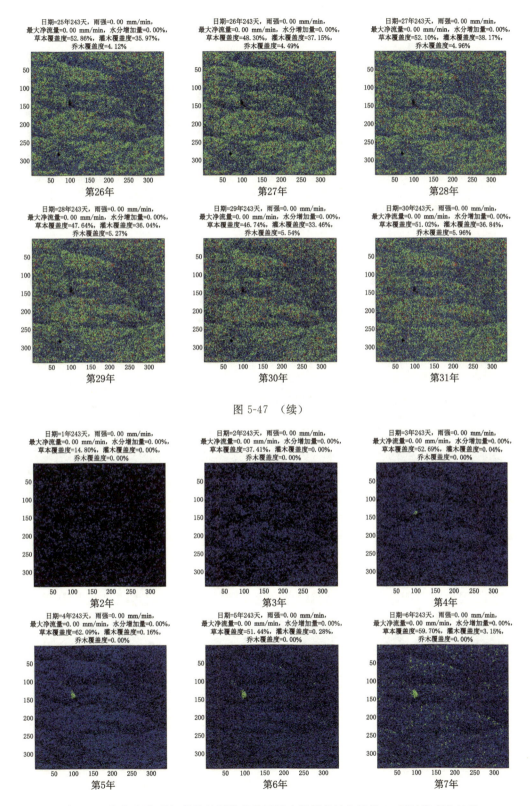

图 5-48 沟壑地形-低初始植被覆盖条件下形变情景植被格局的 30 年时序变化过程

日期=7年243天，雨强=0.00 mm/min，
最大净流量=0.00 mm/min，水分增加量=0.00%，
草本覆盖度=55.26%，灌木覆盖度=6.17%，
乔木覆盖度=0.00%

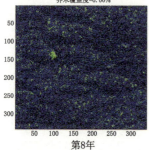

第8年

日期=8年243天，雨强=0.00 mm/min，
最大净流量=0.00 mm/min，水分增加量=0.00%，
草本覆盖度=64.31%，灌木覆盖度=10.01%，
乔木覆盖度=0.00%

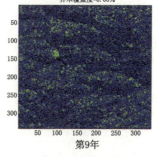

第9年

日期=9年243天，雨强=0.00 mm/min，
最大净流量=0.00 mm/min，水分增加量=0.00%，
草本覆盖度=59.50%，灌木覆盖度=15.07%，
乔木覆盖度=0.00%

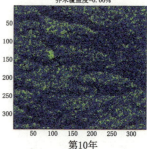

第10年

日期=10年243天，雨强=0.00 mm/min，
最大净流量=0.00 mm/min，水分增加量=0.00%，
草本覆盖度=47.45%，灌木覆盖度=16.07%，
乔木覆盖度=0.01%

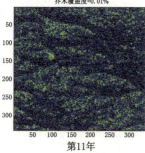

第11年

日期=11年243天，雨强=0.00 mm/min，
最大净流量=0.00 mm/min，水分增加量=0.00%，
草本覆盖度=59.26%，灌木覆盖度=19.46%，
乔木覆盖度=0.04%

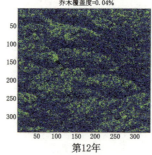

第12年

日期=12年243天，雨强=0.00 mm/min，
最大净流量=0.00 mm/min，水分增加量=0.00%，
草本覆盖度=46.65%，灌木覆盖度=18.57%，
乔木覆盖度=0.09%

第13年

日期=13年243天，雨强=0.00 mm/min，
最大净流量=0.00 mm/min，水分增加量=0.00%，
草本覆盖度=62.97%，灌木覆盖度=25.8%，
乔木覆盖度=0.32%

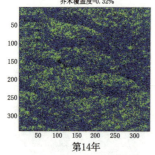

第14年

日期=14年243天，雨强=0.00 mm/min，
最大净流量=0.00 mm/min，水分增加量=0.00%，
草本覆盖度=54.53%，灌木覆盖度=27.59%，
乔木覆盖度=0.56%

第15年

日期=15年243天，雨强=0.00 mm/min，
最大净流量=0.00 mm/min，水分增加量=0.00%，
草本覆盖度=47.42%，灌木覆盖度=28.02%，
乔木覆盖度=0.74%

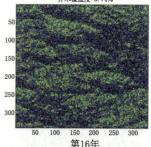

第16年

日期=16年243天，雨强=0.00 mm/min，
最大净流量=0.00 mm/min，水分增加量=0.00%，
草本覆盖度=58.91%，灌木覆盖度=29.33%，
乔木覆盖度=1.14%

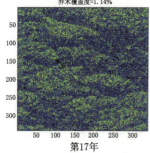

第17年

日期=17年243天，雨强=0.00 mm/min，
最大净流量=0.00 mm/min，水分增加量=0.00%，
草本覆盖度=52.91%，灌木覆盖度=33.80%，
乔木覆盖度=1.57%

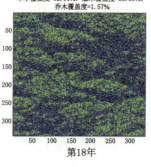

第18年

日期=18年243天，雨强=0.00 mm/min，
最大净流量=0.00 mm/min，水分增加量=0.00%，
草本覆盖度=54.63%，灌木覆盖度=30.84%，
乔木覆盖度=1.93%

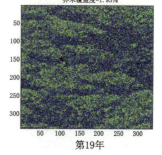

第19年

图 5-48 （续）

日期=19年243天，雨强=0.00 mm/min，
最大净流量=0.00 mm/min，水分增加量=0.00%，
草本覆盖度=54.83%，灌木覆盖度=31.90%，
乔木覆盖度=2.35%

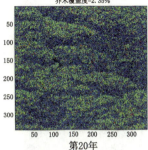

第20年

日期=20年243天，雨强=0.00 mm/min，
最大净流量=0.00 mm/min，水分增加量=0.00%，
草本覆盖度=54.45%，灌木覆盖度=34.07%，
乔木覆盖度=2.83%

第21年

日期=21年243天，雨强=0.00 mm/min，
最大净流量=0.00 mm/min，水分增加量=0.00%，
草本覆盖度=51.36%，灌木覆盖度=39.81%，
乔木覆盖度=3.47%

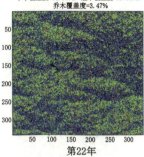

第22年

日期=22年243天，雨强=0.00 mm/min，
最大净流量=0.00 mm/min，水分增加量=0.00%，
草本覆盖度=50.31%，灌木覆盖度=37.31%，
乔木覆盖度=3.79%

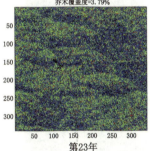

第23年

日期=23年243天，雨强=0.00 mm/min，
最大净流量=0.00 mm/min，水分增加量=0.00%，
草本覆盖度=52.99%，灌木覆盖度=35.74%，
乔木覆盖度=4.13%

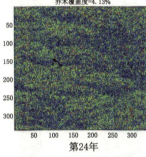

第24年

日期=24年243天，雨强=0.00 mm/min，
最大净流量=0.00 mm/min，水分增加量=0.00%，
草本覆盖度=51.39%，灌木覆盖度=33.83%，
乔木覆盖度=4.42%

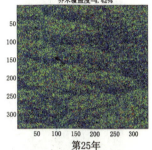

第25年

日期=25年243天，雨强=0.00 mm/min，
最大净流量=0.00 mm/min，水分增加量=0.00%，
草本覆盖度=45.91%，灌木覆盖度=30.84%，
乔木覆盖度=4.57%

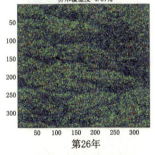

第26年

日期=26年243天，雨强=0.00 mm/min，
最大净流量=0.00 mm/min，水分增加量=0.00%，
草本覆盖度=55.41%，灌木覆盖度=34.10%，
乔木覆盖度=4.95%

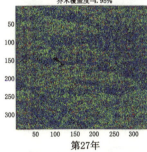

第27年

日期=27年243天，雨强=0.00 mm/min，
最大净流量=0.00 mm/min，水分增加量=0.00%，
草本覆盖度=52.60%，灌木覆盖度=35.34%，
乔木覆盖度=5.26%

第28年

日期=28年243天，雨强=0.00 mm/min，
最大净流量=0.00 mm/min，水分增加量=0.00%，
草本覆盖度=50.71%，灌木覆盖度=32.01%，
乔木覆盖度=5.43%

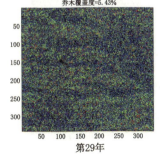

第29年

日期=29年243天，雨强=0.00 mm/min，
最大净流量=0.00 mm/min，水分增加量=0.00%，
草本覆盖度=51.76%，灌木覆盖度=34.46%，
乔木覆盖度=5.71%

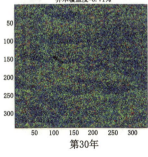

第30年

日期=30年243天，雨强=0.00 mm/min，
最大净流量=0.00 mm/min，水分增加量=0.00%，
草本覆盖度=52.06%，灌木覆盖度=32.79%，
乔木覆盖度=5.87%

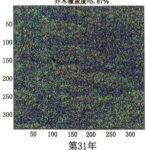

第31年

图 5-48 （续）

图 5-49　沟壑地形-低初始植被覆盖的原始情景与形变情景中自然演替后的植被格局

（自上而下分别为自然演替 10 年、20 年和 30 年的植被格局）

　　低初始植被覆盖下两种情景的各类植被覆盖度的动态变化情况同样表明,形变情景和原始情景的植被格局具有较高的相似度(图 5-50)。整体来看,两种情景下的各类植被覆盖度变化过程基本一致,原始情景中分别在第 3 年和第 11 年出现第一棵灌木和乔木植被,而形变情景则在第 3 年和第 10 年出现第一棵灌木和乔木植被,两者并没有出现较为明显的差异。具体对比不同类型植被的覆盖度动态变化发现,两种情景下各类植被覆盖度的变化规律基本没有差异,唯独原始情景下的乔木覆盖度在演替 20 年左右后明显高于形变情景,并表现出更快的增长速度。

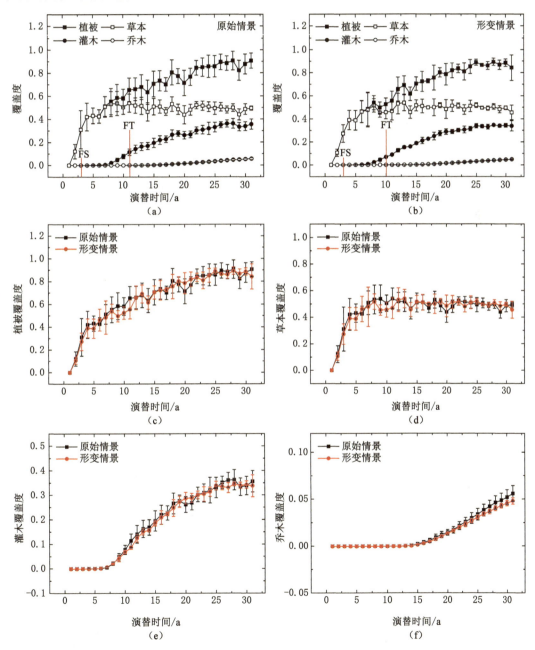

图 5-50　沟壑地形-低初始植被覆盖条件下原始情景和形变情景中植被覆盖度的动态变化

　　与之前相似,通过 NMSE 的时序变化反映形变情景与原始情景在植被格局上的差异变化情况(图 5-51)。

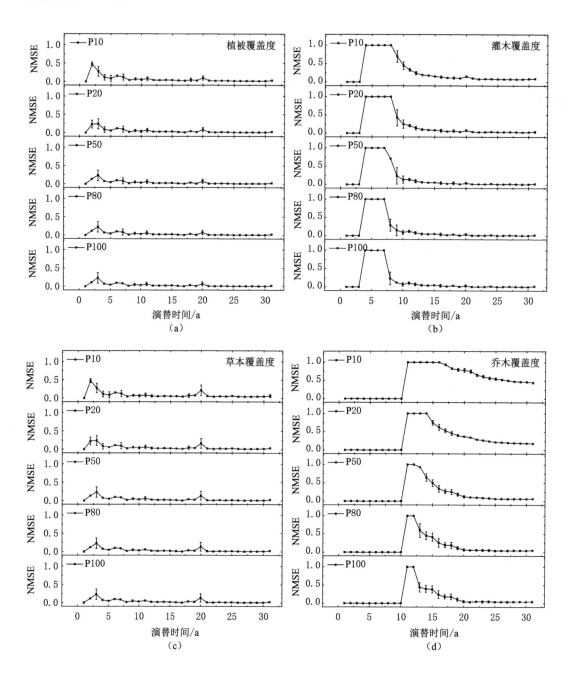

图 5-51　沟壑地形-低初始植被条件下形变情景与原始情景中基于不同植被
覆盖度的植被格局差异度时序变化

　　首先,从总体植被覆盖度与草本覆盖度反映的植被格局差异来看,两种情景在演替的第 3 年植被格局差异较为明显,随后时间中基本处在平稳变化阶段,植被格局较为相似。而从灌木覆盖度反映的植被格局来看,与之前时序变化中得到结论相似,在灌木植被开始出现的前5年时间中,两种情景下的植被格局存在极其显著的差异,在10 m×10 m的斑块尺度下NMSE大于1,随后这种差异逐渐减小,说明两种情景下灌木植被的分布也逐渐相同。在乔木植被方面,不同尺度斑块下的植被格局存在较大的差异,在10 m×10 m的斑块尺度下NMSE保持在0.5以上,在演替进行30年后仍存在较大的差异;随着斑块尺度的增加,两种情景下乔木植被格局开始相似的时间也随之提前。

总体来看,在沟壑地形且低初始植被覆盖条件下,形变情景和原始情景在植被覆盖度的动态变化上较为相似,但在植被格局上却存在较大差异,尤其是灌木和乔木植被格局。由于沟壑区域原始的地形条件较为复杂,地下开采引起的地形变化相对于原始地形造成的变化十分有限,形变情景和原始情景的灌木植被格局差异在一段时间后也逐渐减小,仅对生长条件较为敏感的乔木植被具有一定影响。

三、平坦地形下矿区植物群落演替模拟

从上文的研究中发现,沟壑地形下地表形变对植物群落演替的长期影响并不明显,这主要源于原始地形条件对植物群落演替的影响。在沟壑地形下,地下开采引起的地形变化程度相较于本就复杂的地形条件相对较小,使得原始地形成为影响植物群落演替的主要因素,而这也更加反映了从不同初始地形条件下分别讨论地表形变长期影响的必要性。从地形的变化程度来看,平坦区域发生沉陷后其地形因素较形变发生之前将出现剧烈的变化,由此地表形变对植物群落演替的长期影响也将更加明显。尽管半干旱区整体上以沟壑地形为主,但从小尺度区域来看,仍然存在大量的相对平坦区域,区域内的高程、坡度以及坡向都较为相似,植被分布也相对均匀。当形变发生后,地形的变化和地表径流、水土流失、水分蒸发等水文过程的改变,可能导致区域内植被立地条件和植被分布的变化。因此,本节将以平坦地形作为初始的地形背景,以还原半干旱区井工矿区中的平坦区域在原始情景和形变情景下的植物群落演替过程,来反映地表形变对植物群落演替的长期影响。

(一)平坦区域形变前后地形及初始植被覆盖条件

为了突出平坦地形与沟壑地形的差异,特构建一处绝对平坦区域进行模拟。在现实情况下,任何平坦区域内部都或多或少地存在高程差异,难以通过现实中的区域以实现对平坦区域的模拟。因此,在本节中以上文确定的沟壑区域边界作为元胞空间,并取沟壑区域高程的中间值作为平坦区域的高程,区域内高程均相同。由于在此平坦区域中高程均相同,所以区域内部的坡度均等于0,坡向均为平面。同样的,为了与沟壑区域进行横向比较,区域内的沉陷情况也与沟壑情况完全相同。在通过栅格计算获得平坦区域形变发生后的高程后,相似地通过栅格分析进而得到其坡度以及坡向的分布情况,如图5-52所示。与沟壑区域相同,平坦区域的植被格局模拟同样分为有初始植被与低初始植被两种情况讨论,高初始植被覆盖情况以及形变发生后的植被覆盖情况也与沟壑区域完全相同。

(二)平坦区域-高初始植被覆盖下地表形变前后的植物群落演替模拟

矿区中的平坦区域在高初始植被覆盖条件下,原始情景和形变情景中植被在30年自然

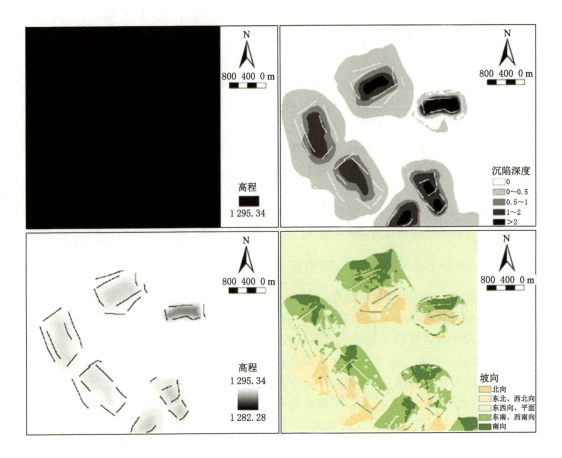

图 5-52　模拟区域平坦地形下形变发生前及发生后的地形及植被覆盖情况

演替过程中的时序变化情况分别如图 5-53 和图 5-54 所示。从整体变化上来看,原始情景的植被格局经过 30 年的演替结构变得更为松散,这主要源于灌木植被的扩张。原本的草本植被逐渐转化为灌木和草本混合的植被,而这也与现实世界中的植被结构更为相似。乔木植被在这一过程中基本保持原有的空间结构,没有出现明显的格局变化,这也与沟壑地形-高初始植被覆盖条件下原始情景的植被格局变化相似。

在平坦地形-低初始植被覆盖条件下,形变发生后地表明显下沉区域的乔木植被出现大量死亡。此外,相比于原始情景,形变情景下剩余乔木植被同样出现了松散发展的趋势,以上两点特征也与沟壑地形条件下相似。其余区域植被格局变化情况与原始情景一致,均表现为草本和灌木混合植被的生长和发展。

对比原始情景和形变情景在演替 10 年、20 年、30 年的植被格局发现,两种情景下乔木和灌木植被分布存在一定差异(图 5-55)。首先对于乔木植被来说,除了形变发生时造成的大面积乔木死亡外,随着演替时间的增加,形变情景中那些未短期内死亡的乔木植被结构变得更加松散,在其中出现了一定的灌木和草本植被,整体趋势为向混交林转变。而从灌木植被来看,形变情景中形变区域成为较为明显的灌木植被聚集区,相比于原始情景中的相同空间位置,形变发生后的这一区域灌木植被覆盖度明显增加,这一现象在演替 10 年、20 年和 30 年时点时均有所体现。

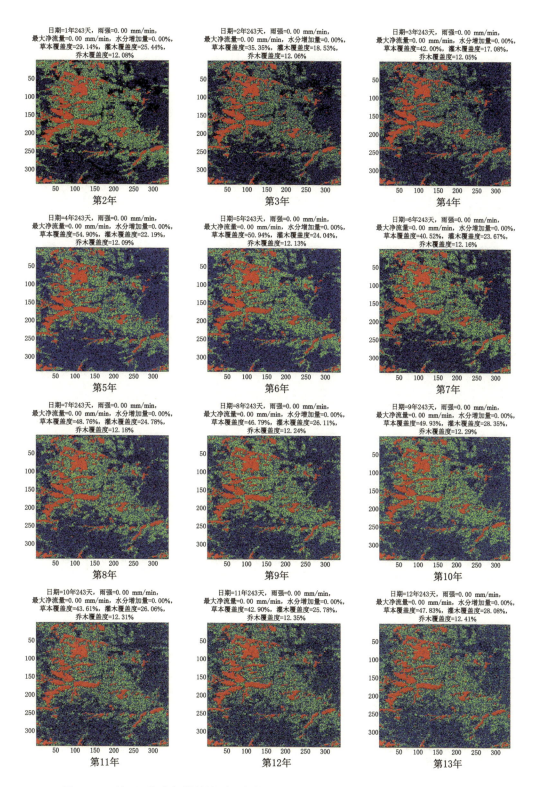

图 5-53 平坦地形-高初始植被覆盖条件下原始情景植被格局的 30 年时序变化过程

日期=13年243天，雨强=0.00 mm/min，
最大净流量=0.00 mm/min，水分增加量=0.00%，
草本覆盖度=48.04%，灌木覆盖度=28.50%，
乔木覆盖度=12.47%

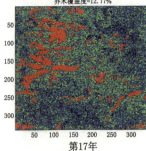

第14年

日期=14年243天，雨强=0.00 mm/min，
最大净流量=0.00 mm/min，水分增加量=0.00%，
草本覆盖度=48.91%，灌木覆盖度=32.85%，
乔木覆盖度=12.59%

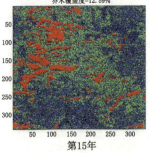

第15年

日期=15年243天，雨强=0.00 mm/min，
最大净流量=0.00 mm/min，水分增加量=0.00%，
草本覆盖度=48.10%，灌木覆盖度=32.56%，
乔木覆盖度=12.71%

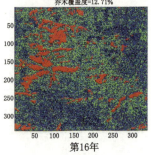

第16年

日期=16年243天，雨强=0.00 mm/min，
最大净流量=0.00 mm/min，水分增加量=0.00%，
草本覆盖度=44.57%，灌木覆盖度=30.39%，
乔木覆盖度=12.77%

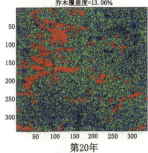

第17年

日期=17年243天，雨强=0.00 mm/min，
最大净流量=0.00 mm/min，水分增加量=0.00%，
草本覆盖度=40.40%，灌木覆盖度=27.51%，
乔木覆盖度=12.81%

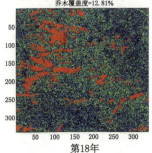

第18年

日期=18年243天，雨强=0.00 mm/min，
最大净流量=0.00 mm/min，水分增加量=0.00%，
草本覆盖度=47.08%，灌木覆盖度=35.03%，
乔木覆盖度=12.98%

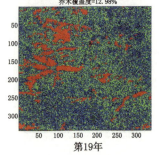

第19年

日期=19年243天，雨强=0.00 mm/min，
最大净流量=0.00 mm/min，水分增加量=0.00%，
草本覆盖度=41.44%，灌木覆盖度=33.57%，
乔木覆盖度=13.06%

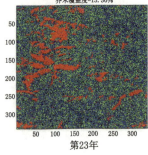

第20年

日期=20年243天，雨强=0.00 mm/min，
最大净流量=0.00 mm/min，水分增加量=0.00%，
草本覆盖度=45.20%，灌木覆盖度=32.26%，
乔木覆盖度=13.15%

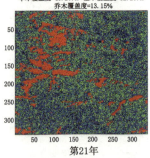

第21年

日期=21年243天，雨强=0.00 mm/min，
最大净流量=0.00 mm/min，水分增加量=0.00%，
草本覆盖度=43.33%，灌木覆盖度=30.82%，
乔木覆盖度=13.21%

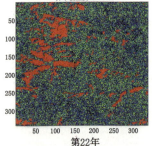

第22年

日期=22年243天，雨强=0.00 mm/min，
最大净流量=0.00 mm/min，水分增加量=0.00%，
草本覆盖度=44.68%，灌木覆盖度=31.17%，
乔木覆盖度=13.30%

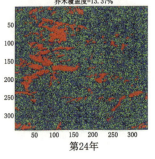

第23年

日期=23年243天，雨强=0.00 mm/min，
最大净流量=0.00 mm/min，水分增加量=0.00%，
草本覆盖度=45.09%，灌木覆盖度=30.75%，
乔木覆盖度=13.37%

第24年

日期=24年243天，雨强=0.00 mm/min，
最大净流量=0.00 mm/min，水分增加量=0.00%，
草本覆盖度=47.38%，灌木覆盖度=37.38%，
乔木覆盖度=13.57%

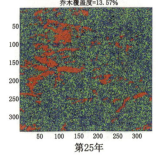

第25年

图 5-53 （续）

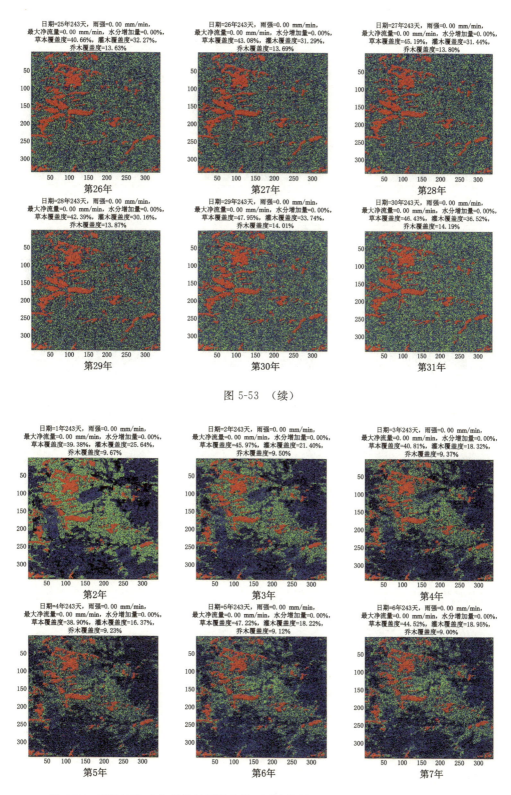

图 5-53 （续）

图 5-54 平坦地形-高初始植被覆盖条件下形变情景植被格局的 30 年时序变化过程

日期=7年243天，雨强=0.00 mm/min，
最大净流量=0.00 mm/min，水分增加量=0.00%，
草本覆盖度=42.53%，灌木覆盖度=19.95%，
乔木覆盖度=8.90%

第8年

日期=8年243天，雨强=0.00 mm/min，
最大净流量=0.00 mm/min，水分增加量=0.00%，
草本覆盖度=36.61%，灌木覆盖度=19.02%，
乔木覆盖度=8.79%

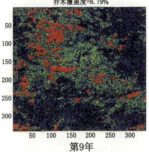

第9年

日期=9年243天，雨强=0.00 mm/min，
最大净流量=0.00 mm/min，水分增加量=0.00%，
草本覆盖度=44.82%，灌木覆盖度=24.07%，
乔木覆盖度=8.72%

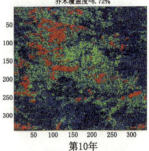

第10年

日期=10年243天，雨强=0.00 mm/min，
最大净流量=0.00 mm/min，水分增加量=0.00%，
草本覆盖度=52.23%，灌木覆盖度=26.97%，
乔木覆盖度=8.68%

第11年

日期=11年243天，雨强=0.00 mm/min，
最大净流量=0.00 mm/min，水分增加量=0.00%，
草本覆盖度=45.51%，灌木覆盖度=30.79%，
乔木覆盖度=8.66%

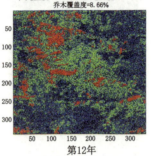

第12年

日期=12年243天，雨强=0.00 mm/min，
最大净流量=0.00 mm/min，水分增加量=0.00%，
草本覆盖度=42.90%，灌木覆盖度=27.14%，
乔木覆盖度=8.59%

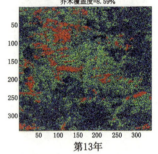

第13年

日期=13年243天，雨强=0.00 mm/min，
最大净流量=0.00 mm/min，水分增加量=0.00%，
草本覆盖度=50.70%，灌木覆盖度=30.53%，
乔木覆盖度=8.58%

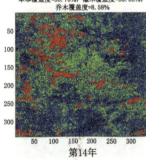

第14年

日期=14年243天，雨强=0.00 mm/min，
最大净流量=0.00 mm/min，水分增加量=0.00%，
草本覆盖度=50.63%，灌木覆盖度=29.25%，
乔木覆盖度=8.60%

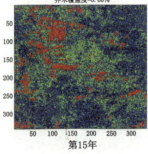

第15年

日期=15年243天，雨强=0.00 mm/min，
最大净流量=0.00 mm/min，水分增加量=0.00%，
草本覆盖度=49.77%，灌木覆盖度=30.20%，
乔木覆盖度=8.64%

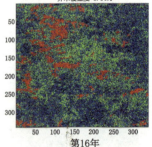

第16年

日期=16年243天，雨强=0.00 mm/min，
最大净流量=0.00 mm/min，水分增加量=0.00%，
草本覆盖度=51.54%，灌木覆盖度=33.85%，
乔木覆盖度=8.71%

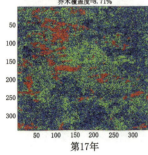

第17年

日期=17年243天，雨强=0.00 mm/min，
最大净流量=0.00 mm/min，水分增加量=0.00%，
草本覆盖度=42.48%，灌木覆盖度=29.03%，
乔木覆盖度=8.64%

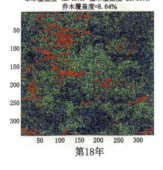

第18年

日期=18年243天，雨强=0.00 mm/min，
最大净流量=0.00 mm/min，水分增加量=0.00%，
草本覆盖度=48.24%，灌木覆盖度=27.96%，
乔木覆盖度=8.65%

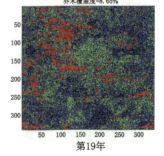

第19年

图 5-54 （续）

日期=19年243天，雨强=0.00 mm/min，
最大净流量=0.00 mm/min，水分增加量=0.00%，
草本覆盖度=52.81%，灌木覆盖度=35.03%，
乔木覆盖度=8.84%

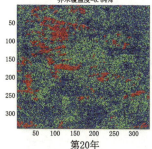

第20年

日期=21年243天，雨强=0.00 mm/min，
最大净流量=0.00 mm/min，水分增加量=0.00%，
草本覆盖度=43.37%，灌木覆盖度=34.14%，
乔木覆盖度=8.85%

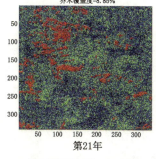

第21年

日期=21年243天，雨强=0.00 mm/min，
最大净流量=0.00 mm/min，水分增加量=0.00%，
草本覆盖度=48.36%，灌木覆盖度=32.37%，
乔木覆盖度=8.89%

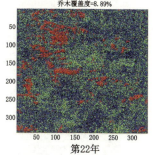

第22年

日期=22年243天，雨强=0.00 mm/min，
最大净流量=0.00 mm/min，水分增加量=0.00%，
草本覆盖度=51.05%，灌木覆盖度=35.23%，
乔木覆盖度=8.97%

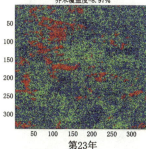

第23年

日期=23年243天，雨强=0.00 mm/min，
最大净流量=0.00 mm/min，水分增加量=0.00%，
草本覆盖度=49.12%，灌木覆盖度=32.95%，
乔木覆盖度=9.01%

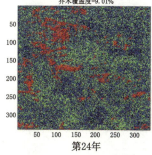

第24年

日期=24年243天，雨强=0.00 mm/min，
最大净流量=0.00 mm/min，水分增加量=0.00%，
草本覆盖度=51.41%，灌木覆盖度=35.43%，
乔木覆盖度=9.15%

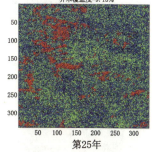

第25年

日期=25年243天，雨强=0.00 mm/min，
最大净流量=0.00 mm/min，水分增加量=0.00%，
草本覆盖度=45.83%，灌木覆盖度=35.97%，
乔木覆盖度=9.17%

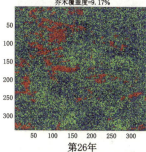

第26年

日期=26年243天，雨强=0.00 mm/min，
最大净流量=0.00 mm/min，水分增加量=0.00%，
草本覆盖度=46.50%，灌木覆盖度=43.13%，
乔木覆盖度=9.45%

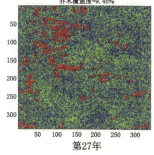

第27年

日期=27年243天，雨强=0.00 mm/min，
最大净流量=0.00 mm/min，水分增加量=0.00%，
草本覆盖度=41.85%，灌木覆盖度=37.63%，
乔木覆盖度=9.48%

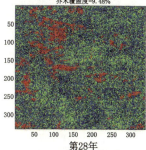

第28年

日期=28年243天，雨强=0.00 mm/min，
最大净流量=0.00 mm/min，水分增加量=0.00%，
草本覆盖度=46.46%，灌木覆盖度=37.00%，
乔木覆盖度=9.54%

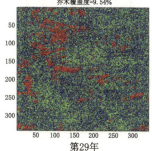

第29年

日期=29年243天，雨强=0.00 mm/min，
最大净流量=0.00 mm/min，水分增加量=0.00%，
草本覆盖度=48.04%，灌木覆盖度=39.72%，
乔木覆盖度=9.72%

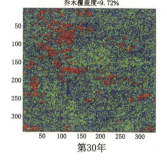

第30年

日期=30年243天，雨强=0.00 mm/min，
最大净流量=0.00 mm/min，水分增加量=0.00%，
草本覆盖度=47.92%，灌木覆盖度=40.25%，
乔木覆盖度=9.88%

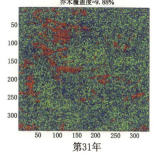

第31年

图 5-54　（续）

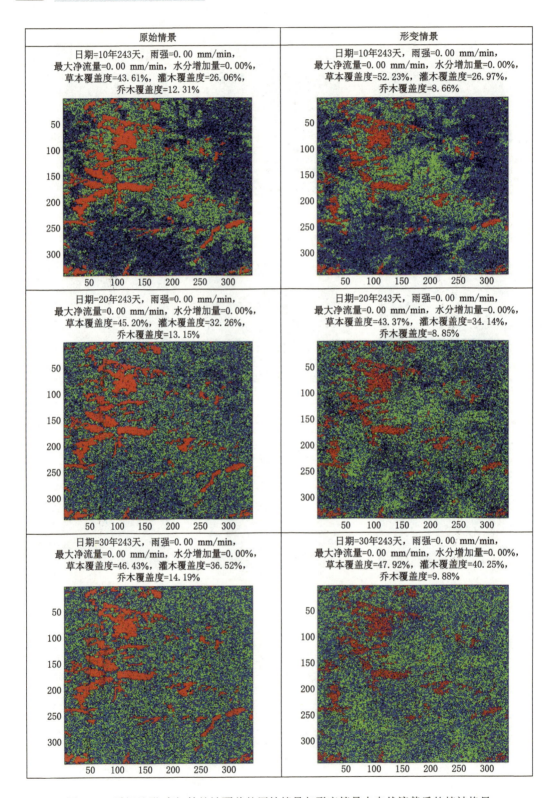

图 5-55　平坦地形-高初始植被覆盖的原始情景与形变情景中自然演替后的植被格局

（自上而下分别为自然演替 10 年、20 年和 30 年的植被格局）

　　平坦地形-高初始植被覆盖条件下原始情景和形变情景各类植被覆盖度时序变化情况如图 5-56 所示。

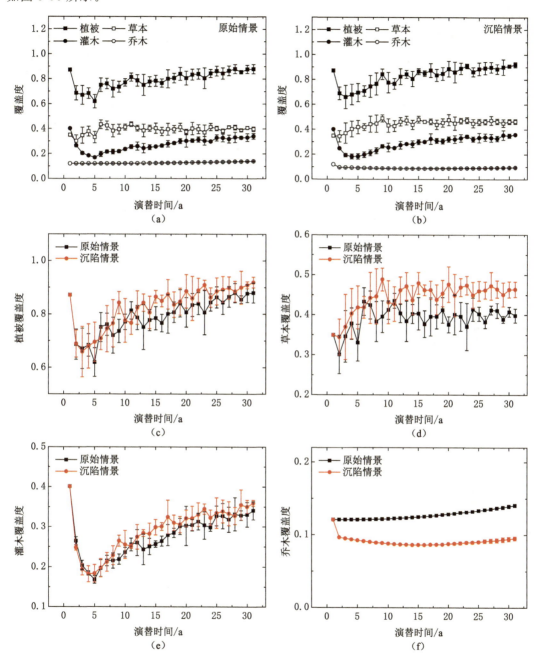

图 5-56　平坦地形-高初始植被覆盖条件下原始情景和形变情景中
植被覆盖度的动态变化

　　整体来看,两种情景下的植被组成变化情况基本相似,均以草本植被为主,且灌木与草本覆盖度差异随着演替时间增加而减少。与沟壑地形条件下相似,两种情景的植被覆盖度均在开始演替的 5 年中出现大幅下降,随后又开始上升并逐渐稳定,且形变情景的植被覆盖度在大部分时间中均高于原始情景。这一现象在草本覆盖度中更为明显,形变情景下的草本覆盖度在演替进行到 10 年后,明显高于原始情景下的草本覆盖度,且高出的部分较沟壑地形下更为明显。而在灌木和乔木覆盖度变化中,两种情景的灌木覆盖度同样出现了明显的大幅下降随后逐渐上升的变化趋势;形变区域内的乔木植被在短期内大面积死亡后乔木覆盖度呈缓慢下降后又缓慢上升趋势,原始情景中乔木覆盖度则始终保持缓慢上升趋势。以上两点变化趋势与沟壑地形相同。

平坦地形-高初始植被覆盖条件下形变情景和原始情景的不同植被覆盖度的 NMSE 结果表明,地表形变对植物群落演替的长期影响较小。如图 5-57 所示,四种植被覆盖度反映

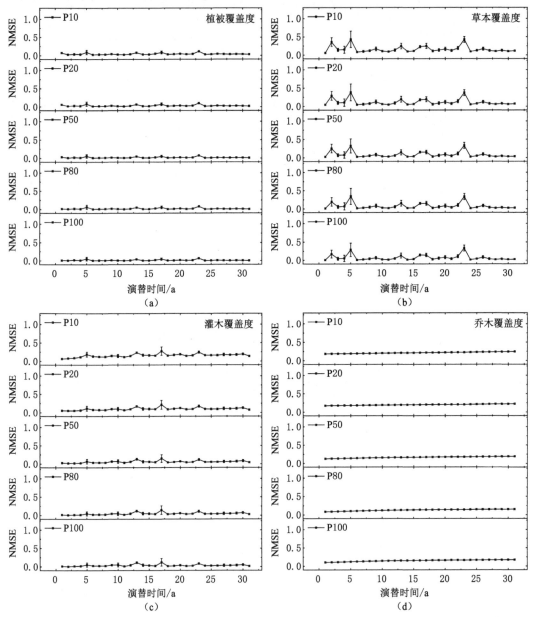

图 5-57　平坦地形-高初始植被覆盖下形变情景与原始情景中基于不同植被覆盖度的植被格局差异度

的 NMSE 在整个演替过程中大部分时间处于较低水平,其中唯独草本植被格局在个别年份出现了一定的波动。

总体来说,平坦地形-高初始植被覆盖条件下,形变情景的草本和灌木覆盖度在整个演替过程中高于原始情景,但由于地表形变发生时导致的乔木大面积死亡以及演替过程中立地条件的限制,乔木覆盖度以及增长速率都远低于原始情景。两种情景的植被格局在整个演替过程中均比较相似。

（三）平坦区域-低初始植被覆盖下地表形变前后的植物群落演替模拟

矿区中的平坦区域在低初始植被覆盖条件下,原始情景和形变情景中植被在 30 年自然演替过程中的时序变化情况分别如图 5-58 和图 5-59 所示。在原始情景中,区域内的草本、灌木和乔木植被相互交叉分布,整体植被格局十分松散,并没有出现明显的灌木或乔木的聚集区。随着演替时间的增加,灌木植被和乔木植被随之增加,区域内植被格局也更加破碎。

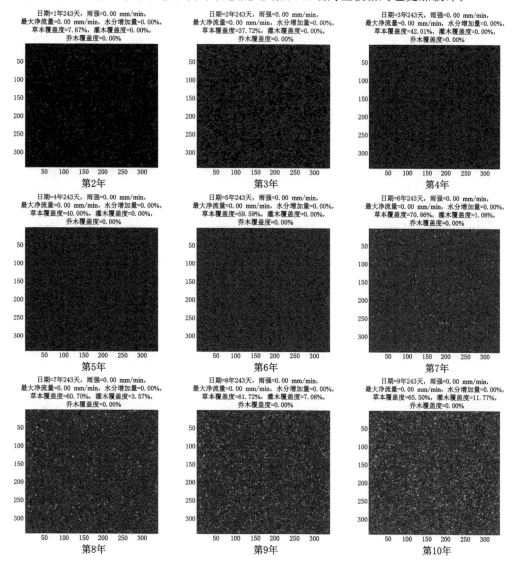

图 5-58　平坦地形-低初始植被覆盖条件下原始情景植被格局的 30 年时序变化过程

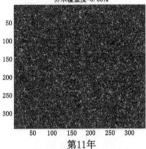

日期=10年243天，雨强=0.00 mm/min，
最大净流量=0.00 mm/min，水分增加量=0.00%，
草本覆盖度=60.25%，灌木覆盖度=13.07%，
乔木覆盖度=0.00%

第11年

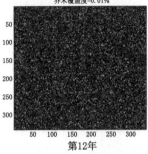

日期=11年243天，雨强=0.00 mm/min，
最大净流量=0.00 mm/min，水分增加量=0.00%，
草本覆盖度=40.10%，灌木覆盖度=12.94%，
乔木覆盖度=0.01%

第12年

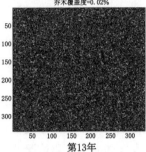

日期=12年243天，雨强=0.00 mm/min，
最大净流量=0.00 mm/min，水分增加量=0.00%，
草本覆盖度=50.38%，灌木覆盖度=13.82%，
乔木覆盖度=0.02%

第13年

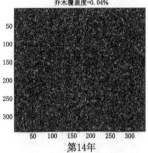

日期=13年243天，雨强=0.00 mm/min，
最大净流量=0.00 mm/min，水分增加量=0.00%，
草本覆盖度=42.03%，灌木覆盖度=14.51%，
乔木覆盖度=0.04%

第14年

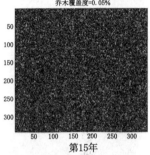

日期=14年243天，雨强=0.00 mm/min，
最大净流量=0.00 mm/min，水分增加量=0.00%，
草本覆盖度=42.47%，灌木覆盖度=16.51%，
乔木覆盖度=0.05%

第15年

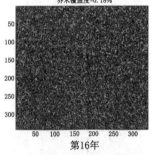

日期=15年243天，雨强=0.00 mm/min，
最大净流量=0.00 mm/min，水分增加量=0.00%，
草本覆盖度=54.96%，灌木覆盖度=20.00%，
乔木覆盖度=0.18%

第16年

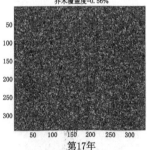

日期=16年243天，雨强=0.00 mm/min，
最大净流量=0.00 mm/min，水分增加量=0.00%，
草本覆盖度=62.63%，灌木覆盖度=24.10%，
乔木覆盖度=0.56%

第17年

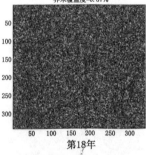

日期=17年243天，雨强=0.00 mm/min，
最大净流量=0.00 mm/min，水分增加量=0.00%，
草本覆盖度=55.21%，灌木覆盖度=26.77%，
乔木覆盖度=0.87%

第18年

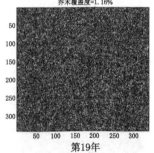

日期=18年243天，雨强=0.00 mm/min，
最大净流量=0.00 mm/min，水分增加量=0.00%，
草本覆盖度=52.64%，灌木覆盖度=26.90%，
乔木覆盖度=1.16%

第19年

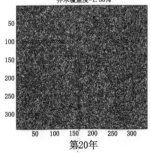

日期=19年243天，雨强=0.00 mm/min，
最大净流量=0.00 mm/min，水分增加量=0.00%，
草本覆盖度=51.15%，灌木覆盖度=27.96%，
乔木覆盖度=1.50%

第20年

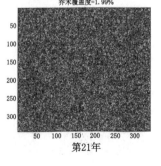

日期=20年243天，雨强=0.00 mm/min，
最大净流量=0.00 mm/min，水分增加量=0.00%，
草本覆盖度=56.47%，灌木覆盖度=31.34%，
乔木覆盖度=1.99%

第21年

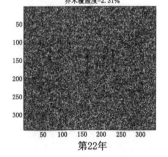

日期=21年243天，雨强=0.00 mm/min，
最大净流量=0.00 mm/min，水分增加量=0.00%，
草本覆盖度=48.02%，灌木覆盖度=31.38%，
乔木覆盖度=2.31%

第22年

图 5-58 （续）

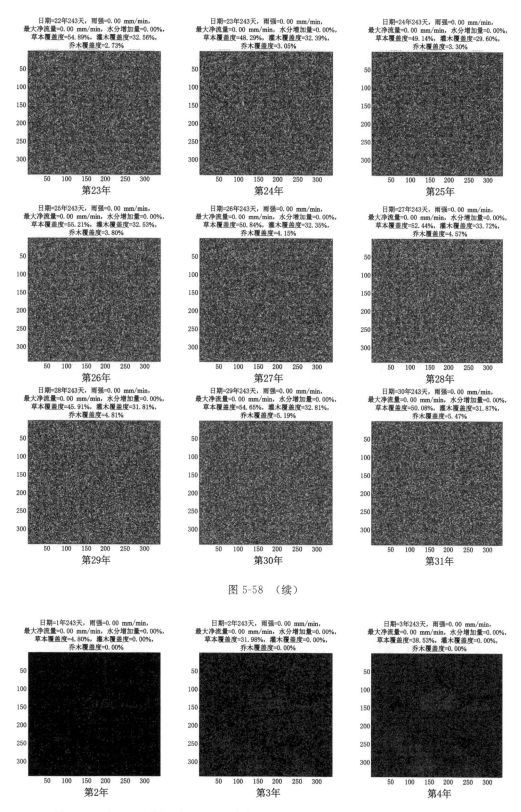

图 5-58 （续）

图 5-59 平坦地形-低初始植被覆盖条件下形变情景植被格局的 30 年时序变化过程

日期=4年243天，雨强=0.00 mm/min，
最大净流量=0.00 mm/min，水分增加量=0.00%，
草本覆盖度=55.25%，灌木覆盖度=0.00%，
乔木覆盖度=0.00%

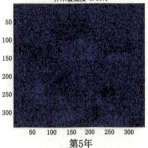

第5年

日期=5年243天，雨强=0.00 mm/min，
最大净流量=0.00 mm/min，水分增加量=0.00%，
草本覆盖度=34.11%，灌木覆盖度=0.00%，
乔木覆盖度=0.00%

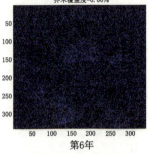

第6年

日期=6年243天，雨强=0.00 mm/min，
最大净流量=0.00 mm/min，水分增加量=0.00%，
草本覆盖度=63.49%，灌木覆盖度=0.82%，
乔木覆盖度=0.00%

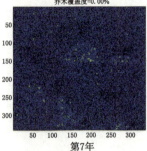

第7年

日期=7年243天，雨强=0.00 mm/min，
最大净流量=0.00 mm/min，水分增加量=0.00%，
草本覆盖度=62.58%，灌木覆盖度=2.82%，
乔木覆盖度=0.00%

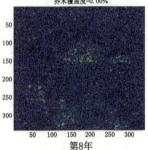

第8年

日期=8年243天，雨强=0.00 mm/min，
最大净流量=0.00 mm/min，水分增加量=0.00%，
草本覆盖度=50.51%，灌木覆盖度=4.97%，
乔木覆盖度=4.97%

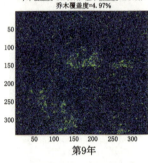

第9年

日期=9年243天，雨强=0.00 mm/min，
最大净流量=0.00 mm/min，水分增加量=0.00%，
草本覆盖度=53.76%，灌木覆盖度=8.47%，
乔木覆盖度=0.00%

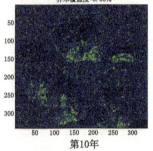

第10年

日期=10年243天，雨强=0.00 mm/min，
最大净流量=0.00 mm/min，水分增加量=0.00%，
草本覆盖度=60.53%，灌木覆盖度=11.24%，
乔木覆盖度=0.00%

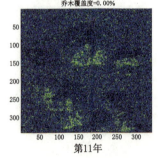

第11年

日期=11年243天，雨强=0.00 mm/min，
最大净流量=0.00 mm/min，水分增加量=0.00%，
草本覆盖度=40.51%，灌木覆盖度=11.62%，
乔木覆盖度=0.01%

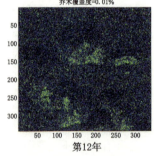

第12年

日期=12年243天，雨强=0.00 mm/min，
最大净流量=0.00 mm/min，水分增加量=0.00%，
草本覆盖度=57.56%，灌木覆盖度=16.55%，
乔木覆盖度=0.02%

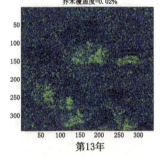

第13年

日期=13年243天，雨强=0.00 mm/min，
最大净流量=0.00 mm/min，水分增加量=0.00%，
草本覆盖度=46.40%，灌木覆盖度=17.28%，
乔木覆盖度=0.05%

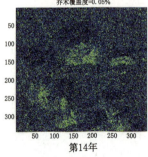

第14年

日期=14年243天，雨强=0.00 mm/min，
最大净流量=0.00 mm/min，水分增加量=0.00%，
草本覆盖度=60.40%，灌木覆盖度=21.76%，
乔木覆盖度=0.15%

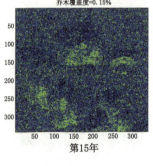

第15年

日期=15年243天，雨强=0.00 mm/min，
最大净流量=0.00 mm/min，水分增加量=0.00%，
草本覆盖度=48.67%，灌木覆盖度=20.96%，
乔木覆盖度=0.27%

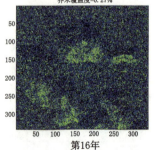

第16年

图 5-59 （续）

日期=16年243天，雨强=0.00 mm/min，
最大净流量=0.00 mm/min，水分增加量=0.00%，
草本覆盖度=62.61%，灌木覆盖度=25.03%，
乔木覆盖度=0.64%

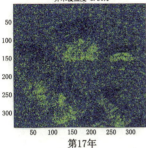

第17年

日期=17年243天，雨强=0.00 mm/min，
最大净流量=0.00 mm/min，水分增加量=0.00%，
草本覆盖度=48.06%，灌木覆盖度=23.33%，
乔木覆盖度=0.81%

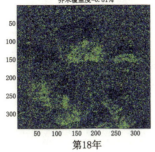

第18年

日期=18年243天，雨强=0.00 mm/min，
最大净流量=0.00 mm/min，水分增加量=0.00%，
草本覆盖度=52.09%，灌木覆盖度=25.32%，
乔木覆盖度=1.06%

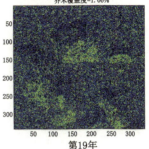

第19年

日期=19年243天，雨强=0.00 mm/min，
最大净流量=0.00 mm/min，水分增加量=0.00%，
草本覆盖度=44.08%，灌木覆盖度=23.38%，
乔木覆盖度=1.23%

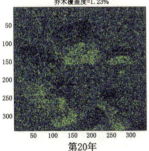

第20年

日期=20年243天，雨强=0.00 mm/min，
最大净流量=0.00 mm/min，水分增加量=0.00%，
草本覆盖度=58.91%，灌木覆盖度=29.76%，
乔木覆盖度=1.75%

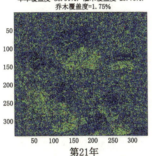

第21年

日期=21年243天，雨强=0.00 mm/min，
最大净流量=0.00 mm/min，水分增加量=0.00%，
草本覆盖度=51.55%，灌木覆盖度=28.85%，
乔木覆盖度=2.02%

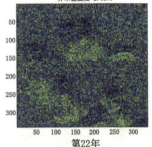

第22年

日期=22年243天，雨强=0.00 mm/min，
最大净流量=0.00 mm/min，水分增加量=0.00%，
草本覆盖度=52.90%，灌木覆盖度=34.69%，
乔木覆盖度=2.53%

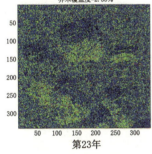

第23年

日期=23年243天，雨强=0.00 mm/min，
最大净流量=0.00 mm/min，水分增加量=0.00%，
草本覆盖度=52.44%，灌木覆盖度=35.39%，
乔木覆盖度=2.94%

第24年

日期=24年243天，雨强=0.00 mm/min，
最大净流量=0.00 mm/min，水分增加量=0.00%，
草本覆盖度=53.33%，灌木覆盖度=36.10%，
乔木覆盖度=3.38%

第25年

日期=25年243天，雨强=0.00 mm/min，
最大净流量=0.00 mm/min，水分增加量=0.00%，
草本覆盖度=56.03%，灌木覆盖度=35.11%，
乔木覆盖度=3.86%

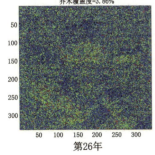

第26年

日期=26年243天，雨强=0.00 mm/min，
最大净流量=0.00 mm/min，水分增加量=0.00%，
草本覆盖度=55.29%，灌木覆盖度=37.36%，
乔木覆盖度=4.38%

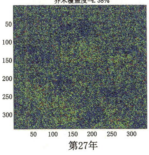

第27年

日期=27年243天，雨强=0.00 mm/min，
最大净流量=0.00 mm/min，水分增加量=0.00%，
草本覆盖度=52.90%，灌木覆盖度=37.55%，
乔木覆盖度=4.83%

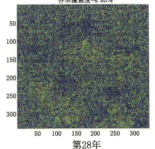

第28年

图 5-59 （续）

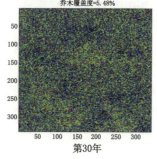
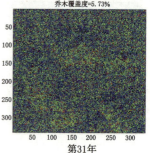

图 5-59 （续）

平坦地形-低初始植被覆盖条件下，形变情景中的植被格局与原始情景间存在极其显著的差异。观察植被格局时序变化可以发现，在演替进行到第 5 年后形变情景区域中开始出现多个灌木植被，对比地表形变范围可以发现，这些区域均处于形变范围内。随后的时间中，灌木植被从这些区域开始向外扩张，最终扩张至整个模拟区域并与原始情景植被格局愈加相似。

横向对比原始情景和形变情景在演替 10 年、20 年、30 年的植被格局发现，两种情景在演替 10 年后植被格局差异最为明显，在演替 30 年后植被格局整体上基本相似（图 5-60）。在演替 10 年后，由于地表形变的存在使得区域内形成了大量养分聚集区，这也促进了灌木植被的生长和发展，使得地表形变区成为灌木植被聚集发育的区域。随后的 20 年里，随着区域内植被的不断演替和扩张，更多的区域成为可供灌木、乔木植被生长的区域，因此沉陷区的聚居性也随之减弱。但在演替 30 年后的形变情景植被格局中，依然能发现沉陷区植被较周边区域存在一定差异，与之相对的原始情景中区域内部则无明显的差异性。

从不同植被覆盖度的时序变化过程来看，沉陷情景与原始情景的差异主要体现在灌木植被的出现时间。如图 5-61 所示，整体来看两种情景下的植被覆盖度、草本覆盖度与灌木覆盖度的变化趋势和数值水平十分相似。但在原始情景中，灌木植被在自然演替第 7 年后才首次出现，而形变情景中第 3 年便出现了首棵灌木植被，这也与上文所述的沉陷导致的养分聚集区有关。此外，尽管两种情景下的乔木植被在首次出现后的 10 余年时间内基本保持相同水平和增长速度，但在自然演替至 27 年左右后，原始情景的乔木植被较形变情景有了一定的提高，这可能由于形变情景中坡度条件限制了乔木植被的生长，使乔木植被的扩张受到了阻碍。

平坦地形-低初始植被覆盖条件下形变情景和原始情景的不同植被覆盖度 NMSE 结果表明，灌木与乔木植被格局在两种情景下在演替初期存在明显差异。如图 5-62 所示，从整体植被覆盖度和草本覆盖度来看，两种情景的植被格局在演替第 2 年时差异最大，随后的几年过程中保持着波动变化趋势，之后便趋于稳定。但两种情景在灌木和乔木植被格局上差异明显。当灌木植被在两种情景中均开始出现后，可以发现灌木植被格局的差异十分明显，10 m×10 m 斑块尺度下的 NMSE 多年保持大于 0.5，在演替进行到 20 年左右后才逐渐

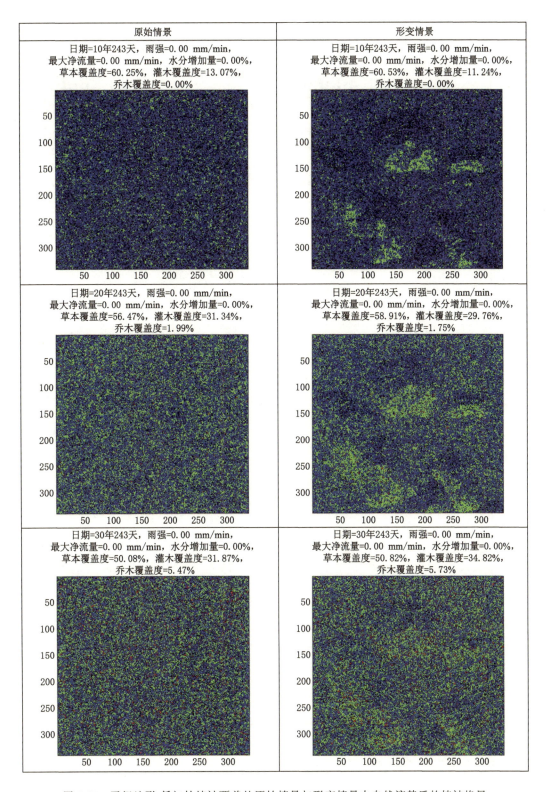

图 5-60 平坦地形-低初始植被覆盖的原始情景与形变情景中自然演替后的植被格局

（自上而下分别为自然演替 10 年、20 年和 30 年的植被格局）

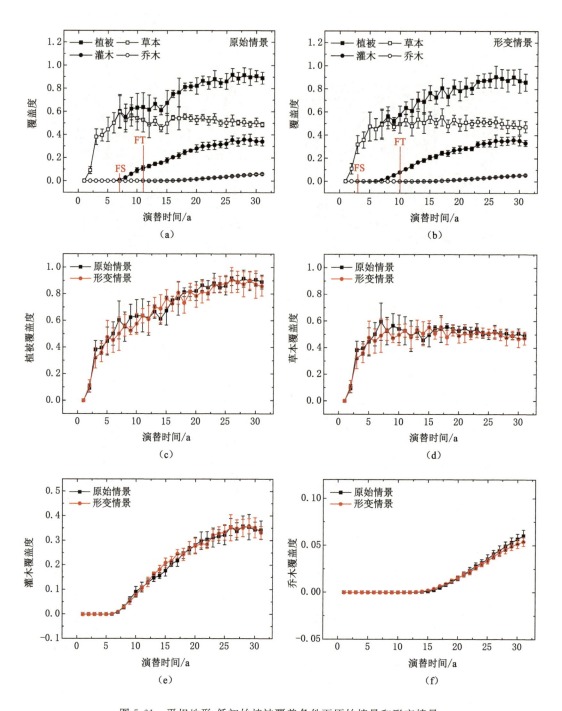

图 5-61　平坦地形-低初始植被覆盖条件下原始情景和形变情景
中植被覆盖度的动态变化

下降。差异更为明显的是乔木植被,两种情景间的乔木植被格局自开始出现后便保持极高的差异度,尤其是在 10 m×10 m 斑块尺度中,NMSE 自乔木植被出现后始终大于 0.8,当演替进行到 30 年时依旧有着较明显的差异。

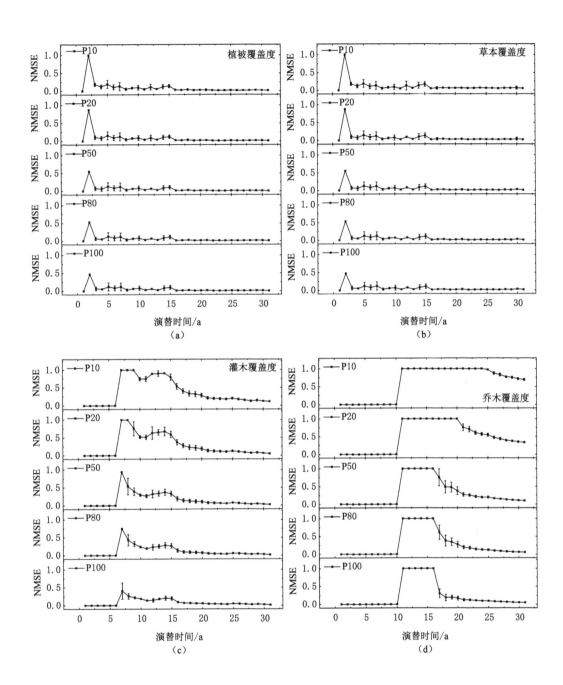

图 5-62 平坦地形-低初始植被条件下形变情景与原始情景中基于
不同植被覆盖度的植被格局差异度

第六章　地下采煤关键扰动的自然恢复能力及影响因素

第一节　地下采煤的关键扰动类型

自然恢复能力与扰动的类型、形式、程度有直接关系。因此,本章将以黄土高原矿区为例,探讨地下开采引起的关键扰动类型及其特征,即黄土高原矿区扰动类型有哪些? 各扰动产生的生态影响具体表现形式是什么? 矿区关键生态损伤是什么? 研究这些内容有助于分析自然恢复能力的制约因素和条件,为理解自然恢复能力的影响因素奠定基础。

一、矿区土地生态系统扰动调查

为了探明黄土高原矿区生态损毁的状况以及导致这些生态损毁的扰动形式,需要开展现场调查。与一般矿区生态监测不同,生态系统自然恢复的调查需依据以下准则:

(一)排除矿区采煤持续扰动的干扰

调查的作用一方面是为了识别黄土高原矿区扰动类型,另一方面也是为了分析黄土高原矿区自然恢复现象。采煤活动往往持续时间较长且影响较大,邻近工作面开采或多层煤重复开采等均会对生态造成持续损伤,此时一旦外部干扰超过了自然恢复能力,生态系统依然呈现损毁趋势,自然恢复现象将得不到体现。因而调查时不考虑矿区在煤炭开采过程中生态损伤的动态变化,更多关注矿区采煤活动停止后的生态变化。

(二)排除非采矿活动的干扰

黄土高原属干旱半干旱气候区,植被覆盖度偏低且土壤黏聚力也较低,属生态环境脆弱区(王诗绮 等,2023)。此外,矿区是自然-社会复合系统,矿区中往往伴随着生产和生活活动,诸如林木砍伐、开荒、放牧、耕作等,也可能引发生态扰动(杨永均 等,2019)。调查应关注采矿活动引发的生态损毁监测,诸如开挖建设引发滑坡等自然灾害以及其他生产生活活动中引发的植被损毁被视为特殊生态损毁现象而忽略。

(三)保证调查的全面性和代表性

为全面准确地发现黄土高原矿区存在的扰动类型及其特征,一方面需要保证调查矿区的数量,另一方面需要兼顾调查矿区分布的代表性。在考察生态系统损毁与恢复时,也需注意矿区社会-生态复合系统的特征,生态系统恢复广义上可定义为系统向人类有利的方向发展,何为有利取决于利益相关者的需求,因而在生态要素调查的同时应兼顾利益相关者意愿。

根据上述调查准则,采用一般性调查和详细调查相结合的方法开展外业调查,调查方案如图 6-1 所示。

一般性调查包括专家座谈、实地勘查、村民走访等,调查内容主要包括矿区开采状况、

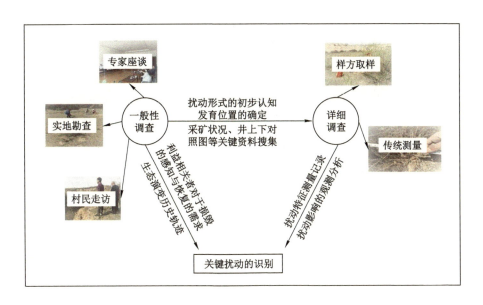

图 6-1 关键扰动识别调查技术框架

井上下对照图等采矿资料;采矿破坏与生态恢复的历史与过程;矿企、村民、专家等利益相关者对生态系统损毁与恢复的认识等。一般性调查中,可以通过矿企、专家与村民快速确定扰动形式、扰动位置等。结合井上下对照图,实地调查可快速了解地裂缝等破坏情况,提高调查效率。

在一般性调查基础上开展详细调查,包括传统测量和样方取样两种方法。主要调查裂缝、滑坡、塌陷、废弃等的详细特征,内容包括扰动发生位置的 GPS 定位、扰动的发育程度(如裂缝的长、宽、深;滑坡体体积与坡度)、土壤样方、植被样方、种子库样方等。

以山西境内黄土高原为研究区,包括临汾市翼城县、吕梁市临县、忻州市保德县、忻州市神池县、大同市南郊区等地,重点包括望田煤矿、殿儿垣煤矿、河寨煤矿、阳方口煤矿、红梁山煤矿、杨柳湾煤矿、孟家沟煤矿。每个矿区调查 2～3 个采区,每个采区调查 3～5 个工作面,共计调查 7 个煤矿、18 个采区、75 个开采工作面。调查区的分布如图 6-2 所示。初次调查时间为 2016 年 4 月,补充调查时间为 2016 年 7 月。

表 6-1 给出了调查对象的基本信息特征,包括矿区名称、位置、自然地理条件、煤炭赋存与状况、开采现状等。调研矿区包括晋北、晋中、晋南,从矿区基本自然区位来看,存在一定的差异,但总体一致,即矿区为黄土覆盖、地形起伏较大、年降水量 300～550 mm,植被覆盖不良,草、灌-草为优势植被群落结构。研究对象包括山地、中山、丘陵、塬、梁、茆等地貌类型,基本涵盖黄土高原典型地貌特征。从煤炭赋存与开采情况来看,矿区涉及大同煤田、宁武煤田、河东煤田、西山煤田、沁水煤田(潘换换 等,2021),基本涵盖了山西黄土高原的主要煤田,开采方式涉及长-短壁开采、综采、刀-房柱式开采和放顶煤开采等,基本涵盖主要煤炭开采方式。从开采现状来看,除阳方口煤矿局部在采及望田煤矿正在开采外,其他各矿均已关闭,有利于矿区"开采-关闭"全过程的扰动分析。综上,上述调查符合调查准则的要求,可保证黄土高原矿区扰动类型及影响分析结果的科学性。

图 6-2　调查区分布图

表 6-1　调查对象特征信息表

名称	位置	基本条件	煤炭赋存与开采	采矿扰动形式概况	现状
河寨煤矿	翼城县浇底乡西南,东经 111°52′11″~111°53′;北纬 35°45′38″~35°47′20″	侵蚀山地,植被覆盖中等,以多年生灌丛为主,年平均降水量 552.1 mm	沁水煤田,主采 2 号煤,平均采厚 4.9 m,长壁式采煤方法,全部垮落法管理顶板	地裂缝、滑坡,未见塌陷坑	关闭
殿儿垣煤矿	翼城县北捍乡牟寨村,东经 111°50′26″~111°52′27″;北纬 35°44′04″~35°45′21″		沁水煤田,采厚 3.72 m,主采 2、9+10 号煤层,短壁刀柱式开采、炮采	地裂缝、滑坡,偶见塌陷坑	关闭
孟家沟煤矿	万柏林区王封乡孟家沟村,东经 112°16′02″~112°17′19″;北纬 37°53′05″~37°54′51″	中山地貌类型,植被类型以旱生型灌丛、灌草丛为主,伴有阔叶落叶林,年降水量 462.2 mm	西山煤田,主采 8、9 号煤层,平均采深 7.5 m,短壁刀柱式炮采	地裂缝、滑坡,零星煤自燃,未见塌陷坑	关闭

表 6-1(续)

名称	位置	基本条件	煤炭赋存与开采	采矿扰动形式概况	现状
望田煤矿	保德县腰庄乡赵家峁村	中低山区,以黄土冲沟、梁地貌为主,植被覆盖多年生草本为主,乔灌木零星分布,年平均降水量 452 mm	河东煤田,主采 8、13 号煤层,平均采厚 5.84 m,长壁式综采	地裂缝、滑坡,偶见塌陷坑	在采
阳方口煤矿	宁武县阳方口村	地形相对平坦,植被覆盖以草本为主,乔灌木较少,年平均降水量468.1 mm	宁武煤田,主采 2、5 号煤层,平均采厚 7.34 m,长壁式综采	地裂缝、滑坡,偶见塌陷坑	局部在采
杨树湾煤矿	大同南郊区高山村	山地丘陵地形,植被覆盖偏低,乔灌木见于河谷地带,以草本为主,年平均降水量 400 mm	大同煤田,平均采厚 1.61 m,主采 3、4、8 号煤层,房柱式开采	地裂缝、滑坡,偶见塌陷坑	关闭
红梁山煤矿	大同南郊区二台村		大同煤田,主采 3、4 号煤层,平均采厚 1.45 m,刀柱式开采,炮采	地裂缝、滑坡,偶见塌陷坑	关闭

二、地下采煤扰动分类及特征

7 个煤矿区野外调查结果表明,黄土高原矿区扰动类型可以归纳为地裂缝、滑坡、塌陷和废弃四种,表 6-2 中比较了不同扰动在发育成因、形态、类型及影响因素上的差异。如表 6-2 所示,塌陷与地裂缝是黄土高原矿区最常见的扰动方式,其次为滑坡,废弃扰动最少。从各扰动的发生原因来看,地裂缝、滑坡、塌陷实质上是地下煤层采出后,应力传导到地表的不同表现形式;工业场地的废弃则与之有较大的区别,其主要是矿区资源的枯竭或煤炭整合政策的实施导致的。受黄土高原地区自身地形起伏较大的影响,塌陷导致地形变化但表面并不明显,而地裂缝与滑坡更具显性。从分布特征来看,地裂缝随工作面而零散分布于矿区,而滑坡则集中分布于沟谷地带。总体来说,黄土高原矿区扰动类型多样,且同一种扰动类型也存在不同发育特征。

表 6-2　采矿扰动类型及其基本特征

干扰	发生频率	成因	形态	类型	影响因素
地裂缝	70/75	不均匀沉陷变形,土体张裂	显性,植被死亡,分布零散,单体间发育差异大,平均 0.4 m 宽	边缘裂缝与动态裂缝	煤层倾角、采深、采厚、开采方式、土壤质地发育位置

表 6-2(续)

干扰	发生频率	原因	形态	类型	影响因素
滑坡	29/75	沟谷区，土体荷载过大，失稳	显性，植被死亡，群落结构损毁。分布集中于沟谷区	分散下滑；整体分块下滑	地形、坡度、植被覆盖、土壤质地
塌陷	75/75	采空区顶板垮落，应力重分配	隐性，影响微弱，一般塌陷深度0.5～3.5 m	一般沉陷变形；典型塌陷坑	煤层倾角、采深、采厚、开采方式、土壤质地
废弃	6/75	资源枯竭，政策关停	显性，资源浪费	废弃工业场地；废弃居民点	资源储量、管控政策、区位条件

为进一步明确各类干扰的特征，为生态效应评价和生态恢复的方向、制约因素、初始条件等的判断，以及为自然恢复能力模型的建立奠定基础，下面对地裂缝、滑坡、塌陷、废弃的特征进行详细阐述。

1. 地裂缝

地裂缝指地表采动裂缝，是采煤引发的地表土体产生一定长度和宽度开裂的现象，在地质学上属非构造性裂缝(陈超 等，2018)。

地裂缝的产生主要是因为下覆煤层采出后，岩层应力平衡发生了改变，在不均匀沉降区产生的土体张裂性变形。地裂缝的发育与土体的性质密切相关，有研究表明对于塑性较小的砂质土壤，超过2～3 mm/m的地表拉伸变形即会产生地裂缝，而对于塑性大的黏性土壤，地表拉伸变形的阈值可达6～10 mm/m，因而黄土高原地区属于裂缝易发生区。此外，地裂缝的发育还受采深、采厚、开采方式、工作面推进速度等因素影响，因而调查发现黄土高原矿区地裂缝的发育程度也有较大的差异。地裂缝长度为0.3～200 m、宽度为0.1～0.8 m、深度为0.45～2.1 m不等。

黄土高原沟壑纵横，地形起伏较大。受这种特殊地形的影响，山顶和凸形地貌部位会产生附加的水平拉伸变形，山谷和凹形地貌部位将产生附加的水平压缩变形，所以黄土高原矿区地裂缝大多分布在山顶、梁塬等凸形地貌部位和凸形变坡点部位，谷底等凹形地貌部位一般很少出现明显的采动裂缝，因而地裂缝在山区地貌的影响下也多呈直线型发育，且多条裂缝往往平行分布形成裂缝条带(张晋纬 等，2013)。

根据裂缝发生的位置，可将裂缝分为动态裂缝和边缘裂缝(静态裂缝)。动态裂缝一般位于工作面走向中心线附近，且平行于工作面，伴随着工作面的推进而动态变化。而边缘裂缝分布于开切眼、上/下山边界和停采边界线，较动态裂缝往往存续时间较长，因而也被称为静态裂缝。工作面推进过程中裂缝发育较为剧烈[图6-3(a)]，裂缝表现为台堑式裂缝，裂缝长度、宽度、深度等一般较大。而当稳沉后，采空区边缘地裂缝规模往往较小[图6-3(b)]。

2. 滑坡

滑坡是指采煤作用下，黄土坡体失去原有的稳定状态，沿着斜坡内某些滑动面(或滑动带)作整体向下滑动的现象(肖和平，2001)。相比于地裂缝，采矿扰动造成的滑坡灾害对原有地貌的改变更为显著。

实地调查表明，黄土高原地区土壤砂粒含量较高，土体黏聚力较差，坡面植被覆盖度较

（a）采区上方台堑式裂缝

（b）采区边缘细纹裂缝

图 6-3　黄土高原矿区典型地裂缝

低,与东部平原矿区相比,黄土高原沟壑纵横的地貌特征,如陡坡、切割地貌为滑坡的发生提供了"良好的基础"。采煤沉陷作用于边坡,边坡下部的应力集中区产生位移变形或边坡鼓出,进而牵动上部边坡开裂和滑动。

　　滑坡发生以后,其基本呈现上陡、下缓的抛物线型边坡面。黄土高原矿区采煤滑坡又分为两种形式,一种是滑坡体分散顺坡下滑,最终形成较平滑新坡面[图 6-4（a）];另一种是滑坡体整体分块顺坡下滑,新坡面呈阶梯状[图 6-4（b）]。且根据调研,矿区扰动范围内滑坡灾害多发生于坡度>40°的陡坡,滑坡体以小型滑坡为主。

（a）整体分散滑坡

（b）分块层状滑坡

图 6-4　黄土高原矿区典型滑坡

3. 塌陷

地下煤层采出后,伴随着顶板的垮落,受应力作用采空区地表往往会形成一个下沉盆地(李春意 等,2018),也有部分学者称之为塌陷坑。望田煤矿、河寨煤矿等均有明显的地表沉陷。但是由于望田煤矿、河寨煤矿两矿区周边地貌起伏不一,坡度较大,煤层采出后形成的附加坡度并不明显。身处矿区,周边群山掩映,梯田密布,很难直观地感受到塌陷区的存在,如图 6-5 所示。

图 6-5　黄土高原矿区塌陷

塌陷坑与一般的地表沉陷变形或塌陷盆地有一定的区别。在矿区调查中发现存在如图 6-6 所示的局部剧烈扰动形态。塌陷坑呈圆形,直径为 0.8~2.3 m,垂直深度为 1.2~2.5 m,且塌陷坑口直径往往比塌陷坑底小,形状类似倒扣的碗状。此外,塌陷坑发育地原有坡度较缓,且周边伴生裂缝。黄土高原地区土壤砂砾含量较大,土体黏聚力较低,而黏聚力较低的土体抗剪能力也差,更容易发生土体的断裂,因而开采煤层倾角较大时极易造成变形集中和局部地表剧烈移动,这也是黄土高原矿区塌陷坑易出现的重要原因之一。

(a)　　　　　　　　　　　　　　(b)

图 6-6　黄土高原矿区典型塌陷坑

4. 废弃

调查发现,采矿活动结束后原有生产生活建筑场地基本处于废弃、闲置的状态,如图6-7

所示。采煤活动的终结源自两个方面:一是由于煤炭资源枯竭,二是由于中小型煤矿关停并转。

采矿活动结束后,工矿用地的废弃无疑是一种巨大的资源浪费,但其二次利用却也存在着明显的障碍。遗留的工矿用地大多污染严重,加之建筑物拆除成本高等极大降低了耕地复垦的可行性。此外,矿区多地处偏远,矿区周边村镇也因采矿破坏而搬迁,因而工矿废弃地的二次开发效益不高。另外,采矿活动终止,矿企也随之离开,工矿用地的复垦资金来源受到严重制约。

黄土高原作为我国典型的生态脆弱区,生态环境的保护一直是受关注的重点,因而未来黄土高原地区将会有更多的中小型煤炭企业关闭,也将遗留大量的工矿废弃地。

(a) 工业场地废弃实景　　　　　　　(b) 矿区内居民住宅废弃实景

图 6-7　黄土高原矿区典型废弃场地

三、地下采煤扰动的生态效应

采矿活动是最剧烈的人类扰动之一,而矿区实质上又是一个社会-经济-生态复合系统,因而黄土高原地区采矿扰动所带来的影响也是显著的。

煤矿开采所导致的应力重分配改变了矿区原有的地形,引发地表变形沉降。在地形平缓区形成塌陷盆地,而在极陡坡处由于变形中应力的变化极易造成坡体失稳进而引发滑坡等地质灾害,而不均匀沉陷变形又导致了地表的拉张性裂缝、塌陷坑的形成。此外采矿活动结束后,大量的废弃地等综合影响着矿区整体生态环境(杨永均 等,2015),如表 6-3 所示。

1. 地裂缝的生态效应

裂缝作为沉陷变形的伴生扰动,在其形成过程中会造成植被根系的拉裂损伤,直接诱发植被的死亡。而当地裂缝形成后,由于裂隙的存在,土壤水蒸发作用加剧,保肥能力降低,从而影响地裂缝周边区域植被的生长发育。研究表明,地裂缝的影响区域为 1.5～2 m。而一旦地裂缝发育于耕地,将造成农作物的减产,当地裂缝发育程度较为剧烈且单体裂缝宽度较大或裂缝密度较大,农民便会选择弃耕从而导致绝产现象的发生。黄土高原地区降雨量不足,土壤养分含量较低,这进一步加剧了地裂缝对植被的危害性。且受黄土高原土壤特性影响,地裂缝是黄土高原矿区最为常见的扰动类型。

表6-3 不同采矿扰动类型的生态影响和恢复需求

干扰类型		水	立地植被	土　壤	生态恢复需求
地裂缝		通过下渗与截留,改变微地形水体运移过程;裂缝断面处,土壤水蒸散作用强烈,降低裂缝周边土壤含水量	直接引发植被根系拉裂损伤、死亡;降低土壤营养,潜在抑制植被生长	导致土壤持水能力下降,氮磷钾等营养元素流失,加剧土壤侵蚀流失,降低土壤质量	最常见扰动,数量较多,破坏生态,降低土地生产力;分布零散,工程修复难度大、任务重
滑坡		滑坡发生后,地形变化剧烈,极大地改变了原有的坡面径流状况;当滑坡体过大,滑坡前缘堆积物会堵塞沟谷,影响区域径流	植被因被掩埋或根系损伤、暴露而死亡,且程度剧烈;植被生态位发生转移,高处植被转移到坡底,生长遭到抑制;植被群落损毁严重,种间互利反馈关系微弱	土壤结构遭到破坏,土壤孔隙度增大;熟土掩埋,生土外漏,土壤营养重分配,且分布不均;滑动裂隙的存在及植被覆盖度低下导致土壤侵蚀严重	由于影响较地裂缝次之,但扰动剧烈,多发育于沟谷,主要破坏生态及加剧水土侵蚀等次生灾害;以恢复植被覆盖为主要需求
塌陷	一般沉陷	沉陷可降低也可增加原地形高程,改变地表径流方向;改变地下水运移流场	整体沉陷后,植被生长的土地单元保存完整,植被根系、植株、群落不直接损伤,间接受到水土条件改变的微弱影响	在沉陷区的边缘地带,如拉伸、压缩变形区,影响土壤物理性质,沉陷中心地区影响不明显	影响微弱,居民坡地生产生活经验可弥补地形变化产生的影响,恢复需求不迫切
	塌陷坑	降低区域土壤含水量;雨季可形成临时积水坑	直接引发坑上植被的死亡;当深度过大,坑底植被因缺乏光照难以生长,影响范围较小	坑底土壤含水量较高,土壤氮磷钾含量受周边侵蚀土壤集聚而相对较高	单体扰动剧烈,但数量少,治理需求一般,但耕地塌陷坑治理需求迫切
废弃	工矿用地	重金属及油类污染,降雨入渗难度大,污染水向地下迁移扩散影响当地和周边地下水资源	植被污染元素富集,群落结构简单,多为初级演替的草本,植被演替发育难度大	土壤污染严重,土体硬化密实,土壤孔隙度低,土壤生态功能丧失	矿区关闭后的普遍现象,资源浪费。农业地与建设用地再利用都存在制约。需要人工干预消除污染
	居民点	污染程度较轻,主要源自生活污水、生活垃圾渗流	砖石等建筑垃圾堆积,植被生长受限,但与初始状态相比植被覆盖度正逐年提高	影响程度微弱,被建筑垃圾等压占,影响土地生产力发挥	搬离居民感知强烈,恢复迫切程度一般,复垦作为耕地是主要需求方向

2. 滑坡的生态效应

相比于变形沉陷区,滑坡一旦发生其对原有生态的破坏是十分剧烈的。滑坡发生后,会显著改变原有的地形。对于坡面植被的危害,分为一般和特殊两种情况,特殊情况下,当滑坡面整体滑移时,其上部分植被也能够得到保存;一般情况下大部分坡面植被在土体滑落过程中或被掩埋,或因根系拉裂而死亡,坡面近乎裸露。伴随着黄土体滑移,植被生态位发生了改变,群落结构消失,新生坡面区域水土流失严重。此外,滑坡会加剧土壤养分的流失,土壤全氮、全磷、全钾、水解性氮和速效钾含量在滑坡面与未滑坡面间呈现递减。但也有研究表明滑动裂隙的形成,使斜坡岩土体结构比周围岩土体松散,层次不分明,比较紊乱;有较明显的片理化和糜棱化带等。这些都增加了降雨的地表入渗强度。由于滑坡体上植被吸收水分比稳定区域多,而植被吸收矿物质营养元素主要通过吸收水分来完成,所以滑坡体上植被吸收矿物质营养元素受到滑坡很大的促进作用。

3. 塌陷坑的生态效应

塌陷坑是一种移动变形的特殊表现形式,集中变形造成了局部地表剧烈扰动。塌陷坑可导致周边区域土壤水肥的流失,影响植被的生长发育。此外,塌陷坑往往存在于坡度较缓的区域且深度较深,地形的有利条件使得人类活动也相对频繁,因而相对于其他扰动类型,塌陷坑对人畜安全的潜在威胁更大。

4. 废弃工业广场产生的生态效应

当采矿活动结束后,大量工矿用地被废弃。矿企结束生产以后,原有厂房以及其他构筑物并没有得到有效的利用。一般废弃工矿用地的再利用可分为复垦和建设两种途径,但是实地调查显示:煤矿生产过程中场地的硬化以及污染物的遗留使得复垦难度较大,此外关闭矿企多位于发展落后的乡村,建设用地需求不旺,投资收益率低,社会融资困难。因而采煤结束后,工矿用地大多废弃。此外,废弃地会产生更深远的影响,随着矿企的撤离,原本该由矿企承担的生态修复成本转嫁给了社会,资金短缺问题导致生态损毁状态将持续相当长时间。

综上所述,矿区生态系统损毁是地裂缝、滑坡、塌陷、废弃等扰动类型综合作用的结果。通过对各扰动发育特征及生态影响的分析可以发现,地裂缝、滑坡、塌陷、废弃都强烈扰动矿区的水土环境,但它们的生态影响存在一定的差异,其生态恢复方向和需求也不尽相同。地裂缝干扰数量多、分布广,人工治理成本大,对植被显性影响大,生态恢复方式的需求以自然恢复为主;滑坡干扰数量相对少,植被显性影响大,群落损伤严重,生态恢复方式的需求以自然恢复为主;相比之下,废弃场地面积小、分布集中、恢复难度大,需要人工干预调节土地利用结构和重建景观。综合来看,滑坡和地裂缝成为黄土高原矿区生态恢复的焦点干扰,而且考虑到生态恢复成本和需求,自然恢复是备选的重要方向。

第二节 地裂缝的自然恢复机理及影响因素

地裂缝是黄土高原矿区关键干扰之一,这种干扰数量大、分布零散,对土体的显性影响大。一些地方的地裂缝需要及时人工回填处理,但对大部分地裂缝来说,自然恢复是这种干扰的潜在恢复模式。因此,本章对地裂缝的自然恢复特征及机理进行研究,包括调查自然恢复特征、分析自然恢复机理,然后确定地裂缝自然恢复的影响因素和自然恢复能力模型。

一、地裂缝的自然恢复特征

(一)动态地裂缝的自然恢复特征

动态地裂缝位于工作面上方,随着工作面的推进动态地发育与闭合(胡振琪 等,2014)。选取正在开采、没有进行系统性的裂缝治理的矿区来说明动态裂缝的自然恢复特征,以保德望田煤矿 13201、13203 工作面为例。这里对该区域的动态裂缝进行详细统计,揭示其自然恢复特征。13201 工作面采用放顶煤开采工艺,2015 年 3 月开采,2016 年 6 月开采完毕。工作面宽195 m,走向长度 3 600 m,平均煤厚 5.8 m,煤层埋深 240 m,煤层倾角 2°～8°。

根据开采沉陷理论,动态裂缝产生于工作面走向中心线附近。针对 13201 工作面上方地表进行了两次现场监测调研,时间分别为 2016 年 4 月和 7 月。表 6-4 给出了地裂缝长度、宽度、深度的统计结果。第一次(4 月)观测到的地裂缝数量为 7 条,且单体裂缝发育程度较为强烈,最大裂缝宽度为 41.2 cm,长度为 173 m。而第二次(7 月)可见地裂缝数量为 2条,且地裂缝宽度均小于 3 cm。

表 6-4　保德望田煤矿 13201 工作面裂缝发育特征

编号	调查时间	地裂缝长度/m	地裂缝最大宽度/cm	地裂缝最大深度/cm
1	4 月	80	10.0	18.3
2		112	8.6	23.5
3		158	25.3	32.3
4		173	41.2	35.1
5		150	14.1	25.7
6		167	26.7	28.2
7		127	15.1	21.8
*1	7 月	15	2.3	10.2
*2		8	2.9	11.6

从表 6-4 可以看出,当处于开采阶段(4 月),工作面上方地裂缝发育十分强烈,而在工作面回采完毕一个月后(7 月),裂缝无论是整体数量上,还是单体裂缝的发育程度上,地裂缝存在着明显的愈合现象,且闭合的过程十分迅速。

13203 工作面于 2015 年 3 月开采完毕。对其工作面走向中心线附近实地观测,发现仅存在不连续的细纹裂缝条段。这表明采矿一年后,动态裂缝几乎得到了全部愈合。但地裂缝的恢复不能只表现在裂缝的愈合方面,还应包括裂缝影响的消除。调查发现远离地裂缝地区的植被与调查区域植被未见明显区别,基于此初步判断采动一年后,动态裂缝的影响也得到了消除。为证明上述判断的正确性,在垂直细纹裂缝方向对不同距离土壤进行了采样,并在未扰动区取对照组样方。通过实验测定各土壤样本含水量与有机质含量,测定结果如图 6-8 所示。

据已有研究,由于采动裂缝的存在,地裂缝周边土壤会发生养分流失。一般而言,距离地裂缝越近,土壤养分流失越剧烈。而根据调查结果,13203 工作面上方出现细纹裂缝而周边土壤并未表现出上述规律。以土壤有机质含量为例,土壤有机质含量最低点是在地裂缝垂直距离 15 cm 处,而距离 50 cm 处有机质含量甚至高于对照组。总体上看,不同距离处土壤有机质含量和对照组之间没有显著性差异($P<0.05$)。进一步分析数据发现,各样方土壤有机质含量差异较小,平均值为 1.6%,这种波动可能受控于土壤有机质分布的空间异质性。在采动结束一年后地裂缝自然愈合,周边土壤有机质含量和土壤含水量已经恢复到对照区的水平。由此可见,采动裂缝是临时性的,对土壤质量几乎没有影响。

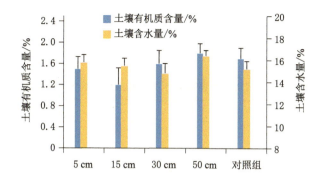

图 6-8　裂缝垂直方向土壤含水量和有机质含量变化图

（二）边缘裂缝的自然恢复特征

边缘裂缝分布于开采边界附近,相对于动态裂缝,边缘裂缝存续的时间往往较长,因而也被普遍认为需要人工治理。这里从所调研的案例中选取开采持续时间较长、没有进行系统性的裂缝治理工程的矿区来说明边缘裂缝的自然恢复特征。临汾市翼城河寨煤矿发现有典型的边缘裂缝,该矿开采活动自 1990 年开始,具有不同停采时序的开采工作面。根据井上下对照图,分别对开采后、已自然恢复 5 年、10 年、15 年、25 年的开采工作面进行了实地调查。

表 6-5 是各开采区地裂缝的特征统计结果。可以看出,停采 5 年后,裂缝数量最多,为34 条,而停采 25 年后的工作面可观测到的裂缝降至 3 条。由此可见,可观测的裂缝数量随着停采年限的增加而逐渐减少。此外,裂缝的长度、宽度、深度等均呈现相同的变化趋势。

表 6-5　河寨煤矿不同停采年限地裂缝发育特征

已停采年限	地裂缝数量	地裂缝平均长度/m	地裂缝平均最大宽度/cm	地裂缝平均最大深度/cm
5 年	34	75.6	39.7	46.3
10 年	14	35.4	28.6	37.4
15 年	8	20.1	10.5	26.1
25 年	3	10.4	6.9	15.7

这里需要说明的是,这些被调查的地裂缝属于不同的开采工作面,可能会受开采工作面特征如采深、采厚以及开采方式等影响。但总体来看,时间变量(5 年、10 年、15 年、25年)仍然是地裂缝特征变化的主要驱动因素。从表 6-5 中可以看出,煤炭停采 5 年、10 年、15 年、25 年后,地裂缝发育程度的各项指标降低趋势明显,因此推断,随着时间的推移,地裂缝在自然状态下呈现出了愈合的趋势。

为进一步验证地裂缝愈合特征,对不同工作面地裂缝周边土壤进行了取样检测。表 6-6 为裂缝周边土壤全 N、全 K、全 P 含量及有机质含量状况。与对照组相比,全 K 含量各恢复年限差异性较小,说明地裂缝对 K 含量的影响较小。全 N 含量以停采 25 年的最高,甚至高于对照组,停采 5 年与 10 年的全 N 含量差异变化不大,停采 15 年的全 N 含量有明显的上升。全 P 含量规律性更为明显,随着恢复年限的增加,土壤全 P 含量逐渐升高逼近对照组值。有机质含量停采 5 年至 10 年虽略有增加但增幅较小,停采 15 年后增幅加快,停采 25 年后地裂缝区土壤有机质含量与对照组含量差异不大。虽然各指标变化规律不尽相同,但是土壤全 N 含量、全 P 含量、有机质含量总体均表现出了恢复的特征。

表 6-6   河寨煤矿不同停采年限地裂缝土壤营养元素特征

指标	5 年	10 年	15 年	25 年	对照组
全 N 含量/%	0.014b	0.016a	0.017a	0.019a	0.018a
全 K 含量/%	1.651b	1.658b	1.717a	1.683a	1.691a
全 P 含量/(mg/kg)	259.840d	284.761d	348.451c	373.572b	393.02a
有机质/%	1.382c	1.393c	1.541b	1.612a	1.645a

注:LSD 多重比较($P<0.05$),相同字母表无显著性差异。

综上所述,虽然边缘裂缝存续的时间比动态裂缝要长,但其在未经人工修复的情况下土壤营养也能够自然恢复。

二、地裂缝的自然恢复机理

(一) 地下采煤驱动下的自然恢复

动态裂缝在开采后迅速闭合,这与王新静等的研究一致(王新静 等,2015)。其对工作面上方地裂缝的实时动态监测结果表明动态裂缝的产生-闭合周期为 18 天。地裂缝的这种自动闭合现象是符合采煤沉陷学基本原理的。

煤层采出后,地表原有应力平衡遭到破坏进而产生移动变形。而当变形过程中拉应力过大,地表就会形成拉张裂缝,此时应力重新分配再次达到稳定的状态。而在工作面持续推进的过程中,地裂缝处的应力平衡会被再一次地打破。以图 6-9 为例,地表点 A 在工作面不同推进位置分别用 A(1)、A(2)、A(3)、A(4)表示。A(1)处倾斜度较小,张应力小于表土层抗剪应力,地表未形成地裂缝。而当工作面继续推进,A(2)处变形明显,倾斜度变大,此时张应力大于表土层抗剪应力,地裂缝产生。而当工作面持续推进,A(3)处所受外力由张应力转变为压应力,地裂缝在挤压作用下开始闭合。而当工作面再次推进,大面积采空区造成地表形成下沉盆地。A(4)处于盆地中心地带,压应力减弱消失,地裂缝闭合(崔希民等,2017)。

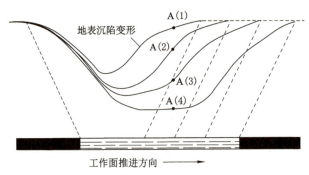

图 6-9   采煤驱动下地裂缝自愈合示意图

因而,动态裂缝的闭合周期与工作面的推进速度有着直接的关系,快慢不一。但可以肯定的是采空区正上方的动态裂缝会随着工作面的持续推进而消失。部分学者提出利用超大工作面来减少矿区地裂缝的危害,也正是利用采煤驱动力使更多动态裂缝自然愈合(卞正富 等,2016)。

（二）生态环境驱动下的自然恢复

根据第二节所述,尽管边缘裂缝存在时间较长,但其依然存在着自然愈合的能力。显然其自然愈合原因不同于动态裂缝,由于处于采空区边缘地带,采煤驱动下不能够发生张应力与压应力的转化,这也是边缘裂缝存续时间较长的原因所在。

实地调研发现边缘裂缝形成多年后,裂缝深度降低极为明显,且部分裂缝呈现浅 U 形,如图 6-10 所示。据此推断侵蚀是导致裂缝闭合的主要原因。黄土高原地区土壤黏粒含量偏低,植被覆盖较差,因而极易发生水土侵蚀。对一般区域来说,侵蚀的发生将会导致土壤养分的流失,土地日趋贫瘠,危害极大。而对于裂缝地带来说,正是风蚀与水蚀为边缘裂缝的自然愈合提供了良好的契机。一方面,裂缝边缘土体在裂缝形成之初因拉应力的存在也遭到了一定程度的损伤,在水蚀风蚀作用下,边缘土体极易向内垮塌。另一方面,在降雨侵蚀发生时,裂缝的存在类似于截留沟,坡面水土流入裂缝后沉积下来也加速了裂缝的自然愈合。裂缝底部土壤随机取样分析表明,裂缝底部土壤有机质含量明显高于未扰动区相同深度土壤有机质,甚至高于表层土壤有机质。裂缝底部有机质含量的"异常"证明侵蚀驱动是确实存在的。黄土高原地区易侵蚀的特性为边缘裂缝的自然愈合提供了良好的条件。

图 6-10　边缘裂缝自然愈合现象

（三）社会经济驱动下的自然恢复

耕地是典型的复合生态系统。当采动裂缝出现在耕地上时,对于自然生态系统来说其危害了植被的生长,对于社会生态系统来说其降低了土地经济价值的产出。然而,农业耕作活动,自然加速了耕地裂缝的自愈合。

在望田煤矿、河寨煤矿开展调查时,发现地裂缝明显中断于耕地的现象。农户访谈表明,地裂缝在农户翻耕的过程中会自行愈合。虽然从地裂缝愈合过程来说是夹杂着人类的干预(耕作行为),但这却与地裂缝专门治理又有一定的区别。耕地种植过程中,土地的翻耕往往是必要操作,地裂缝的闭合是翻耕过程中自然或伴随发生的现象,而非有针对性的治理工程行为。此外,地裂缝中断于耕地的现象在已关闭矿区更为明显。黄土高原矿区多紧邻经济欠发达的村落,本地农户多在矿上打工,矿区耕地荒废严重,一方面是由于采矿扰动破坏,另一方面也是由于耕作劳力的缺失。而当矿区关闭以后,原本在矿上打工的本地劳动力失去了收入来源,迫于生计,部分农户选择重新翻耕利用原有荒废耕地。耕地系统经历了"利用-破坏-废弃-翻耕-再利用"的状态转化过程。需要注意的是,并不是所有的地裂缝都会因农户翻耕行为而自动愈合,这与地裂缝发育程度有着极为密切的联系。当地裂缝发育程度过于强烈,农户便会放弃翻耕地裂缝区的耕地,所以耕地裂缝的自然愈合存在一定的阈值。调查结果显示:当耕地裂缝宽度介于 30~40 cm 时,农户自行翻耕的意愿便会降低,而一旦地裂缝宽大于 50 cm,农户便会寻求矿企进行治理。

此外,在河寨矿区发现了更为特殊的现象。河寨矿区农业用地土壤贫瘠,与一般黄土高原地区土壤质地相同,农作物产量低下。受外部市场环境的干扰,为追求更高的经济效益,2010 年左右,裂缝区农户选择大面积种植苹果树,种植亩产为 1 万~1.5 万元。相比于玉米、大豆、小麦等,苹果因其根系较为发达,吸水、吸肥能力较强,从而可更有效抑制裂缝的影响程度。对于存在裂缝的农用地来说,由传统农作物到果树这一种植方式的改变使得裂缝不再是制约农用地经济产出的关键扰动。因而从消除扰动影响的角度来说,种植方式的改变也使得地裂缝得到了"愈合"。

根据上述分析,当地裂缝形成于耕地时,地裂缝的恢复会受到"农户的种植需求""外部市场环境"等社会生态系统因素的驱动。

三、地裂缝自然恢复的影响因素

(一)地裂缝自然恢复模型

1. 动态裂缝自然愈合模型

对于动态裂缝,根据前文分析其受采煤驱动随着工作面的推进而自动闭合。其闭合的时间跟工作面推进速度有着极为密切的联系。已有研究表明,工作面推进后 18 天,动态裂缝基本得到闭合。而根据裂缝垂直土壤剖面的理化性质变化分析结果,开采 1 年后,动态裂缝区土壤含水量、有机质含量等与未扰动区未见显著差异。因而,动态裂缝的自然恢复时间小于 1 年。

动态裂缝自然恢复时间模型:
$$T = f(v) + d \tag{6-1}$$
式中,T 为恢复的时间;v 为工作面推进速度;$f(v)$ 为裂缝闭合时间随工作面推进速度的函数关系;d 为修正系数或滞后时间。

鉴于动态裂缝短时间内可恢复的特征,本次对动态裂缝的闭合模型不予以展开讨论。

2. 边缘裂缝自然愈合模型

对于边缘裂缝,黄土高原地区较易发生的水土流失是驱动其自然愈合的最主要因素。边缘裂缝闭合时间 T 为:

$$T = \frac{V}{p} \tag{6-2}$$

式中，p 为裂缝每年可获得的物料土壤量；V 为裂缝的体积。

根据调查实际，裂缝发育形态近似于 V 形或倒三角形即上端开口较大，且单条裂缝宽度不一，中部较宽向两侧逐渐减小。因而精准测量式(6-2)中裂缝体积 V 较为困难。为简化公式，本次假设裂缝为理想发育模型。理想发育模型中假设采动裂缝发育为标准倒三角形。此时裂缝的体积 V 可表示为：

$$V = \int \frac{\Delta L \cdot \Delta W \cdot \Delta D}{2} = \frac{L \cdot \overline{W} \cdot \overline{D}}{2} \tag{6-3}$$

式中，L 为裂缝发育长度；W 为裂缝发育宽度；D 为裂缝发育深度；$\overline{W}$ 为平均裂缝宽度；$\overline{D}$ 为平均裂缝深度。

裂缝可获得的侵蚀土壤量，图 6-11 示意了裂缝因周边土壤侵蚀而闭合的过程。与平原矿区相比，黄土高原矿区地形起伏较大。由于黄土高原地区土壤黏聚性较差，植被覆盖度较低等导致土壤侵蚀严重。当裂缝处于坡中、坡底以及其他高程相对较小位置时，周边高程相对较大处流失土壤将会流向裂缝。图 6-11 中"→"方向表示土壤从高处向低处流失到裂缝的过程，而最终会流向裂缝的所有单元的集合形成了图示阴影部分，这里称之为裂缝愈合的"物源区"。根据上述分析，裂缝可获得的侵蚀物料总量 Q 表示为：

$$Q = \int \Delta S \cdot \Delta p = \sum S \cdot p(x,y) \tag{6-4}$$

式中，S 为单元栅格面积；$p(x,y)$ 为裂缝愈合物源区内空间位置为 (x,y) 的栅格的物料供给模数。

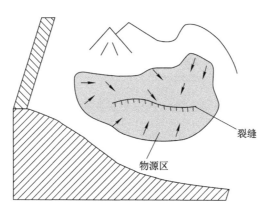

图 6-11　裂缝侵蚀愈合示意图

综合上述分析，合并式(6-2)、式(6-3)、式(6-4)得裂缝自然恢复时间模型：

$$T = \frac{L \cdot \overline{W} \cdot \overline{D}}{2 \cdot \sum S \cdot p(x,y)} \tag{6-5}$$

式中，T 为边缘裂缝闭合时间；S 为单个栅格面积；$p(x,y)$ 为裂缝愈合物源区内空间位置为 (x,y) 的栅格的物料供给模数；L 为某条裂缝发育长度；$\overline{W}$ 为某条裂缝平均宽度；$\overline{D}$ 为某条裂缝平均深度。

结合图 6-11，不难看出物源面积 S 的确定受多种因素的影响，其影响因素包括：坡度、坡向、裂缝的长度、裂缝走向与坡向的相对关系等。坡度和坡向的变化状况反映着地表起伏形态特征,而地形起伏是边缘裂缝得以恢复的基础。坡度越大,土壤侵蚀越剧烈,在相同物源面积下裂缝可获得的侵蚀土壤量越大,裂缝恢复的时间也越短。坡向决定着侵蚀土壤的运移方向,坡度与坡向共同决定着侵蚀土壤最终能否流向裂缝。特殊情况下,当裂缝位于沟谷底部时,理论上来说裂缝可获得的外部土壤是全沟谷流域的土壤侵蚀总量。一般来说,裂缝长度越长,其获得外部流失土壤的机会越大,但其还与裂缝走向和坡向有关。当裂缝沿坡向发育时,裂缝可获得的外部流失土壤最少;而当裂缝垂直于坡向发育时,裂缝可获得的外部流失土壤最多。

(二)地裂缝自然恢复影响因素测算

1. 物源区的提取

根据理论模型,物源区的确定尤为关键。根据定义,物源面积是侵蚀土壤能最终流向裂缝的所有土壤单元的集合,因而物源面积确定的步骤如图 6-12 所示。

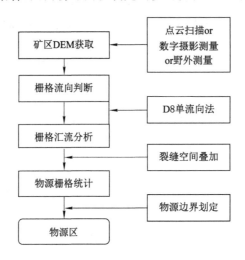

图 6-12　物源面积参数提取的技术流程

第一步,获取矿区采后数字高程地形 DEM。数字高程 DEM 模型是地形曲面的数字化表达,包括了坡度、坡向、坡度变化率等地貌特征,它是提取物源面积的基础数据。DEM 获取的方法包括:激光点云扫描、数字摄影测量(航空或遥感测量)、野外测量等。

第二步,栅格流向判断。栅格流向判断的基本原理是水土总是流向最低的地方。目前栅格流向判断的方法包括 Rho8 方法、DEMON 法、Lea 法和 D8 法等,这里推荐应用较成熟的 D8 单流向判断法,其可借助 ArcGIS 软件 Flow Direction 工具快速实现。

D8 法假设单个栅格中的水土流向只能流入与之相邻的 8 个栅格中,如图 6-13(a)所示。侵蚀水土的最终流向采用最陡坡度法确定,其通过计算中心栅格与各相邻栅格间的距离权落差(即栅格中心点落差/栅格中心点之间的距离),取距离权落差最大的栅格为中心栅格的流出栅格。在垂直和水平方向上邻域栅格对中心栅格的距离取值为1,否则栅格间的距离取值为 $\sqrt{2}$ 。

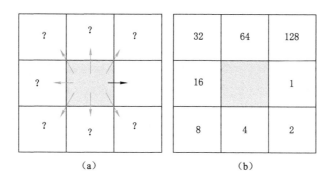

图 6-13　流向判断的 D8 算法

　　根据上述原理,以计算单元为中心,组合其相邻的若干个单元形成一个"窗口",以"窗口"为计算基本元素,通过"窗口滑动"推及整个 DEM 区域,从而确定区域内各处侵蚀水土流失方向。

　　第三步,栅格汇流分析。这里主要是针对第二步流向判断结果的进一步解析,需要说明的是,第二步中借助 Flow Direction 工具所得的流向结果为流向数学语言表达,其返回值为八个(1、2、4、8、16、32、64、128)整型数值。不同数值表示每个单元的不同流向,如图 6-13 (b)所示。当中心栅格水土流失方向向左时,则中心栅格取值为 1。当流失方向为东南角时,中心栅格取值为 128。第三步即根据上述表述原理,反推区域汇流特征。

　　第四步,汇流向裂缝的栅格个数统计。通过裂缝空间位置的叠加,提取裂缝所属栅格位置简记为裂缝栅格,根据第三步汇流分析结果统计所有能流向裂缝栅格的其他栅格总数记为物源栅格总数。

　　第五步,物源区确定。某条裂缝的物源区等于物源栅格总数的集合。

　　2. 物料供给模数 $p(x,y)$ 的计算

　　物料供给模数与植被覆盖度和坡度的关系密切,在不同植被覆盖度与坡度的组合状态下,物料供给模数一般也不同。考虑上述植被覆盖度与坡度对物料供给模数的影响,物料供给模数估计流程如图 6-14 所示。

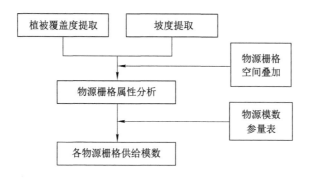

图 6-14　物料供给模数估计流程

　　第一步,植被覆盖度及坡度提取。正是由于植被覆盖度和坡度组合差异会造成物料供给模数的不同,因而区域植被覆盖度和坡度是后续进行物料供给模数估计的基础数据。坡

度提取可利用 DEM 数据进行,植被覆盖度可利用遥感影像进行反演。

第二步,物源栅格属性分析。将物源面积 S 提取过程中所获得的物源栅格位置与第一步所提取的植被覆盖度和坡度分布状况叠加,获取每个物源栅格植被覆盖度、坡度属性。

第三步,获取各物源栅格供给模数。这里各物源栅格供给模数的提取参考我国《土壤侵蚀分类分级标准》(SL 190—2007)。不同植被覆盖度和坡度的组合类型及物料供给模数取值范围见表 6-7。首先,依据某栅格的坡度和植被覆盖度确定组合类型,其次,根据坡度和植被覆盖度分别线性赋值,再取二者的平均值,即得到某栅格的供给模数。

表 6-7　不同植被覆盖度及坡度组合下物料供给模数　单位:10^{-2} m^3/(m^2·a)

植被覆盖度/%	坡度/(°)				
	5~8	8~15	15~25	25~35	>35
60~75	0.74~1.9	0.74~1.9	0.74~1.9	1.9~3.7	1.9~3.7
45~60	0.74~1.9	0.74~1.9	1.9~3.7	1.9~3.7	3.7~5.9
30~45	0.74~1.9	1.9~3.7	1.9~3.7	3.7~5.9	5.9~11.1
<30	1.9~3.7	1.9~3.7	3.7~5.9	5.9~11.1	>11.1
坡耕地	0.74~1.9	1.9~3.7	3.7~5.9	5.9~11.1	>11.1

(三)地裂缝自然恢复模拟与分析

1. 模型验证

殿儿垣煤矿对地裂缝进行了长期监测,监测内容包括地裂缝发育形态、地裂缝愈合情况,还特别统计了地裂缝恢复时间。这里以现场长期监测的地裂缝形态数据为模型运算的基本数据,以实际观测的恢复时间来检验模型精度。6 条地裂缝自然闭合历史监测数据,如发育位置、强度特征及恢复时间见表 6-8。殿儿垣煤矿所记录到的地裂缝中,地裂缝长度在 12.34~56.53 m 之间,宽度在 0.19~0.58 m 之间,深度在 0.34~1.23 m 之间。监测恢复时间最短为 2 年,最长为 6 年,需要指出的是,煤矿一般每年进行一次裂缝调查,因此,恢复时间为整年数。

表 6-8　地裂缝信息特征

编号	地裂缝长度/m	地裂缝宽度/m	地裂缝深度/m	监测恢复时间/a
1	22.51	0.37	0.64	2.00
2	56.53	0.58	1.23	6.00
3	15.21	0.27	0.36	6.00
4	17.87	0.19	0.34	3.00
5	43.52	0.50	0.82	3.00
6	12.34	0.41	0.56	3.00

首先根据本节建立的参数估计流程提取地裂缝自然恢复参数,如坡度、植被覆盖度、物料供给模数、物源面积。然后,依据地裂缝自然恢复理论模型估计地裂缝恢复时间,结果如表 6-9 所示。6 条地裂缝最大体积为 20.16 m^3,最小为 0.58 m^3。物源面积在 63~1 107 m^2

之间,差异很大。且物源面积与裂缝体积并无显著关系,如1、2号地裂缝体积相差较大,但物源面积差异不大,而1、6号裂缝虽然体积相差不大,但物源面积却有较大差异。物料供给模数最小为 $0.001\,5\ \text{m}^3/(\text{m}^2\cdot\text{a})$,最大为 $0.004\,7\ \text{m}^3/(\text{m}^2\cdot\text{a})$,变异幅度也相对较大,这主要是黄土高原地形起伏大、植被覆盖呈斑块聚集的特征导致的。根据地裂缝自然恢复时间的估算结果,最大误差比例为 31.48%,最小误差比例为 12.44%,平均误差比例为 22.08%,模型计算精度为 77.92%。

表 6-9　地裂缝自然恢复估计时间及误差

编号	裂缝体积/ m³	物源面积/ m²	物料供给模数/ [m³/(m²·a)]	估计时间/年	误差比例/%	均方根误差
1	2.67	936.00	0.001 8	1.58	−20.91	
2	20.16	1 107.00	0.002 7	6.75	12.44	
3	0.74	63.00	0.001 5	7.82	30.37	0.96
4	0.58	72.00	0.003 9	2.06	−31.48	
5	8.92	1 071.00	0.003 2	2.60	−13.22	
6	1.42	90.00	0.004 7	3.72	24.04	

2. 模拟分析

在黄土高原矿区,主要地貌包括黄土塬、梁、峁三种,同时主要土地利用类型为耕地、灌草地、园林地三种。耕地、园林地一般分布在较为平坦的地貌上,而灌草地则分布在山坡处。不同地貌和土地利用类型决定地表的植被覆盖度分布具有较强的空间异质性。这就导致自然恢复的基础条件存在差异,这里讨论几种典型自然恢复条件下的自然恢复时间变化情况。

(1) 不同物源面积和裂缝体积下的耕地区裂缝恢复时间

耕地一般坡度较缓,不同区域的平均物料供给模数变化幅度不大。因而,耕地裂缝恢复的时间长短往往取决于裂缝体积和物源面积的大小。假定耕地区物料供给模数为定值,取耕地中等物料供给水平 P 为 $0.003\ \text{m}^3/(\text{m}^2\cdot\text{a})$,探讨5种给定物源面积下耕地裂缝恢复时间与裂缝体积的关系,如图6-15所示。

根据图6-15可知,同种物源面积下,裂缝恢复时间会随着裂缝体积的增加而增加;同种裂缝体积下,裂缝恢复时间会随着裂缝物源面积的增加而减少。但不同物源面积下,裂缝恢复时间对裂缝体积变化的响应存在较大差异,具体表现为:在较小物源面积下,恢复时间 T 对裂缝体积的变化更敏感,即裂缝体积的增加会导致恢复时间增幅更大,且这种增幅会随着物源面积的增大而降低。

因此,对待耕地裂缝,其治理策略应该考虑裂缝体积、物源面积和裂缝恢复的时间要求。具体有如下启示:① 裂缝存在时间不与裂缝体积呈完全正比关系。对于宽度、长度、深度较大的裂缝,当其拥有较大物源面积时,其恢复时间反而会很短,然而,即使是细小裂缝,当物源面积过小时,其存续时间也可能较长。② 当物源面积较小(特别是有埂、渠、沟阻隔物料运移路径)的情况下,恢复时间 T 对裂缝体积变化的响应更敏感,发育强度差异不大的裂缝其自然恢复时间也可能会相差好几年。因而,对于物源面积较小的裂缝,通过保护或

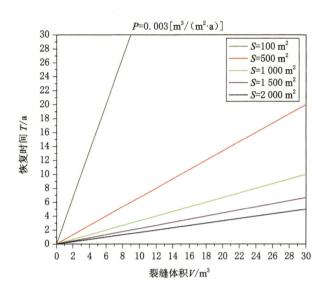

图 6-15　不同物源面积和裂缝体积下的耕地裂缝恢复时间曲线

进一步增加物源面积,能大幅加快裂缝恢复。③ 耕地裂缝能否在期望的时间内恢复,取决于裂缝参数是否达到一定的条件。如,当物料供给模数 $P=0.003$ m^3/(m^2·a)时,期待耕地裂缝在 1 年内完成恢复,则物源面积 $S=100$ m^2 时,裂缝体积 V 必须小于等于 0.3 m^3。

(2) 不同物源面积和物料供给模数下的灌草区裂缝恢复时间

灌草地一般地形坡度较大,这为裂缝愈合提供了良好的条件。灌草地以中等裂缝为主,其数量较多、分布广,因此,主要考察中等裂缝(体积 $V=5$ m^3)的自然恢复情况,探讨 5 种给定物料供给模数下裂缝恢复时间与物源面积的关系,如图 6-16 所示。

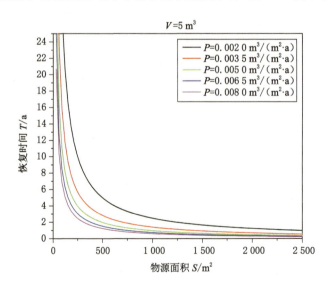

图 6-16　不同物源面积和物料供给模数下的灌草区裂缝恢复时间曲线

　　据图 6-16 可知,相同侵蚀模数下,恢复时间 T 随着物源面积的增加而减小;相同物源面积下,恢复时间 T 随着侵蚀模数的增大而减小。当物源面积处于较低水平时($S <$ 500 m²),恢复时间 T 随着物源面积增加而降低的幅度大,而当物源面积处于较大水平时($S >$ 1 500 m²),恢复时间 T 随着物源面积增加而降低的幅度变小,但此时恢复时间 T 已降低至极低水平,从灌草地裂缝恢复实际来说,此时物源面积增大带来的恢复时间缩减实际效用不大。

　　根据上述规律,当裂缝发育方向平行于等高线,且位于坡的下部时,物源面积往往较大,此时所需自然恢复时间较短,可充分利用自然侵蚀作用来实现裂缝恢复。而特殊的当裂缝位于坡的上部时,物源面积一般较小,即使是同等发育强度的裂缝,但其发育方向的细微差异也会导致恢复时间 T 的显著差异。灌草地裂缝可以在多长时间内自然恢复,取决于裂缝参数的水平。如,当裂缝体积 $V = 5$ m³,物源面积 $S \geqslant 66$ m²,物料供给模式 $P \leqslant 0.005$ m³/(m²·a),则自然恢复时间 ≥15 年。

　　(3)不同物源面积和裂缝体积下的园林地裂缝恢复时间

　　园林地由于植被覆盖度较高,其物料供给模数一般较低。因此,这里着重考察当低水平物料供给模数[$P = 0.001$ m³/(m²·a)]下,5 种不同发育强度的裂缝恢复时间与物源面积 S 的关系,如图 6-17 所示。

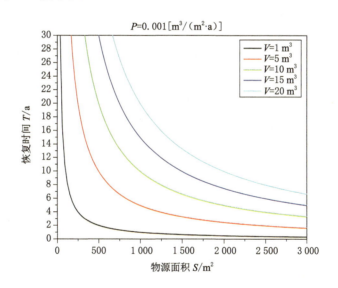

图 6-17　不同物源面积和裂缝体积下的园林地裂缝恢复时间曲线

　　据图 6-17 可知,在低物料供给模数水平下,恢复时间 T 依然随着物源面积的增加而减少,随着裂缝体积的增大而增大。但是对于发育强度弱、体积小的裂缝,当物源面积保证在一定水平时($S >$ 500 m²),裂缝会在短期内(2 年左右)快速恢复。对中等体积的裂缝,裂缝恢复一般需要 6~12 年,在这期间,增加物源面积,可有效缩减裂缝的恢复时间,每增加100 m²物源面积,恢复时间大约可缩短 1 年。对于所有园林地裂缝,自然恢复时间的长短,可依据裂缝参数进行动态管理。在 $P = 0.001$ m³/(m²·a)这一低水平物料供给模数下,5 种程度裂缝 10年可自然愈合所需的最小物源面积分别为 100 m²、500 m²、1 000 m²、1 500 m²、2 000 m²。

第三节 滑坡面植被的自然恢复机理及影响因素

如第二节所述,在黄土高原矿区,除地裂缝外,滑坡是另一个关键扰动形式。滑坡发生后,植被损毁严重。滑坡多发育于沟谷地区,人工治理难度大,多处于被动的自然恢复进程中,但恢复效果不一,受到一些关键因素的影响。因此,本节对滑坡面植被自然恢复进行研究,包括调查滑坡面植被的自然恢复特征、分析滑坡面植被自然恢复机理,然后确定滑坡面植被自然恢复影响因素,建立相应的恢复模型。

一、滑坡面植被的自然恢复特征

如第一节所述,滑坡发生后植被损毁严重,甚至可形成次生裸地。但在实地调研中发现,经多年自然恢复后,植被覆盖度会显著增加。

以山西省临汾翼城河寨煤矿区的滑坡为例,该滑坡发生于 2011 年,形成时植被破坏相当严重,植被覆盖度不足 10%,发生后未有人工植被种植修复记录。至 2016 年实地调查时点,滑坡面平均植被覆盖度已恢复至 61%,坡底、坡中、坡顶植被覆盖状况有所差异,植被覆盖度分别为 75%、63%、46%。这表明,经过 5 年的自然恢复,植被覆盖度已恢复一定的水平。但恢复程度受坡位影响,坡底最优而坡顶最差。

下文通过分析其植被结构来进一步阐释植被覆盖增加的具体细节。根据滑坡面坡向长度,将研究对象等距划分为下坡位、中坡位和上坡位,各坡位内随机设置 1 m×1 m 小样方,3 次重复。共计调查 9 个小样方,记录各样方内的植物种类及其数量。群落结构选取物种重要值、丰富度指数、优势度指数、多样性指数等指标表征。各指标相关计算公式如下:

(1)物种重要值。它是评价植物种群在群落中地位和作用的一个综合性数量指标,也是判定群落类型的重要依据。

物种重要值计算公式为:

$$IV = (R_C + R_F + R_D)/3 \tag{6-6}$$

式中,R_C 表示相对盖度;R_F 表示相对频度;R_D 表示相对多度。

(2)丰富度指数(margalef)。它可直观反映样方中植物种类的多少。

丰富度指数计算公式为:

$$R = (S-1)/\ln N \tag{6-7}$$

式中,S 表示样方调查的物种数;N 表示所有种类的个体数目。

(3)优势度指数(simpson)。它能反映群落抗干扰能力的强弱。

优势度指数计算公式为:

$$D = \sum N_i(N_i-1)/[N(N-1)] \tag{6-8}$$

式中,N_i 表示样方中第 i 种植物的个体数目;N 表示所有种类的个体数目。

(4)多样性指数(shannon-wiener)。它能反映滑坡面植被物种的多样性。

多样性指数计算公式为:

$$H' = -\sum P_i \cdot \ln P_i \tag{6-9}$$

式中,P_i 表示样方中第 i 种植物的个体数目占群落中总个体数目的比例。

　　调查表明,自然恢复 5 年后,滑坡面内共有植物 20 种,隶属于 12 科 17 属(表 6-10)。以禾本科植物为主,有 5 种植物。其次为菊科、豆科、蔷薇科,分别有 3、2、2 种植物。禾本科、菊科、豆科、蔷薇科植物占滑坡面植物种总数的 50%。藜科、莎草科、马鞭草科等各有 1 种植被。

　　从植物生活型来看,滑坡面自然恢复植被以草本植物为主,一年生草本 6 种,多年生草本 8 种,占总物种数的 70%,灌木总共有 6 种,占总物种数的 30%,调查滑坡面内未见乔木种。

表 6-10　恢复 5 年滑坡面植被物种组成

科名	属名	种名	生活型	物种重要值		
				坡底	坡中	坡顶
禾本科	穇属	牛筋草	一年生草本	13.802 6	17.220 6	14.678 0
	狗尾草属	狗尾草	一年生草本	5.076 6	1.545 4	1.480 3
	草沙蚕属	中华草沙蚕	多年生密丛草本	13.902 6	4.872 3	
	羊茅属	羊茅	多年生地被植物		1.017 2	
	孔颖属	白羊草	多年生草本		1.106 3	
豆科	锦鸡儿属	柠条	多年生灌木	3.230 2	1.647 2	
	黄芪属	糙叶黄芪	多年生草本	5.639 6	7.512 4	12.610 8
蔷薇科	委陵菜属	二裂叶委陵菜	多年生草本	6.816 7	3.417 4	
	委陵菜属	西山委陵菜	多年生草本	0.854 7	11.064 9	21.321 3
菊科	蒿属	黄花蒿	一年生草本	5.004 2	3.866 2	11.208 8
		铁杆蒿	多年生半灌木	9.941 9	5.588 6	0.000 0
		红足蒿	多年生草本	11.788 1	13.870 6	5.918 0
藜科	藜属	藜	一年生草本		8.571 8	8.467 5
紫葳科	角蒿属	角蒿	一年至多年生草本	1.614 9	0.253 3	10.408 1
杨柳科	柳属	山柳	落叶灌木至小乔木	4.150 0	1.610 5	
马鞭草科	牡荆属	荆条	落叶灌木	3.556 3	2.117 2	
伞形科	藁本属	辽藁本	多年生草本		2.213 4	1.737 3
萝藦科	红柳属	杠柳	落叶蔓性灌木	1.293 1		
莎草科	薹草属	薹草	一年生草本	5.142 7	6.474 8	7.236 3
胡颓子科	沙棘属	沙棘	灌木	8.185 6	6.030 1	4.933 7

　　从不同坡位来看,上坡位为草本-草本群落结构,中坡位和下坡位为草本-灌木群落结构。但不同坡位其物种存在一定的差异,在上坡位一年生草本较多,而多年生草本相对较少。随着坡位的下降,中坡位多年生植被开始增多,低矮小灌木开始出现,总体上多年生草本占优,而在下坡位灌木与多年生草本植物比例相当,如图 6-18 所示。

　　从表 6-11 中各种计算指标来看,按丰富度指数(margalef),中坡位>下坡位>上坡位,说明中坡位物种丰富度最高,而上坡位物种丰富度最低。优势度指数(simpson)下坡位最大,其次为中坡位,上坡位优势度指数最低,表明中坡位和下坡位植被抗干扰能力较强,而上坡

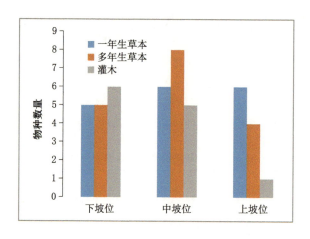

图 6-18　不同坡位植被生活型特征比较

位抗干扰能力最差。多样性指数(shannon-wiener)最大值出现在中坡位,物种多样性最大,而下坡位与上坡位多样性指数相当,但需要注意的是上坡位一年生草本植物种类较多,而下坡位多年生草本与灌木种类较多。

表 6-11　不同坡位植被覆盖度及群落结构特征比较

坡位	植被覆盖度/%	丰富度指数	优势度指数	多样性指数
下坡位	75	2.723 9	0.081 5	2.328 2
中坡位	63	3.576 2	0.060 6	2.897 9
上坡位	46	2.028 5	0.037 3	2.200 7

上述分析表明,黄土高原矿区滑坡发生后,尽管植被破坏严重,但在自然恢复5年后,滑坡面植被恢复效果显著,不过滑坡面不同坡位恢复效果存在较大的差异,依据"草-灌木-乔木"的群落一般演替规律,下坡位恢复较快,而上坡位恢复缓慢。

二、滑坡面植被自然恢复机理

(一)地形变化的驱动作用

黄土体滑移是剧烈扰动形式之一,在扰动过程中,植被损毁严重,群落结构消失,但也为后期生态的自然恢复创造了良好的微地形基础。这种积极作用影响往往容易被忽视。在黄土高原,地形坡降大、切沟深,由于采矿扰动及水侵蚀,高位土体荷载极易过大,进而在重力作用下沿滑床向低位滑移堆积。图6-19为黄土高原矿区滑坡发生前后地形演变示意图,从图中可以看出滑坡的发生类似于"削方反压坡脚"工程治理思想,在荷载重分配过程中坡度明显放缓。对于其他非黄土高原区域,由于土层较薄,滑坡后新生坡面往往夹杂大量石砾,土壤结构较差;相比之下,黄土高原矿区土层较厚,滑坡发生后形成的新坡面仍为均匀黄土质。正是上述两者的叠加效应为黄土高原矿区滑坡扰动后生态的自然恢复提供了良好的条件。

滑坡发生后,坡度变缓对植被的生长十分有利。坡度与植被的关系密切,实地调查发现,黄土高原矿区坡度较小区域植被状况一般优于坡度较大区域,极端的在垂直切割地貌

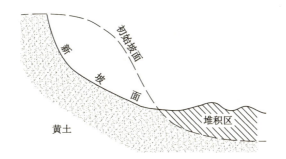

图 6-19 黄土高原矿区滑坡发生前后地形演变示意图

坡面基本无植被生长。这一现象可从赵佩佩、丁翔、烟贯发等研究中得到实证(赵佩佩,2015;丁翔,2014;烟贯发 等,2012)。如赵佩佩等以水分条件更为恶劣的阳坡为分析对象,发现随坡度增加植物数量甚至群落物种数均开始减少。丁翔等通过遥感反演,发现植被覆盖度与坡度有明显的负相关性($R^2=-0.651\,9$),即坡度越小,植被盖度越大。这些研究表明,坡度与植被生长的负相关关系是存在的,坡度变缓是植被生长和恢复的内在驱动力之一。综合来看,坡度变缓对植被恢复的促进作用体现在以下几个方面。

(1) 影响土壤水分含量

坡度越大,土壤水分越低,在同一地区投影面积相同的情况下,其总降水量基本一致。但坡度越大,则实际土壤剖面面积越大,于是单位面积平均降水量越小,且不同坡度的山地持水性能差别很大,坡度越高,自然降水越容易发生侧向运移和流失(沈泽昊 等,2000)。

(2) 影响光照强度与面积

坡度与垂直光照强度和光照面积呈负相关关系,坡度越小,坡面垂直投影面积增加,有益于植被利用太阳辐射(刘鑫 等,2007)。

(3) 影响土壤水分的利用效率

坡度增大不仅会使土壤水分含量降低(孙甲霞 等,2008),还会降低植被对土壤水分的利用效率。

(4) 影响植物附着能力

随着坡度的增大,植被附着能力降低,这一方面影响原有植被生长,另一方面也影响外来种子的扩散和着床(赵佩佩,2015)。

(5) 影响土壤肥力

坡度放缓有利于减缓径流,从而削弱表土有机质、氮素等营养物质流失强度,保持土壤肥力(何远梅 等,2015)。

综合上述分析,黄土高原矿区土层具有较厚的特征,滑坡扰动所致的坡度变缓为植被生长创造了良好的条件。虽然短期来看,滑坡扰动对植被系统损伤严重,但从长期来看,坡度放缓为植被生长提供了更为优越的地形条件。在这种条件下,通过长期的自然恢复,植被状况甚至会优于滑坡扰动前,如图 6-20 所示。

图 6-20 滑坡扰动后植被自然恢复状况实景

（二）土壤种子库的驱动作用

植被种子成熟后最终会散落于土壤中。除少数种子因适宜的环境条件萌发外，大部分种子会休眠于土壤中并继续保持活力，由此形成所谓的土壤种子库（于顺利 等，2003）。土壤种子库的存在对于生态系统具有重要的意义。土壤种子库是植被再生和物种演替的基础，同时也记录着植被物种构成、群落结构等重要的生态系统信息。对于一般的外界干扰，原有植物体能够得以保存，此时通过植被自身以及群落关系，系统仍可保持着平衡。而对于剧烈扰动，植被往往破坏严重，稳定的群落结构消失殆尽，此时种子库将在群落恢复的过程中起着至关重要的作用。如前文所示，对于黄土高原矿区采矿扰动下的滑坡，在土体滑移的过程中，植被根系拉裂损伤严重，或直接被掩埋，其植被的自然恢复必然离不开种子库的支持。

为证明上述观点，对矿区内新生滑坡面进行了土壤种子库调查。取样时点为2015年7月，考虑到滑坡过程中种子随土壤的二次分布，本次取样从坡顶至坡脚设置样线，等距选取4个样方点，并在未扰动区选取种子库对照样方1个，共计5个。每个样方取样尺寸为10 cm×10 cm，取样深度为0～20 cm。

目前常用的种子库物种鉴别的方法分为直接统计法（物理分离法）和幼苗萌发法。直接统计法是利用漂洗、筛分等物理手段分离出土壤中的种子，从而确定物种组成。幼苗萌发法是为土壤样方创造适宜的外部条件促使种子的萌发，根据萌发的幼苗确定土壤种子库的物种类型。两种方法相比较，直接统计法能够更全面地统计土壤中所含有的全部种子，而幼苗萌发法则仅能确定仍存活力的种子。由于本次实验旨在证明土壤种子库对于滑坡面植被恢复的重要意义，因而确定土壤中仍存活力的种子的类型、密度更具指导作用，所以采用幼苗萌发法进行土壤种子库鉴定。对每个样方作3次重复，共计15个土壤萌发小样，手工揉捻后过5 mm筛，去除砾石、根系等杂物，置于底部铺有5 cm厚细沙的萌发盘中，土层厚度4 cm。所用铺底细沙预先经高温处理排除外来种子对实验的干扰。萌发实验持续4周，对已萌发的幼苗进行物种鉴定、计数后清除，暂时不能鉴别的幼苗移栽至其他育苗容器中，根据其成长形态进一步鉴定。萌发实验如图6-21所示（为标记方便，1-1、1-2、1-3分别代表1号取样点3次重复萌发小样，其他等同）。

种子萌发实验共统计8科10属，共计11种植被（表6-12）。其中禾本科3种，菊科2种，两科占总种数的45%。豆科、蔷薇科、胡颓子科等其他6科，各科均仅发现1种植物。

从坡面种子库总体来看，一年生草本植物占优势，其次为多年生草本，灌木占比最小。种子库萌发灌木种仅有荆条，且仅出现了一株。从不同坡面位置来看，滑坡面坡顶位置一年生草本种子出现频数较大，滑坡面坡中位置多年生草本种子频数较大，滑坡面底部位置频数最大值依然为多年生草本植被，一年生植被平均出现频率降低，且灌木种出现在4号样点即坡底位置。

图6-21　种子库萌发实验

表 6-12　滑坡面种子库的物种组成

科名	属名	种名	生活型
禾本科	䅟属	牛筋草	一年生草本
	狗尾草属	狗尾草	一年生草本
	草沙蚕属	中华草沙蚕	多年生密丛草本
豆科	黄芪属	糙叶黄芪	多年生草本
蔷薇科	委陵菜属	西山委陵菜	多年生草本
菊科	蒿属	黄花蒿	一年生草本
		铁杆蒿	多年生半灌木
藜科	藜属	藜	一年生草本
紫葳科	角蒿属	角蒿	一年生至多年生草本
莎草科	蔺草属	蔺草	一年生草本
胡颓子科	沙棘属	沙棘	灌木

上述实验表明,即使发生滑坡剧烈扰动后,土壤种子库依然存在。这些土壤中的种子依然保持着活力,适宜条件下即可再生,这也是裸露滑坡面可在短时间内恢复植被覆盖的重要因素。

（三）社会环境的驱动作用

除上述两种驱动因素外,在滑坡面植被调研的过程中也发现了极为"特殊"的驱动因素。采矿活动结束后,河寨煤矿厂区大部分遭到了废弃,但其煤炭加工区由于场地开阔,被农户作养蜂场使用,且已经营 3 年。

由于养蜂场的存在,蜂场周围 1.5 km 内蜜蜂数量较其他区域有明显的提高。根据已有研究,蜜蜂在采集花蜜、花粉的同时,也积极为植物传授花粉,促使植物受精,从而保障种子植物能够不断繁衍,并实现基因的漂流和转移,促进植物遗传多样性的形成。试验研究表明,蜜蜂的存在可以显著提高果实与种子产量,如有蜜蜂授粉的红花车轴草,每 100 朵花结出种子 2 750 粒,无蜂授粉的 100 朵花仅结出 1 粒种子。此外也有研究表明,蜜蜂采蜜减少植被虫害。蜜蜂振翅所发出的声音与空气振荡,会使小昆虫出现避让、逃遁的应激反应,从而降低对花器的危害。针对黄土高原矿区常见的沙枣,蜜蜂的增加能够减少蚜虫数量。因而对滑坡面来说,蜜蜂的传粉作用对于植被恢复起到了一定的促进作用。同时,新生滑坡面植被覆盖度较低,植株分布零散,这十分不利于植被受精结种。蜜蜂采蜜行为一方面促进了坡面内植被的传粉,另一方面也将坡面外植被花粉传播到坡面内。但由于滑坡面植被的恢复受多重因素驱动,很难剥离其他因素直接证明蜜蜂对滑坡面植被的促进作用。但发现蜂场周围 1.5 km 植被覆盖度约 75%,相较于其他区域处于较高水平,且灌木所占比重有所增加,这说明蜜蜂加速了植被演替的进程。鉴于蜜蜂围绕蜂场大范围采蜜特性,上述加速植被演替的现象可视为有力的侧面证明。

上述分析虽然介绍了昆虫对于植被恢复的促进作用,但其最本质的驱动因素与社会经济活动密切相关。由于煤矿关闭后,往往人流量稀少,而废弃厂房、硬化场地等又为养蜂人提供了价廉的养蜂场所,这种对经济利益的需求间接驱动了滑坡面植被的自然恢复。

三、滑坡面植被自然恢复影响因素

(一)滑坡面植被自然恢复模型

对于黄土高原地区,土壤侵蚀剧烈,水土流失严重,恢复植被覆盖是遏制水土流失的重要措施。由于滑坡多发育于沟壑区,对居民生产生活影响较小,其恢复的主要需求是水土保持生态功能的恢复,因而将植被覆盖度作为滑坡面植被恢复的评价指标。

滑坡面植被覆盖度随着恢复年限而变化,将植被覆盖度记为 Vc,则 Vc 是关于恢复年限 t 的函数,即

$$Vc = f(t) \tag{6-10}$$

因为植被覆盖度短时间内变化不明显,不考虑季节变化,时间 t 以年为单位。将式(6-10)中植被覆盖度 Vc 关于时间 t 的函数看成连续变化函数,则滑坡面植被覆盖度的变化速度为

$$V = \frac{\mathrm{d}Vc}{\mathrm{d}t} \tag{6-11}$$

从植被生长演替原理考虑,滑坡面植被覆盖度的年际变化主要是植被新生与死亡过程导致的,因而植被覆盖度年增长量可用下述一阶常微分方程表示:

$$\frac{\mathrm{d}Vc}{\mathrm{d}t} = g(S, Vc, N_u) - m(Vc, N_u) - \varepsilon \tag{6-12}$$

式中,$g(S, Vc, N_u)$表示植被覆盖度的年增长,是植被种子库数量 S、坡面当前植被覆盖度 Vc、坡面土壤营养 N_u 的函数。$m(Vc, N_u)$表示植被覆盖度的年消亡,是坡面当前植被覆盖度 Vc、坡面土壤营养 N_u 的函数。ε 表示外部干扰(气候变化、自然灾害)对覆盖度的随机影响。

对于植被覆盖的增加,主要考虑两种增长形式:一是种子萌发导致的植被覆盖度增加,二是原有植株个体发育导致的植被覆盖度增加。因而函数 $g(S, Vc, N_u)$ 可表示为:

$$g(S, Vc, N_u) = S(S_0, t) \cdot \alpha \cdot (1 - Vc) + r(N_u)\left(1 - \frac{Vc}{Vc_{\max}}\right) \tag{6-13}$$

式中,$S(S_0, t) \cdot \alpha \cdot (1 - Vc)$表示种子萌发导致的植被覆盖度增加量,其中,$S(S_0, t)$为可萌发种子量;$\alpha$ 为新增单株植被覆盖度;$(1 - Vc)$是修正系数。由于区域种子均匀分布,在一个样方内均匀萌发,但如果种子萌发于原有植株冠层下,对区域植被覆盖度的增加是无效的,因此,种子仅在未有植被覆盖的区域内$(1 - Vc)$的萌发有效。

$r(N_u)(1 - Vc/Vc_{\max})$表示植株个体发育导致的植被覆盖度增加,其中,$r(N_u)$为原有植株个体发育导致的植被覆盖度增加速率,当土壤质量越高时,增加速率越高,因而 r 是关于 N_u 的函数;$(1 - Vc/Vc_{\max})$表示随着植被覆盖度的增加,在环境容量限制下种子萌发与原有个体发育受到抑制。

对于植被死亡引发的植被覆盖度降低,主要考虑竞争中自然死亡以及土壤质量胁迫死亡,则:

$$m(Vc, N_u) = Vc(\delta + \omega/N_u) \tag{6-14}$$

式中,δ 为竞争中自然死亡导致的植被覆盖度下降率;ω/N_u 为土壤胁迫导致的植被覆盖度下降率;ω 为土壤质量胁迫植被覆盖度下降率的影响系数。

（二）滑坡面植被自然恢复影响因素测算

1. 土壤种子库可萌发种子数量

根据黄土高原区自然封育的观测结果，在恢复前期种子库种子数量增长速率较大，增速较快；而随着恢复时间的推移，种子库种子数量增长速率变小，增速放缓；最终种子库种子数量将维持在一个较高的稳定水平，因而具有逻辑斯蒂曲线特性。

$$S = \frac{K}{1 + Kbe^{cT}} \tag{6-15}$$

式中，S 为土壤种子库种子数量；K 为种子库种子数量最大值；b、c 为常数；T 为时间梯度变量。

$$S(S_0, t) = \frac{K}{1 + Kbe^{c(T_0 + t)}} \tag{6-16}$$

式中，$S(S_0, t)$ 为滑坡面恢复 t 年后种子库种子数量；S_0 为滑坡面种子库种子数量实测值；t 为自然恢复时间。T_0 为当种子库含量取值 S_0 时所对应的时间梯度节点，则由式（6-16）变换可得

$$T_0 = \frac{\ln\left(\dfrac{K}{S_0} - 1\right) - \ln Kb}{c} \tag{6-17}$$

根据黄土高原矿区不同种子库种子数量平均水平，K 取 2 600 粒/m²（典型草原封育过程中土壤种子库的变化特征）。c 取 $-0.429\ 6$，b 取 $0.324\ 9$。

$$S = \frac{2\ 600}{1 + 844.935e^{-0.429\ 6T}} \tag{6-18}$$

将式（6-16）代入式（6-18）可得

$$S(S_0, t) = \frac{2\ 600}{1 + 844.935e^{-0.429\ 6[-2.327\ 7\ln\left(\frac{2\ 600}{S_0} - 1\right) + 15.687\ 3 + t]}} \tag{6-19}$$

2. 土壤营养

根据已有研究，土壤营养初期增长速度较快，随着时间推移，土壤质量增速趋缓，逐渐接近原有土壤营养水平。根据王金满等的研究，N_u 具有如下的演替规律形式。

$$N_u = \theta(1 - e^{\mu T}) \tag{6-20}$$

式中，N_u 为土壤营养水平；θ、μ 为常数；T 为时间梯度变量。

$$N_u(N_{u0}, t) = \theta(1 - e^{\mu(T_0 + t)}) \tag{6-21}$$

式中，$N_u(N_{u0}, t)$ 为恢复 t 时间后的土壤营养水平；N_{u0} 为滑坡面土壤营养实测值；T_0 为当土壤营养水平为 N_{u0} 时所对应的时间梯度节点，则由式（6-21）变换可得

$$T_0 = \frac{\ln\left(1 - \dfrac{N_{u0}}{\theta}\right)}{\mu} \tag{6-22}$$

根据土壤营养水平的一般演替规律，θ 取 $0.568\ 1$，μ 取 $-0.554\ 3$。

$$N_u = 0.568\ 1(1 - e^{-0.554\ 3t}) \tag{6-23}$$

上式代入式（6-23）可得

$$N_u(N_{u0}, t) = 0.568\ 1[1 - e^{-0.554\ 3[-1.804\ln(1 - \frac{N_{u0}}{0.568\ 1}) + t]}] \tag{6-24}$$

N_u 是一个综合指数，由体积质量、有效磷、速效钾、全氮、pH 值、有机质、电导率等共同作用决定。

$$SQI = \sum_{i=1}^{n} K_i C_i \qquad (6\text{-}25)$$

式中，SQI 为土壤质量指数；K_i 为第 i 个评价指标的权重；C_i 为第 i 个评价指标的隶属度；n 为评价指标的个数。

3. 个体植被生长导致的植被覆盖度增速

个体植被生长导致的植被覆盖度增速是关于土壤营养水平的函数。土壤营养水平越高，个体植被发育增速一般越大。假设个体植被生长导致的植被覆盖度增速与土壤营养水平呈正比例关系，则有

$$r(N_u) = N_u \cdot \beta \qquad (6\text{-}26)$$

结合式(6-26)，有

$$r(N_u) = 0.568\,1(1 - e^{-0.554\,3(-1.804\,1\ln(1-\frac{N_{u0}}{0.568\,1})+t)}) \cdot \beta \qquad (6\text{-}27)$$

式中，$r(N_u)$ 为个体植被生长导致的植被覆盖度增速；N_u 为土壤营养水平；β 为胁迫系数，其反映土壤营养对植被生长发育的促进程度，取值为 0.04。

求解微分方程

$$\frac{dVc}{dt} = \frac{K}{1 + Kb\,e^{c(\frac{\ln(\frac{K}{S_0}-1)-\ln Kb}{c}+t)}} \cdot \alpha \cdot (1-Vc) + \theta(1 - e^{\mu(\frac{\ln(1-\frac{N_{u0}}{\theta})}{\mu}+t)}) \cdot$$

$$\beta\left(1 - \frac{Vc}{Vc_{\max}}\right) - Vc \cdot \left[\delta + \omega/\theta(1 - e^{\mu(\frac{\ln(1-\frac{N_{u0}}{\theta})}{\mu}+t)})\right] \qquad (6\text{-}28)$$

式中，K、b、c、α、θ、μ、β、δ、ω、$Vc_{\max}$、S_0、N_{u0} 为常数。

可得其通解形式：

$$Vc = e^{-\int p(t)dt}(C + \int q(t)e^{\int p(t)dt}dt) \qquad (6\text{-}29)$$

$$p(t) = \frac{K\alpha}{1 + \frac{K}{S_0}e^{\alpha t} - e^{\alpha t}} + \frac{\theta\beta}{Vc_{\max}} - \frac{\theta\beta e^{\mu t}}{Vc_{\max}} + \frac{N_{u0}\beta e^{\mu t}}{Vc_{\max}} + \delta + \frac{\omega}{\theta - \theta e^{\mu t} + N_{u0}e^{\mu t}} \qquad (6\text{-}30)$$

$$q(t) = \frac{K\alpha}{1 + \frac{K}{S_0}e^{\alpha t} - e^{\alpha t}} + \theta\beta - \theta\beta e^{\mu t} + N_{u0}\beta e^{\mu t} \qquad (6\text{-}31)$$

（三）滑坡面植被自然恢复植被模拟与分析

选择河寨煤矿内一处具有 12 年滑坡历史的滑坡体为例，通过历史遥感影像获取了滑坡初始植被覆盖度，其值为 0.13。初始土壤营养水平和种子库残留量取周边新生滑坡的一般水平，代替该滑坡发生当年的初始土壤营养水平和种子库数量，分别为 0.33 和 670。将上述参数值代入上述模型计算多年来该滑坡体的植被覆盖度的预测值，同时利用 Landsat 遥感影像持续反演计算多年来该滑坡体的植被覆盖度状况作为实际值。通过预测值与实际值二者的相关性分析来验证模型的适用性和准确性。预测值与实际值相关性结果如图 6-22 所示，R^2 为 0.78，说明通过模型计算得到的恢复预测值与实际值有较好的相关性。

在黄土高原矿区，不同滑坡面恢复滑坡前植被覆盖度所需的时间也是不同的。这种恢复时间的差异性受控于自然环境和社会经济环境的共同作用。社会经济环境方面的作用有其特殊性，如前所述农民养蜂行为促进了坡面植被的恢复，随机影响较大，因而社会经济

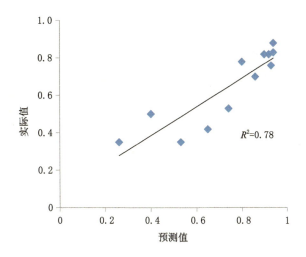

图 6-22　滑坡面植被覆盖度恢复模型的拟合状况

环境并不是影响坡面植被自然恢复时间的稳定因素。而在自然因素方面，滑坡发生后，种子库保有量、植被残留量、土壤营养水平等是影响滑坡面恢复植被覆盖所需时间长短的关键因素。上述因素组合水平最终决定了自然恢复的时间，但是不同因素其作用程度又有一定的差别。了解不同因素作用程度的差异，对于理解滑坡面植被自然恢复的复杂过程是必要的。为此，下面将运用本节所构建的模型，探讨种子库种子数量、初始植被覆盖度、初始土壤营养水平等参数的不同水平下坡面植被覆盖度随时间的变化关系。

1. 不同种子库种子数量下滑坡面植被覆盖度的恢复模拟

假设滑坡发生后，新生坡面其植被覆盖度、初始土壤营养水平相同，这里分别取值为 0.2、0.3。不同种子库种子数量下，滑坡面植被覆盖度随时间的变化曲线如图 6-23 所示。

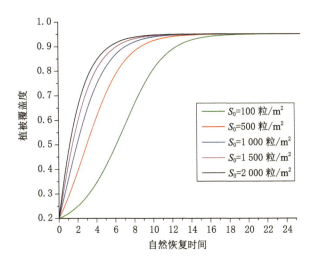

图 6-23　不同种子库种子数量下滑坡面植被覆盖度的自然恢复特征

从图 6-23 可以明显看出,植被覆盖度的恢复是一个非线性过程,不同恢复时限其植被覆盖度恢复的速率不同;受环境容量的限制,在恢复的后期,植被覆盖度恢复速率会下降到较低水平并最终趋于零;不同种子库种子数量下滑坡面植被覆盖度的恢复特征具有明显的差异。滑坡发生后留存的种子数量越大,坡面植被覆盖度的增长越快,所需恢复时间越短。进一步地,自然恢复时间对种子库种子数量的敏感性会随着种子库种子数量的提高而降低。从图 6-23 中可知,植被覆盖度从 0.2 恢复到 0.8,100 粒/m²、500 粒/m²、1 000 粒/m²、1 500 粒/m²、2 000 粒/m² 不同种子库种子数量所需的自然恢复时间分别约为 10 年、6.3 年、5 年、4 年、3.5 年,说明当种子库种子数量处于较高水平时,种子库种子数量变化所引发自然恢复时间的变幅将会变小;而当种子库种子数量处于较低水平时,自然恢复时间将对种子库种子数量更为敏感,此时种子库水平的较小差异将会造成自然恢复时间上的显著区别。此外,当种子库种子数量处于较低水平时($S_0 = 100$ 粒/m²),在恢复的早期阶段植被覆盖度的恢复速率较慢;中期植被覆盖度的恢复速率较快;而后期植被覆盖度增加到 0.8 左右时,植被覆盖度的恢复速率又再次变慢。

滑坡面植被覆盖度自然恢复时间对不同种子库种子数量存在敏感性差异,这一规律对于人工干预坡面植被修复有着十分重要的启示:当滑坡发生后,坡面植被种子残留量较低,自然恢复所需的时间往往较长。此时,可利用种子库包衣撒播等技术人工构建土壤种子库,从而大大减少坡面植被覆盖的恢复时间。同时,由于种子库种子数量处于较高水平时,自然恢复时间对种子库种子数量变化的敏感性降低,这说明人工构建土壤种子库时,仅需要将种子库种子数量提高到中等水平就可以发挥较大的效用,并不需将土壤种子库种子数量提高到最大水平。

2. 不同初始植被覆盖度水平下滑坡面植被覆盖度的恢复模拟

假设滑坡发生后,新生坡面种子库种子数量、初始土壤营养水平相同,这里分别取值为 200 粒/m²、0.3。不同初始植被覆盖度水平下,滑坡面植被覆盖度随时间的变化曲线如图 6-24 所示。

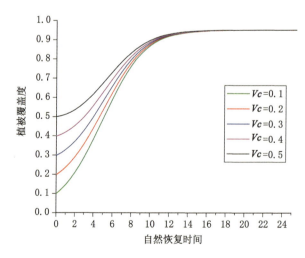

图 6-24　不同初始植被覆盖度水平下滑坡面植被覆盖度的自然恢复特征

据图 6-24 可知,滑坡发生后,残留的植被覆盖状况显著影响着滑坡面植被的恢复状况。

初始植被覆盖度水平越高,植被恢复也越快,但这种差异性主要体现在恢复的早期阶段,如初始植被覆盖度为 0.1 和 0.5 的情况下,恢复到 0.7 所需的时间分别为 7 年和 5.5 年。而当植被覆盖度继续恢复到同等较高水平时,这种时间差异将逐渐缩小。当初始植被覆盖度为 0.1 时,大约需要 18 年可以恢复到 0.95 的水平,而当初始植被覆盖度为 0.5 时恢复到同等植被覆盖度水平(0.95)也需要 18 年左右。这是因为当初始植被覆盖度为 0.1 时,尽管残留植被较少,但是环境资源丰富,植株生长发育资源竞争较小,植被覆盖度的增长幅度更快。而当植被覆盖度恢复到一定高水平时(>0.8),由于接近环境容量,环境资源的限制作用愈发明显,且植被覆盖度越高限制作用越强。因而,尽管初始植被覆盖度水平不同,但是受控于环境资源的影响,在低水平初始植被覆盖度的情况下(由于前期增长幅度快,后期植被覆盖度增长速率衰减较慢等),依然可与较高水平初始植被覆盖度滑坡面在大致相同时间恢复到最优植被覆盖度水平。

3. 不同初始土壤营养水平下滑坡面植被覆盖度的恢复模拟

假设滑坡发生后,新生坡面种子库种子数量、初始植被覆盖度相同,这里分别取值为 100 粒/m² 、0.3。不同初始土壤营养水平下,滑坡面植被覆盖度随时间的变化曲线如图 6-25 所示。

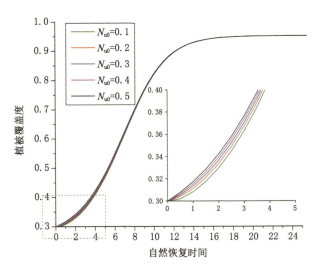

图 6-25　不同初始土壤营养水平下滑坡面植被覆盖度的恢复特征

据图 6-25 可知,初始营养水平不同,滑坡面植被覆盖度恢复特征也存在差异。总体来说,土壤营养水平越大,植被覆盖度恢复越快。但是与初始植被覆盖度因素和种子库留存量因素相比,土壤营养水平变化所引发的植被覆盖度恢复特征的差异性并不十分显著。此外,土壤营养水平变化所引发的植被覆盖度恢复特征差异性主要体现在恢复的前期阶段。如图 6-25 中局部放大图所示,在恢复前期阶段,低土壤营养水平(0.1)与高土壤营养水平(0.5)恢复到同等植被覆盖度水平的时间差异约 1 年,但随着恢复年限的继续增加,这种差异将逐渐减小。

第四节　煤矿区生态恢复能力及影响因素

黄土高原矿区采矿干扰后生态恢复能力受到本地生态条件和干扰强度的影响,因此自然恢复实践必须考虑这些影响因素。然而,在黄土高原矿区自然恢复的实践多是被动的、无规划的,自然恢复的评价、策略、规划方案还缺乏研究。因此,本节选择案例矿区进行实证研究,应用自然恢复模型,探索自然恢复时间评价的步骤和方法,开发自然修复的策略和措施,以期为类似地区提供参考。

一、煤矿区生态恢复决策框架

在黄土高原矿区的生态恢复实践中,利益相关者面临的生态恢复策略主要是确定人工修复还是自然恢复,但这往往难度较大(刘玉林 等,2018)。这里,自然恢复时间是决定生态恢复策略的一个核心因素。除此之外,土地利用类型、对居民生产生活和采矿活动的干扰也是重要的影响因素。如,当耕地中裂缝宽度大于 50 cm 时,居民生产时容易造成生产安全,甚至威胁生命安全,这种情况下,必须采用人工修复策略;而在灌草地中,居民活动少,负面影响小,全面人工修复难度大、收益低,这种情况下,可以选用以自然恢复为主的策略。因此,自然恢复策略的选定常常需要经过反复权衡。以下给出自然恢复策略的决策技术路线。

根据图 6-26 所示的决策流程,自然恢复决策分为四步。

第一步,土地利用与关键干扰叠合分析。

不同土地利用类型,一般其对扰动的恢复需求及方向可能会不同。因此需要区分土地利用类型,结合研究区实际来进行分析。例如,研究区内有耕地、园地(农业生产性用地)、灌草地(生态功能性用地)三种类型。结合关键干扰的空间分布,这一步骤可确定土地利用类型与干扰的类型、分布、特征参数等,是恢复策略选择和自然恢复时间计算的基础。

第二步,恢复方向判断。

这一步主要是考察矿区关键干扰(裂缝和滑坡)是否应该立即进行人工修复,抑或可以实施长期的自然恢复。由于裂缝和滑坡不仅仅是对土地自然生产力、植被发育有负面影响,当裂缝和滑坡达到一定程度,或者位于一些关键位置时,还会对居民生产生活安全、矿区生态安全产生负面影响,所以恢复方向判断需要综合分析,应遵循两个基本判断准则:① 是否影响居民生活生产安全? 即考察裂缝和滑坡发生位置和强度是否会在居民生活生产中造成人员伤亡等安全事故。一般当裂缝发育在耕地,且宽度大于 50 cm 时,人畜容易发生掉落,造成严重伤害,裂缝必须立即进行人工恢复。② 是否影响采矿活动安全? 即考察滑坡和裂缝是否会造成透水、透气等生产安全事故。一般当裂缝发育在采空区上方,且贯通工作面上方导水裂隙带,造成降雨灌入采空区影响采煤生产时,必须立即人工封堵回填裂缝。

第三步,恢复时间计算。

通过第二步的初步判断得到可以实施自然恢复策略的区域,这一步对这些区域的自然恢复时间进行计算。计算采用第二节和第三节所述模型,裂缝恢复时间计算所需参数包括:裂缝发育强度(长、宽、深)、物源面积、物料供给模数。滑坡恢复时间计算所需参数包括:土壤种子库、植被覆盖度、土壤营养(N、P、K 含量,有机质含量、土壤水含量)。

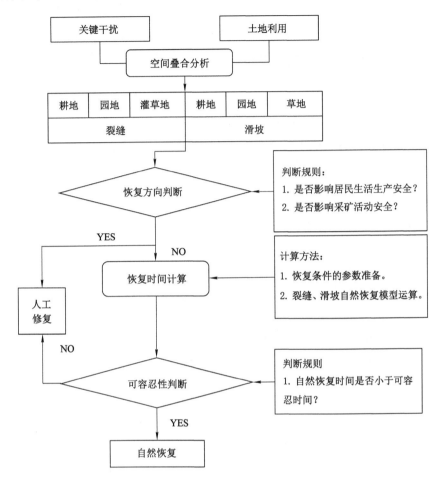

图 6-26　自然恢复决策的技术流程

第四步,可容忍性判断。

理论上,任何区域均可以采用自然恢复策略。但自然恢复时间漫长,所以能否实施自然恢复,最终应由土地使用者根据他们对扰动存续时间的容忍程度来作出判断。这里,可容忍性判断是指将第三步所估算的自然恢复时间与土地使用者可容忍的扰动存续时间作比较。当估算时间小于容忍时间时,则可以采用自然恢复策略。可容忍时间受扰动的发育强度、土地利用方式、人类活动程度、生态胁迫程度等因素的影响。在调研中发现,对于耕地干扰的容忍时间为 1 年,即可以容忍裂缝持续到干扰后下一个耕作季节到来之前;园地干扰的容忍时间为 10 年,即可以容忍裂缝持续到果树发育到盛果期(考虑平均时长),如果盛果期干扰仍未恢复,则会影响盛果期的生产能力,需要人工修复;无利用的灌草地的容忍时间为 15 年,即滑坡处自然恢复到周边平均植被覆盖度所需的时间小于灌草地自然更新时间。如果自然更新周期内,灌草地仍不能恢复到原有植被覆盖度则需要人工修复。

二、煤矿区生态恢复能力评估

自然恢复所需的时间是反映生态恢复能力的重要指标,同时也是自然恢复决策中的关键步骤。因此对裂缝和滑坡恢复时间的容忍性判断必须建立在对这两类干扰(裂缝和滑坡)的自然恢复时间掌握的基础之上。这里评估的对象是那些对生产生活安全没有显著威胁,且恢复方向可以为自然恢复的裂缝和滑坡。自然恢复时间评估的起算参数为评估时点的状态,即干扰修复规划时点裂缝和滑坡的各项参数,如裂缝体积、滑坡体植被覆盖度等。而自然恢复时间计算的假设条件为各个评估对象在自然状态下进行恢复,即裂缝依据自然侵蚀完成愈合过程,滑坡体依靠植被自然演替完成植被覆盖度的恢复。

研究区位于山西省翼城县,隆化镇牢寨、广适、北张、草地村及浇底乡河寨村一带(图6-27)。研究区为一不规则多边形,面积约 11 km²。该区域生态恢复规划和工程实施的基本条件成熟,目前处于停产状态,主要为历史裂缝,这些裂缝还没有得到有效的复垦和治理,土地复垦义务明确,因此选择这里进行自然恢复模型的实证研究。

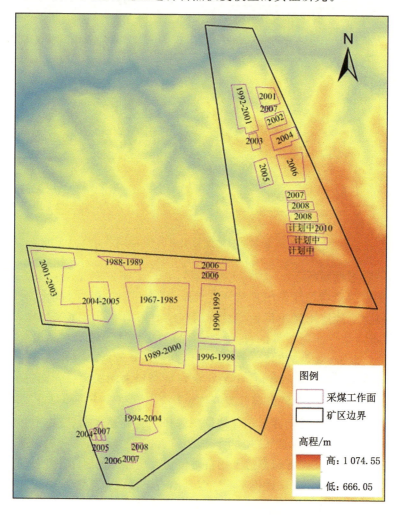

图 6-27　研究区地理位置及地形图

该区气候属温带大陆性干燥气候,主要为西北风,最大风速为 18 m/s,受季风影响,冬季长而寒冷,春季干旱多风,夏季短而炎热,秋季凉爽。雨季多集中在每年的 7~9 月,年平均降水量为 552.1 mm,年平均蒸发量为 1 516.5 mm。位于沁水盆地西缘,中条隆起的北东部,地貌为侵蚀山地。地形总体呈南高北低,最大相对高差约 260 m。水文方面,属黄河流域汾河水系。但研究区内各沟谷为季节性溪流,基本常年无水,雨时可形成径流,雨后沟干或为细流,地表水汇集于北西向沟谷。研究区人口约 2 800 人,建设用地面积约 1.8 km² 且主要为村民居住用地,耕地面积约 2.1 km²,农作物主要以玉米为主,其次有小麦、谷子、土豆等。

研究区内有河寨煤矿、殿儿垣煤矿、燕家庄煤矿,三个煤矿紧邻且同属沁水煤田,在 2010 年山西省煤炭资源整合后,合并为翼城县 1 号矿,矿权边界如图 6-27 所示。主要含煤层为山西组和太原组,山西组地层平均厚度 27.48 m,煤层总厚 4.24 m,含煤系数 15.4%。平均可采厚度 3.29 m,平均可采含煤系数 12.0%;煤层总厚 6.57 m,含煤系数 7.6%,平均可采厚度 4.99 m,平均可采含煤系数 5.7%。采煤活动从 20 世纪 60 年代开始,历史持续时间较长,区域生态扰动剧烈,裂缝与滑坡灾害严重。

三、地下采煤关键扰动分析

根据研究区工作面布设情况,结合开采沉陷规律以及现场调查,得到翼城县 1 号矿区内的裂缝及滑坡扰动发育及分布状况(图 6-28)。调查中同时测定各扰动发育特征,如裂缝长、宽、深,滑坡发育面积、植被覆盖状况、坡面土壤质量、种子库等。

根据调查,研究区内总计发现裂缝 48 条,滑坡 5 处。如图 6-28 所示,裂缝主要分布在研究区东北、西部,零星分布于西南部。研究区的中部未见裂缝分布,一方面中部地区为 1967—1993 年采空区,开采年限很久,裂缝自然恢复时间已经超过 30~50 年;另一方面,中部地区耕地分布较多,人类活动频繁,长期的农业生产活动已将裂缝充填并复耕。发现的 5 处滑坡均分布于黄土沟壑区,特别是坡降较大的黄土坡边缘地区。根据测量,裂缝平均长度、宽度、深度分别为 32.50 m、0.27 m、0.36 m。滑坡体及黄土堆积区面积约为 13 000 m²,最大滑坡面积约为 23 700 m²。

在矿区西部,裂缝主要存在于果园,发育时间为 2001—2005 年,已自然恢复 15 年左右。而东部裂缝主要存在于荒草地,发育时间为 2001—2008 年,已自然恢复 10~15 年不等。而耕地上残存裂缝较少,集中分布于矿区东部 15~16 年开采工作面。

(一)生态恢复能力影响因素分析

根据第二节和第三节所建立的评价模型,估算裂缝与滑坡自然恢复时间所需的几个必要参数为:物源面积、物料供给模数、土壤种子库、土壤营养水平。而物料供给模数的确定又与区域植被覆盖度状况、坡度状况紧密相关。因此,在研究煤矿区生态恢复能力时,植被覆盖度与坡度是两项关键的影响因素。

1. 植被覆盖度

对于黄土高原地区来说,水土侵蚀流失严重是主要的生态威胁,地表植被覆盖的增加能有效遏制黄土高原水土流失,并恢复土地生产力。因而恢复植被覆盖是生态恢复的主要目标。根据熊有胜等(2003)所述方法,通过 ENVI 软件利用 NDVI 指数测算植被覆盖度,选用高分 1 号 16m 影像,影像拍摄时间为 2015 年 7 月 26 日。

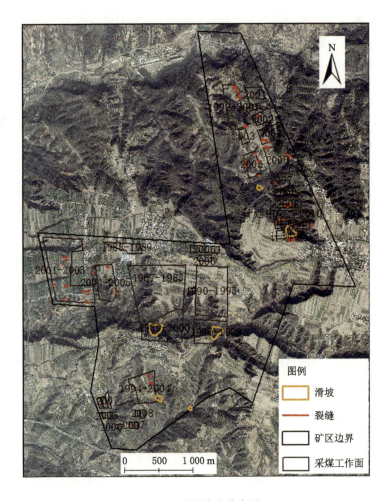

图 6-28　关键扰动分布图

　　研究区植被覆盖度如图 6-29 所示。区域平均植被覆盖度为 52.7％,低植被覆盖度区域(<30％)占 15.1％,中低植被覆盖度区域(30％~45％)占 23.5％,中植被覆盖度区域(45％~60％)占 27.0％,中高植被覆盖度区域(60％~80％)占 16.4％,高植被覆盖度区域(80％~100％)占 18.0％。高值区主要位于沟谷地带,沟谷区属侵蚀水土汇入区,水及土壤养分含量较高,良好的生境为植被生长发育提供了有利条件。相比之下,黄土梁及居民点是低值分布的主要区域。此外,东北部植被状况明显优于西南,这与东北部沟谷密布的地貌特征相吻合。总体而言,区域植被覆盖状况一般,且空间异质性较强。植被覆盖度受多种因素的干扰,其中地形以及土地利用方式是关键因素。

　　2. 坡度

　　研究区坡度状况如图 6-30 所示,区内坡度最大值为 60.3°,平均坡度 16.5°,区域内陡坡(15°~35°)最多,面积占比为 47.4％;其次为斜坡(5°~15°),占比 32.3％,峭坡(>35°)占比 2.6％;而最利于人类利用的缓坡(0°~5°)仅占比 17.7％,总体而言,区域内地形起伏较大,坡度较小的平坦区主要位于研究区中部,研究区北部地形坡度明显大于南部。

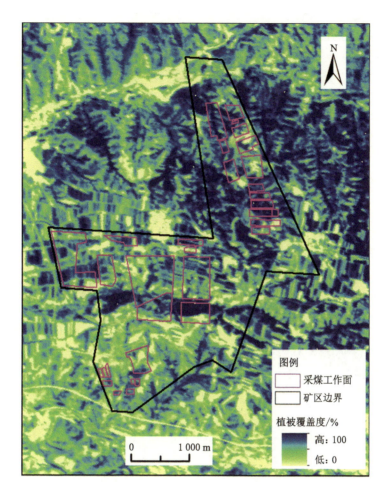

图 6-29 研究区植被覆盖度分布

(二)生态恢复能力评估结果

对裂缝自然愈合能力的评价,结合区域植被覆盖度与坡度状况提取各裂缝物料供给总量,代入式(6-5)评价模型。对滑坡面植被恢复能力的评价,将滑坡种子库、植被覆盖状况、土壤营养水平各参数代入式(6-29)模型得到裂缝和滑坡各扰动自然恢复时间,结果如图 6-31 所示。

根据图 6-31,裂缝最短自然愈合时间为 0.8 年,最长愈合时间为 32.6 年,区域平均愈合时间约 9.2 年。总体来说,裂缝愈合时间长短不一,变化较大。裂缝自然愈合时间变幅较大,表明裂缝自然恢复的复杂性和多变性。裂缝自身的发育强度、裂缝的走向、裂缝的位置、区域植被状态、坡度状况等多因素共同控制着裂缝自然恢复时间的长短。

本次评估是以当前时间起算的,而实际上,一些早期的裂缝或滑坡已经自然恢复了多年,但裂缝没有全部愈合、滑坡体植被没有恢复到周边的平均水平。因此,图 6-31 中的裂缝恢复时间实际为残存裂缝的自然愈合、残存滑坡体植被覆盖度恢复到周边平均水平所需的后续时间。受干扰已存续时间的影响,研究区西部裂缝、滑坡自然恢复的时间大

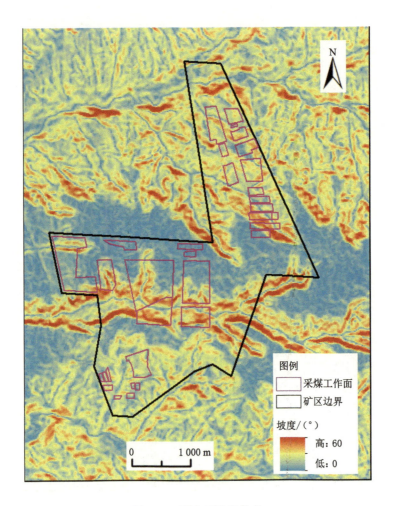

图 6-30　研究区坡度分布

多小于研究区东部的时间,这是因为矿区西部的采空区及干扰主要发生在 2001—2004 年,而东部地区开采活动从 2004 年持续到 2015 年。如滑坡,矿区最南部滑坡恢复时间最长为 23.6 年,而矿区中部两个滑坡恢复时间分别为 5.9 年和 4.3 年,主要是因为已经恢复了 20 年左右。

　　评估得到的未来自然恢复时间的多变性除受到已存续时间的影响,还受到其他一些恢复参数的影响。如同样在矿区东部的 2015 年产生的裂缝中,在黄土台塬耕地上的裂缝由于体积较少,且植被覆盖度低,物料供给模数大,裂缝恢复快,最短可以在 0.8 年内恢复。相比之下,同样在耕地上的 2015 年产生的裂缝,由于裂缝垂直等高线,物源面积小,接收到的侵蚀物料不足,恢复时间长达 10.2 年。

四、自然恢复策略与措施

(一)自然恢复策略

　　研究区在长期的采矿进程中,针对各采矿扰动,究竟是选择人工恢复还是自然恢复,困扰一直存在。为充分保证生态的恢复效果,制定科学决策过程是必要的。依据自然恢复决

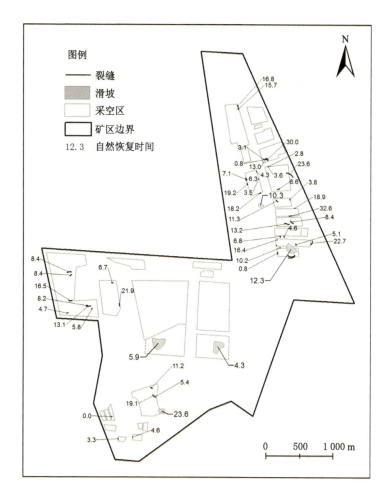

图 6-31　研究区自然恢复能力评估结果

策技术流程,对研究区各裂缝和滑坡扰动的恢复策略进行了理性分析,自然恢复与人工恢复策略选择结果如图 6-32 所示。

　　根据图 6-32 所示,可自然恢复的裂缝为 23 条,需人工恢复的裂缝为 25 条,分别占 47％、53％。在需人工恢复的裂缝中,Ⅰ型是指威胁生命财产安全的裂缝,这些裂缝需要及时进行人工填充,共 4 条;而Ⅱ型是指自然愈合所需时间过长,超出了可容忍期限,这些裂缝不能在一个作物生长期、一个果树成熟盛果期和一个灌木演替成熟期内恢复,需要进行人工干预,共 21 条。从空间分布来看,需人工恢复和可自然恢复的裂缝分布并没有明显规律性,分布零散,这也充分体现了黄土高原矿区地表地形、土壤、植被覆盖、土地利用有较强的空间异质性,反映出黄土高原矿区裂缝或滑坡干扰有采取不同修复策略(人工修复或自然修复)的可能性和必要性。5 个滑坡由于都处于沟壑区,基本不影响当地居民生产生活安全,因而仅作自然恢复时间的考量,最南部滑坡植被由于自然恢复时间过长(23.6 年),需要人工修复外,其余 4 个滑坡均可以自然恢复。

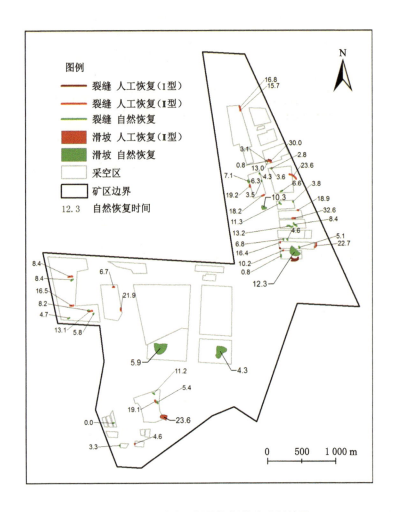

图 6-32　矿区裂缝和滑坡恢复策略选择结果

(二) 自然恢复措施

图 6-32 仅给出了矿区各扰动自然恢复还是人工恢复决策结果,但受土地利用类型及扰动特征的组合差异的影响,不同类型干扰的具体修复策略仍有较大差异。在人工裂缝修复时,应以裂缝充填为基本思路,但当裂缝沟通导水裂缝带时,应注重底部充填的密实性。此外在自然恢复策略区也不意味着"放任"生态系统"自然的恢复"。自然恢复并不代表着不作为。相较于人工修复,生态系统自然恢复能力是脆弱的,因而在自然恢复过程中人类应当注重生态系统自然营力的维护。如在新生滑坡面自然恢复的过程中一方面必须要禁止人畜对坡面的直接扰动,另一方面也要对滑坡周边区域进行适当管控,这有利于周边区域植被扩散到坡面,对加速坡面自然恢复进程有着重要意义。表 6-13 依据不同扰动类型及扰动特征,给出了不同的恢复措施建议,以期为矿区生态恢复实践提供参考。

表 6-13　不同恢复策略下各类型干扰的恢复措施

土地利用类型	土地恢复策略	不同策略下各类型扰动的恢复措施	恢复目标	恢复途径与措施
耕地	自然恢复	裂缝自然恢复时间小于1年	裂缝愈合,不影响下一季作物种植	维持正常生产活动,通过正常翻耕与自然侵蚀促进自然愈合
园地		裂缝自然恢复时间小于10年	裂缝愈合,不影响果树盛果期生产	监测与管护果树生长发育
灌草地		裂缝自然恢复时间小于15年	裂缝愈合,消除对植被的胁迫	自然侵蚀促进裂缝自然愈合,可设置管护区,避免人畜扰动
		滑坡面植被恢复年限小于15年	恢复裸露坡面植被覆盖,抑制水土流失,发挥生态功能	自然种子库、植被自然扩散、植被自然生长演替促进滑坡面植被恢复。必须设置栅栏,杜绝人畜扰动
耕地	人工修复	裂缝宽度大于0.5 m	恢复耕地生产,消除人畜生命健康威胁	裂缝充填压实,表土重构,土地平整
		裂缝沟通导水裂缝带	恢复耕地生产,消除透水可能	底部密实材料充填,上部覆土复耕
		裂缝恢复时长大于1年	恢复耕地生产力	裂缝充填覆土,或加强土地翻耕
园地		裂缝宽度大于0.5 m	恢复园地生产,消除人畜生命健康威胁	土壤充填压实,土地平整,补种果树植株
		裂缝沟通导水裂缝带	恢复园地生产,消除透水可能	底部密实材料充填,上部覆土
		裂缝愈合时长大于10年	恢复园地生产力	土壤充填,加强管护
草地		裂缝愈合时长大于15年	消除裂缝胁迫,保证灌草发育	土壤充填,适当培肥
		滑坡面植被恢复时长大于15年	恢复坡面植被覆盖,发挥生态功能	种子库重建,乔灌草种植,植被管护

第七章 煤矿区社会生态恢复力建设与管理

第一节 煤矿区社会生态恢复力建设目标和思路

一、煤矿区社会生态恢复力建设内涵

煤矿区社会生态系统具有一定的组分、结构和功能,且经受着程度和形式各异的扰动,如图7-1所示。围绕资源开发,会产生很多扰动和冲击。在这些扰动的作用下,系统的结构和功能会发生改变,可能进入新的状态,也可能会波动但仍然保持原有状态。这种煤矿区社会生态系统抵抗扰动的能力就是所谓的"生态恢复力",它对系统状态的保持至关重要。

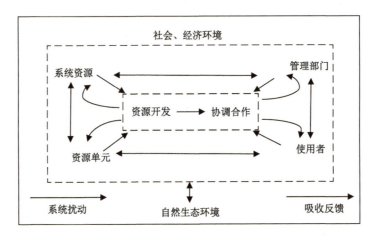

图 7-1 煤矿区社会生态系统构成

在煤矿区,生态恢复力的表现为吸收扰动并保持其功能、结构和反馈等特征的能力(杨永均,2017)。其中,煤矿区生态系统抵抗采矿扰动的能力,称为第一恢复力,也称为抵抗力;采矿扰动后煤矿区生态系统自我修复的能力,称为第二恢复力,也称为修复力(张绍良,2016)。由此可见,煤矿区生态恢复力建设,就是通过一定的技术、经济、政策、管理和法律等措施,提高煤矿区生态系统抵抗采矿扰动的能力,提高系统自修复能力以及修复后抵抗各种扰动的能力。

煤矿区社会生态恢复力建设,既与煤矿区绿色矿山建设、矿山转型发展联系密切,又和矿山生态修复、国土空间综合治理、土地复垦等联系密切,但是煤矿区社会生态恢复力建设和这些工程、项目和工作又有所不同,主要体现在建设目标、原则、内容和技术等方面。煤矿区社会生态恢复力建设是一个综合的、系统的工程,建设的目标是提高矿山恢复力,也就是提高抵抗扰动和冲击的能力,既有特定恢复力的建设,也有一般恢复力的建设。煤矿区

的扰动和冲击,既有采矿活动引起的,也有自然因素引起的,更有社会经济活动引起的,所以煤矿区受到的扰动和冲击类型多样,这一特点决定了煤矿区社会生态恢复力建设与煤矿区绿色矿山建设、矿山转型发展、矿山生态修复、国土空间综合治理、土地复垦、地质环境治理等不一样。

煤矿区社会生态恢复力建设技术包括问题诊断技术、恢复力评估技术、系统规划与设计技术、生态工程技术、恢复力监测技术等,其中问题诊断技术是指对被扰动系统的尺度、边界、干扰类型、演变特点等进行诊断,重点是识别扰动类型与特征、找出关键生态变量及焦点尺度。恢复力评估技术在于识别矿区土地生态系统演变的阈值与相态,评估其他恢复力替代属性,评估退化状态向期望状态转化的能力。生态工程技术基于恢复力思维,针对系统关键变量和过程实施有效人工干预,引导生态系统良性演替。系统规划与保育技术则强化生态系统对其他潜在干扰的应对能力。

二、煤矿区社会生态恢复力建设基本原则

1. 有助于系统恢复力的增强

煤矿区社会生态系统本身是一个自组织、自维持系统,当扰动或者变化发生时,系统会通过各种反馈和调节作用使系统保持原有状态。在煤炭资源没有枯竭前,总是尽力维持煤炭生产和加工所需的社会生态系统,需要尽量提高系统恢复力,以抵抗生产与加工期间产生的各种扰动和冲击。应遵循系统的内在规律,利用系统要素的内在关联性及其恢复力属性,增强煤矿区生态系统的恢复力,发挥系统的自组织能力,使系统能够更大程度地承受扰动,重新组织并保留自己的特性。

2. 有助于对扰动的控制

煤矿区社会生态系统是一个具有动态性的多稳态系统,无论是人工干预或是外部扰动,系统的动态变化不可避免,而大部分时候系统能够应对它所遇到的变化。但一个自组织系统变化和恢复的程度是有限的,在超过阈值时,一些关键的反馈过程将发生变化,系统发挥的功能也将变得不同。当一个自组织系统超越阈值,它将会进到系统的另一状态,从而拥有不同于之前的特性,系统的表现也会不同。对煤矿区来说,有的时候需要控制扰动,引导系统保持原有状态(如生态修复),加速系统转移到另一种状态(如产业转型)。

3. 有助于加强领域关联

煤矿区社会生态系统是一个社会、经济和生态资源等领域相互关联的系统,一个领域的变化(如经济领域的采矿业利润)常常可导致另一个领域的变化(如生态领域的土壤污染、社会领域的矿区农村结构调整等),同时这些变化会反向驱动本领域的进一步变化(如土壤污染会进一步降低采矿业利润等)。煤矿区社会生态系统是复杂的,在这一系统里,如果不了解一个领域同其他领域的内在联系以及它们之间的反馈效应,也就难以进行成功的生态修复或高质量的矿区转型。

当阈值被越过时(如煤矿关闭),这些领域关联可能变得非常重要。这是因为一个领域阈值被越过能够引起其他领域的阈值也被越过(如矿区煤炭生产停止导致矿区经济衰退,进而社会返贫等),迫使系统进入一个新的状态。更有甚者,一连串的阈值被越过(如经济领域的借债阈值被越过引起生态资源领域阈值被跨越,进而引起矿业的垮塌)导致系统进入一个不可逆的状态。换句话说,一连串的垮塌可能使得煤矿区生态恢复变得相当困难甚

至不再可能。因此,理解煤矿区生态系统阈值之间相互作用及领域之间的相互关联对于理解煤矿区生态恢复力建设是非常重要的,是煤矿区生态恢复力建设的基本原则之一。

4. 有助于系统适应循环

煤矿区社会生态系统中存在着适应性循环。从煤矿建立到开采再到关闭,经历了4个阶段:快速成长阶段、稳定保持阶段、释放阶段和重组阶段。适应性循环有两种相反的模式:一种是发展环,也叫向前环或者前环;另一种是释放重组环,也叫后环(见第二章)。前环以稳定为特征,它保证资本的积累,保持矿区的发展,在煤炭资源没有枯竭前显得非常必要。相比之下,后环以不确定性、新型性和尝试性为特征,此时意味着系统具有发生枯竭性或者转型性的最大潜力。相比后环而言,前环一般变化很慢,煤矿区在前环存在的时间非常长,过去很多研究主要聚焦于前环,即煤炭开采、加工阶段。随着我国中东部煤炭资源的枯竭,很多老矿区停产、关闭,近年学界和政府对后环的关注在不断增加。关注煤矿区生态系统的适应性循环,有意识地避免煤矿区在生产后期出现产业接替不上、矿区经济系统崩溃、矿区社会问题恶化等,对维持煤矿区社会生态系统的可持续发展意义重大,是煤矿区生态恢复力建设的基本原则之一。

5. 有助于不同尺度的兼顾

煤矿区社会生态系统是一个多时空系统,而在每一个时空尺度上都在经历着自身的适应性循环。煤矿区利益相关者总是对某一特定尺度感兴趣(例如,矿区农民非常关心采煤沉陷和房屋搬迁,区政府非常关注矿区产业、经济、社会和环境,而煤矿非常关注产量、效益和矿地矛盾等),但煤矿区不同尺度之间往往存在着复杂的相互影响。通常,妨碍我们努力改变的往往出现在更大的尺度上而且超出我们的控制,更大尺度的性能限制、影响较小尺度上煤矿区系统的发展,这就是煤矿区系统所谓的"记忆"。例如,四周全是林地的矿山,会优先修复为林地;四周全是农田的矿山,会优先考虑农田复垦。但是,有时候较小尺度发生的事也能颠覆较大尺度发生的事,称之为颠覆。例如,一次地质灾害,可能会导致国家强制关闭该煤矿并投入很大的生态环境治理资金,促使煤矿区立即转型。可见,仅仅关注煤矿区生态系统的某一个尺度是不能理解或者不能成功管理整个煤矿区系统的,只有关注煤矿区生态系统的尺度效应,才能更好地管理煤矿区生态系统这一自组织系统。

三、煤矿区社会生态恢复力建设思路

煤矿区生态修复、土地复垦、土地整治、产业结构调整、矿区转型、乡村振兴等,均可视为生态恢复力建设的措施,但是煤矿区生态恢复力建设又与这些措施有区别。煤矿区生态恢复力建设是以提高煤矿区生态恢复力为目标所采取的一系列措施,上述煤矿区生态环境治理工程和社会经济行为,有的有助于提高生态恢复力,可视为建设措施;但有的可能降低生态恢复力,不能视为恢复力建设方法。

因此,煤矿区生态恢复力建设,必须有一条科学的建设思路。一般地,煤矿区生态恢复力建设要经过恢复力调查、恢复力评估、恢复力建设规划、恢复力建设方案设计、恢复力建设方案实施、监测和管理等必要环节。

(一)确定煤矿区生态恢复力建设区边界

煤矿区生态恢复力建设的第一步是明确煤矿区生态恢复力建设的范围,即定义建设边

界,包括空间边界与时间边界。

尽管采煤直接影响的区域是清晰的,从煤矿的井上下对照图或矿田边界图上能非常准确地确定,但是煤矿区的边界往往是模糊的,因为采煤活动产生的间接影响很大,时空边界呈现动态变化。通常地,可通过定义恢复力评估所解决的问题来确定恢复力建设范围。首先,需要识别煤矿区生态恢复力建设关心的主要问题以及与主要问题相关联的关键组分,即明确恢复力建设的对象;其次,总结对煤矿区产生影响(或潜在影响)的干扰及其属性的变化,即明确恢复力建设的目标;此外,任何系统都受到来自边界内外因素的影响,因此恢复力建设范围的确定必须考虑跨尺度影响,这一范围是一个动态与扩展的范围,随着对系统理解的加深而改变。以行政区或者通过实地调查考察来定义矿区恢复力建设边界,是比较有效的方法。

(二)明确焦点问题

明确焦点问题、定义焦点系统是煤矿区恢复力建设的前提,更是恢复力评估的基础。煤矿区的社会生态恢复力建设往往关注一个或者一些主要问题,很多情况下,焦点问题显而易见,如矿区地表沉陷、地下水污染、水土流失、植被破坏等;但在有些情况下,焦点可能来自利益相关者关心的问题。识别和定义焦点问题通常需要调查煤矿区内的社会群体,如煤矿企业、地方政府、矿区内其他企业、集体组织和矿区农民等,也需要调查煤矿区上级政府及有关管理部门,要全面调查清楚矿区恢复力建设的焦点问题和一般问题。在山水林田湖草沙一体化保护修复理念下,识别和定义焦点问题尤为重要,要系统分析社会生态系统的各要素及其变化。

识别恢复力建设的焦点问题是一个反复的过程,需不断考量与焦点问题相关的其他问题、资源利用与利益相关者间的联系、系统的跨尺度影响等,恢复力评价的任何后续步骤,都有可能会使我们修改已经识别到的焦点问题和重要系统属性。

(三)选择指标

同一般社会生态系统一样,煤矿区也存在两种最基本的恢复力:特定恢复力和一般恢复力。特定恢复力是针对系统某个特定的部分、某个特定的扰动所具有的恢复力;一般恢复力则是系统允许吸收各类型扰动的能力。特定恢复力与一般恢复力具有不同的表现指标。

对于煤矿区特定恢复力来说,指标选取的过程就是确定状态变量的过程,即识别有阈值效应的控制变量,如地下水位、沉陷深度、地裂缝、植被覆盖度、土壤性状等。然后确定这些状态变量的指示指标,即在明确焦点问题的基础上,识别煤矿区当前的状态和潜在的状态,最终确定这个状态的关键表达指标。

对于煤矿区一般恢复力来说,确定直接的变量比较难(见第二章),往往采取间接方法,依据恢复力形成机理,归纳一般恢复力的表现特征与影响因素,并遴选其指标与评价指标。如煤矿区和外界的经济贸易关联性、产业关联性、经济多元化程度、地方政策、开放程度、基础设施水平、社会管理水平、煤矿区人才储备丰富度、煤矿区矿产资源丰富度、土壤种子库、风景名胜、生物多样性、生境状况等,都可能是一般恢复力建设指标。

(四)测量恢复力指标

煤矿区恢复力的直接测量是一项非常难的工作。难点在于很多表现变量都是慢变量,阈值没有明显的突变点,是一个模糊区间。另外,恢复力作为煤矿区社会生态系统的基本属性,往往表现得很抽象、不直观,这是由煤矿区社会生态系统本身就是一个非线性系统决定的(周晓芳,2017)。

对恢复力评价指标的测量主要采用野外调查与遥感监测相结合的方法,野外调查主要包括梯度观测、社会调查、样方调查等方法,遥感监测主要是对所研究的煤矿区进行长时序的遥感影像分析与解译。

四、煤矿区社会生态恢复力建设目标

(1)利用自然生态系统内在运行规律,通过最小人工干预,提高自然生态系统恢复力,抵抗各种扰动能力,防止土地退化,提高生态服务功能。人与自然和谐共生,人与自然是生命共同体,人类必须尊重自然,顺应自然,保护自然。无论煤矿区位于遥远的乡村甚至荒无人烟的地区,还是人口稠密的城市与农村,自然生态系统永远都是物质循环、能力流动的基础,是系统功能结构的支撑,自然生态系统恢复力都是存在的,只不过显现出的大小、高低不同。尽量减少人工干预,减少大规模的工程,利用自然生态系统本身的水土自净化、植被群落自恢复、动物自组织等能力,提高社会生态系统恢复力,这是煤矿区社会生态恢复力建设的主要目标。

(2)利用社会经济发展规律,通过政府干预和市场培育,提高社会经济系统恢复力,实现社会经济绿色转型发展,提高矿区经济水平,促进矿区社会和谐稳定。煤矿区经过长期的建设,已经不可能仅仅是一个自然生态系统了,而是一个典型的社会-经济生态系统。煤矿区社会经济系统涉及社会、经济、教育、科学技术及生态环境等人类活动的各个方面和生存环境的诸多复杂因素,也是一个庞大而复杂的有机整体,具有高度的耦合性和层次结构。社会经济系统的复杂性主要源于人类在经济活动中的主观决策和信息不对称性,对于市场竞争中的弱势群体,如农民、失业工人、个体工商户和中小企业主等,需要公平、合理的机会来为社会创造更多财富。煤矿区社会经济系统恢复力建设离不开煤矿区政府的强力干预,但需要遵循市场经济规律。

(3)利用煤矿区潜在资源资本,通过政府引导社会参与,提高产业体系恢复力,培育新兴产业,打造工业产业园区,走上特色产业发展道路,促进产业转型发展。煤炭是不可再生资源,煤矿区煤炭枯竭是不可避免的,所以煤矿区社会生态恢复力建设必须着眼于煤矿区转型发展。在煤炭开采中青年时期,资本积累雄厚,各种状态都良好,也就是处于适应性循环前的稳定保持阶段,这时候就应该制定社会生态恢复力建设规划,提前做好转型准备,制定恢复力建设目标,提高产业体系恢复力,培育新兴产业,打造工业产业园区,走上特色产业化发展道路,促进产业转型发展。

第二节 煤矿区社会生态恢复力管理

一、一般社会生态恢复力的管理

社会生态系统管理一直以来都是社会生态恢复力研究的重点内容,恢复力思维强调社会生态系统自适应管理,以适应可能的突变。社会生态恢复力管理最早采取的策略是控制

生态系统,以确保稳定和持续现状;但是随着研究的深入,发现社会生态系统是不断变化的,控制往往无效甚至失败,于是将焦点集中于社会生态不确定性管理,采取的策略是控制和适应相结合,以防止突发事件以及紧急处置突发事件。但是随着社会动荡、经济衰退和全球气候变化的加剧,研究的重点转到社会生态系统的转型变革,以适应性管理为主的策略逐步得到认可。从早期的社会生态系统控制性管理到现在的适应性管理,体现了人们对社会生态系统认识的升华(张绍良,2018)。

从全球视野来看,社会生态系统恢复力管理面对的形势越来越严峻,越来越紧迫。千年生态系统评估(millennium ecosystem assessment,MEA)认为全球生态系统恢复力面临的挑战主要有:① 气候变化。全球变暖和极端气候事件的增加可能会对生态系统产生负面影响,包括生物多样性的减少、物种分布的改变、生态系统功能的降低等。② 环境污染。空气、水和土壤污染可能会对生态系统产生长期的破坏性影响,包括生物多样性的减少、生态系统服务的降低等。③ 土地利用变化。人类活动导致的森林砍伐、湿地开发、草原退化等土地利用变化可能会对生态系统产生负面影响。④ 入侵物种。外来物种可能会对本地生态系统产生破坏性影响,包括生物多样性的减少、捕食者的减少等。⑤ 生物多样性丧失。由于人类活动和自然因素的影响,全球的生物多样性正在以前所未有的速度下降。⑥ 生态系统衰退。由于上述各种因素的综合作用,许多生态系统的功能正在衰退,包括碳储存、水净化、食物生产等。相比之下,全球社会经济形势更不乐观,2023 年联合国发布的《世界经济形势与展望》报告指出,受多重危机交汇的影响,世界经济前景黯淡且存在不确定性。

但是,社会生态系统恢复力适应性管理研究还处于探索阶段,难点不仅在于识别冲击名称及其大小、冲击特征及其持续时间、阈值的估计和预测等,而且在于管理策略的提出与可行性。很多冲击都是接连不断的、综合性的,矛盾往往不可调和(Walker et al.,2004)。在这种情况下,需要构建人类命运共同体理念,以应对这些挑战。推动构建人类命运共同体,不是以一种制度代替另一种制度,不是以一种文明代替另一种文明,而是不同社会制度、不同意识形态、不同历史文化、不同发展水平的国家在国际事务中利益共生、权利共享、责任共担,形成共建美好世界的最大公约数。要坚持习近平提出的"五个坚持":坚持对话协商、坚持共建共享、坚持合作共赢、坚持交流互鉴、坚持绿色低碳。

从实践角度来看,国际上有一些小范围的尝试。如 Brian 等(2012)对泰国中部平原低地灌溉农业社会生态系统进行恢复力评价与管理,对尼日尔西南高粱农业社会生态系统进行恢复力评价与管理等。从程序上,社会生态系统适应性管理首先需要了解系统对于某些特定管理或政策干预的预期响应。如果在干预之后系统响应与预期响应不相同,那么对社会生态系统运行的理解可能就是错误的,因此需要根据响应的情况调整系统模型。然后,适应性管理需要开发一个系统结构和功能不断进化的模型,以此促进社会生态系统的管理、政策的制定与实施。最简单的模型是被动适应性管理,也就是先采取管理行动,然后不断调整和改进管理策略和政策。复杂一点的模型是主动适应性管理。所谓主动性,就是先有意识地对社会生态系统进行干预(如对一个社区进行环境改造、对一个林场进行体制改革等),然后从中发现问题、总结经验。即使这些干预可能没有效果或者失败,但是这些主动适应总会找到一种有效途径。当然,主动适应管理尽管理论上完美,但是实际上管理的实施可能是一项挑战,可能会付出代价和风险,特别是当它涉及敏感管理对象时(如政治和社会),因为主动适应性管理目标往往是改变现状,所以利益相关者往往会拒绝它,因为改变现状意味着对现有管理制度和状况的威胁。即便如此,面对日益复杂的社会经济生态问题,仍需要更多关注和重视主动适应管理。主动适应管理是将恢复力思维运用到实践中的一个重要部分,并且应将之作为干预措施框架的一部分来对待。

二、煤矿区社会生态系统的干预措施

煤矿区是一个特指的区域,它和行政区域一般不重合,也和一般生态单元不一致。所以,这里的恢复力管理主体是一个宽泛的概念,不特指行政管理,而是一种管理策略。

(一)煤矿区生态恢复力管理的核心:干预

煤矿区生态恢复力管理方法涉及自适应管理及相应的规划政策,煤矿区社会生态系统恢复力管理的核心是干预,包含干预时间、干预措施、干预目标等。这里之所以用"干预",而不用"管理",就是因为管理具有明显的边界,而煤矿区往往是一个特定的区域。煤矿区在不同的发展阶段,系统处于不同的状态,应采取不同的干预手段,以保证在该状态下稳定运行,如行政干预、财政干预、法律干预、教育干预等。这些干预措施都有各自不同的时间尺度。煤矿区有时需要实施行政管理措施来防止生态恶化、环境污染,避免生态系统越过阈值,有时也需要教育、培训,提高矿区人们的环保意识和发展理念。这二者是互补的,因此应该联系起来考虑,同时还应考虑最好的干预顺序。

当煤矿区社会生态系统的干预措施从学科(如经济、农业、生态、社会、法律、环境等)的角度提出时,就会出现一个常见的问题,即每门学科会优先考虑自己的领域,例如经济学家通常会偏好经济干预措施,而生态学家会推荐生态工程措施等。这恰恰是煤矿区社会生态恢复力管理所期待的,可以克服"单一手段应对所有变化"的不足。但是不同干预措施的综合是非常重要的,因为这些措施之间可能存在效率差别,存在观点不一致,甚至存在冲突。这时需要成立一个更高尺度的机构进行决策。

煤矿区社会生态恢复力管理还需要考虑煤矿区国土空间规划和生态修复、产业发展、环境保护等专项规划。需要注意的是,这些规划往往是政府主导的,面向行政区的所有空间。所以,煤矿区的这些规划有可能跨几个行政区,也可能是该行政区的一部分,而且这些规划的目标、方向和措施也不仅仅针对煤矿区域,所以,煤矿区社会生态恢复力建设规划需要单独编制,需要更大尺度的管理机构,涉及几个省(自治区)(如位于内蒙古、陕西和山西的中国能源"金三角")的需要国家部委组织,涉及几个市的需要省级部门组织。

所有的干预必须有充分的依据和合理的手段,所以在进行干预之前,必须开展社会生态恢复力评价,找出焦点尺度、区域尺度和局域尺度。第二章生态恢复力理论指出,系统总是随着时间的变化而变化,因为内部在不断变化。系统可能表现出循环变化,循环过程中系统要素之间的联系,时而变弱,时而变强,甚至失去关联,这就是自适应循环。自适应循环存在于各种尺度上,焦点尺度上的系统肯定处在该尺度自适应性循环中的某个位置,同时也处在更高尺度或更小尺度上的循环中的某个位置。对煤矿区而言,大的尺度是县市区域或者流域,小的尺度可能是一块沉陷区、一个乡镇,或者一片修复土地、一个拆迁村庄等。

(二)干预的方向:维持或转型

煤矿区焦点尺度与其他尺度的联系程度,一般取决于尺度所处的循环阶段。例如,如果采煤活动在地方政府尺度上是处于前环的第一阶段,也就是充满活力的发展阶段,那么它对焦点尺度如矿区土地复垦的影响可能是积极的,因为它在帮助改变,因此此时应鼓励二者之间的联系。不过,如果更高尺度是处于震荡不稳定状态,如煤炭限产、压产、供给侧结构性改革,则可能带来负面影响,焦点尺度的适当行动如生态修复因此会延迟,直到更高尺度负面影响结束或者焦点尺度行动能避免更高尺度的扰动为止。

煤矿区社会生态系统如果处于前环的第二阶段,也就是稳定发展阶段,但处于资源枯竭的前阶段,或者环境污染非常严重、土地破坏非常严重的节点,煤矿区社会生态系统会陷入僵局,处于发展与转型之间的阶段。在这种情况下,着眼于更新观念、培训教育是最有效的,能使所有利益相关者看清恢复力形势以及可能的后果。但往往此时占据绝对主导地位的人总是强烈要求补偿以"维持原状",恰恰也是这个时期,处于弱势地位或者处于次要地位的人(如矿区失业工人、失地的农民等)期待变化,而不是抗拒变化。这时就应考虑系统的财政干预了,因为其他的干预措施可能不够有效。然而,在这个阶段,很有必要提前制订行动计划以迎接矿区关闭导致系统获得释放的时机到来。否则,机遇就会丧失,进入后环阶段的时间可能会变长,而且成本也可能非常高昂。煤矿区社会生态系统进入后环的释放阶段时,很可能是无序的、混乱的,同时开始释放各种形式的资本,社会生态系统在该阶段不会对任何特别的改变建议产生响应。因此,最好是帮助矿区快速进入积极的再生、再组织阶段,这一阶段接纳转型建议和解决方案。在前环第二阶段尝试体制变化、发展方向改变以及采取新的政策比在后环阶段更容易成功。

煤矿区社会生态系统如果处于后环阶段,也就是重组和再生阶段,维持煤炭开采加工的自然条件已经丧失,只能是走转型发展的道路。

（三）干预的时点:状态转移

干预的时点很重要,需要安排好干预的顺序。例如,矿区需要大规模土地复垦,那么如果不提前制定有关规定,与当地集体组织、农民有效沟通,那么即使提供了财政援助,也可能是难以实施的。无论是行政干预、财政干预、法律干预还是教育干预,都必须考虑它们之间的相互作用,以确定适当的时序以及任何需要实行的干预措施。

一些最具挑战性的干预对象则是煤矿区社会生态系统的转移力——改变构成要素、系统尺度或系统某个部分。当采用的是深思熟虑的积极方法,转移性意味着启动全新的发展模式,而实现这一目标主要取决于系统是否具备转移的能力——能力足够才行。

转移变化可能发生在任何时间,但是通常是意料之外的,而且往往会带来社会阵痛。我国东部资源枯竭型城市如东北抚顺、阜新,山东东营、新汶等都已经或者正在经历矿区转型发展,新兴产业没有接替上,煤炭产业迅速衰退,这时候煤矿区转移力建设十分必要,需要技术和市场的变革。煤矿区系统的转移,并非必然造成损失和破坏生存。徐州——曾经的一个重要煤城,现在变成了工程机械之都,之所以能华丽转型,是得益于二十多年不断积累的转移能力。

确定煤矿区转型发展的选项主要是产业创新和科技支撑,以及借助外部力量帮助改变,而不是依靠补贴来让矿区沿着原有产业苟延下去。转移能力取决于与大尺度的有效联系以及高水平的各类资本。那么该如何着手呢?假设很重要的第一步——越过阈值状态已实现,转移的过程就要将转变选项的发展和转变的支持结合起来。由于改造的整个焦点尺度是有风险的,代价很大,不一定能得到支持,所以我们需要的是支持更小尺度上的新型化,如采煤沉陷地的复垦、渔光互补项目等,这是一个互相支持的过程,也就是支持转移尺度及其以下尺度之间的奋斗。不要期待一下子就能转型、矿区一夜就能进入新的状态。

转型最好是自下而上,它能更安全地提供更多的变化和机会以检验不同的规划,并且很可能走向成功。自下而上的转型,需要创新的环境、激励的政策和优秀的人才,企业和集体组织往往是转型发展的主体。自下而上的转型,要积极争取上面的支持,在更大尺度上改变政策、规定。我国矿区转型发展却是政府引导为主,自上而下,先在更高的尺度上率先转移,例如,行政区划调整、产业规划、工业园区建设等,然后再在较小尺度上实施。

三、关闭矿区社会生态恢复力管理策略

矿区关闭是不可避免的社会现象,因为煤炭资源属于不可再生资源。依据社会生态系统恢复力理论,矿区关闭是系统状态转移的表现,所以关闭矿区社会生态系统恢复力管理可视为恢复力理论的应用。根据第二章理论,在关闭矿区恢复力管理过程中应及时关注不确定性问题,并充分考虑关闭矿区社会生态系统的范围、可能存在的问题、不稳定性等因素,树立适应性管理方法与思想,制定符合管理目标的对策。

(一)关闭矿区社会生态恢复力管理框架

在关闭矿区的调查中发现,早期矿区关闭后缺少系统规划与有效管理,常常出现矿业职工再就业、矿区土地再利用、生态环境治理等方面的问题。即使闭矿后矿区发生了转型,但是由于缺乏有效管理和长效机制,导致复垦修复的土地被闲置或低效利用,矿区经济发展缓慢,矿区常发生群体上访事件,社会治安环境恶化等,说明转型发展不彻底。由此可见,要加强关闭矿区社会生态系统恢复力的管理。

根据恢复力思维,构建恢复力适应性管理框架,如图7-2所示。

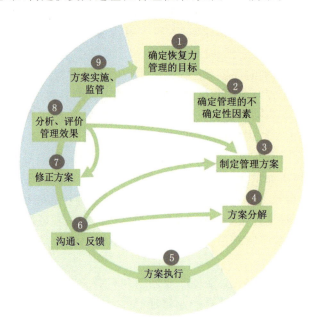

图7-2 关闭矿区社会生态系统恢复力管理框架(任雪峰,2017)

首先,确定管理目标和管理对象,并制定若干个针对关闭矿区社会生态恢复力不确定

性问题的干预备选方案,该问题是通过恢复力评价发现的。然后,对这些干预方案进行分析和论证,发现存在的不足和缺陷,多方参与,集思广益,完善方案。接下来,确定关闭矿区转型过程中的潜在问题,包括处理已经出现的问题及发现的不确定性问题,执行方案过程中的问题预测等。然后通过方案实施后的预测与沟通,发现哪一种方案是行不通的,以及方案应该如何调整使之与管理目标一致等,以此来调整干预方案,并在实施过程中对方案进行评价。最后,对方案实施效果进行分析与监管。可见,适应性恢复力管理是不断调整、不断适应的过程,在遇到新问题时,管理方案与策略需要及时调整。

根据上述框架,可以将恢复力管理分为三个阶段:方案制定、方案执行与反馈、方案修正与监管。通过分阶段、分步骤地实施、反馈、调整方案以适应系统的动态变化,其中对不确定性问题的预测是难点与重点,矿区关闭引起的社会经济、生态问题是复杂的,往往一个环节的问题会引发一系列连锁问题,管理方案不能凭经验和臆测,需要基于发展历史与现状问题进行判断,确定问题,拟订方案,只有这样才能对恢复力未来的发展进行管理。

（二）管理目标

关闭矿区社会生态系统恢复力管理的总体目标是实现社会、经济的可持续发展和生态系统平衡,维护矿区内利益相关者的权益,维持社会生产、居民生活、生态健康的良好状态。但是,不同矿区的区位不同、自然环境不同、社会经济条件不同,面临的社会经济、生态问题也不一样,所以恢复力管理目标也不一样。制定恢复力管理目标时,识别矿区存在哪些利益和利益分配中的有关问题对协调社会矛盾至关重要,关闭矿区社会生态系统的利益相关者主要包括政府、煤矿、其他关联企业、矿区集体组织、矿区居民等。管理部门、利益相关者需要充分投入才能有效地解决这些问题。管理部门要关注所有的利益相关者,要充分发挥他们的决策作用,保持足够的灵活性和未来的可选择性。矿区关闭后,矿企与其职工、附近居民、当地政府的关系尤为敏感,需要妥善解决。同时,要专注关键慢变量（如气候、光热等）和系统反馈的管理工作,加强自然资源管理,并促进资源管理向动态生态系统管理转变。

考虑到恢复力管理框架和管理目标,接下来要解决的问题是:达成系统恢复力管理目标会遇到哪些不确定性问题? 是系统内部的不确定性问题还是外部环境的不确定性问题? 是经济问题还是社会问题抑或是生态环境问题? 这些问题有什么共同特征? 紧迫性如何?

（三）管理对象与不确定性问题

恢复力管理对象是管理策略与干预措施的承受者,即关闭矿区社会生态系统。矿区关闭使关闭矿区社会生态系统从矿业系统中释放出来,其适应性管理是后环阶段中的释放阶段和更新阶段的管控,是对矿区关闭后发展道路与管理策略上不确定问题的管控。不确定性问题是动态变化的,它是基于现实角度对未来问题及状态的预测,可以通过当前发展趋势与问题对未来进行判断,并作出适应性调整对策。在前文研究中,通过识别恢复力驱动因素,构建三维评价模型测度各个子系统的恢复状况,可针对当前子系统恢复力及总体恢复力来判断单个系统发展情况,识别整个系统存在的问题。同时,基于对系统的了解来判断哪个系统、哪个环节出现问题,并对系统未来将面临的问题做出判断。

例如,在江苏徐州关闭的矿区中,因闭矿时间不同、社会经济发展基础不同,有转型成功的矿区,也有转型遇到瓶颈的矿区。根据实地调研及恢复力驱动因素,可从内生动力和外部环境两方面阐述适应性管理中遇到的不确定问题。其主要问题表现如下：

内生动力的不确定性问题：① 资源保护：矿区关闭后，对关闭矿区资源进行重新利用与支配，其间会遇到开发与保护的协调问题；② 生态压力：闭矿后，矿区仍然面临采煤塌陷、生态治理与环境保护等问题；③ 利益相关群体间知识水平和利益不同：在转型初期，利益相关者间的矛盾集中，变革阻力较大，这一阶段社会子系统的恢复力一般较弱；④ 居民对转型发展、经济困境和生态治理的理解和认知不足：这一问题主要出现在矿区关闭初期，居民往往感受到自己的生活水平下降，所以对转型变革并不支持；⑤ 公众参与度不够：公众参与度不高是一直伴随闭矿转型发展的问题，是恢复力管理需要重点关注的问题；⑥ 管理者缺乏信任：与公众参与度相对应，管理者缺乏信任直接影响公众参与度，管理者与其他利益相关者之间的矛盾会降低管理部门公信度；⑦ 缺乏跨部门合作和沟通：管理方案制定后，在实施阶段会遇到跨部门合作的问题。

外部环境的不确定性问题：① 财政支持力度：资金支持是实施各项方案的基础，前期一次性投入及后期持续投入都十分关键；② 政府治理体制（税收、法律、法规）：行政支持是管理方案实施的保障，具有强制性、法制性的措施才能推进转型进程；③ 政策法规颁布与实施的效率：转型前期利益相关者矛盾比较突出，方案制定、分解、评价阶段的不确定因素较大，影响整个管理过程的进程；④ 外部市场的吸引力或上一级市场的辐射范围：矿区关闭后，城市规划或区划调整可能使系统丧失区位优势，也可能使系统区位优势更加明显，要及时关注上一级系统或市场的发展趋势；⑤ 管理方案的科学性：在转型初期及中后期要基于科学思维与科学方法调整，制定方案，通过系统总体恢复力及其发展速度可以初步判断方案是否科学有效；⑥ 区域互动性：矿区关闭后，不是孤立地转型发展，而是与其他系统进行物质、能量、信息交换，在区域互动过程中要谨防系统丧失自身优势；⑦ 管理者执行效率与公众监督：这一问题主要出现在管理策略实施阶段，缺乏有效的监管会使前期的恢复措施前功尽弃。

（四）管理策略

矿区关闭后系统恢复力管理过程中可能出现的不确定问题是十分重要的，有些是不易察觉而又存在或将会发生的问题，需要管理者通过恢复力测量评估及其对系统的了解与经验预测等来发现。在转型初期就制定管理方案，在合适的时间介入管理，确定计划方案实施的范围和程度，预测方案实施过程中可能遇到的问题，并对方案进行调整。

针对以上不确定性问题，对应的恢复力管理策略如图7-3所示。

① 变革内部组织机构。煤矿关闭后，矿区煤炭经济支柱断了，取而代之的是替代产业，以煤炭采掘为中心的组织结构必然会变革，建立新的矿区转型发展机构。煤矿关闭后，生态修复、环境治理、废弃地再开发任务艰巨，需要专门机构组织，争取资金，规划立项，组织实施和监测。煤矿关闭后，利益相关方之间矛盾和冲突最为激烈，需要建立专门机构协调、调和和裁决，需要组织他们积极参与矿区转型发展规划和建设方案的制定。煤矿关闭后，大量工人需要安置，不少产业需要转移，同时新兴产业需要引入，新的园区需要开发，需要建立专门机构负责这些工作。总之，关闭矿区恢复力建设需要系列内部组织机构变革。

② 开展矿区生态修复与废弃地再开发。煤矿关闭后，矿区面临两个生态环境问题，一是过去开采遗留下来的生态环境问题，二是矿井关闭可能引起的次生地质灾害问题，所以关闭矿的生态修复、环境治理和废弃地再开发是首要任务，也是矿区转型发展策略。矿

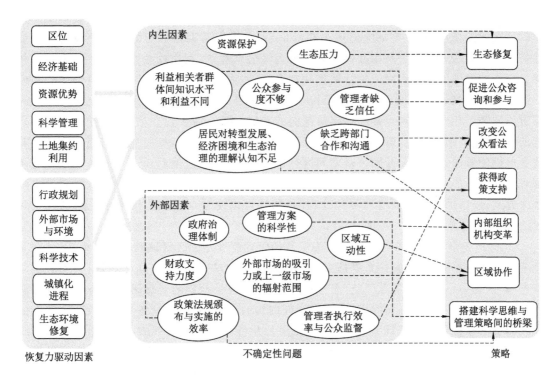

图 7-3　不确定问题及对应的管理策略

区生态环境治理是矿区转型发展的基础,良好的生态环境是招商引资的必备条件,废弃地包括采煤沉陷地、废弃建设用地和废弃工业广场等,是矿区最优质的后备资源,也是矿区转型发展的重要资源。矿区生态修复、环境治理,可改善土壤、水环境,可丰富生物多样性,可增加生态系统的能量和物质,是提高矿区生态恢复力的重要手段。

③ 搭建科学思维与管理策略间的桥梁。恢复力思维是关闭矿区建设的理论基础和基本理念,但是恢复力是一个非常综合的概念,建设恢复力也是一项系统工程,离不开有效的管理和政策支持。反过来,关闭矿区转型发展是一件非常困难、非常复杂的任务,传统管理和政策难以奏效,离不开恢复力理论的指导。由此可见,搭建科学思维与管理策略间的桥梁是恢复力建设的有效策略。搭建桥梁,首先,要了解问题,需要了解关闭矿区面临的具体管理问题,以便能够运用恢复力思维来制定解决方案;其次,要收集和分析数据,以了解问题的主要原因、制约因素和有利条件等,可以使用定性和定量方法来分析数据;再次,需要制定解决方案,基于数据分析的结果,制定科学的管理策略,这涉及使用恢复力模型等技术来制定最优策略;接下来,要实施和调整方案,将制定的策略实施到关闭矿区的管理中,并根据实际情况进行必要的调整;最后,要持续改进,恢复力思维强调阈值的识别和判别,但这是一个不断探索的过程,不断学习和深化,不断监测和评估管理策略的效果,并根据新的数据和分析结果优化恢复力模型,持续改进。

④ 改变公众看法。矿区往往经历数十年,甚至上百年后才关闭,在长期发展中,矿区形成了自身的社会习惯、管理秩序和经济模式,随着矿区关闭的到来,长期居住在矿区的公众面对转型发展往往无所适从,大部分会坚守传统、维持现状,所以改变公众对恢复力建设的

看法十分必要。改变公众看法的路径很多,第一,向公众公开信息,向矿区居民提供更多关于矿区关闭的信息,特别是不同群体关心的信息,这可以帮助他们更好地了解情况并改变他们之前的看法;第二,可利用社会影响力来改变公众看法,利用社交媒体、名人、公共机构等具有影响力的人物或组织来传达信息和观点,这些人物或组织的追随者通常会受到他们的影响;第三,要善于倾听公众的意见和看法,在必要时向他们学习;第四,加强对话过程,尊重不同利益相关者的观点并表达出对他们的看法;第五,需要建立信任,建立起与公众之间的信任关系,通过诚实、透明和公正的行为来赢得公众的信任,从而更容易地传达信息和改变他们的看法;第六,要鼓励公众之间进行讨论和交流,并让他们知道不同的观点和看法都有存在的价值,这有助于使公众更加开放和包容不同的观点;最为关键的是,要提供实际解决方案,以帮助他们更好地理解和处理问题,这可以使公众更加积极地接受新的观点和看法,并改变他们的行为和态度。

⑤ 促进公众咨询和参与。以政府为主导的管理制度是矿区管理最典型的特征,公众对公共事务往往不关心,认为什么事都由政府包揽,政府的决策都是正确的,但是关闭矿区转型发展、恢复力建设需要集思广益,需要集中智慧,需要公众参与。促进公众咨询和参与需要政府和组织采取积极主动的措施,建立良好的沟通渠道,鼓励公众参与决策过程,并提供相关的培训和教育支持。只有这样,才能提高公众咨询和参与的能力,并促进政府和组织与公众之间的合作共赢。促进公众咨询和参与,离不开公开透明,政府和组织应该提供清晰的沟通渠道,向公众传达相关信息,并确保信息的准确性和可靠性;需要建立联系,了解他们的需求和意见,以便更好地为他们提供服务,通过社交媒体、电子邮件、电话、信函等多种渠道与公众保持联系,并积极回应公众的反馈;需要鼓励公众参与决策,通过举办公开会议、问卷调查、在线论坛等活动,收集公众的意见和建议,并将这些意见和建议纳入决策过程中;需要提供咨询,以便公众获得专业的法律、技术和管理等方面的建议,公众可以在需要时寻求咨询帮助,并获得有效的解决方案;需要合作共赢,政府和组织应该与公众合作,共同制定解决方案,通过合作,可以更好地了解公众的需求和利益,并能够制定出更加公正、合理和有效的政策和计划;需要进行培训和教育,这是提高公众咨询和参与能力的重要手段,政府和组织应该为公众提供相关的培训和教育课程,帮助他们了解如何参与决策过程,如何提出有效的建议和意见等。

⑥ 获得政策支持。关闭矿区恢复力建设需要政策支持,政策可调动社会资源、社会资本支持矿区转型发展。获得政策支持,需要充分了解关闭矿区的相关政策和矿区转型发展的相关政策,准备好申请材料,并与政府机构建立有效的联系和沟通,也需要提高自身的竞争力和主动性。首先,了解相关政策,通过与政府部门沟通,参加政策宣讲会,或通过官方网站、新闻媒体等途径了解当地政府的相关政策和支持计划,比如税收优惠、财政补贴、人才引进等;其次,与政府机构建立联系,与相关的政府机构建立积极的联系,可以通过电话、邮件等方式与他们取得联系,并保持沟通渠道的畅通,根据政策要求,积极倡导、积极申报,争取政策;再次,积极参加政府举办的活动和培训,了解更多政策信息,并提高自身的政策素养;最后,需要向已经转型的矿区学习,诚恳咨询专业人士,如法律顾问、财务顾问等。

⑦ 加强区域协作。恢复力理论表明,社会生态系统存在领域关联和尺度效应,恢复力建设要求区域协作,所以关闭矿区社会生态系统恢复力建设也需要加强区域协作。关闭矿区是一个开放系统,转型发展离不开与周边区域的协作,这样才能实现资源共享,合作共赢。首先,

要确定协作目标,这涉及经济、产业、环境、教育等多个方面,目标明确后,可以制订具体的协作计划;其次,要建立协作机制,为了确保协作的有效性,建立的协作机制须包括定期会议、信息共享、合作项目实施等;要加强交流与沟通,在区域协作中,加强与合作伙伴的交流和沟通非常重要。这可以帮助双方了解彼此的需求和利益,协商出可行的解决方案;要找准重点领域,为了取得实质性的成果,协作的计划必须重点明确,可以根据地区的特点和优势确定重点领域,比如生态、旅游、农业、科技、新兴产业等;落实具体措施,在确定了重点领域后,需要制定具体的措施并加以落实,这涉及资金投入、人力资源配置、政策支持等。

上述策略是总体性的,可根据恢复力等级选择不同阶段恢复力的关键管理措施,见表 7-1。这些干预策略都有各自不同的时间尺度,其中有些措施是长期的、潜移默化的,可能经历几年、十几年作用效果才会显现,但这是必不可少的,例如生态修复、环境治理为关闭矿区社会生态系统发展创造了良好的环境。

表 7-1 恢复力管理策略(任雪峰,2017)

恢复力等级	恢复力管理策略(转型前期)	恢复力管理策略(转型后期)
弱恢复力	1、2、3、4、6	3、4、5、7
中等恢复力	1、2、3、6	3、5、7
强恢复力	2、3、6	3、5、7

注:表中 1-7 项策略见正文。

第三节 关闭矿区社会生态系统恢复力评价与建设

随着中国东部煤炭资源的逐步枯竭,煤炭开发战略西移,矿区进入一个新调整时期,煤炭供给侧结构性改革、去产能等加速了煤炭矿区的整合与关闭。自 20 世纪 60 年代至今,我国的国有矿区已有三分之二进入老年期,其中以东部矿区为主,50 个矿业城市已经资源枯竭,转岗的人数估计达到 300 万,上千万人的生活受到影响,大量沉陷、压占、污染土地被废弃。关闭矿区存量水土资源需重新配置,煤矿企业亟待经济转型,矿业城镇迫切需要突破"矿竭城衰"的瓶颈以实现可持续发展。将关闭矿区视为复合自组织社会生态系统,把关闭矿区引发的问题视为对矿区的扰动,通过恢复力建设来破解矿区关闭转型面临的一系列难题。接下来,以江苏省徐州市大黄山煤矿为例,阐述关闭矿区社会生态系统恢复力的建设。

一、研究区概况

(一)大黄山矿区自然经济概况

大黄山矿区位于徐州市东郊,北接京杭大运河,南至孤山工人村,西至东贺村西头,东至京杭大运河解台闸。矿区属暖温带鲁淮区,气候温和,降雨充沛。矿区地貌是一个向东北开口的不完整狭长形向斜盆地,西部高东部低,北部为丘陵山地,南部为平原。地属黄泛冲积平原,覆盖着煤系地层,地表为农田绿洲和村庄。

矿区所属的大黄山办事处总面积 44 km²,人口 6.5 万,人均占有耕地 0.04 ha。矿区涉及的压煤村庄为张庄村、湖庄村、前王村、坡里村、三孔桥村、可恋庄村、夏庄村等,影响人口达 2.14 万。因矿兴城,使得该区配套设施完善,功能划分明确、布局合理。

大黄山矿区交通条件便利。矿区南约 5 km,有陇海铁路经过,其铁路支线从大湖车站直通矿区,全长 7 km,东至连云港,可达全国各地。矿区西约 5 km 是徐州高铁站,矿区北邻京杭大运河,水陆交通四通八达。

大黄山矿区经济区位也非常优越。沿金港路向西不到 4 km,就是徐州最早的经济开发区——金山桥开发区,向西南 3 km 就是高铁经济开发区,能够承担两大经济开发区产业的衔接。大黄山镇因为有大黄山等煤矿的经济基础,乡镇企业十分发达,以建材、煤炭、热电、矿山机械、食品加工等为主,多达 78 家。

自 2005 年区划调整后,大黄山设立了工业园区,规划面积 6 km² 的工业园区中聚集了20 家中外合资和民营企业,形成了以建材业为龙头,机械加工、纺织、医药、高新技术产品协调发展的格局,同时保留一定的农业用地发展生态农业,第一产业增加值占地区生产总值比重最低。

(二)大黄山煤矿历史沿革

大黄山井田开采边界北以 F6 断层为界,东北以大 1 断层及太原组−250 m 水平煤层底板等高线为界,东以潘家庵背斜轴为界,其余均以太原组煤层露头为界,井田走向长 9.5 km,倾斜长 2.5 km,面积为 23.7 km²。大黄山煤矿于 1956 年组建,1958 年 8 月建成投产,年设计能力 90 万 t,累计生产煤炭 3 900 多万吨,平均年产近百万吨,1978 年、1979 年产量超过 160 万 t,创历史产量最高水平;20 世纪 80 年代初,矿井产量开始下降,平均产量下降至 120 万 t 以下,到了 90 年代,煤炭资源日益枯竭,经济开采储量日益减少,产量持续走低,煤矿亏损严重。2000 年 1 月 11 日大黄山煤矿一号井−320 m 水平西一采区 3201 工作面发生严重突水事故,造成 22 名矿工遇难。国家果断关闭了大黄山煤矿,矿区走上转型发展的艰难道路。在长期井下开采过程中,大黄山矿区遗留下了湖庄、前王、坡里、三孔桥等村庄近 8.7 km² 沉陷土地,以及近 1 km² 的工业广场建设用地,还有大量废弃厂房、商业门面等建筑。

二、大黄山矿区社会生态系统适应性循环分析

采用问卷调查、入户访谈、遥感数据分析等方法对大黄山关闭矿区的生态环境、矿区经济、地方政府及采矿影响范围内居民点的生活生产状况等进行了调查,以便厘清矿区社会生态系统的演变过程,为明确时间节点、明晰系统受到的扰动和应对变化的响应提供依据。

1. 矿区的演变

(1)生态子系统演变

矿区开采和加工引起土地沉陷、水土气污染等一系列生态环境问题,给矿区居民的生活带来潜在风险,其中地表沉陷是最明显的扰动,沉陷处多为良田,损毁农业灌溉设施,导致地表常年积水、土壤次生盐渍化、耕地减产等现象,沉陷最深处达 5.8 m。矿区在服务的40 多年间,累计破坏了近 8.7 km² 土地,农田生态系统近乎崩溃,生态系统由单一农业系统变为矿农复合型系统。除了地表沉陷外,另一个转变就是矿区建设用地不断扩大,城镇化明显。大黄山煤矿工业广场和工人村的周边,相继建立起来了幼儿园、菜市场、邮电局、理发店、超市、维修店、饭店等一大批生活基础设施,以及 78 家工业企业,这些建设用地占据了大量农田和生态用地,使得矿区生态子系统的组分、功能和结构也不断演化,自然生态系统

几乎难以寻觅到。

（2）社会子系统演变

矿区运行阶段，矿区社会系统由采矿前的乡村系统变化为矿业村镇系统，矿区社会结构发生了显著变化，从事服务业的人员逐年增多，产业技术工人也日益增多，农村人进入煤矿及其相关企业工作的也日益常见，受教育程度不断提高。但是，2000—2005 年，由于矿区关闭，区域经济失去主要支撑产业，对煤矿高度依赖的矿区居民生活失去主要经济来源，生计方式的单一性使得失地农民、矿区工人对矿区关闭的风险承受能力较弱。2005 年后，大黄山矿区划归徐州市经济技术开发区管理，矿区居民被纳入城镇社会保障体系，教育医疗服务水平都有很大提升，社会系统演变为新型城镇系统。

（3）经济子系统演变

采掘业使矿区经济由农业为核心转变为以工业为核心，但矿区关闭的冲击给系统带来了巨大压力，失去支柱产业，没有接替产业，原有农业系统几乎崩溃，经济急速滑坡。为此，大黄山矿区首先采用煤矸石充填复垦技术修复 206 国道，畅通与徐州市及其周边城市的物流交通，同时主动融入徐州市工业园区建设，大量吸引外部企业落户，大力发展新兴物流产业和生态产业，形成矿区经济新的动力，经济快速发展。大黄山关闭矿区在转型过程中经过行政区划调整、经济发展战略重新定位和发展重心导向转移，社会生态系统发生了重大变革，农业系统退出主导地位，土地用途发生明显变化，矿区失地居民纳入城镇保障体系，大部分因闭矿失业的工人获得再就业的机会，新兴物流产业和生态产业为矿区经济注入新活力，矿区彻底扭转了经济下行趋势，走上全面转型升级的可持续发展之路。

2. 土地利用变化

根据遥感解译结果，从图 7-4 和表 7-2 中可以看出，关闭矿区土地生态系统的演变具有

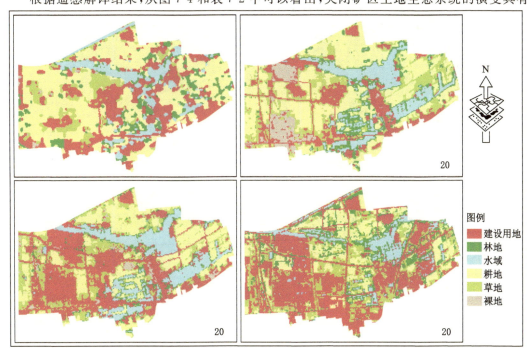

图 7-4　关闭矿区土地利用遥感解译结果（任雪峰，2017）

时空动态特征,最明显的变化是耕地逐步减少,反映了系统由矿农复合区变化为新型产业基地,其经济产出方式发生重大转变;建设用地先减少后增加,体现了村庄征拆、居民点集中化安置以及企业厂房大规模建设的演变过程,同时交通路网密度不断加大,是矿区融入徐州市经济技术开发区管理、担负起市域发展重任的结果。分析表明,该区域土地用途变化明显,经历了闭矿后社会生态系统再组织的剧烈波动。

表 7-2 研究区土地利用结构变化情况

土地利用类型	1999 年		2007 年		2009 年		2016 年	
	面积/km²	比例/%	面积/km²	比例/%	面积/km²	比例/%	面积/km²	比例/%
耕地	7.15	30.14	8.39	35.34	6.42	27.06	3.37	14.22
林地	1.87	7.87	2.35	9.92	1.45	6.13	3.72	15.67
草地	3.44	14.48	4.95	20.86	4.52	19.03	5.88	24.78
建设用地	9.32	39.21	5.44	22.92	7.73	32.57	9.30	39.20
水域	1.68	7.09	1.90	8.00	2.34	9.88	1.15	4.86
裸地	0.29	1.21	0.70	2.96	1.27	5.35	0.30	1.27

从图 7-5 和表 7-3 可知,1999 年中低植被覆盖度区域占很大比例,2007 年中低植被覆盖度面积减少而低植被覆盖度面积增加,2009 年低植被覆盖度区域最大,2016 年中低植被覆盖度和中植被覆盖度面积总和占总面积的 3/4 以上。该变化与系统扰动有明显

图 7-5 研究区植被覆盖度图(任雪峰,2017)

的对应关系,具体而言,1999年前后矿区处于衰老期,矿业经济下行明显,居民迫于生活压力加大耕种力度,呈现出较大面积的植被面积减少;此后至2008年左右征地开发期间,矿区运营破坏土壤,表现出不少区域作物长势很差、产量极低,村民生产积极性受挫,耕种面积锐减,植被覆盖度降低;2009年因开发再利用的需要完成了村庄搬迁,大片区域转为建设用地,区域表现为低植被覆盖度;发展至2016年,由于转型过程中注重提升生态环境质量,增加了绿化面积,同时发展生态农业,使区域植被覆盖状况明显好转,一定比例的生态单元得以恢复。

表7-3 研究区植被覆盖度分级结构

覆盖度等级	1999年		2007年		2009年		2016年	
	面积/km²	比例/%	面积/km²	比例/%	面积/km²	比例/%	面积/km²	比例/%
低植被覆盖度	3.60	15.18	5.44	22.94	8.71	36.70	4.30	18.13
中植被低覆盖度	15.07	63.51	8.76	36.93	7.81	32.92	10.38	43.73
中植被覆盖度	5.01	21.13	9.19	38.74	4.80	20.25	7.74	32.64
高植被覆盖度	0.04	0.18	0.33	1.38	2.40	10.12	1.13	5.50

3. 适应性循环

大黄山关闭矿区社会生态系统的发展历程在闭矿前极大地受到矿产资源储量的影响,具有与矿业发展(开发—建设—兴盛—衰落)相一致的规律性。在开发建设前期,农业得到了较好的开发,居民与生态系统形成良好的利用与保护反馈,社会与生态资本得到积累。但在开发建设期,由于采掘业的兴起,原农业经济陷入相对贫穷困境,矿区社会与经济资本被重组到煤炭资源开采中,大黄山矿区社会生态系统伴随着矿区生命周期的发展经历了一个完整的适应性循环(1956—2016年),具体可划分为开发阶段(1956—1964年)、保持阶段(1965—1993年)、释放阶段(1994—2000年)、重组阶段(2001—2016年)。

第Ⅰ阶段,1956—1964年开发阶段(r)。农业用地转为矿业用地,矿区建设经历了工业广场和工人村的建设、矿井建设、井下开拓等,煤矿开始投入生产,产量不断上升,达到设计的90万t/a,配套设施不断完善,关联企业不断增多,矿区有了新的资源和新的产业发展机会,煤炭产业逐步成为支撑区域经济的主要力量。区域经济发展不再依靠单一的农业生产,农业用地范围缩小,农民生计多样化,这段时期的社会生态系统处于快速生长阶段。

第Ⅱ阶段,1965—1993年保持阶段(K)。如图7-6所示,大黄山矿区在20世纪60年代中期开始进入保持期,产量逐步提高,1977—1979年达到历史最高的160万t/a,经济效益好,成为徐州矿务局的旗舰煤矿。这段时期,大黄山矿区开足马力生产,非煤产业的开拓几乎没有考虑,煤矿企业的所有决策均是促进煤炭产量维持在高位,利润也处于绝对优势。1982年后,产量慢慢下降,但基本保持企业经营稳定,社会生态要素与煤炭产业的联系日益紧密,煤矿生产经营的成熟度足以对抗产量下降产生的影响。

第Ⅲ阶段,1994—2000年释放阶段(Ω)。此期间,由于大黄山矿井已无经济开采价值和可供开采的储量,矿业经济出现亏损,原煤产业急剧衰退,矿难事件多次发生,矿产地位不断下降。长期对煤炭资源存在高度的依赖性,其他接替产业没有出现,矿区社会生态系统遭受严重冲击。矿区居民收入下降,企业负债经营,矿区农民也返贫,很多技术人员离

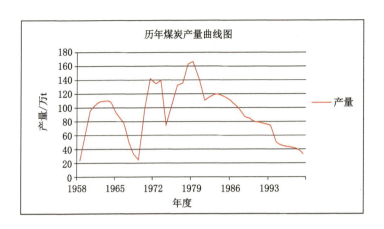

图 7-6　大黄山矿区运营期历年煤炭产量曲线图(任雪峰,2017)

开,人才流失严重,大量厂房和土地被闲置,同时大量沉陷地没有复垦,农业难以恢复,矿区产业接替非常困难,矿区陷入困境。2000 年一场重大透水事故促使大黄山煤矿全部关闭,原有煤炭生产系统彻底崩溃。

第Ⅳ阶段,2000—2016 年重组阶段(α)。矿区关闭后,大黄山矿区社会经济生态系统遭受重大打击,原先的平衡状态被打破,社会生态要素与煤炭资源的关联断裂,经济下滑、劳动力转移,资本流失,矿区转型发展处于十分艰难时期。但江苏省政府、徐州市政府、铜山区政府均非常重视大黄山矿区的转型发展,徐州矿务局也千方百计地想办法盘活矿区资产。2005 年出现了重大机遇,矿区行政区划进行调整,大黄山矿区划归徐州市经济技术开发区管辖。2009 年江苏省委省政府出台振兴徐州老工业基地政策文件,大黄山非煤产业、新兴产业开始入驻,系统要素重组,矿区走向新的发展道路,到 2016 年矿区实现华丽转身。

从大黄山矿区的历史变迁可以看出,矿区社会生态系统的变化符合适应性循环。存在前环即发展环和后环即重组环,前环具有主动性、稳定性、可预见性和保守性,矿业得到了快速的发展,保证了资本的积累;后环具有不确定性、尝试性和新型性,随着煤炭资源的枯竭,矿业难以持续,煤炭生产潜力逐渐消失,矿区社会经济生态系统稳定性差,不确定性增加,一场矿难彻底击溃以煤炭生产加工为主的经济体系,系统崩溃,社会经济生态系统进入重组,在经历 5 年阵痛后,矿区通过行政区划调整、物流产业发展、生态产业培育,重现生机,实现转型。

三、大黄山关闭矿区社会生态系统边界与范围

(一)大黄山关闭矿区系统要素

1. 系统边界与要素范围

恢复力是站在多维视角研究自组织系统问题,因此界定系统边界是研究的前提。社会生态系统范围是物理空间维度和社会经济领域维度的总和。从大黄山矿区角度,开采直接影响的是大黄山矿田范围,矿区开采和受其扰动的农业生产都发生于此。但是与大黄山矿区生产生活关联的社会经济活动范围远远大于井田范围,大黄山矿区的关闭对这些社会经济活动也有影响,所以,在恢复力评价中应将尺度扩展到比矿田更大的尺度范围,可以将大

黄山镇作为较大的尺度。另外,可将矿区工业广场作为更小尺度的范围,因为对该区域扰动最明显的采矿活动都在这里展开,而且由于工业广场、矿区与行政区的交互作用,矿区组织可以利用行政区内的基础条件为焦点尺度的发展提供便利。具体来说,大黄山矿区较大尺度的范围明确划定为所属的行政区大黄山街道办事处,占地 46 km^2。焦点尺度为 23.7 km^2 的大黄山煤矿,区内覆盖着煤系地层。较小尺度范围是矿区工业广场,建有厂房、仓库、办公室、职工宿舍等生产系统配套设施、生活设施及部分大型文化、教育、福利设施,共 0.93 km^2。具体如图 7-7 所示。

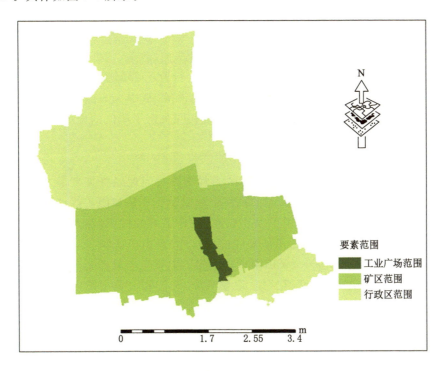

图 7-7　大黄山矿区系统要素范围示意图(任雪峰,2017)

　　焦点系统内有以农业为支撑的自然生态系统和以矿业为支撑的社会经济系统,受到资源枯竭,以及复垦、再开发等扰动,焦点尺度与更大、较小尺度相互作用,对大黄山矿区社会生态恢复力产生影响。具体包括农业系统中,土壤盐渍化、土地沙化、耕地积水难排、水土资源闲置等问题;社会经济系统中,矿区关闭引起的工人失业问题比较严重,关联公司大多倒闭,矿区缺少创新驱动,没有新型产业接替,政策干预找不到突破口,矿区经济下滑,返贫问题严峻;采煤沉陷地缺少统一开发规划,大面积积水区缺少综合治理,工业广场等采矿迹地闲置需要开发但没有很好的利用方向等。这些系统要素都是关闭矿区面临的焦点问题。

　　2. 关闭矿区的关联尺度

　　自组织系统涉及多个尺度,恢复力思维需要知道系统在这些尺度下面临的问题,需要了解不同尺度间如何联系,需要理解这些联系会对焦点尺度产生怎样的影响。焦点尺度的活动会受到更小生产单元或者企业、居民等的影响,即来自较小尺度的影响;也会受到地区、省、国家等更高尺度的法律法规、政策规划、市场调控的影响。

　　对大黄山矿来说,向上的关联尺度包括铜山区、徐州市经济技术开发区、徐州市政府、江苏省政府、国资委、生态资源部等涉及矿区系统管理的各管理部门,向下尺度包括矿区范围内企业、社会经济单元、村集体组织等相互耦合的子系统。恢复力建设须全盘考虑焦点尺度与这些尺度的联系与反馈,将社会领域与生态领域尽可能吻合起来。

3. 关闭矿区的利益相关者

研究关闭矿区系统恢复力需要厘清系统参与者以及系统是如何管理运行的,应寻找系统涉及什么人、谁控制着什么、谁关注着系统,考虑其中的人、规则、系统内部的管理和系统的管理等重要信息,描述清楚矿区系统的使用群体的权利如土地产权、水权、矿业权等以及矿区自然资源利用的政策法规等。

(1)各级政府管理部门

政府管理部门是关闭矿区系统的管控者,通过法律、政策、规划、投资等管控方式影响矿区社会生态系统恢复力。具体包括采矿权审批、行政区划调整、土地产权变更、招商引资、搬迁安置、社会保障体系完善、公共配套设施建设等,从中央人民政府到大黄山乡政府的自上而下的管控系统以及自下而上的反馈系统共同决定了矿区的土地利用方式、经济增长方式、民生改善和生态环境治理等。

(2)经济组织

大黄山矿区内的主要经济组织包括矿区经营阶段对当地经济具有很大贡献的矿区企业、闭矿后极大地推动了矿区系统转型的高新企业以及受采矿和闭矿扰动明显的农业经营组织。大黄山矿区在建井期间征用了大片农地,搬迁了不少村庄,在开采期间形成了大量采煤沉陷地,闭矿后这些区域也受到很大冲击,所以大黄山矿区和当地农业经济组织关联密切。在大黄山矿区生产期间,大黄山附近建立起了大量生产服务型企业和生活服务型门店,大黄山矿区一度非常繁荣,商贾云集,市场兴隆,它们和大黄山矿区形成一个互相依存的共同体。大黄山矿关闭后,地方政府调整产业结构,加大招商引资力度,入驻了新型企业,为矿区的失业失地人口提供了大量就业岗位,带动了社会就业,有利于社会稳定。新入驻企业为地方政府带来了丰厚的税收收入,给当地经济注入了新的活力,推动了区域经济发展,提高了城镇化水平和新型工业化水平,它们和当地社会经济形成了新的互相依存的共同体。

(3)矿区居民

大黄山矿区居民主要包括定居于此的矿区农民、煤矿工人及其家属、服务生产生活的外来打工者等。矿区农民因土地被占用、土地沉陷等到煤矿打工,到矿区开设服务小店,所以矿区居民互相流动。大黄山矿区关闭后,大部分矿区职工被安排到其他矿区,离开了大黄山,但是,也有部分矿工没有离开,到新建的企业上班,实现再就业。2008年大黄山建立了工业园区,附近村庄全部搬迁,村组集中化按照城镇社区式管理,居民的生活设施条件得到提升,农村户口全部转入城镇户口。

(二)大黄山关闭矿区系统特点

1. 采矿痕迹明显

大黄山关闭矿区是一个受扰动的社会经济生态系统。破坏的土地系统是其中重要的组成部分,存量的工矿迹地亟待再利用,衰落的矿业经济遗留了特色的产业结构;闭矿区的失业矿工和失地农民均失去了原先最主要的生计来源,属于该类区域特定的社会群体。这些均是关闭矿区遗留下的特有采矿痕迹(图7-8)。

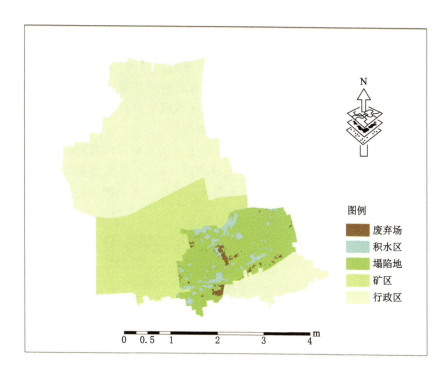

图 7-8 大黄山矿采矿痕迹示意图(任雪峰,2017)

2. 系统扰动很大

大黄山关闭矿区受到的扰动先是采矿活动对土地生态系统的剧烈冲击,导致土地受损,生态失衡;后是煤炭停产矿井关闭对社会经济系统的冲击,致使矿区劳动力失业,社会不稳定因素增加,矿业产业抽离,经济失去主要支撑力。以上两个冲击产生叠加效应,加剧了矿区系统的扰动程度。据调查统计,大黄山矿区造成土地沉陷 8.70 km²,积水面积 1.58 km²,5 062 名在岗职工失业,受影响的从事煤炭相关行业的人口不计其数。

3. 系统更加脆弱

大黄山矿区受闭矿影响非常大。大量采煤沉陷地自然恢复速度慢,而人工修复成本高,系统脆弱难恢复,成为制约矿区转型发展的约束力。同时矿区社会系统失去煤炭产业支撑,矿业相关从业人员大量失业,矿区农民继失地后又失去生活保障,造成矿地矛盾和工农矛盾加剧,关闭矿区面临社会失稳风险。

4. 系统更加复杂

大黄山关闭矿区社会生态系统由多个要素构成,系统结构复杂而服务功能多样,系统服务束随着矿区系统演变不断发生变化。同时采矿遗留的脆弱生态本底和衰退经济问题给区域的可持续发展带来很多限制。随着转型进程的推进,新型工业系统重组发展,产业基地的建设吸引来诸多生态化高新产业,矿区经济结构多元化,系统承受风险的能力增强。据统计,大黄山矿所在的乡镇现有企业 78 家,6 km² 的工业园区内聚集了 20 家高新企业,形成了以建材业为龙头,机械加工、纺织、医药、高新技术产品协调发展的新格局。

（三）大黄山矿区社会生态系统服务及其变化

"生态服务束"的思想是在确定系统的重要服务类型的基础上来考虑系统的服务联系和服务框架,从而形成紧密联系又彼此"权衡"的服务群。因此,研究"系统服务束"可以解释系统结构和生态过程的关系,可以回答"系统具备怎样的恢复力?为了提高恢复力应该保护什么?限制什么?应该如何权衡?以及相邻区域或更高尺度如何联系?如何输入输出?"这些为剖析生态恢复力的变化提供了良好的基础。

矿区社会生态系统除了为矿区居民维系生产生活创造必需的食物、原材料等之外,还通过生物地化循环、文化多样性保护等使系统自适应。MEA 将生态系统服务划分为 4 类(图 7-9):供应服务、调节服务、支持服务、文化服务。这些生态系统服务之间存在此消彼长的权衡关系或相互增益的协同关系。

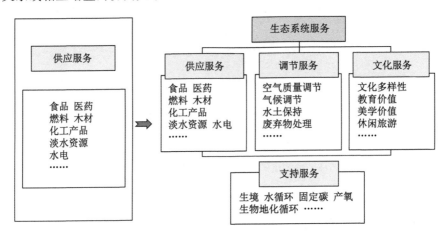

图 7-9　关闭矿区社会生态系统服务类型变化(任雪峰,2017)

大黄山矿区在未开发前是产粮区,是国家商品粮生产基地,矿区开发后成为华东煤炭能源产地,矿业经济逐步成为大黄山区域发展的最主要支撑力,直至闭矿后煤炭供应服务停止,2008 年高新产业兴起使其他服务类型增加,系统服务束复杂化,关闭后的矿区生态系统服务变化存在典型的权衡/协同关系现象。

大黄山矿区关闭前社会生态系统的服务类型比较单一,以供应服务为主,随着矿业经济的发展,煤炭供应服务、能量供应服务的供给能力不断提升,系统管理以牺牲食物及水供应服务、环境净化调节服务、土壤再生支持服务等其他生态系统服务为代价,仅追逐单一生态系统服务效益,导致另三类服务功能比较薄弱,不利于整个系统的稳定和安全。关闭矿区系统服务综合化,完全涵盖了供应、支持、调节和文化服务,各服务功能均不同程度增加。具体地,大黄山关闭矿区生态系统服务还包括:供应服务,如食物及水的供给、光伏发电、科技工业制造、商业服务、医疗保障;文化服务,如采矿沉陷地复垦为森林公园以提供娱乐、审美和精神上的服务,科教文化保障等;调节服务,如气候调节、水循环和废物处理;支持服务,如受损土地再利用、维持光合作用和养分循环(图 7-10)。系统调节服务之间存在正相关关系,各种服务类型相互增益协同发展,有利于系统的可持续开发和利用,实现系统服务综合效益最大化。

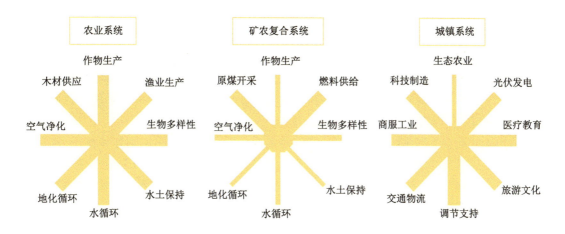

图 7-10　不同生态系统服务束随矿区系统演变而变化(任雪峰,2017)

四、大黄山关闭矿区社会生态系统焦点问题

大黄山矿区的运营和关闭是矿业城镇发展不同阶段出现的不同行为,都会给矿区周边的企业、居民、政府和生态、社会、经济带来一系列影响,影响区域的可持续发展进程。大黄山矿区系统受到的扰动和冲击可分为三类:对自然生态系统的扰动,包括土壤次生盐渍化、地下水污染、植被覆盖度降低、沉陷积水区水质恶化等;对社会经济系统的冲击,包括产业失衡、工人下岗、国有资产闲置、技术人才流失等;对自然社会经济系统的扰动,包括气候变化、地质灾害等。

大黄山矿区四十余年的高强度开采很大程度上改变了原有土地利用结构,对生态系统的扰动并没有随矿区的关闭而终止,闭矿后地表次生形变和水体污染的风险依然存在。井工开采形成的大面积沉陷湖累计达到 8.7 km²,积水最深处达 5.8 m。尽管在煤矿生产期间,局部地区被复垦为耕地,但是由于缺少统一规划,没有全部修复,农业排灌系统不完善,这些复垦区域出现了耕地土壤次生盐渍化现象。那些没有治理的坡耕地、季节性积水区,地下水中的盐分随水力迁移由底层土壤再运移到表层土壤,导致表土盐分含量升高。由于农业排水设施损毁,田间积涝难排,冬季地下水下降后盐分保留在表层,形成次生盐渍化,盐渍化程度高的地块作物死苗或不长,耕地退化现象明显,恢复力明显降低。煤矿关闭前,部分常年积水区被复垦为养殖鱼塘,由于种养分离及过度集约化养殖,养殖塘富营养化严重,生产力降低,以致没有人愿意承包而闲置,水体水质持续恶化,成为矿区可持续发展的隐患。因此,对自然生态系统而言,生态恢复力的焦点问题是解决沉陷土地利用中存在的土壤、水等问题。

矿区社会生态系统所受到的扰动先是以矿产资源开采对自然生态系统的冲击为主,而后是闭矿后矿业的退出对大黄山社会经济系统的冲击。所以,煤矿关闭后社会经济生态系统可持续发展问题,成为社会生态恢复力的焦点问题,需要政府的政策干预,通过盘活存量建设用地和废弃采煤沉陷地、培育发展接续产业,打造新的产业链,促进大黄山社会经济快速转型。

五、大黄山关闭矿区特定恢复力评价

(一)大黄山关闭矿区特定恢复力分析

关闭矿区系统存在两种最基本的恢复力:特定恢复力和一般恢复力。特定恢复力是系统某个特定的部分针对某个特定的冲击所具有的恢复力;一般恢复力则是系统允许吸收各类型扰动的能力。这里首先评价特定恢复力。

关闭矿区社会生态系统特定恢复力是针对矿区关闭所产生的一系列连锁扰动,矿区社会生态系统要素能够维持可持续发展的能力。如前所述,大黄山矿区的关闭本身就是一个严重的冲击,对矿区社会生态系统恢复力的影响很大。煤矿关闭会产生一系列连锁反应,对社会生态系统产生扰动。在矿区自然生态系统内,主要扰动包括采煤沉陷地内土壤次生盐渍化问题、矿井地下水水位上升引起的水污染问题、常年积水盆地水质富营养化问题、土壤污染问题等;在社会经济系统内,扰动包括煤炭产业退出、人才流失、经济下滑等;在生态社会经济综合系统内,扰动包括气候变化、旱涝灾害、虫病灾害等。

(二)大黄山关闭矿区特定恢复力的影响变量

识别大黄山矿区恢复力的变化情况,需要寻找恢复力适应或转移的替代指标并加以评估,以期有效指导恢复力管理。图 7-11 刻画了矿区社会生态系统主要变量如何相互作用以至于影响系统恢复力。可以看出:矿区关闭后,农业生态子系统恢复力的最主要扰动是土壤次生盐渍化。我国东部黄淮海平原是盐碱化最为严重的地区,潜水位高。采煤沉陷后有常年积水区、季节性积水区、坡耕地。由于采煤破坏了排灌设施,缩短了潜水位和表土之间的距离,加之蒸发作用强,盐分由于毛细作用比较容易积累到土壤表层。土壤含盐量逐渐增加超过阈值(盐分超过 0.3%时),农作物低产甚至不能生长,造成耕地弃耕。这一系列后果的根源在于潜水位的升高,因此潜水位埋深是恢复力关键指标之一。

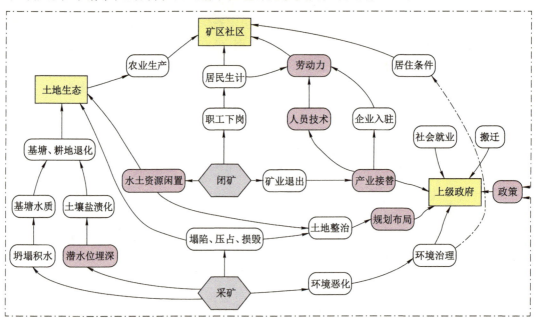

图 7-11　矿区社会生态系统中影响恢复力的主要作用示意图(任雪峰,2017)

影响大黄山社会经济子系统恢复力的主要限制条件除了生态环境制约,还包括劳动力和技术、产业接替能力、政策及规划管控等。矿业企业搬离后遗留的建设用地、采煤沉陷地等土地资源为转型发展提供了基础条件,大面积沉陷积水区为生态开发提供了宝贵的生态资源。大黄山矿区生产历史悠久,积累了丰富的技术劳动力,工人受教育程度比较高,这为矿区社会经济可持续发展、产业转型等提供了基础。关闭矿区大力发展新兴产业是矿区转型的必由之路,接替产业的产值在矿区生产总值中所占的比重是衡量矿区转型的重要指标;矿区发展规划和政策执行力是恢复力最重要的两个方面,通过国土空间规划可整治修复采矿损毁的土地、再利用处于闲置的土地资源,通过制定政策建立煤矿关闭、矿业企业退出机制,安排企业职工转岗转移,引导矿区社会经济转型。可见,劳动力资源、接替产业产值比重、政策支持能力、规划执行力等是关闭矿区社会生态系统恢复力的关键指标。

（三）大黄山关闭矿区系统特定恢复力指标体系

1. 关闭矿区生态系统特定恢复力的内涵

关闭矿区生态子系统的恢复力是指面对矿区关闭的冲击和扰动,该子系统能持续维持生态系统产出的能力。对大黄山矿区,矿区关闭后引发的最大生态问题是土壤次生盐渍化和地下水污染问题、生态结构和功能退化问题,对土壤恢复力、水生态恢复力、矿区土地生态系统恢复力产生影响。所以,关闭后矿区最为关注的是采煤沉陷地的综合治理、矿区生态环境的综合治理,而这些都需要很大的投入,需要工程项目的支持。关闭矿区的生态建设,就是要建设这些恢复力。通过恢复力建设,大黄山矿区生态系统应具备提供高质量的供应、调节、支持和文化服务的能力。

2. 关闭矿区生态系统特定恢复力的对象

矿区开采引起地表沉陷,引发沉陷、裂缝等地质灾害,地表积水严重。该冲击对生态系统带来很大影响:沉陷对农业生产的潜在影响表现在灌排基础设施的损害、田间积水使作物烂根、病害易发,进而导致产量降低;潜水位的上升,导致土壤表层盐分聚集,如果达到作物能忍耐的阈值,作物就会死亡。这一系列影响不会随矿区的关闭而停止,而是持续影响着生态系统恢复力。矿区关闭所引发的生态结构功能退化的恢复力,以及土壤系统、水生态系统的恢复力,是需要重点建设的恢复力。

3. 关闭矿区生态系统特定恢复力的管控分析

关闭矿区土地资源的盘活和再开发,是大黄山矿区关闭后最重要的规划之一,包括国土空间规划、土地复垦与生态修复规划、建设用地再利用规划等。地方政府通过规划来恢复生态系统恢复力。除此之外,自然资源部、江苏省人民政府出台优惠政策,鼓励大黄山采煤沉陷地土地复垦、生态修复和地质灾害防治,明确要求提高耕地利用率;江苏省农业资源开发部门也大力支持大黄山关闭矿区农业资源开发,完善农业基础设施,大力发展高效特色农业,保障农业的恢复;生态环境部和江苏省生态环境厅出台支持政策,鼓励关闭矿区地质环境治理、大气污染治理、水环境治理、土壤污染治理等。总之,大黄山关闭矿区生态系统的恢复力通过国家法律、政策和投资而增强,表现在提高土壤抵抗次生盐渍化能力,提高水质净化能力,提高农业基础设施抵抗旱灾、洪灾和病虫害能力,降低矿区生态系统的风险等。

综上所述,关闭矿区社会生态系统特定恢复力评价指标体系见表7-4。

表 7-4　关闭矿区社会生态系统特定恢复力评价指标体系

子系统	对应扰动	形成机理	恢复力指标
土地生态 子系统	土壤次生盐渍化	地表沉陷潜水位抬高,盐分运移到地表	潜水位埋深(H)
	水质恶化	沉陷盆地长期富集周边各类物质	水体富营养化程度(COD、TN、TP)
	耕地撂荒	沉陷使田间排灌基础设施损毁	排灌设施完善度(%)
社会经济 子系统	技术人才流失	新型产业需要新的技术型人才	技术人员数量与结构水平
	产业转型	煤炭产业失去基础,新兴产业还未兴起	接替产业产值比重
	政策干预	产业转型及搬迁安置的外部驱动力	政策支持力
	国土空间再利用	水土资源重新配置,废弃工矿土地再利用	规划执行力

(四)特定恢复力阈值

特定恢复力的评估主要是识别控制变量维持系统的已知或潜在的限值,恢复力大小即用这些变量转移值表示。控制变量涉及系统的不同尺度、不同领域,彼此之间存在交互作用。

1. 潜水位埋深

潜水位埋深是大黄山矿区生态子系统的重要控制变量。大黄山矿区位于黄淮海盐碱地区,潜水位高。根据对大黄山矿区的测量,正常潜水位埋深为 2.5 m,当采矿沉陷导致水位上升到地表以下 1.5 m 后,土壤就会出现盐渍化现象,而且高盐分造成黏粒扩散,土壤渗透能力显著降低,盐渍很难被冲刷掉,对土壤造成严重损伤。因此,土壤次生盐渍化的控制变量是潜水位埋深位置,该阈值为地表以下 1.5 m。

2. 水体富营养化程度(COD、TN、TP)

沉陷区四周高,中间低,不治理情况下,水很难自排,而且周边废水容易汇集到沉陷区。即使土地复垦,如果排水系统和保护系统设计不合理或者施工不到位,也会引起雨季地表积水。根据多年监测,采煤沉陷区存在严重的富营养化问题,化学需氧量(COD)、总氮(TN)和总磷(TP)是常见的超标物质。根据我国《地表水环境质量标准》(GB 3838—2002)中第 V 类农业用水标准,COD 的临界值为 40 mg/L,TN 为 2.0 mg/L,TP 为 0.4 mg/L,因此,可将它们设为阈值。

3. 灌排设施完善度

水的控制不仅仅是防止水污染,而且还包括水量的控制,高潜水位矿区沉陷积水是最大的问题,直接影响到土地利用和生态功能发挥。调查发现,大黄山矿区土壤次生盐渍化现象、养殖鱼塘富营养化现象,都与水位控制能力有关,而水位控制的基础是灌排系统。地表沉陷将农田灌溉系统和农田排水系统破坏了,导致雨季内涝严重,旱季干旱严重,所以灌排体系的完善程度是恢复力大小的重要测度。排水标准一般分两种:一是排除地表多余降雨径流的除涝标准,二是控制地下水位的治渍标准。通过这些标准来确定恢复力阈值比较困难,这里采用比较简单的指标——灌排设施完善度来表示,即具有完善灌排体系的区域占整个矿区的比率,可通过调查得到。当矿区灌排设施完善度低于 85% 时,矿区排水和灌溉难以保证排水和灌溉的要求,可将 85% 确定为阈值。

4. 技术人才数量和结构水平

大黄山矿区在闭矿前在册技术人员 5 062 人,各类科技人员及农业科技人员总数达到

8 200余人。但是煤矿关闭后大量工人被徐州矿务集团安置到其他煤矿,不少技术人员因关联企业关闭而离开矿区,2001年矿区各类技术人员锐减到不足3 000人。此后,矿区新兴产业慢慢兴起,尤其是2005年划归徐州经济技术开发区管理后,新兴企业的入驻,吸引了技术人才,其数量不断增加,结构不断改善。高中及以上学历人口比例2000年仅占14.10%,2009年上升到17.19%,2016年提高到26.64%。国家规定,高新技术企业从事研发和相关技术创新活动的科技人员占企业当年职工总数的比例不低于10%,因此可将10%作为该项指标的阈值。

5. 接替产业产值比重

传统矿业转移为新兴接替产业,成为关闭矿区的经济增长主动力。2000年前采矿业占大黄山矿区产值比重超过90%,2005年非煤产业比重达到70%,2009年徐州开始实施振兴老工业基地战略,高新技术产业和新兴产业占规模以上工业产值比重已经分别达到34.9%和37.2%,服务业产值占地区生产总值比重达45.2%。判断产业是否实现转型,接替产业产值占地区生产总值比例达到70%是一个重要指标,因此可将70%作为该恢复力指标的阈值。

6. 政策支持力

大黄山矿区的成功转型得益于一系列促成转型的更高尺度的政策扶持与焦点尺度的政策执行,包括国家对关闭矿区转型给予的政策支持、江苏省出台的振兴老工业基地指导意见、徐州市政府的区划调整及振兴政策的细化等。政策支持力度难以定量,阈值不明显,属于慢变量,但该变量是社会经济系统的一个重要恢复力指标,可以用模糊等级评判,如很大、大、较大、一般、较小、小、没有支持等。

7. 规划执行力

闭矿后在政策指导基础上编制的相关搬迁规划、土地再利用规划及产业规划的实施保证了转型建设推进的节奏,规划执行力是矿区转型发展的重要保证,因此规划执行力也是系统转移的至关重要的控制变量,但是规划执行力度,也是一个定性指标,阈值不明显,可以用模糊等级评判,如很强、强、较强、一般、较弱、弱、没有执行等。

(五)特定恢复力测度结果与分析

采煤沉陷区潜水位埋深的控制是通过土地复垦和生态修复控制地表标高来实现的,潜水位控制的质量是土地复垦与生态修复质量的体现。根据INSAR遥感数据分析,2000年大黄山矿区有28%左右土地的潜水位标高小于1.5 m,此后不断实施土地复垦和生态修复,到2009年下降到17%左右,2016年比例进一步下降到5%左右,矿区抵抗次生盐渍化扰动的恢复力得到加强。沉陷区水质富营养化数据来源于现场采样,2016年现场采样35个,结果表明,COD超过阈值的样本占比23%,TP超过阈值的占比29%,TN超过阈值的占比34%,表明沉陷区内水质恢复力仍不高。2000年和2009年数据缺失。灌排设施数据通过高分辨率遥感影像获得,根据冬季裸露田野影像和夏季雨水期田野影像综合对比得到。调查发现,2000年大黄山矿区仅有73%区域具备完善的灌排设施。此后开展土地复垦,兴修农田水利设施,到2009年具备完善的灌排设施的面积比例达到86%,越过阈值,2016年达到95%。矿区抵抗水渍害的恢复力水平得到显著提高。根据大黄山统计年鉴数据,2000年大黄山矿区有大小企业23家,其中11家技术人员比例超过10%,到2009年高新企业数量增加到53家,其中41家技术人员比例超过10%,到2016年高新企业达到78

家,其中65家技术人员比例超过10%,表明矿区产业向高新技术产业转向。2000年大黄山矿区高新技术产业和新兴产业产值占地区生产总值的比例仅为26%,到2009年达到63%,2016年达到70%,表明矿区产业恢复力明显增强,已经越过该指标阈值,进入一个新的状态。2000年对于大黄山矿区是一个特殊的年份,由于矿井突水重大事故导致煤矿关闭,矿区进入一个迷茫期,没有政策支持,也没有转型发展规划。2009年大黄山矿区通过多年争取,得到了国家、省、市政府的大力支持,出台了不少政策推进矿区转型发展和生态修复,到2016年大黄山矿区实现了产业转型,产业发展规划和生态修复规划等均得到了实施。

总之,从大黄山关闭矿区特定恢复力指标评价结果(表7-5)看,2000年矿区关闭时,大部分恢复力指标越过阈值,表明矿区已经跨越原有以煤炭经济为主的矿区社会经济系统状态,已经跨越原有农业生态系统状态,矿区亟待新的转型发展。

表7-5 大黄山关闭矿区特定恢复力指标评价表

指标		评价方法	恢复力指标评价结果		
			2000年	2009年	2016年
生态	潜水位埋深	超过阈值的土地面积比例	28%	17%	5%
	水体富营养化 COD	所有采样点中,超过阈值的样本数占总样本数的比例	/	/	23%
	TN		/	/	29%
	TP		/	/	34%
	灌排设施完善度	具有完善灌排设施的面积占总面积的比例	73%	86%	95%
社会经济	技术人才数量和结构水平	超过阈值的企业数量占总企业的比例	11/23	41/53	65/78
	接替产业产值比重	高新技术产业和新兴产业产值占地区生产总值的比例	26%	63%	70%
	政策支持力	用模糊等级评判	小	很大	大
	规划执行力	用模糊等级评判	弱	强	很强

此后8年,大黄山矿区通过土地复垦和生态修复,土壤次生盐渍化得到明显遏制,水体富营养化也明显得到改善,农田排灌设施得到了完善,生态恢复力得以提高,与此同时,矿区政策支持力达到巅峰,规划执行力也达到顶级,高新技术企业达到43家,产值比重接近恢复力阈值,矿区转型取得实质性进展,高新技术企业数量进一步增加,产业园区规模建成,产值比重越过恢复力阈值,社会经济系统完全进入新的稳态,与此同时,生态修复成效进一步显化,95%的土地解决了次生盐渍化问题,95%的农田渍害得以消除,矿区生态系统也进入到新的稳态。

六、大黄山关闭矿区一般恢复力评价

(一)大黄山矿区关闭后系统一般恢复力分析

大黄山关闭矿区社会生态系统的一般恢复力,是指在矿业及相关产业关停后,社会生态系统面对各种扰动,所能保持可持续发展的能力。相较于特定恢复力,维持系统在较大的安全空间以及远离稳态转变阈值的能力更大程度上依赖于一般恢复力,因此一般恢复力更侧重于系统的适应能力。

同其他矿区一样,大黄山矿区的社会生态系统也是由人类社会系统和自然生态系统耦合而成且具有采矿背景的复杂自组织系统,其组成要素既独立又相互作用,共同形成一个具有自我更新、自我适应的系统。随着大黄山矿区的关闭,这一系统进入重组,系统处于急剧变化且带有不确定性,主要体现在其正负反馈、记忆能力、开放性、非稳定性、非线性等方面。

1. 正负反馈

大黄山矿区在关闭前一直处于生产状态,各种关联保持正常运转。此时系统的正反馈机制包括:① 开采量的增加:随着开采设备的升级和工艺的改进,开采量通常会逐渐增加。这种正反馈机制有助于提高矿区的生产效率。② 安全意识的提高:矿区工作人员安全意识的提高可以减少事故发生的概率,从而为矿区创造更多的价值。例如,定期进行安全培训、加强安全规章制度的执行等措施可以提高员工的安全意识。③ 资源回收率的提高:通过改进选矿工艺或使用更高效的设备,可以提高资源回收率,使有限的资源得到更充分的利用。④ 市场需求的增加:如果矿区的产品在市场上受到欢迎,那么销售量会上升,进而促使开采量增加,形成正反馈。负反馈机制包括:① 资源价格的波动:如果资源价格下跌,那么开采成本可能高于销售收入,导致利润下降甚至亏损。这会促使矿区减少开采量或停产,以应对市场变化。② 环保法规的限制:随着环保法规的日益严格,矿区需要投入更多的资金用于环保设施的建设和运行。这会增加矿区的成本负担,降低其利润水平。③ 劳动成本的增加:随着物价的上涨和劳动力市场的变化,矿区需要支付更高的工资和福利,这会增加矿区的成本负担。④ 技术更新的压力:随着科技的不断发展,矿区需要不断更新设备和工艺以保持竞争力。这需要投入大量的资金和技术力量,提高矿区的运营能力。

但是大黄山矿区关闭后,已有的正负反馈机制被终结,随之而来的是新的反馈机制。正反馈包括:① 员工再就业:关闭矿区后,徐州矿务集团在陕西、山西、新疆开辟了新的矿区,让转岗员工得到重新安置的机会。地方政府大力招商引资,为关联产业的员工提供新的就业机会,同时也为矿区社会创造了更多的就业岗位。② 资源再利用:大黄山矿区关闭后,矿区的水资源和土地资源等作为宝贵的后备资源,被重新开发利用,为矿区转型发展提供了资源保障。③ 环境保护:大黄山矿区关闭后,矿区生态环境治理得到国家、江苏省和徐州市的大力支持,生态环境得到彻底的治理,为招商引资和大型高新企业的入驻提供了生态环境条件。然而,大黄山矿区的关闭,引起的负反馈是主要的,主要包括:① 失业问题:矿区关闭后,曾经一度出现大量员工失业,给当地经济带来严重影响,社会保障压力非常大。② 资源浪费:矿区关闭后,工业广场大量建筑被闲置,造成资源的浪费。③ 社会问题:矿区关闭后,会引发一系列的社会问题,如犯罪率上升、社会不稳定等,这需要当地政府和社会各界共同努力来解决。

可见,大黄山矿区关闭前后,矿区系统正负反馈机制和要素均存在很大不同。关闭前,正反馈为主,负反馈起到辅助作用,保证矿区社会生态系统的稳定发展。关闭后,负反馈上升为主要矛盾,正反馈显得势弱,社会生态系统处于重组阶段,社会生态恢复力处于恢复阶段。不过,无论关闭前后,这些正负反馈均通过与环境和内部要素的相互作用,依靠系统内的信息反馈来实现对物质流、能量流的自我调控,为矿区恢复力建设提供了保证,实现了系统自适应,保证了在矿区关闭前后的持续发展。

2. 记忆能力

社会生态系统的记忆能力是指系统在过去对现在和未来的影响。例如,生态记忆贯穿于群落、生态系统、景观和社会生态系统等层面;在时间尺度上,它强调系统过去对现在和未来的影响。社会生态系统的记忆能力对关闭矿的转型发展具有十分重要的意义,它能够记住并响应之前的环境变化和经验,从而影响其未来的发展和适应能力。这种记忆能力有助于社会生态系统在面对类似的环境条件时,能够更快地做出反应并更好地适应。

大黄山矿区关闭后,社会生态恢复力的重建离不开社会生态系统的"记忆能力"。例如,采矿遗留下来的沉陷积水区、常年积水区被农民复垦为养殖鱼塘,而季节性积水区和未积水区,受到历史用途的影响,尤其是周边土地用途的限制,农民会将这些沉陷区恢复成与周边土地用途一致的耕地,这就是生态系统的"记忆"能力所致。再比如,矿区工业广场的工业设施基础好,交通便利,距离徐州市区近,矿区关闭后,这些"记忆"会促使地方政府招商引资,充分利用这些条件,实现转型发展。

3. 开放性

大黄山矿区北接京杭大运河、西邻徐州高铁站和徐淮高速,徐贾快速通道穿越而过,对外交通非常便利,具有很强的开放性。在大黄山矿区生产期间,建立了很多矿区关联企业如运输公司、加工企业等,它们与全国各矿区联系密切,与上游企业的关联也密切。除了交通、物流、经济活动外,社会的开放性也是关闭矿区社会生态系统恢复力的作用因素。矿区社会系统与外界发生物质流、能量流、信息流的交换,接受徐州市区的供水、供电、供气,为生产生活创造便利条件。当受到矿区关闭的冲击时,大黄山矿区的开放性为矿区转型发展提供了基础,一方面,关闭后大量员工转移到周边地区发展;另一方面,关闭后的矿区得到了周边地区的大力支持,周边地区为矿区提供了生产生活保障。

4. 非稳定性

大黄山矿区因为突发矿难而紧急关闭,这个冲击无论是对徐州矿务集团、大黄山矿区,还是对煤矿关联企业、地方政府、周边服务业等都是非常严重的。一时间,矿区发展何去何从,大量人员如何安置,大量关联公司企业如何转型等,这些均带有很大的不稳定性。由于几十年来煤矿生产均正常运行,政策体制、市场调节、经济管理等作用下的矿区自组织系统一直处于一种稳定平衡状态,突发的冲击产生的影响使矿区转型发展的不确定性增加。关闭矿区在不稳定状态下,存在衰退风险,但是也孕育机遇。大黄山矿区关闭后矿区社会经济生态系统一度处于衰退状态。期间为了产业转型进行了很多尝试,也引进了一些公司企业,但没有形成规模,矿区社会经济一直没有恢复到当年状态,直到 2008 年行政区划调整,矿区转型才迎来重大机遇。可见,关闭矿区的不确定性是矿区社会生态恢复力的重要特征。

5. 非线性

矿区本身就是一个复杂的非线性系统。矿区社会生态系统的非线性体现在:① 资源复杂。矿区社会生态系统的资源呈多种类型,如人力、设备、土地、水、矿产、光伏、风力等,这些资源之间存在复杂的相互作用和影响,难以用简单的线性关系进行描述。② 环境复杂。矿区地质环境、水文环境、大气环境、土壤环境、植被环境、安全环境等子系统,它们在长期采矿、加工等的胁迫下,产生了复杂的变化,相互之间的作用呈现非线性,对矿区社会生态系统形成新的扰动,对矿区转型发展不利。③ 社会经济网络复杂。矿区社会经济系统是一个多元系统,包括矿业、农业、交通运输业、服务业等,各领域之间相互联系、相互影响,构成一个复杂的多元系统。矿区社会经济系统还表现出一个动态性,随时间而变化,不同时间段内系统内部各要素之间的相互作用和影响关系也会发生变化,往往是非线性的,即一个微小的变化可能会引起系统的剧烈波动,因此需要采用非线性方法进行分析和建模,以便更好地理解和掌握其动态行为。

矿区关闭增加了系统的非线性特征。大黄山矿区关闭后,矿产资源的开发停止了,接替资源的开发利用变得重要但是更加复杂了,哪些资源可以开发,哪些资源可以利用,如何利用等都是决策难点。同时,矿区生态环境变得更加复杂,缺少煤炭经济对矿区生态环境质量的支撑,生态环境恶化,治理变得十分迫切,但是缺少综合治理资金。由于经济下滑,矿区社会经济网络联结断裂,结构失稳,系统失衡。所以关闭后的大黄山矿区社会生态系统是一个非线性系统,恢复力评价和建设需要采用复杂性研究方法。

(二)关闭矿区系统一般恢复力影响因素分析

一般恢复力不针对特定的扰动,如土壤次生盐渍化、工人失业、财政收入下降等,是系统应对所有类型扰动和冲击所做出的有效响应。关闭矿区系统的基础条件、经济储备、人力资本、政策管控等决定了关闭矿区系统一般恢复力的水平。

1. 基础条件

一般恢复力的强弱也取决于系统对扰动做出反应时能够利用的基础条件。大黄山矿区最大的生态资源就是采煤沉陷积水区;最大的土地资源就是大量废弃地;最大的交通区位优势是紧邻徐州市区,北临京杭大运河,西接徐州高铁站;最大的经济区位是西邻徐州高铁经济区和金山桥开发区。这些基础条件为关闭矿区社会经济转型发展提供了坚实的基础。可见,基础条件是关闭矿区一般恢复力的评价指标。

2. 经济储备

经济储备指标是指矿区经济基础条件。矿区关闭后,尽管煤炭经济基础崩溃了,但是矿区长期积累下来了不少财富,这决定了一般恢复力的高低。经济储备是一个广义概念,包括居民存款数量、政府财力水平、企业经济储备等,还包括关闭矿区的粮食生产潜力、可再生能源开发潜力、非煤矿产资源开发潜力、外汇储备水平、技术储备水平,乃至基础设施储备水平等。总之,经济储备是一个多方面的概念,涉及货币、商品、粮食、能源、矿产、外汇、技术和基础设施等多个方面。经济储备越多,则一般恢复力越大。所以经济储备是一般恢复力评价的指标。

3. 人力资本

关闭矿区转型发展的关键在于人才,人才资本决定了恢复力建设的速度和质量。对大黄山矿区来说,最大的人力资本是积累了一大批产业工人、技术人员和管理干部。2005 年,徐州市将大黄山由铜山县划归徐州市鼓楼区庙山镇,设立大庙街道办事处,整建制交由徐州市经济技术开发区管理,2013 年庙山镇撤销成立大黄山街道办事处。行政区划调整给予了大黄山矿区居民新的身份、新的基础设施条件,为人力资本的储蓄提供了良好的基础。可见,人力资本是一项重要指标。

4. 政策管控

政策管控是指矿区系统受到管控的能力。矿区关闭后,矿区煤炭经济系统崩溃,进而社会系统、生态系统的维持能力下降,这时候有效的管控能力显得十分重要。首先体现在思想的解放上,要学习别的矿区转型发展新经验,转变固化思维,要大刀阔斧改革,大胆推行产业革命,产业结构调整。其次体现在行动执行力上,要充分利用外部资源,争取上级政策支持,充分挖掘矿区资源,包括人力资源。再次体现在领导决策能力上,关闭后的矿区土地再开发利用方向需要决策、产业发展方向需要决策等,决策失误不但会延长矿区转型发展的时间,而且会恶化矿区社会经济环境。最后还体现在创新上,面对转型发展中遇到的环境、生态、财政、经济、社会等一系列难题,要能提出新的解决思路和解决方案。由此可见,政策管控是一个重要指标。

根据以上分析,选取能反映系统综合素质的变量,构建的大黄山社会生态系统一般恢复力指标体系如表 7-6 所示。

表 7-6　大黄山关闭矿区社会生态系统一般恢复力指标体系

指标	指标分项	内涵
基础条件	资源保有量	自然资本
	耕地面积/建设用地面积	利用空间资本
经济储备	人均纯收入 & 地方生产总值	金融资本 & 存款储备
人力资本	受教育程度、技术人才数量和结构	人力资本 & 知识储备
政策管控	思想解放、行动执行力、领导决策能力、创新能力	领导能力体现的政策保障

(三)大黄山关闭矿区一般恢复力评价指标

从第二章介绍的恢复力基本理论可以发现,生态系统一般恢复力可用植被覆盖度与物种多样性恢复速度、生物群落结构和功能的恢复时间、系统关键物种的数量恢复情况、生态系统服务(如水源涵养、碳储存等)的恢复程度以及对外界扰动的响应能力与适应性变化等来衡量。对社会经济系统一般恢复力,可用灾后重建的速度和效率、经济活动恢复到正常水平的时间、社区自组织和社会资本恢复的程度以及基础设施和服务系统的修复与韧性提升时间和速度等表示。结合上文对大黄山关闭矿区一般恢复力特征和影响因素的分析,可以用矿区关闭后新兴产业接替时间、生态修复速度和矿区综合转型速度等来表示大黄山矿区的一般恢复力。

大黄山矿区经历了闭矿后无序混乱的释放阶段,呈现明显的低迷状态。矿区关闭的冲击使系统过渡到重新组织阶段,与外界联系密切起来,容易接纳解决方案和再开发建议,也是执行新政策、采取新战略、管理实践变革更易成功的时期。2005 年后,由于区划调整、政策鼓励和技术引进的有利影响,系统不断调整应对闭矿冲击,转移能力增强,单一矿业经济向非矿多元化产业经济转移,矿农二元社会结构向城镇一体化发展转移,渍害低产田生产向综合整治规模化生产转移,逐步实现稳态转移,形成新的平衡状态,开启了新的发展模式。如图 7-12 所示,大黄山矿区社会生态系统恢复力受到闭矿冲击而下降,波动明显,但经阈值跃迁稳态形成后较闭矿前一般恢复力得到提升。

大黄山矿区社会生态系统在采矿释放衰退期扰动较小的状况下,系统适应能力使其仍可维持在 P_1 水平,系统结构和功能的综合表现较好,恢复力为 L_1。2000 年闭矿冲击导致系统波动明显,远离原有平衡而退化,系统在该阶段表现水平降低;经初期的简单管控,施加

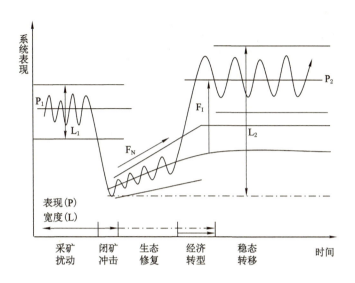

系统表现(P)指衡量矿区系统的结构和功能：P_1、P_2 分别为采矿扰动下、

闭矿冲击恢复后的系统表现；宽度(L)为系统恢复力：L_1 为采矿扰动下系统恢复力，

L_2 为闭矿扰动到稳定系统恢复力。

图 7-12　大黄山关闭矿区系统动态演变对应的恢复力变化(任雪峰,2017)

了生态修复,恢复了部分区域的农业生产,系统可以维持较低水平,宽度表现的恢复力有减小。而后施以强效的人工干预,包括 2005 年区划调整、2009 年一系列政策引导以及高新技术助推等管控措施,系统越过阈值完成转移,结构和功能表现上升达到较高水平 P_2,即大黄山现状,这一系统演变使恢复力得以大幅提升至 L_2。综上,大黄山矿区社会生态系统受到闭矿冲击(2000 年),系统表现急剧变差,恢复力下降,恢复阶段(2000—2009 年),系统表现和系统恢复力均较采矿运营期低,稳态形成期(2009—2016 年),系统表现高于闭矿前,系统恢复力较闭矿前大幅增强,呈现出与矿区系统适应性循环阶段相对应的恢复力变化情况。

由此可见,大黄山关闭矿区社会生态系统恢复时间为 16 年。也就是说,通过 16 年的转型发展,大黄山矿区从一个以煤炭经济为主的社会经济生态系统转移为一个以高新技术园区为主的新型社会经济生态系统。16 年来,大黄山生态环境得到极大改善,得益于土地复垦和生态修复,也得益于矿区乡村振兴和生态文明建设。大黄山社会经济得到高质量发展,得益于矿区行政区划调整和高新经济园区的建设,而这一切都是恢复力建设的综合体现。

七、大黄山关闭矿区社会生态恢复力建设的启示

煤炭是不可再生能源,煤炭资源枯竭是不可避免的,所以煤矿关闭是一个必然的现象。煤矿关闭对煤矿区社会生态系统产生的冲击很大,对恢复力的影响也非常大,所以关闭矿区恢复力建设是需要关注的普遍性问题。大黄山关闭矿区经过 16 年的努力建设,社会生态系统得到成功转型,系统进入一个全新稳态,恢复力明显增强,韧性明显提高。大黄山关闭矿区社会生态恢复力建设主要有以下几点启示。

① 关闭矿区社会生态系统恢复力建设非常必要。尽管国家这些年加大了绿色矿山建

设,推进了矿山生态修复工程,促进了资源枯竭型城市转型发展,实施了山水林田湖草沙一体化保护和综合治理工程,也开始关注关闭矿区问题,但是矿区关闭产生的冲击仍然缺少有效抵抗模式,有的矿区关闭后很长时间内农村返贫、城镇衰退、经济下滑,民生问题加剧,社会风险加大。有的矿区关闭后长时间内生态环境恶化,大量资产闲置,一片萧条气象。从大黄山关闭矿区的转型过程来看,矿区恢复力建设是一个非常艰难的任务,虽然矿区关闭已有多年,社会经济环境问题仍持续不断。

② 关闭矿区社会生态系统恢复力建设是一个复杂的系统工程,需要做好长期建设的规划,不可能短期就能实现状态转移。社会生态系统恢复力建设的驱动因素可概括为内生需求和外部机会两个方面,其中内生需求体现在矿区关闭面临转型的需要,外部机会包括规划行政驱动力(包括行政区划调整、政策鼓励、招商引资等)、经济驱动力、科技驱动力等,是矿区建设的重要力量;周边良好的环境条件、高新技术企业发展、基础设施的完善、地区生产总值的明显增长是矿区重建的强大动力;各类企业、中介组织、居民等各利益主体是区域经济社会生态再生的主要力量,而制约矿区社会生态系统恢复力建设的因素则是资源压力与环境承载力等约束条件。这些驱动因素和制约因素构成了复杂的总体,几乎每一项因素都是慢变量,需要持续发力,久久为功。

③ 关闭矿区社会生态系统转移时间决定于矿区的领域关联和尺度效应。具体来说,恢复力建设时间受到关闭矿区的基础条件、外界环境、开放性、人力资本和经济资本的储备、政策管控力等的影响。恢复力建设的具体工程,如生态修复工程、潜水位控制工程、产业接替工程、社会结构改造工程、经济振兴工程等,互相关联,互相影响。既要关注微观尺度的问题,如土壤次生盐渍化问题、水体富营养化问题、基础设施建设问题,也要关注中观尺度的矿区规划、产业接替、经济发展、社会变革等,更要关注宏观尺度的问题,如关闭矿区可持续发展问题、政策与管理问题、地区经济协调发展问题、融入区域经济和产业问题、乡村振兴问题等。所有这些方面共同决定了关闭矿区社会生态系统的转移时间和速度。

④ 关闭矿区社会生态系统恢复力大小决定于矿区资源条件和环境条件,决定于"硬"实力和"软"实力。自然资源禀赋直接决定了矿区系统恢复力的大小。大黄山矿区地势平坦,历史上曾是商品粮生产基地,水土资源丰富且质量高,而且长期发展积累的存量建设用地规模也很丰富,这为发展现代农业和高端养殖业、现代产业等提供了坚实基础。在保障当地生态安全的前提下,"边养地、边用地,先治污、后用水",恢复废弃、闲置及沉陷土地的利用,综合治理矿区地下水,对原企业办公用地和压占地等建设用地整合再利用,通过厂房出租、土地复垦利用等,减少资源闲置,提高土地利用率。环境条件也是恢复力大小的决定因素。环境条件既包括自身的环境条件,也包括外部的环境条件。例如,大黄山周边工业条件十分优越,辐射效应明显,为大黄山矿区的建设奠定了基础。

本书参考文献

白中科,赵景逵,李晋川,等,1999.大型露天煤矿生态系统受损研究:以平朔露天煤矿为例[J].生态学报,19(6):870-875.

卞正富,雷少刚,刘辉,等,2016.风积沙区超大工作面开采生态环境破坏过程与恢复对策[J].采矿与安全工程学报,33(2):305-310.

查同刚,孙向阳,于卫平,等,2004.宁夏段黄河护岸林体系结构的研究[J].北京林业大学学报,26(3):93-96.

陈超,胡振琪,2018.我国采动地裂缝形成机理研究进展[J].煤炭学报,43(3):810-823.

陈怀满,1991.环境土壤学[J].地球科学进展,(2):49-50

陈能场,郑煜基,何晓峰,等,2017.《全国土壤污染状况调查公报》探析[J].农业环境科学学报,36(09):1689-1692.

陈苏社,黄庆享,薛刚,等,2016.大柳塔煤矿地下水库建设与水资源利用技术[J].煤炭科学技术,44(8):21-28.

陈玉成,1994.土壤净化功能的原理及其利用[J].四川环境,13(4):60-64.

陈志彪,涂宏章,谢跟踪,2002.采矿迹地生态重建研究实例[J].水土保持研究,9(4):31-32.

程积民,杜峰,1999.放牧对半干旱地区草地植被影响的研究[J].中国草食动物,(6):29-31.

程蓉,胡泽松,陈炳炎,2017.一种人为强化土壤自净作用修复重金属污染土壤的方法:2017106106380[P].2017-07-25.

崔希民,邓喀中,2017.煤矿开采沉陷预计理论与方法研究评述[J].煤炭科学技术,45(1):160-169.

代宏文,周连碧,2002.尾矿库边坡植被生态稳定技术研究[C]//西部矿产资源开发利用与保护学术会议论文集.乌鲁木齐:265-268.

邓卓智,赵生成,宗复芤,等,2008.基于水体自然净化的北京奥林匹克公园中心区雨水利用技术[J].给水排水,34(9):96-100.

丁大宇,2015.辽河盘锦段水体污染特征和自净行为研究[D].大连:大连理工大学.

丁美丽,陆引罡,赵承,等,2006.烟地土壤氮素的氨化作用与硝化作用的强度变化[J].贵州农业科学,34(4):36-38.

丁文峰,李勉,2010.不同坡面植被空间布局对坡沟系统产流产沙影响的实验[J].地理研究,29(10):1870-1878.

丁翔,2014.黄土区露天煤矿排土场坡度坡向对植被盖度影响研究:以安太堡露天矿西排土场为例[D].北京:中国地质大学(北京).

丁忠义,赵华,渠俊峰,等,2015.煤矿区水土资源协调利用技术[M].徐州:中国矿业大学出版社.

董茜,王根柱,庞丹波,等,2022.喀斯特区不同植被恢复措施土壤质量评价[J].林业科学研究,35(3):169-178.

窑明.贾瑞鹏.2018.基于环境自净能力的龙凤湿地水质改善优化调控模型[J].环境科学学报,38(6).2418-2426.

杜峰.梁宗锁,山仑,等,2003.利用称重法测定植物群落蒸散[J].西北植物学报,23(8):1411-1415.

杜华栋,曹祎晨,聂文杰,等,2021.黄土沟壑区采煤塌陷地人工与自然植被恢复下土壤性质演变特征[J].煤炭学报,46(5):1641-1649.

杜晓军,高贤明,马克平.2003.生态系统退化程度诊断:生态恢复的基础与前提[J].植物生态学报,27(5):700-708.

樊如月,李青丰,曲艳,等,2019.草地功能群和十壤特征对小叶锦鸡儿建植密度的响应[J].中国草地学报,41(3):51-58.

封志明,李鹏,2018.承载力概念的源起与发展:基于资源环境视角的讨论[J].自然资源学报,33(9).1475-1489.

冯宇,2019.大型露天煤矿区排土场机械压实对土壤大孔隙结构及水力特性的影响[D].北京:中国地质大学(北京).

傅微,吕一河,傅伯杰,等,2019.陕北黄土高原典型人类活动影响下景观生态风险评价[J].生态与农村环境学报,35(3):290-299.

高彪,2021.煤矸石对土壤元素的影响规律和途径研究[J].山西化工,41(6):234-235.

高复阳,方晓萌,2019.建立完善长江经济带水资源管理体制机制[J].中国国土资源经济,32(12):12-16,7.

龚平,孙铁珩,李培军,1996.农药对土壤微生物的生态效应[J].应用生态学报,7(增刊):127-132.

顾大钊,李井峰,曹志国,等,2021.我国煤矿矿井水保护利用发展战略与工程科技[J].煤炭学报,46(10):3079-3089.

顾和和,胡振琪,刘德辉,等,1998.高潜水位地区开采沉陷对耕地的破坏机理研究[J].煤炭学报,23(5):76-79.

关伟,王岩,张大庆,等,2014.桓龙湖水库水质监测及保护措施[J].辽宁大学学报(自然科学版),41(4):374-379.

郭明明,王文龙,康宏亮,等,2018.黄土高塬沟壑区植被自然恢复年限对坡面土壤抗冲性的影响[J].农业工程学报,34(22):138-146.

郝庆,邓玲,封志明,2019.国土空间规划中的承载力反思:概念、理论与实践[J].自然资源学报,34(10):2073-2086.

何嘉辉,潘伟斌,刘方照,2015.河流线型对河流自净能力的影响[J].环境保护科学,41(2):43-47,113.

何远梅,姚文俊,张岩,等,2015.黄土高原区植被恢复的空间差异性分析[J].中国水土保持科学,13(2):63-69.

何跃军,刘济明,钟章成,等,2004.桫椤群落的种内种间竞争研究[J].西南农业大学学报(自然科学版),26(5):589-593.

胡潇涵,张琳,孔利锋,等,2020.新疆准东露天煤矿降尘、土壤以及植物中的重金属污染风险研究[J].新疆环境保护,42(4):24-32.

胡振琪,龙精华,王新静,2014.论煤矿区生态环境的自修复、自然修复和人工修复[J].煤炭学报,39(8):1751-1757.

胡振琪,王新静,贺安民,2014.风积沙区采煤沉陷地裂缝分布特征与发生发育规律[J].煤炭学报,39(1):11-18.

黄录基,张绍贤,黎瑜,1994.降水、蒸发和径流的坡向效应[J].水土保持学报,8(1):18-25.

黄儒钦,郑爽英,王文勇,等,2016.环境科学基础[M].4版.成都:西南交通大学出版社.

黄贤金,周艳,2018.资源环境承载力研究方法综述[J].中国环境管理,10(6):36-42.

黄晓军,王博,刘萌萌,等,2019.社会-生态系统恢复力研究进展:基于CiteSpace的文献计量分析[J].生态学报,39(8):3007-3017.

黄勇,董运常,罗伟聪,等,2016.景观水体生态修复治理技术的研究与分析[J].环境工程,34(7):52-55,164.

吉莉,董霁红,房阿曼,等,2021.宝日希勒大型露天矿敏感区划定及重金属累积效应[J].生态学杂志,40(10):3325-3338.

姜理英,杨肖娥,叶海波,等,2002.炼铜厂对周边土壤和作物体内重金属含量及其空间分布的影响[J].浙江大学学报(农业与生命科学版),28(6):102-106.

蒋定生,黄国俊,1986.黄土高原土壤入渗速率的研究[J].土壤学报,23(4):299-305.

解文艳,樊贵盛,2004.土壤含水量对土壤入渗能力的影响[J].太原理工大学学报,35(3):272-275.

解文艳,樊贵盛,2004.土壤质地对土壤入渗能力的影响[J].太原理工大学学报,35(5):537-540.

金小华,1990.关于植物演替顶极的几种学说[J].生物学通报,25(5):4-5.

靳相木,李陈,2018.土地承载力研究范式的变迁、分化及其综论[J].自然资源学报,33(3):526-540.

乐易迅,胡敏杰,肖琳,等,2022.河口湿地红树林植被恢复对土壤养分动态的影响[J].水土保持学报,36(3):333-337.

雷志栋,杨诗秀,谢森传,1988.土壤水动力学[M].北京:清华大学出版社.

李春意,车宇航,王石岩,2018.煤矿开采地表沉陷盆地边界的再认识[J].中国安全生产科学技术,14(12):84-89.

李党生,2007.环境保护概论[M].北京:中国环境科学出版社.

李晶,杨超元,殷守强,等,2019.草原型露天煤矿区土壤重金属污染评价及空间分布特征[J].煤炭学报,44(12):3676-3684.

李婧,李占斌,李鹏,等,2010.模拟降雨条件下植被格局对径流总磷流失特征的影响分析[J].水土保持学报,24(4):27-30.

李庭,2014.废弃矿井地下水污染风险评价研究[D].徐州:中国矿业大学.

李效珍,宋丽英,何正梅,等,2011.大同市近50多年降水演变特征[J].中国农学通报,27(17):250-254.

李毅,邵明安,2006.雨强对黄土坡面土壤水分入渗及再分布的影响[J].应用生态学报,17(12):2271-2276.

林勇,张万军,吴洪桥,等,2001.恢复生态学原理与退化生态系统生态工程[J].中国生态农业学报,9(2):39-41.

林臻桢,2021.永定矿区典型煤矿土壤重金属污染特征研究[J].能源环境保护,35(6):88-93.

凌云,2007.生物强化净化作用在梦清园芦苇湿地中的应用研究[D].上海:华东师范大学.

刘汗,雷廷武,赵军,2009.土壤初始含水率和降雨强度对黏黄土入渗性能的影响[J].中国水土保持科学,7(2):1-6.

刘翔,2015.城市水环境整治水体修复技术的发展与实践[J].给水排水,51(5):1-5.

刘鑫,毕华兴,李笑吟,等,2007.晋西黄土区基于地形因子的土壤水分分异规律研究[J].土壤学报,44(3):411-417.

刘勇,孙亚军,周笑绿,2009.西北干旱矿区矿井水自然净化实验研究[J].洁净煤技术,15(2):90-92.

刘玉林,朱广宇,邓蕾,等,2018.黄土高原植被自然恢复和人工造林对土壤碳氮储量的影响[J].应用生态学报,29(7):2163-2172.

刘源,李晓晶,段玉玺,等,2022.库布齐沙漠东部植被恢复对土壤生态化学计量的影响[J].干旱区研究,39(3):924-932.

刘志斌,范军富,2002.生态演替原理在露天煤矿土地复垦中的应用[J].露天采煤技术,17(5):27-30.

刘柱光,方樟,丁小凡,2021.燃煤电厂贮灰场土壤重金属污染及健康风险评价[J].生态环境学报,30(9):1916-1922.

吕刚,吴祥云,2008.土壤入渗特性影响因素研究综述[J].中国农学通报,24(7):494-499.

马俊梅,满多清,李得禄,等,2018.干旱荒漠区退耕地植被演替及土壤水分变化[J].中国沙漠,38(4):800-807.

马克平,黄建辉,于顺利,等,1995.北京东灵山地区植物群落多样性的研究 Ⅱ 丰富度、均匀度和物种多样性指数[J].生态学报,15(3):268-277.

马全林,卢琦,魏林源,等,2015.干旱荒漠白刺灌丛植被演替过程土壤种子库变化特征[J].生态学报,35(7):2285-2294.

毛旭芮,王明力,杨建军,等,2020.采煤对露天煤矿土壤理化性质及可蚀性影响[J].西南农业学报,33(11):2537-2544.

潘换换,吴树荣,姬倩倩,等,2021.山西煤田生态系统服务时空格局及驱动力[J].应用生态学报,32(11):3923-3932.

彭建,王仰麟,叶敏婷,等,2005.区域产业结构变化及其生态环境效应:以云南省丽江市为例[J].地理学报,60(5):798-806.

彭少麟,1995.中国南亚热带退化生态系统的恢复及其生态效应[J].应用与环境生物学报,1(4):403-414.

彭镇华,2005.中国城市森林建设的几点思考[J].浙江林业,(11):29-34.

任海,蔡锡安,饶兴权,等,2001.植物群落的演替理论[J].生态科学,20(4):59-67.

任海,彭少麟,余作岳,1996.马占相思的生态生物学特征[J].生态学杂志,15(4):1-5,9.

任雪峰,2017.我国东部关闭矿山社会生态系统恢复力研究:以大黄山矿区为例[D].徐州:

中国矿业大学.

尚文艳,付晓,刘阳,等,2005.辽西大黑山北坡植物群落组成及多样性研究[J].生态学杂志,
　　24(9):994-998.

尚志敏,2019.关闭矿山社会生态系统转移力测度及其适应性管理[D].徐州:中国矿业
　　大学.

沈泽昊,张新时,2000.基于植物分布地形格局的植物功能型划分研究[J].植物学报,
　　42(11):1190-1196.

史虹,2009.泰晤士河流域与太湖流域水污染治理比较分析[J].水资源保护,25(5):90-97.

史培军,郭卫平,李保俊,等,2005.减灾与可持续发展模式:从第二次世界减灾大会看中国
　　减灾战略的调整[J].自然灾害学报,14(3):1-7.

宋国香,郑京晶,刘康,等,2016.基于文献计量学的水体修复技术研究趋势及热点分析[J].
　　湿地科学,2016,14(2):185-193.

宋书巧,周永章,2001.矿业废弃地及其生态恢复与重建[J].矿产保护与利用,(5):43-49.

苏学武,2021.采煤沉陷湿地生态服务价值及其估算方法研究[D].徐州:中国矿业大学.

孙甲霞,张万军,曹建生,2008.太行山低山区主要植被下土壤贮水量和土壤水分利用效率
　　研究[J].华北农学报,23(增刊):173-177.

孙敏,唐莹,郝亚婷,等,2021.红枫湖水源地附近粉煤灰堆积场重金属存在形态及静态淋溶
　　规律[J].环境化学,40(3):678-686.

孙庆业,蓝崇钰,黄铭洪,等,2001.铅锌尾矿上自然定居植物[J].生态学报,21(9):
　　1457-1462.

孙儒泳,2002.芸芸众生皆平等:漫谈生物多样性[J].科学中国人,(3):28-30.

孙文洁,任顺利,武强,等,2022.新常态下我国煤矿废弃矿井水污染防治与资源化综合利用
　　[J].煤炭学报,1-9.

孙亚军,陈歌,徐智敏,等,2020.我国煤矿区水环境现状及矿井水处理利用研究进展[J].煤
　　炭学报,45(1):304-316.

孙亚军,徐智敏,李鑫,等,2021.我国煤矿区矿井水污染问题及防控技术体系构建[J].煤田
　　地质与勘探,49(5):1-16.

孙永红,2008.镉砷在水稻体内的积累及其调控[D].南京:南京农业大学.

索安宁,赵文喆,王天明,等,2007.近50年来黄土高原中部水土流失的时空演化特征[J].北
　　京林业大学学报,29(1):90-97.

谭淑妃,2016.几种富营养化水体生态修复技术的比较[J].中国水运(下半月),16(7):
　　113-116.

汪辉,徐蕴雪,卢思琪,等,2017.恢复力、弹性或韧性?:社会:生态系统及其相关研究领域中
　　"Resilience"一词翻译之辨析[J].国际城市规划,32(4):29-39.

王俊敏,2016.生态文明视域下农村水环境保护机制探究:以苏北地区为例[J].河海大学学
　　报(哲学社会科学版),18(6):87-93.

王丽,雷少刚,卞正富,2017.多尺度矿区植被生态系统恢复力定量测度研究框架[J].干旱区
　　资源与环境,31(5):76-80.

王俏雨,田丽慧,张登山,等,2019.高寒沙地柠条群落土壤水分空间分布特征研究[J].青海

大学学报,37(3):8-15.

王升,王全九,董文财,等,2012.黄土坡面不同植被覆盖度下产流产沙与养分流失规律[J].水土保持学报,26(4):23-27.

王诗绮,刘焱序,李琰,等,2023.近 20 年黄土高原生态系统服务研究进展[J].生态学报,43(1):26-37.

王思凯,张婷婷,高宇,等,2018.莱茵河流域综合管理和生态修复模式及其启示[J].长江流域资源与环境,27(1):215-224.

王炜,梁存柱,刘钟龄,等,2000.草原群落退化与恢复演替中的植物个体行为分析[J].植物生态学报,24(3):268-274.

王文鑫,王文龙,康宏亮,等,2018.黄土丘陵沟壑区自然恢复草被对浅沟侵蚀的影响[J].应用生态学报,29(12):3891-3899.

王新静,胡振琪,胡青峰,等,2015.风沙区超大工作面开采土地损伤的演变与自修复特征[J].煤炭学报,40(9):2166-2172.

王新,周启星,2004.重金属与土壤微生物的相互作用及污染土壤修复[J].环境污染治理技术与设备,(11):1-5.

王旭,王永刚,孙长虹,等,2016.城市黑臭水体形成机理与评价方法研究进展[J].应用生态学报,27(4):1331-1340.

王雅钰,刘成刚,吴玮,2013.从河道自净角度谈影响河道水质净化的因素[J].环境科学与管理,38(3):35-40.

王志平,2007.土壤污染与防治[J].山西能源与节能,(3):48-49.

王子侨,2018.恢复力视角下的黄土高原典型乡村社会-生态系统研究:以陕西省长武县为例[D].西安:西北大学.

温晓金,2017.恢复力视角下山区社会-生态系统脆弱性及其适应[D].西安:西北大学.

温仲明,焦峰,赫晓慧,等,2007.黄土高原森林边缘区退耕地植被自然恢复及其对土壤养分变化的影响[J].草业学报,16(1):16-23.

吴钦孝,韩冰,李秧秧,2004.黄土丘陵区小流域土壤水分入渗特征研究[J].中国水土保持科学,2(2):1-5.

夏汉平,蔡锡安,2002.采矿地的生态恢复技术[J].应用生态学报,13(11):1471-1477.

肖楚田,肖克炎,李林,2019.水体净化与景观:水生植物工程应用[M].南京:江苏科学技术出版社.

肖和平,2001.我国煤矿的主要地质灾害及防治对策[J].中国地质灾害与防治学报,12(1):55-58.

谢沁,2009.基于 VC++地表水水质预测评价系统:湖库水质预测评价模块的研究与开发[D].长沙:中南林业科技大学.

谢伟,钱晓彤,王东丽,等,2020.鄂尔多斯矿区排土场苜蓿恢复地土壤种子库的演变特征[J].中国水土保持科学,18(4):29-37.

熊顺贵,2001.基础土壤学[M].北京:中国农业大学出版社.

熊友胜,何丙辉,2003.运用 RS 和 GIS 进行植被覆盖分级研究:以重庆合川市为例[J].西南农业大学学报,25(2):168-171.

杨永均,2017.矿山土地生态系统恢复力及其测度与调控研究[D].徐州:中国矿业大学.

徐良骥,2009.煤矿塌陷水域水质影响因素及其污染综合评价方法研究[D].淮南:安徽理工大学.

徐亚同,何国富,黄民生,等,2006.梦清园景观水体生态净化系统示范工程研究[J].华东师范大学学报(自然科学版),(6):84-90.

许卓,刘剑,朱光灿,2008.国外典型水环境综合整治案例分析与启示[J].环境科技,21(增刊):71-74.

薛生国,陈英旭,林琦,等,2003.中国首次发现的锰超积累植物:商陆[J].生态学报,23(5):935-937.

烟贯发,万鲁河,温智虹,等,2012.基于 RS 和 DEM 的长白山天池植被分布的坡度坡向分析[J].测绘通报(增刊):233-236.

闫聪,胡夏嵩,李希来,等,2022.高寒矿区排土场植被恢复对边坡土体物理力学性质影响研究[J].工程地质学报,30(2):383-393.

阳承胜,束文圣,徐润林,等,2000.利用 PFU 原生动物群落监测铅锌尾矿人工湿地废水净化效能[J].环境污染与防治,22(5):20-22.

杨建,王强民,王甜甜,等,2019.神府矿区井下综采设备检修过程中矿井水水质变化特征[J].煤炭学报,44(12):3710-3718.

杨丽蓉,陈利顶,孙然好,2009.河道生态系统特征及其自净化能力研究现状与发展[J].生态学报,29(9):5066-5075.

杨勤学,赵冰清,郭东罡,2015.中国北方露天煤矿区植被恢复研究进展[J].生态学杂志,34(4):1152-1157.

杨森,赵森,刘涛,等,2019.平顶山市煤矿区土壤重金属污染程度评价[J].能源环境保护,33(6):51-54.

杨修,高林,2001.德兴铜矿矿山废弃地植被恢复与重建研究[J].生态学报,21(11):1932-1940.

杨永均,PETER E,陈浮,等,2020.澳大利亚矿山生态修复制度及其改革与启示[J].国土资源情报,(2):43-48.

杨永均,2017.矿山土地生态系统恢复力及其测度与调控研究[D].徐州:中国矿业大学.

杨永均,张绍良,侯湖平,等,2019.基于非线性动力学模型的矿山土地生态系统恢复力机制[J].煤炭学报,44(10):3174-3184.

杨永均,张绍良,侯湖平,等,2015.煤炭开采的生态效应及其地域分异[J].中国土地科学,29(1):55-62.

杨政,王冬,刘玉,等,2015.矿区排土场人工草地土壤水分及入渗特征效应[J].草业学报,24(12):29-37.

于顺利,蒋高明,2003.土壤种子库的研究进展及若干研究热点[J].植物生态学报,27(4):552-560.

宇振荣,肖禾,张鑫,2013.中国土地生态管护内涵和发展策略探讨[J].地球科学与环境学报,35(4):83-89.

袁建平,张素丽,张春燕,等,2001.黄土丘陵区小流域土壤稳定入渗速率空间变异[J].土壤学报,38(4):579-583.

袁顺,赵昕,2016.灾害视角下的生态恢复力提升问题国际研究进展[J].国外社会科学,(5): 83-88.

曾锋,邱治军,许秀玉,2010.森林凋落物分解研究进展[J].生态环境学报,19(1):239-243.

占布拉,张昊,陈世鐄,等,2000.短花针茅荒漠草原撂荒恢复规律的研究[J].中国草地, 22(6):69-70.

张从,夏立江,2000.污染土壤生物修复技术[M].北京:中国环境科学出版社.

张峰,张金屯,上官铁梁,2002.历山自然保护区猪尾沟森林群落植物多样性研究[J].植物生 态学报,26(增刊):46-51.

张光富,郭传友,2000.恢复生态学研究历史[J].安徽师范大学学报(自然科学版),23(4): 395-398.

张光富,宋永昌,2001.浙江天童灌丛群落的种类组成、结构及外貌特征[J].广西植物, 21(3):201-207.

张广才,黄利江,于卫平,等,2004.毛乌素沙地南缘植被类型及其演替规律初步研究[J].林 业科学研究,17(增刊):131-136.

张广才,于卫平,刘伟泽,等,2004.毛乌素沙地不同治理措施植被恢复效果分析[J].林业科 学研究,17(增刊):53-57.

张健,2020.采动地裂缝土壤水分运移规律及伤根微生物修复机理[D].北京:中国矿业大学 (北京).

张晋纶,张绍良,杨永均,等,2013.黄土高原煤矿区地表采动裂缝扰动范围预计方法研究 [J].中国煤炭,39(3):111-115,123.

张列宇,王浩,李国文,等,2017.城市黑臭水体治理技术及其发展趋势[J].环境保护,45(5): 62-65.

张绍良,杨永均,侯湖平,等,2018.基于恢复力理论的"土地整治+生态"框架模型[J].中国 土地科学,32(10):83-89.

张绍良,杨永均,侯湖平,2016.新型生态系统理论及其争议综述[J].生态学报,36(17): 5307-5314.

张绍良,张黎明,侯湖平,等,2017.生态自然修复及其研究综述[J].干旱区资源与环境, 31(1):160-166.

张兴昌,邵明安,2000.植被覆盖度对流域有机质和氮素径流流失的影响[J].草地学报, 8(3):198-203.

张颖,伍钧,2012.土壤污染与防治[M].北京:中国林业出版社.

赵方莹,李璐,刘骥良,等,2019.城市污染河道生态治理模式探讨:以北京市丰台区葆李沟 为例[J].北京水务,(3):3-8.

赵佩佩,2015.黄土坡体植被分布效应的调查研究[D].西安:长安大学.

赵平,2003.退化生态系统植被恢复的生理生态学研究进展[J].应用生态学报,14(11): 2031-2036.

赵萍,孙向阳,黄利江,等,2004.毛乌素沙地 SPAC 系统中各部分水分状况及其关系的研究 [J].生态环境,13(3):365-368.

赵西宁,吴发启,2004.土壤水分入渗的研究进展和评述[J].西北林学院学报,19(1):42-45.

赵杨,2006.上海苏州河梦清园规划设计[J].中国园林,22(3):27-33.

郑毅,2015.基于城市黑臭水体治理与水质长效改善的技术分析[J].资源节约与环保,(12):187.

中华人民共和国自然资源部,2019.关于开展长江经济带废弃露天矿山生态修复工作的通知[Z].04-26.

周灿芳,2000.植物群落动态研究进展[J].生态科学,19(2):53-59.

周际海,袁颖红,朱志保,等,2015.土壤有机污染物生物修复技术研究进展[J].生态环境学报,24(2):343-351.

周晓芳,2017.社会-生态系统恢复力的测量方法综述[J].生态学报,37(12):4278-4288.

周星魁,王忠科,蔡强国,1996.植被和坡度影响入渗过程的试验研究[J].山西水土保持科技,(4):10-13.

朱红伟,陈江海,王勇,2018.水动力条件对水体自净作用的影响[J].南水北调与水利科技,16(6):97-102.

邹厚远,程积民,周麟,1998.黄土高原草原植被的自然恢复演替及调节[J].水土保持研究,5(1):126-138.

ADGER W N,ARNELL N W,TOMPKINS E L,2005. Adapting to climate change:perspectives across scales[J]. Global Environmental Change,15(2):75-76.

ADGER W N,2000. Social and ecological resilience:are they related? [J]. Progress in Human Geography,24(3):347-364.

AGUIAR M R,SALA O E,AGUIAR M R,1994. Competition,facilitation,seed distribution and the origin of patches in a Patagonian steppe[J]. Oikos,70(1):26.

ARMESTO J J,PICKETT S T A,MCDONNELL M J,1991. Spatial heterogeneity during succession:a cyclic model of invasion and exclusion[M]//KOLASA J,PICKETT STA. Ecological Heterogeneity. New York:Springer:256-269.

ARROW K,BOLIN B,COSTANZA R,et al. ,1995. Economic growth,carrying capacity, and the environment[J]. Science,268(5210):520-521.

BARBER V A,JUDAY G P,FINNEY B P,2000. Reduced growth of Alaskan white spruce in the twentieth century from temperature-induced drought stress[J]. Nature,405: 668-673.

BEISNER B E,HAYDON D T,CUDDINGTON K,2003. Alternative stable states in ecology[J]. Frontiers in Ecology and the Environment,1(7):376-382.

BENNETT E M,CRAMER W,BEGOSSI A,et al. ,2015. Linking biodiversity,ecosystem services,and human well-being:three challenges for designing research for sustainability [J]. Current Opinion in Environmental Sustainability,14:76-85.

BERDUSCO RJ,1999. Reclamation of coal mine waste dumps at high elevations in British Columbia:25 years of success[J]. Cim Bulletin,92:47-50.

BERTNESS M D,CALLAWAY R,1994. Positive interactions in communities[J]. Trends in Ecology & Evolution,9(5):191-193.

BESTELMEYER B T,HERRICK J E,BROWN J R,et al. ,2004. Land management in the American southwest：a state-and-transition approach to ecosystem complexity[J]. Environmental Management,34(1)：38-51.

BORCARD D, GILLET F, LEGENDREP, 2011. Numerical ecology with R[M]. New York：Springer.

BRADSHAW A D,CHADWICK M J,1980. The restoration of land：the ecology and reclamation of derelict and degraded land[M]. Berkeley：University of California Press.

BRADSHAW H D,CEULEMANS R,DAVIS J,et al. ,2000. Emerging model systems in plant biology：poplar (populus) as A model forest tree[J]. Journal of Plant Growth Regulation,19(3)：306-313.

BRAND F S,JAX K,2007. Focusing the meaning(s) of resilience：resilience as a descriptive concept and a boundary object[J]. Ecology and Society,12：23.

BRISKE D D,BESTELMEYER B T,STRINGHAM T K,et al. ,2008. Recommendations for development of resilience-based state-and-transition models[J]. Rangeland Ecology & Management,61(4)：359-367.

BROWN K, WESTAWAY E, 2011. Agency, capacity, and resilience to environmental change：lessons from human development,well-being,and disasters[J]. Annual Review of Environment and Resources,36：321-342.

BRUNEAU M,CHANG S E,EGUCHI R T,et al. ,2003. A framework to quantitatively assess and enhance the seismic resilience of communities[J]. Earthquake Spectra,19(4)：733-752.

CALLAWAY R M,WALKER LR,1997. Competition and facilitation：a synthetic approach to interactions in plant communities[J]. Ecology,78(7)：1958.

CARL F,2016. Resilience (republished)[J]. Ecology and Society,21(4)：44.

CARL F,2006. Resilience：the emergence of a perspective for social-ecological systems analyses[J]. Global Environmental Change,16(3)：253-267.

CHAMBERS J C,1994. A day in the life of aseed：movements and fates of seeds and their implications for natural and managed systems[J]. Annual Review of Ecology and Systematics,25：263-292.

CHAPIN F S,STARFIELD A M,1997. Time lags and novel ecosystems in response to transient climatic change in Arctic Alaska[J]. Climatic Change,35(4)：449-461.

CHAZDON RL,2008. Beyond deforestation：restoring forests and ecosystem services on degraded lands[J]. Science,320(5882)：1458-1460.

CHU L M,BRADSHAW A D,1996. The value of pulverized refuse fines (PRF) as a substitute for topsoil in land reclamation. I. field studies[J]. The Journal of Applied Ecology,33(4)：851.

COSTANZA R,DE GROOT R,SUTTON P,et al. ,2014. Changes in the global value of ecosystem services[J]. Global Environmental Change,26：152-158.

CUMMING S G,2001. Forest type and wildfire in the Alberta boreal mixedwood：what do fires burn? [J]. Ecological Applications,11(1):97.

CURTIN C G,PARKER J P,2014. Foundations of resilience thinking[J]. Conservation Biology,28(4):912-923.

DAIREL M,FIDELIS A,2020. The presence of invasive grasses affects the soil seed bank composition and dynamics of both invaded and non-invaded areas of open savannas[J]. Journal of Environmental Management,276:111291.

DE LIMA L R, PIRANI J R, 2008. Revisão taxonômica de croton sect. lamprocroton (müll. arg.) pax (euphorbiaceae s. s.)[J]. Biota Neotropica,8:177-231.

DIJKSHOORN W,VAN BROEKHOVEN W,LAMPE J E M,1979. Phytotoxicity of zinc, nickel,cadmium,lead,copper and chromium in three pasture plant species supplied with graduated amounts from the soil[J]. Netherlands Journal of Agricultural Science,27(3): 241-253.

DOBSON A P,BRADSHAW A D,BAKER A J M,1997. Hopes for the future:restoration ecology and conservation biology[J]. Science,277(5325):515-522.

ERSKINE P,FLETCHER A,SEABORN B,2013. Opportunities and constraints of functional assessment of mined land rehabilitation[C]//Proceedings of the Eighth International Seminar on Mine Closure,Proceedings of the International Conference on Mine Closure. Australian Centre for Geomechanics,Cornwall,345-354.

FINEGAN B,1996. Pattern and process in neotropical secondary rain forests:the first 100 years of succession[J]. Trends in Ecology & Evolution,11(3):119-124.

FOLKE C,CARPENTER S R,WALKER B,et al. ,2010. Resilience thinking:integrating resilience,adaptability and transformability[J]. Ecology and Society,15(4):20.

FRANKLIN J F,MACMAHON J A,2000. Messages from a mountain[J]. Science,2000, 288(5469):1183-1184.

FRIEDEL M H,1991. Range condition assessment and the concept of thresholds:a viewpoint[J]. Journal of Range Management,44(5):422.

FULLER R M,SMITH G M,DEVEREUX B J,2003. The characterisation and measurement of land cover change through remote sensing:problems in operational applications? [J]. International Journal of Applied Earth Observations and Geoinformation,4(3):243-253.

GILBERTSON P,BRADSHAW A D,1990. The survival of newly planted trees in inner cities[J]. Arboricultural Journal,14(4):287-309.

GÓMEZ-BAGGETHUN E,DE GROOT R,LOMAS P L,et al. ,2010. The history of ecosystem services in economic theory and practice:from early notions to markets and payment schemes[J]. Ecological Economics,69(6):1209-1218.

GUARIGUATA M R, OSTERTA G R, 2001. Neotropical secondary forest succession: changes in structural and functional characteristics[J]. Forest Ecology and Management,148(1/2/3):185-206.

GUNDERSON L H,2000. Ecological resilience—In theory and application[J]. Annual Review of Ecology and Systematics,31:425-439.

GUNDERSON L H,2003. Resilience and the behavior of large-scale systems[J]. Management of Environmental Quality,14(3):423-424.

GUO Y Q,CHEN X T,WU Y Y,et al. ,2018. Natural revegetation of a semiarid habitat alters taxonomic and functional diversity of soil microbial communities[J]. The Science of the Total Environment,635:598-606.

HAIMES Y Y,2009. On the definition of resilience in systems[J]. Risk Analysis,29(4): 498-501.

HOBBS R J,2013. Grieving for the Past and Hoping for the Future:balancing Polarizing Perspectives in Conservation and Restoration[J]. Restoration Ecology,21(2):145-148.

HOBBS R J,2006. Overcoming barriers to effective public communication of ecology[J]. Frontiers in Ecology and the Environment,4(9):496-497.

HOBBS R,2009. Woodland restoration in Scotland:ecology,history,culture,economics, politics and change[J]. Journal of Environmental Management,90(9):2857-2865.

HOLLING C S,GUNDERSON L H,2002. Resilience and adaptive cycles[M]. Washington,D. C. :Island Press.

HOLLING C S,1973. Resilience and stability of ecological systems[J]. Annual Review of Ecology and Systematics,4:1-23.

HOLLING C S,2001. Understanding the complexity of economic,ecological,and social systems[J]. Ecosystems,4(5):390-405.

HOLMES P M,RICHARDSON D M,1999. Protocols for restoration based on recruitment dynamics,community structure,and ecosystem function: perspectives from South African fynbos[J]. Restoration ecology,7(3):215-230.

HOLMGREN M,SCHEFFER M,HUSTON M A,1997. The interplay of facilitation and competition in plant communities[J]. Ecology,78(7):1966-1975.

HOSSEINI S,BARKER K,RAMIREZ-MARQUEZ J E,2016. A review of definitions and measures of system resilience[J]. Reliability Engineering & System Safety,145:47-61.

HURST D K,1995. A response to "the quest for empowering organizations"[J]. Organization Science,6(6):676-679.

HURST D K,ZIMMERMAN B J,1994. From life cycle to ecocycle[J]. Journal of Management Inquiry,3(4):339-354.

HUTCHINSON S L,BANKS M K,SCHWAB A P,2001. Phytoremediation of aged petroleum sludge:effect of inorganic fertilizer[J]. Journal of Environmental Quality,30(2): 395-403.

JIAO J Y,TZANOPOULOS J,XOFIS P,et al. ,2007. Can the study of natural vegetation succession assist in the control of soil erosion on abandoned croplands on the Loess Plateau,China? [J]. Restoration Ecology,15(3):391-399.

JIAO J Y,ZHANG Z G,BAI W J,et al. ,2012. Assessing the ecological success of restoration by afforestation on the Chinese Loess Plateau[J]. Restoration Ecology,20(2):

240-249.

KINZIG A P,RYAN P,ETIENNE M,et al. ,2006. Resilience and regime shifts:assessing cascading effects[J]. Ecology and Society,11:363-385.

KNIGHT D H,1975. A phytosociological analysis of species-rich tropical forest onbarro Colorado Island,Panama[J]. Ecological Monographs,45(3):259-284.

KUHN A,HECKELEI T,2010. Anthroposphere: Impacts of global change on the hydrological cycle in West and Northwest Africa[M]. Berlin,Heidelberg: Springer Berlin Heidelberg,282-341.

LANG G E,KNIGHT D H,1983. Tree growth,mortality,recruitment,and canopy gap formation during a 10-year period in a tropical moist forest[J]. Ecology,64(5):1075-1080.

LARSEN S,ALP M,2015. Ecological thresholds and riparian wetlands:an overview for environmental managers[J]. Limnology,16(1):1-9.

LEI Y D,WANG J A,YUE Y J,et al. ,2014. Rethinking the relationships of vulnerability, resilience,and adaptation from a disaster risk perspective[J]. Natural Hazards,70(1): 609-627.

LEVIN S A,1999. Fragile dominion:complexity and the commons[M]. Reading,Mass. : Perseus Books.

LEWONTIN R C,1969. The meaning of stability[J]. Brookhaven Symposia in Biology,22: 13-24.

LÓPEZ-RIDAURAS,2002. Evaluating the sustainability of complex socio-environmental systems. the MESMIS framework[J]. Ecological Indicators,2(1/2):135-148.

MACARTHUR R,1955. Fluctuations of animal populations and a measure of community stability[J]. Ecology,36(3):533-536.

MACDONALD S E,LANDHÄUSSER S M,SKOUSENJ,et al. ,2015. Forest restoration following surface mining disturbance:challenges and solutions[J]. New Forests,46(5): 703-732.

MATHEVET R,LE PAGE C,ETIENNE M,et al. ,2007. BUTORSTAR:a role-playing game for collective awareness of wise reedbed use[J]. Simulation & Gaming,38(2):233- 262.

MAY R M,1973. Stability and complexity in model ecosystems. [M]. [S. l.]:Monographs in population biology.

MAY R M,1977. Thresholds and breakpoints in ecosystems with a multiplicity of stable states[J]. Nature,269(5628):471-477.

MCASLAN A,2010. Organisational resilience. understanding the concept and its application[R]. A Strawman Paper,Adelaide,Australia,Torrens Resilience Institute.

MEYER S T,KOCH C,WEISSER W W,2015. Towards a standardized rapid ecosystem function assessment (REFA)[J]. Trends in Ecology & Evolution,30(7):390-397.

MIYAWAKI A,GOLLEY FB,1993. Forest reconstruction as ecological engineering[J]. Ecological Engineering,2(4):333-345.

MORA C,GRAHAM N A J,NYSTRÖM M,2016. Ecological limitations to the resilience of coral reefs[J]. Coral Reefs,35(4):1271-1280.

MORRISON R G,YARRANTON GA,1974. Vegetational heterogeneity during a primary sand dune succession[J]. Canadian Journal of Botany,52(2):397-410.

MURADIAN R,2001. Ecological thresholds:a survey[J]. Ecological Economics,38(1): 7-24.

OSTROM E,2004. Panarchy:understanding transformations in human and natural systems [J]. Ecological Economics,49(4):488-491.

PICKETT S T A,COLLINS S L,ARMESTO J J,1987. Models,mechanisms and pathways of succession[J]. The Botanical Review,53(3):335-371.

PREGENZER A L,2011. Systems resilience:a new analytical framework for nuclear non-proliferat-ion[R]. Sandia National Laboratories (SNL),Albuquerque,NM,and Livermore,CA (United States).

PUGNAIRE F I,MORILLO J A,PEÑUELA S J,et al. ,2019. Climate change effects on plant-soil feedbacks and consequences for biodiversity and functioning of terrestrial ecosystems[J]. Science Advances,5(11):eaaz1834.

READ Z J,KING H P,TONGWAY D J,et al. ,2016. Landscape function analysis to assess soil processes on farms following ecological restoration and changes in grazing management[J]. European Journal of Soil Science,67(4):409-420.

ROCHA J C,PETERSON G,BODIN Ö,et al. ,2018. Cascading regime shifts within and across scales[J]. Science,362(6421):1379-1383.

RUIZ-JAEN M C,MITCHELL AIDE T,2005. Restoration success:how is it being measured? [J]. Restoration Ecology,13(3):569-577.

SALDARRIAGA J G,WEST D C,THARP M L,et al. ,1988. Long-term chronosequence of forest succession in the upper Rio Negro of Colombia and Venezuela[J]. The Journal of Ecology,76(4):938-958.

STURM M,RACINE C,TAPE K,2001. Increasing shrub abundance in the Arctic[J]. Nature,411:546-547.

SUGANUMA M S,DURIGAN G,2015. Indicators of restoration success in riparian tropical forests using multiple reference ecosystems[J]. Restoration Ecology,23(3):238-251.

TRUONG P,1999. Vetiver grass technology for mine rehabilitation[M]. Bangkok: Office of the Royal Development Projects Board.

TRUONG P N,BARKER D H,WASTON A J,et al. ,1999. Vetiver grass technology for mine rehabilitation[M]. Bangkok: Office of the Royal Development Projects Board.

UHL C,BUSCHBACHER R,SERRAOE A S,1988. Abandoned pastures in eastern Amazonia. I. patterns of plant succession[J]. The Journal of Ecology,76(3):663-681.

WALKER B,CARPENTER S R,ANDERIES J M,et al. ,2002. Resilience management in social-ecological systems:a working hypothesis for a participatory approach[J]. Conservation Ecology,6:14.

WALKER B, HOLLING C S, CARPENTER S R, et al, 2004. Resilience, adaptability and transformability in social-ecological systems[J]. Ecology and Society, 9(2): 3438-3447.

WALKER B H, SALT D, 2012. Resilience practice: building capacity to absorb disturbance and maintain function[M]. Washington D. C. : Island Press.

WALKER B H, SALT D, 2006. Resilience Thinking: Sustaining Ecosystems and People in a Changing World[M]. Washington D. C. : Island Press.

WALKER B, MEYERS J A, 2004. Thresholds in ecological and social-ecological systems: a developing database[J]. Ecology and Society, 9(2): 3438-3447.

WALKER B, SALT D, 2012. Resilience Practice: Building Capacity to Absorb Disturbance and Maintain Function[M]. Washington D. C. : Island Press/Center for Resource Economics.

WANG N, HE X Y, ZHAO F W, et al. , 2020. Soil seed bank in different vegetation types in the Loess Plateau region and its role in vegetation restoration[J]. Restoration Ecology, 28: 5-12.

ZAKYNTHINAKI M S, LÓPEZ A, CORDENTE C A, et al, 2013. Detecting changes in the basin of attraction of a dynamical system: application to the postural restoring system [J]. Applied Mathematics and Computation, 219(17): 8910-8922.

ZOBEL K, ZOBEL M, PEET R K, 1993. Change in pattern diversity during secondary succession in Estonian forests[J]. Journal of Vegetation Science, 4(4): 489-498.